建筑施工现场管理人员
岗位技能必读

造价员
岗位技能必读

主编：王中华　李天祺

编委：姜　勇　薛国祥　高　佳　庄　彬　杨小荣
　　　张能武　王世科　曹金龙　蒋　勇　管赛雷
　　　郭大龙　范　丰　牛志远　余玉芳　陈利军
　　　陶荣伟　胡　俊　夏卫国　黄超锋　沈　飞
　　　刘　瑞

U0322341

湖南科学技术出版社

图书在版编目（ＣＩＰ）数据

造价员岗位技能必读 / 王中华，李天祺主编. -- 长沙 ：湖南科学
技术出版社，2015.4
ISBN 978-7-5357-8662-3

Ⅰ. ①造… Ⅱ. ①王… ②李… Ⅲ. ①建筑造价管理
Ⅳ. ①TU723.3

中国版本图书馆 CIP 数据核字(2015)第 049875 号

建筑施工现场管理人员岗位技能必读

造价员岗位技能必读

主　　编：王中华　李天祺
责任编辑：杨　林　龚绍石
出版发行：湖南科学技术出版社
社　　址：长沙市湘雅路 276 号
　　　　　http://www.hnstp.com
湖南科学技术出版社天猫旗舰店网址：
　　　　　http://hnkjcbs.tmall.com
邮购联系：本社直销科 0731-84375808
印　　刷：衡阳顺地印务有限公司
　　　　　（印装质量问题请直接与本厂联系）
厂　　址：湖南省衡阳市雁峰区园艺村 9 号
邮　　编：421008
出版日期：2015 年 4 月第 1 版第 1 次
开　　本：710mm×1020mm　1/16
印　　张：29.5
字　　数：833000
书　　号：ISBN 978-7-5357-8662-3
定　　价：74.00 元

前　言

　　近些年来，我国建筑业发展很快，建筑业作为国民经济的支柱产业之一，在我国经济建设中的地位举足轻重。为了适应建筑业的发展需要，国家对建筑设计、建筑结构、施工质量、材料验收等一系列标准规范进行了大规模的修订。作为建筑施工企业关键岗位的管理人员（如施工员、安全员、质量员、造价员、材料员等），他们既是工程项目经理进行工程项目管理命令的执行者，同时也是广大建筑施工工人的领导者。为了满足建筑施工企业关键岗位管理人员对技术和管理知识的需求，提高他们的管理能力和技术水平，我们组织了一批长期工作在工程施工一线的专家学者，并在走访了大量的施工现场，征询施工现场管理人员的意见和要求的基础上，精心编写了《建筑施工现场管理人员岗位技能必读》系列丛书。

　　本套丛书共分五册：《安全员岗位技能必读》、《施工员岗位技能必读》、《质量员岗位技能必读》、《材料员岗位技能必读》及《造价员岗位技能必读》。

　　本套丛书在编写时，力求做到：内容丰富、图文并茂、文字通俗易懂，叙述的内容一目了然；实事求是，体现科学性、实用性和可操作性的特点，既注重内容的全面性又重点突出，做到理论联系实际；注重本行业的领先性，注重多学科的交叉和整合；本套丛书力求将建筑行业专业法规、标准和规范等知识全部融为一体，内容翔实，解决了管理人员工作时需要到处查阅资料的问题。

　　本书是《造价员岗位技能必读》分册。本书归纳总结了建筑施工中造价的关键点，主要内容：建筑工程施工图识读、建筑工程造价与管理制度、建筑工程定额与工程量清单计价、建筑工程工程量计算、建筑装饰工程和措施项目、建筑工程结算与决算等知识。

　　本书由王中华、李天祺主编。参加编写的人员有：姜勇、王中华、高佳、庄彬、杨小荣、张能武、王世科、曹金龙、蒋勇、管赛雷、郭大龙、范丰、牛志远、余玉芳、陈利军、胡俊、夏卫国、黄超锋、沈飞、刘瑞等。本书编写过程中参考了相关文献和技术资料，在此对这些作者表示衷心的感谢；并得到江南大学环境与土木工程学院等单位大力支持和帮助，在此表示感谢。

　　由于编者水平有限，虽然做了很大的努力，手册中难免存在缺点和不足，恳请广大读者提宝贵意见，给予指正。

编　者

2015 年 3 月

目 录

第一章
建筑工程施工图识读

第一节　施工图绘制基本规定

构成建筑结构及装饰装修等工程图纸的基本要素，主要有图纸幅面规格、图线、字体、比例、符号、定位轴线、图例和尺寸标注等，应符合《房屋建筑制图统一标准》（GB/T50001）的有关规定，该标准可适用于三大类工程制图：新建、改建、扩建工程的各阶段设计图及竣工图；原有建筑物、构筑物和总平面的实测图；通用设计图和标准设计图。

一、图纸规格

1. 图纸的幅面

（1）为了合理使用图纸，便于装订和管理，设计者或制图人员根据所画图样的大小来选定图纸的幅面，图纸幅面及图框尺寸，应符合表 1-1 的规定。表中 b 与 l 分别代表图纸幅面的短边和长边的尺寸。

表 1-1　　　　　　　　　　　　图纸幅面及图框尺寸

尺寸代号 (mm)	幅 面 代 号				
	A0	A1	A2	A3	A4
$b \times l$	841×1189	594×841	420×594	297×420	210×297
c	10				5
a	25				

（2）需要微缩复制的图纸，其一个边上应附有一段准确米制尺度，四个边上均应附有对中标志，米制尺度的总长应为 100mm，分格应为 10mm。对中标志应画在图纸各边长的中点处，线宽应为 0.35mm，伸入框内应为 5mm。

（3）图纸的短边一般不应加长，长边可以加长，但应符合表 1-2 的规格。

（4）图纸以短边作为垂直边称为横式，以短边作为水平边称为立式。一般 A0～A3 图纸宜横式使用；必要时，也可立式使用。

（5）一个工程设计中，每个专业所使用的图纸，一般不宜多于两种幅面（不含目录及表格所采用的 A4 幅面）。

1

表 1-2		图纸长边加长尺寸			(mm)
幅面代号	长边尺寸	长边加长后的尺寸			
A0	1189	1486(A0+1/4l)　1635(A0+3/8l)　1783(A0+1/2l)　1932(A0+5/8l) 2080(A0+3/4l)　2230((A0+7/8l)　2378(A0+2l)			
A1	841	1051(A1+1/4l)　1261(A1+1/2l)　1471(A1+3/4l) 1682(A1+l)　1892(A1+5/4l)　2102(A1+3/2l)			
A2	594	743(A2+1/4l)　891(A2+1/2l)　1041(A2+3/4l)　1189(A2+l) 1338(A2+5/4l)　1486(A2+3/2l)　1635(A2+7/4l)　1783(A2+2l) 1932(A2+9/4l)　2080(A2+5/2l)			
A3	420	630(A3+1/2l)　841(A3+l)　1051(A3+3/2l)　1261(A3+2l) 1471(A3+5/2l)　1682(A3+3l)　1892(A3+7/2l)			

注：有特殊需要的图纸，可采用 $b \times l$ 为 841mm×891mm 与 1189mm×1261mm 的幅面。

2. 图纸格式

图纸格式如图 1-1 所示。

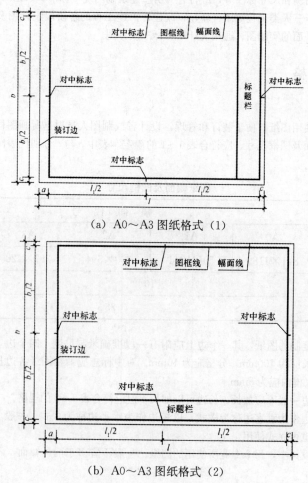

（a）A0～A3 图纸格式（1）

（b）A0～A3 图纸格式（2）

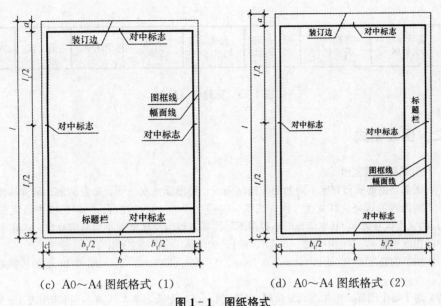

(c) A0~A4 图纸格式（1）　　　　　（d) A0~A4 图纸格式（2）

图 1-1　图纸格式

3. 标题栏

标题栏应符合图 1-2 和图 1-3 所示的规格，根据工程的需要选择确定其尺寸、格式及分区。签字栏应包括实名列和签名列，并应符合下列规定：

（1）涉外工程的标题栏内，各项主要内容的中文下方应附有译文，设计单位的上方或左方，应加"中华人民共和国"字样；

（2）在计算机制图文件中当使用电子签名与认证时，应符合国家有关电子名法的规定。

图 1-2　标题栏（1）

	设计单位名称区	注册师签章区	项目经理签章区	修改记录区	工程名称区	图号区	签字区	会签栏
30~50								

图 1-3 标题栏 (2)

二、图线格式

1. 线宽系列和线宽组

工程图都是由形式和宽度不同的图线绘制而成，使图面主次分明、形象清晰、易读易懂。对于表示不同内容的线条，其宽度（称为线宽）应相互形成一定的比例。一幅图纸中最大的线宽（粗线）的宽度代号为 b，其取值范围系根据图形的复杂程度及比例大小而酌情确定。选定了线宽系列中的粗线宽度 b，其他中粗线（$0.5b$）、细线（$0.25b$）也即随之而定。

（1）图线的宽度 b，宜从 0.35mm、0.5mm、0.7mm、1.0mm、1.4mm、2.0mm 的线宽系列中选取。

（2）对于每个图样，应根据其复杂程度与比例大小，先选定基本线宽 b，再选用表 1-3 中相应的线宽组。

表 1-3 图线的线宽组

线宽比	线宽组（mm）			
b	1.4	1.0	0.7	0.5
$0.7b$	1.0	0.7	0.5	0.35
$0.5b$	0.7	0.5	0.35	0.25
$0.25b$	0.35	0.25	0.18	0.13

注：①需要缩微的图纸，不宜采用 0.18mm 及更细的线宽。

②同一张图纸内，各不同线宽中的细线，可统一采用较细的线宽组的细线。

2. 图线的线型及其应用

（1）工程建设制图的选用。图线的宽度 b 应根据图样的复杂程度和比例，按《房屋建筑制图统一标准》（GB/T5001—2010）中图线的有关规定选用。其中图线应根据图纸功能按表 1-4 规定的线型选用。

表 1-4 常用线型宽度及选用

名称		线 型	线宽	用 途
实线	粗		b	主要可见轮廓线
	中粗		$0.7b$	可见轮廓线
	中		$0.5b$	可见轮廓线、尺寸线、变更云线
	细		$0.25b$	图例填充线、家具线

4

续表

名称		线　型	线宽	用　途
虚线	粗	▬ ▬ ▬ ▬ ▬	b	见各有关专业制图标准
	中粗	▬ ▬ ▬ ▬ ▬	$0.7b$	不可见轮廓线
	中	▬ ▬ ▬ ▬ ▬	$0.5b$	不可见轮廓线、图例线
	细	─ ─ ─ ─ ─	$0.25b$	图例填充线、家具线
单点长画线	粗	▬ ▬ ▬ ▬	b	见各有关专业制图标准
	中	▬ ▬ ▬ ▬	$0.5b$	见各有关专业制图标准
	细	─ ─ ─ ─	$0.25b$	中心线、对称线、轴线等
双点长画线	粗	▬ ▬ ▬ ▬	b	见各有关专业制图标准
	中	▬ ▬ ▬ ▬	$0.5b$	见各有关专业制图标准
	细	─ ─ ─ ─	$0.25b$	假想轮廓线、成型前原始轮廓线
折断线	细	∿	$0.25b$	断开界线
波浪线	细	〰	$0.25b$	断开界线

(2) 图纸的图框、标题栏和会签栏线，可采用表 1-5 的线宽。

表 1-5　　　　　图框线、标题栏和会签栏线的宽度　　　　　（mm）

幅面代号	图框线	标题栏外框线	标题栏分格线、会签栏线
A0，A1	1.4	0.7	0.35
A2，A3，A4	1.0	0.7	0.35

(3) 相互平行的图线，其间隙不宜小于其中的粗线宽度，且不宜小于 0.7mm。

(4) 虚线、单点长划线或双点长划线的线段长度和间隔，宜各自相等。

(5) 单点长划线或双点长划线，当在较小图形中绘制有困难时，可用实线代替。

(6) 单点长划线或双点长划线的两端，不应是点。点划线与点划线交接时，或是点划线与其他图线交接时，均应是线段交接。

(7) 虚线与虚线交接时，或是虚线与其他图线交接时，应是线段交接。虚线为实线的延长线时，不得与实线连接。

(8) 图线不得与文字、数字或符号重叠、混淆，不可避免时，应首先保证文字等的清晰。

(9) 总图制图图线应根据图纸功能按表 1-6 规定的线型选用。

(10) 建筑专业、室内设计专业制图采用的各种图线应符合表 1-7 的规定。

(11) 建筑结构专业制图应选用表 1-8 的规定。

表 1-6　　　　　　　　　　　　総图制图图线

名称		线型	线宽	用途
实线	粗		b	①新建建筑物±0.00 高度可见轮廓线 ②新建铁路、管线
	中		0.7b 0.5b	①新建构筑物、道路、桥涵、边坡、围墙、运输设施的可见轮廓线 ②原有标准轨距铁路
	细		0.25b	①新建建筑物±0.00 高度以上的可见建筑物、构筑物轮廓线 ②原有建筑物、构筑物、原有窄轨、铁路、道路、桥涵、围墙的可见轮廓线 ③新建人行道、排水沟、坐标线、尺寸线、等高线
虚线	粗		b	新建建筑物、构筑物地下轮廓线
	中		0.5b	计划预留扩建的建筑物、构筑物、铁路、道路、运输设施、管线、建筑红线及预留用地各线
	细		0.25b	原有建筑物、构筑物、管线的地下轮廓线
单点长划线	粗		b	露天矿开采界限
	中		0.5b	土方填挖区的零点线
	细		0.25b	分水线、中心线、对称线、定位轴线
双点长划线			b	用地红线
			0.7b	地下开采区塌落界限
			0.5b	建筑红线
折断线			0.5b	断线
不规则曲线			0.5b	新建人工水体轮廓线

注：根据各类图纸所表示的不同重点确定使用不同粗细线型。

表 1-7　　　　　　　　建筑专业、室内设计专业制图图线

名称		线型	线宽	用途
实线	粗		b	①平、剖面图中被剖切的主要建筑构造（包括构配件）的轮廓线 ②建筑立面图或室内立面图的外轮廓线 ③建筑构造详图中被剖切的主要部分的轮廓线 ④建筑构配件详图中的外轮廓线 ⑤平、立、剖面的剖切符号

6

续表

名　称		线　型	线宽	用　途
实线	中粗	————	$0.7b$	①平、剖面图中被剖切的次要建筑构造（包括构配件）的轮廓线 ②建筑平、立、剖面图中建筑构配件的轮廓线 ③建筑构造详图及建筑构配件详图中的一般轮廓线
	中	————	$0.5b$	小于 $0.7b$ 的图形线、尺寸线、尺寸界限、索引符号、标高符号、详图材料做法引出线、粉刷线、保温层线、地面、墙面的高差分界线等
	细	————	$0.25b$	图例填充线、家具线、纹样线等
虚线	中粗	– – – – –	$0.7b$	①建筑构造详图及建筑构配件不可见的轮廓线 ②平面图中的起重机（吊车）轮廓线 ③拟建、扩建建筑物轮廓线
	中	– – – –	$0.5b$	投影线、小于 $0.5b$ 的不可见轮廓线
	细	– – – –	$0.25b$	图例填充线、家具线等
单点长画线	粗	—·—·—	b	起重机（吊车）轨道线
	细	—·—·—	$0.25b$	中心线、对称线、定位轴线
折断线	细	——／\———	$0.25b$	部分省略表示时的断开界线
波浪线	细	∿∿∿	$0.25b$	部分省略表示时的断开界线，曲线形构间断开界限 构造层次的断开界限

注：地平线宽可用 $1.4b$。

表 1-8　　　　　　　　建筑结构专业制图图线

名　称		线　型	线宽	一　般　用　途
实线	粗	————		螺栓、钢筋线、结构平面图中的单线结构构件线，钢木支撑及系杆线，图名下横线、剖切线
	中粗	————	$0.7b$	结构平面图及详图中剖到或可见的墙身轮廓线、基础轮廓线、钢、木结构轮廓线、钢筋线
	中	————	$0.5b$	结构平面图及详图中剖到或可见的墙身轮廓线、基础轮廓线、可见的钢筋混凝土构件轮廓线、钢筋线
	细	————	$0.25b$	标注引出线、标高符号线、索引符号线、尺寸线

续表

名　称		线　型	线宽	一　般　用　途
虚线	粗	- - - - -	b	不可见的钢筋线、螺栓线、结构平面图中不可见的单线结构构件线及钢、木支撑线
	中粗	- - - - -	$0.7b$	结构平面图中的不可见构件、墙身轮廓线及不可见钢、木结构构件线、不可见的钢筋线
	中	- - - - -	$0.5b$	结构平面图中的不可见构件、墙身轮廓线及不可见钢、木结构构件线、不可见的钢筋线
	细	- - - - -	$0.25b$	基础平面图中的管沟轮廓线、不可见的钢筋混凝土构件轮廓线
单点长画线	粗	- · - · -	b	柱间支撑、垂直支撑、设备基础轴线图中的中心线
	细	- · - · -	$0.25b$	定位轴线、对称线、中心线、重心线
双点长画线	粗	- ·· - ·· -	b	预应力钢筋线
	细	- ·· - ·· -	$0.25b$	原有结构轮廓线
折断线		──/\──	$0.25b$	断开界线
波浪线		∿∿∿	$0.25b$	断开界线

三、字体格式

（1）图纸上所需书写的文字、数字或符号等，均应笔画清晰、字体端正、排列整齐；标点符号应正确清楚。

（2）文字的高度，应从 3.5 mm、5 mm、7mm、10mm、14mm、20mm 中选用。

（3）图样及说明中的汉字，宜采用长仿宋体，宽度与高度的关系应符合表 1-9 的规定。

表 1-9　　　　　　　　长仿宋体宽度与高度的关系　　　　　　　　（mm）

字高	20	14	10	7	5	3.5
字宽	14	10	7	5	3.5	2.5

（4）字高即字号，常用 10 号、7 号和 5 号字，字高与宽的比值约为 3:2。

（5）汉字的简化字书写，必须符合国务院公布的《汉字简化方案》和有关规定。

（6）拉丁字母、阿拉伯数字和罗马数字，如需写成斜体字，其斜度应是从字的底线逆时针向上倾斜 75°；斜体字的高度与宽度应与相应的直体字相等。

（7）阿拉伯数字、拉丁字母、罗马数字和汉字并列书写时，它们的字高比汉字的字高小。

（8）数量的数值注写，应采用正体阿拉伯数字。各种计量单位凡前面有量值的，均应采用国家颁布的单位符号，注写单位符号应采用正体字母。

（9）分数、百分数和比例数的注写，应采用阿拉伯数字和数学符号。例如：四分之一、百分

8

之二十五和一比二十应分别写成 1/4，25％和 1：20。

（10）长仿宋体字的书写要点：横平竖直，起落有锋；笔锋满格，因字而异；排列均匀，组合紧凑。

四、图纸比例

1. 常用绘图比例

（1）图样的比例，应为图形与实物相对应的线性尺寸之比。比例的大小，是指其比值的大小，如 1：50 大于 1：100。

（2）比例的符号为"："，比例应以阿拉伯数字表示，如 1：1、1：2、1：10 等。

（3）比例宜注写在图名的右侧，字的基准线应取平；比例的字高宜比图名的字高小一号或二号。

（4）绘图所用的比例，应根据图样的用途与被绘对象的复杂程度，从表 1-10 中选用，并优先用表中常用比例。

表 1-10　　　　　　　　　　　绘图所用的比例

常用比例	1：1、1：2、1：5、1：10、1：20、1：30、1：50、1：100、1：150、1：200、1：500、1：1000、1：2000
可用比例	1：3、1：4、1：6、1：15、1：25、1：40、1：60、1：80、1：250、1：300、1：400、1：600、1：5000、1：10000、1：20000、1：50000、1：100000、1：200000

（5）一般情况下，一个图样应选用一种比例。根据专业制图需要，同一图样可选用两种比例，比例的识读如图 1-4 所示。

（6）特殊情况下也可自选比例，这时除应注出绘图比例外，还必须在适当位置绘制出相应的比例尺。

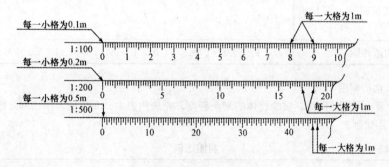

图 1-4　比例的识读

2. 总图制图比例

总图制图采用的比例，宜符合表 1-11 的规定。

表 1-11　　　　　　　　　　　总图制图比例

图　名	比　例
现状图	1：500、1：1000、1：2000
地理交通位置图	1：25000～1：200000

续表

图 名	比 例
总体规划、总体布置、区域位置图	1∶2000、1∶5000、1∶10000、1∶25000、1∶50000
总平面图、竖向布置图、管线综合图、土方图、铁路、道路平面图	1∶300、1∶500、1∶1000、1∶2000
场地园林景观总平面图、场地园林景观竖向布置图、种植总平面图	1∶300、1∶500、1∶1000
铁路、道路纵断面图	垂直：1∶100、1∶200、1∶500 水平：1∶1000、1∶2000、1∶5000
铁路、道路横断面图	1∶20、1∶50、1∶100、1∶200
场地断面图	1∶100、200、1∶500、1∶1000
详图	1∶1、1∶2、1∶5、1∶10、1∶20、1∶50、1∶100、1∶200

3. 建筑制图比例

建筑专业、室内设计专业制图选用的比例，宜符合表 1-12 的规定。

表 1-12　　　　　　　　建筑专业、室内设计专业制图选用的比例

图 名	比 例
建筑物或构筑物的平面图、立面图、剖面图	1∶50、1∶100、1∶150、1∶200、1∶300
建筑物或构筑物的局部放大图	1∶10、1∶20、1∶25、1∶30、1∶50
配件及构造详图	1∶1、1∶2、1∶5、1∶10、1∶15、1∶20、1∶25、1∶30、1∶50

4. 建筑结构制图比例

绘图时根据图样的用途，被绘物体的复杂程度，应选用表 1-13 中的常用比例，特殊情况下也可选用可用比例。

表 1-13　　　　　　　　制图比例

图 名	常用比例	可用比例
结构平面图 基础平面图	1∶50，1∶100，1∶150	1∶60，1∶200
圈梁平面图，总图中管沟、地下设施等	1∶200，1∶500	1∶300
详图	1∶10，1∶20，1∶50	1∶5，1∶30，1∶25

5. 其他规定

(1) 一般情况下，一个图样应选用一种比例。根据专业制图需要，同一图样可选用两种比例。

(2) 特殊情况下也可自选比例，这时除应注出绘图比例外，还必须在适当位置绘制出相应的比例尺。

①在建筑制图中，铁路、道路、土方等的纵断面图，可在水平方向和垂直方向选用不同比例。

②在建筑结构制图中，当构件的纵、横向断面尺寸相差悬殊时，可在同一详图中的纵、横向选用不同的比例绘制。轴线尺寸与构件尺寸也可选用不同的比例绘制。

(3) 在同一张图纸中，相同比例的各图样，应选用相同的线宽组。

五、符号

1. 剖面符号

剖面符号分为用于剖面或断面两种。剖面符号用于平面上，由剖面位置与剖视方向线组成，以粗实线绘制。其编号可用英文字母或阿拉伯数字表示，如A—A，1—1。按顺序由左至右，由下至上连续编排，并应标注在剖视方向线的端部。需要转折的剖面位置线，每一剖面只能转折一次，并在转角的外侧加注与该符号相同的编号。断面剖面符号只用剖面位置线表示，按上述规定编号，编号应注在剖视方向一侧。剖面符号如图1-5所示。

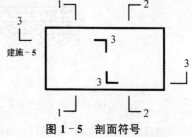

图1-5　剖面符号

2. 索引符号

图样中的某一局部或构件，如需另见详图的，应以索引符号索引。索引符号的圆与直径均以细实线表示之。在圆圈内形成上下半圆。上半圆内为索引的详图编号，下半圆内为被索引的详图所在图纸标号，如图1-6(a)所示。下半圆内凡是用短横线表示者，表明被索引的详图就在本张图纸内，如图1-6(b)所示。凡在水平直径的延长线上注有标准图编号的，则表明被索引的详图所在图集编号，如图1-6(c)所示。若要为剖断面查找详图，就要在被剖面的部位以粗短直线画出剖面位置线，以便引出索引符号，引出线所在一侧即为剖视方向，如图1-6(d)、图1-6(e)所示。

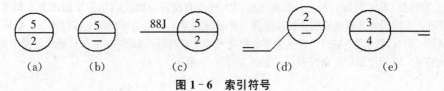

(a)　　　　(b)　　　　(c)　　　　(d)　　　　(e)

图1-6　索引符号

3. 详图符号

详图符号是详图自身之用，以便与其他详图区别。详图符号一般以直径为14mm的圆圈表示，圆圈用粗实线。若详图与被索引的图样在同一张图纸上，圆圈内仅注编号即可。如不在同一张图纸上，可用细实线画水平直径分圆圈为上、下两半圆，上半圆内为详图编号，下半圆内为被索引图纸的编号。如图1-7所示。

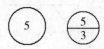

图1-7　详图符号

4. 引出线

引出线均以细实线绘制，宜采用水平向直线，或与水平向成30°、45°、60°、90°的直线，或经上述角度后再折成水平线。文字说明在水平线的上方，或在水平线的端部，如图1-8所示。

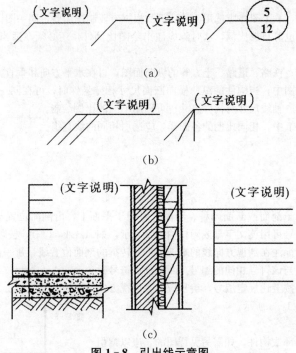

(a)

(b)

(c)

图 1-8　引出线示意图

5. 标高符号

建筑物平面、立面、剖面图，宜标注室内外地坪、楼地面、地下层地面、阳台、平台、檐口、屋脊、女儿墙、雨棚、门、窗、台阶等处的标高。平屋面等不易标明建筑标高的部位可标注结构标高，并予以说明。结构找坡的平屋面，屋面标高可标注在结构板面最低点，并注明找坡坡度。有屋架的屋面，应标注屋架下弦搁置点或柱顶标高。有起重机的厂房剖面图应标注轨顶标高、屋架下弦杆件下边缘或屋面梁底、板底标高。梁式悬挂起重机宜标出轨距尺寸（以 m 计）。

标高符号以等腰三角形示之，如果三角形尖角没有横线，则此时用于平面图上，如图 1-9 (a) 所示；有横线者其横线应指至被注的剖、立面的高度上，尖角可指向上或指向下，如图 1-9 (b) 所示；如标注位置不够时，可从尖角处拉高尺寸线来表示，如图 1-9 (c) 所示；总平面图上的标高符号，宜用涂黑的三角形表示，如图 1-9 (d) 所示。

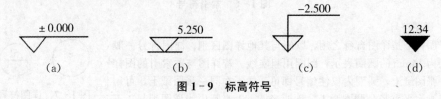

(a)　　　　　　(b)　　　　　　(c)　　　　　　(d)

图 1-9　标高符号

6. 其他符号

(1) 详图符号：详图的位置和编号，应以详图符号表示。详图符号的圆应以直径为 14mm 的粗实线绘制。详图应按下列规定编号：

①详图与被索引的图样同在一张图纸内时，应在详图符号内用阿拉伯数字注明详图的编号（如图 1-10 所示）。

②详图与被索引的图样不在同一张图纸内，应用细实线在详图符号内画一水平直径，在上半圆中注明详图编号，在下半圆中注明被索引的图纸的编号（图1-11）

（2）连接符号：连接符号应以折断线表示需连接的部位。两部位相距过远时，折断线两端靠图样一侧应标注大写拉丁字母表示连接编号。两个被连接的图样必须用相同的字母编号（图1-12）。

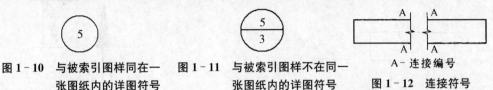

图1-10　与被索引图样同在一　图1-11　与被索引图样不在同一　　　A-连接编号
张图纸内的详图符号　　　张图纸内的详图符号　　　图1-12　连接符号

（3）对称符号：对称符号由对称线和两端的两对平行线组成。对称线用细单点长划线绘制；平行线用细实线绘制，其长度宜为6～10mm，每对的间距宜为2～3mm；对称线垂直平分于两对平行线，两端超出平行线宜为2～3mm（图1-13）。

（4）变更云线：对图纸中局部变更部分宜采用云线，并宜注明修改版次（如图1-14所示）。

（5）指北针：在总平面图及首层的建筑平面图上，一般都绘有指北针，表示该建筑物的朝向。指北针的形状宜如图1-15所示，其圆的直径宜为24mm，用细实线绘制；指针尾部的宽度宜为3mm，指针头部应注"北"或"N"字。需用较大直径绘制指北针时，指针尾部宽度宜为直径的1/8。

图1-13　对称符号　　　图1-14　变更云线　　　图1-15　指北针

六、尺寸标注

1. 尺寸界线、尺寸线及尺寸起止符号

图样上的尺寸组成包括尺寸界线、尺寸线、尺寸起止符号和尺寸数字，如图1-16所示。

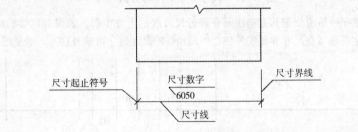

图1-16　尺寸的组成

（1）尺寸界线：应用细实线绘制，一般应与主长度垂直，其一端应离开图样轮廓线不小于2mm，另一端宜超出尺寸线2～3mm。图样轮廓线亦可用作尺寸界线。如图1-17所示。

（2）尺寸线：应用细实线绘制，与被注长度平行；图样本身的任何图线均不得作尺寸线。

（3）尺寸起止符号：一般用中粗斜短线绘制，其倾斜方向应与尺寸界线成顺时针45°角，长度宜为2~3mm。半径、直径、角度和弧长的尺寸起止符号，宜用箭头表示（图1-18）。

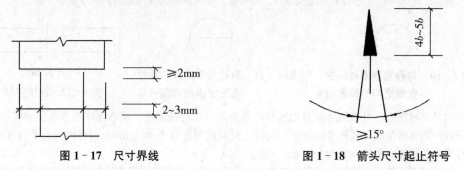

图1-17　尺寸界线　　　　　　　　　图1-18　箭头尺寸起止符号

2. 尺寸数字

图样上的尺寸应以尺寸数字为准，不得从图上直接量取。

（1）图样的尺寸单位，除标高及总平面以米（m）为单位外，均以毫米（mm）为单位。

（2）尺寸数字的方向，应按图1-19（a）所示的形式注写。若尺寸数字在30°斜线区内，宜按图1-19（b）所示的形式注写。

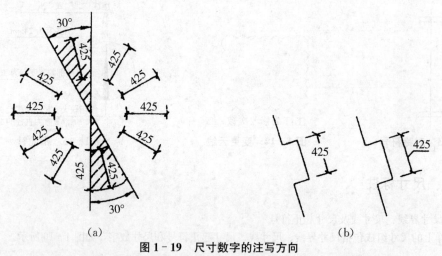

（a）　　　　　　　　　　　　　　　　　（b）

图1-19　尺寸数字的注写方向

（3）尺寸数字一般应依据其方向注写在靠近尺寸线的上方中部。若没有足够的注写位置，最外边的尺寸数字可注写在尺寸界线的外侧，中间相邻的尺寸数字可错开注写，参见图1-20所示。

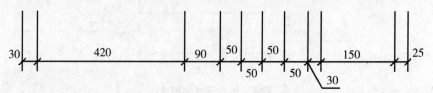

图1-20　尺寸数字的注写位置

3. 尺寸的排列与布置

14

(1) 尺寸宜标注在图样轮廓以外，不宜与图线、文字及符号等相交，如图1-21所示。

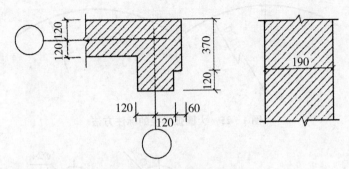

图1-21 尺寸数字的注写

(2) 互相平行的尺寸线，应从被注写的图样轮廓线由近向远整齐排列，较小尺寸应离轮廓线较近，较大尺寸应离轮廓线较远．如图1-22所示。

(3) 图样轮廓线以外的尺寸界线，距图样最外轮廓之间的距离，不宜小于10mm。平行排列的尺寸线的间距，宜为7～10mm，并保持一致（图1-21）。

4. 半径、直径、球的尺寸标注

(1) 半径尺寸线应一端从圆心开始，另一端面箭头指向圆弧。半径数字前应加注半径功能符号"R"，如图1-23所示。

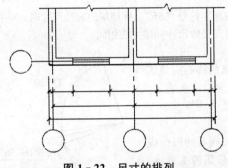

图1-22 尺寸的排列

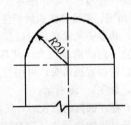

图1-23 半径标注方法

(2) 较小圆弧的半径，可按图1-24所示的形式标注。

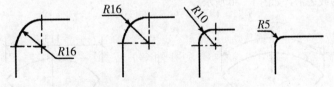

图1-24 小圆弧半径的标注方法

(3) 较大圆弧的半径，可按图1-25所示的形式标注。

(4) 标注圆的直径尺寸时，直径数字前应加注直径符号"φ"。在圆内标注的尺寸线应通过圆心，两端画箭头指至圆弧，如图1-26所示。

(5) 较小圆的直径尺寸，可标注在圆外，如图1-27所示。

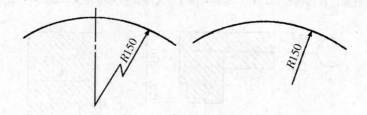

图 1-25　大圆弧半径的标注方法

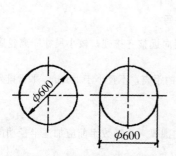

图 1-26　圆直径的标注方法

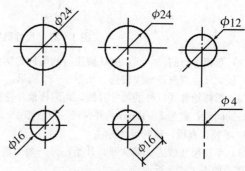

图 1-27　小圆直径的标注方法

（6）标注球的半径尺寸时，应在尺寸数字前加注符号"SR"。标注球的直径尺寸时，应在尺寸数字前加注符号"$S\phi$"。注写方法与圆弧半径圆直径的尺寸标注方法相同。

5. 角度、弧度和弧长的标注

（1）角度的尺寸线，应以圆弧表示。该圆弧的圆心应是该角的顶点，角的两条边为尺寸界线。起止符号应以箭头表示，若没有足够位置画箭头，可用圆点代替，角度数字应按水平方向注写，如图1-28所示。

（2）标注圆弧的弧长时，尺寸线应以该圆弧同心的圆弧线表示。尺寸界线应垂直于该圆弧的弦，起止符号用箭头表示，弧长数字上方应加注圆弧符号"⌒"，如图1-29所示。

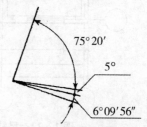

图 1-28　角度标注方法

（3）标注圆弧的弦长时，尺寸线应以平行于该弦的直线表示，尺寸界线应垂直于该弦，起止符号用中粗斜短线表示，如图1-30所示。

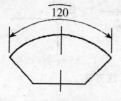

图 1-29　弧长标注方法

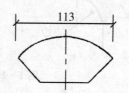

图 1-30　弦长标注方法

6. 薄板厚度、正方形、坡度、曲线等尺寸标注

（1）在薄板板面标注板厚尺寸时，应在厚度数字前加注厚度符号"t"，如图1-31所示。

（2）正方形的尺寸标注，可用"边长×边长"的形式；也可在边长数字前面加注正方形符号

"□"，如图 1‑32 所示。

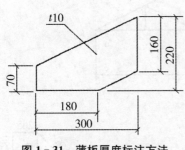

图 1‑31 薄板厚度标注方法

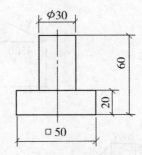

图 1‑32 标注正方形尺寸

（3）坡度标注时，应加注符号"∠"，如图 1‑33（a）、图 1‑33（b）所示，该符号为单面箭头，箭头应指向下坡方向。坡度也可用直角三角形的形式标注，如图 1‑33（c）所示。

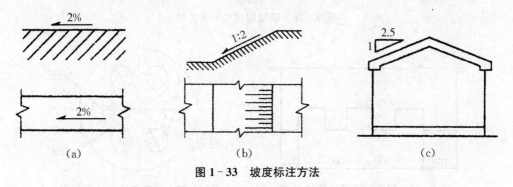

（a）   （b）   （c）

图 1‑33 坡度标注方法

（4）外形为非圆曲线的构件，可用坐标形式标注尺寸，如图 1‑34 所示。

（5）复杂的图形，可用网格形式标注尺寸，如图 1‑35 所示。

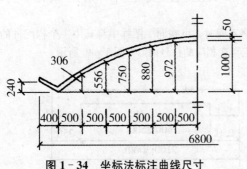

图 1‑34 坐标法标注曲线尺寸

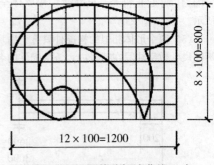

图 1‑35 网格法标注曲线尺寸

7. 尺寸的简化标注

（1）杆件或管线的长度，在单线图（架简图、钢筋简图、管线简图等）上，可直接将尺寸数字沿杆件或管线的一侧注写，如图 1‑36 所示。

（2）连续排列的等长尺寸，可用"个数×等长尺寸＝总成"的形式标注，如图 1‑37 所示。

（3）构配件内的构造因素（例如孔、槽等）如相同，可仅标注其中一个因素的尺寸，如图 1‑38 所示。

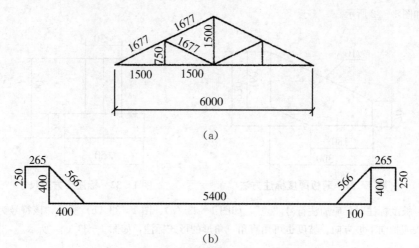

(a)

(b)

图 1-36　单线图尺寸标注方法

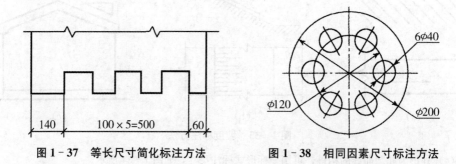

图 1-37　等长尺寸简化标注方法　　　　图 1-38　相同因素尺寸标注方法

（4）对称构配件采用对称省略画法时，该对称构配件的尺寸线应超过对称符号，仅在尺寸线一端画尺寸起止符号；尺寸数字按整体全尺寸注写，其注写位置与对称符号对齐，如图 1-39所示。

（5）两个形体相似的构配件只有个别尺寸数字不同时，可在同一图样中将其中一个构配件的不同尺寸数字注写在括号内；该构配件的名称也应写在相应的括号内，如图 1-40所示。

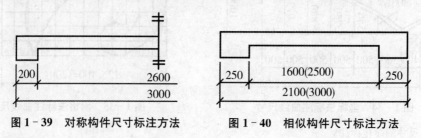

图 1-39　对称构件尺寸标注方法　　　　图 1-40　相似构件尺寸标注方法

（6）数个构配件，如仅某些尺寸不同，这些变化的尺寸数字可用拉丁字母注写在同一图样中，另列表写明其具体尺寸，如图 1-41所示。

8. 标高

（1）标高符号应用直角等腰三角形表示，按图 1-42（a）所示用细实线绘制；如标注位置不够，也可按图 1-42（b）所示形式绘制。标高符号的具体画法如图 1-42（c）、图 1-42（d）所示。

18

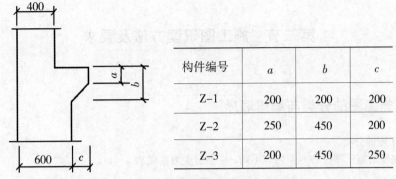

构件编号	a	b	c
Z-1	200	200	200
Z-2	250	450	200
Z-3	200	450	250

图 1-41　相似构配件尺寸表格式标注方法

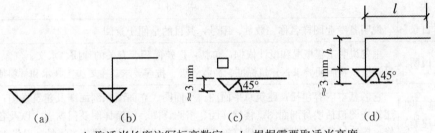

(a)　　　　(b)　　　　(c)　　　　　　(d)

l-取适当长度注写标高数字　　h-根据需要取适当高度
图 1-42　标高符号

(2) 总平面图室外地坪标高符号，宜用涂黑的三角形表示，如图 1-43 (a) 所示；具体画法如图 1-43 (b) 所示。

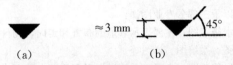

(a)　　　　　　　　(b)

图 1-43　总平面图室外地坪标高符号

(3) 标高符号的尖端应指至被注高度的位置；尖端一般向下，也可向上。标高数字应注写在标高符号的左侧或右侧，如图 1-44 所示。

(4) 标高数字应以米为单位，注写到小数点以后第三位。在总平面图中，可注写到小数点以后第二位。

(5) 零点标高应注写成±0.000。正数标高不注"＋"，负数标高应注"－"，注写到小数点以后第二位时应一致。

(6) 在图样中的同一位置表示几个不同表面的标高时，标高数字可按图 1-45 所示的形式注写。

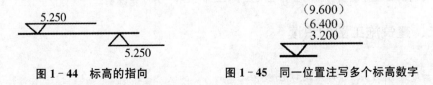

图 1-44　标高的指向　　　　**图 1-45　同一位置注写多个标高数字**

第二节　施工图识读方法及要求

一、施工图的分类与编排顺序

1. 施工图的分类

一套完整的施工图按各专业内容不同，一般分类方法见表 1－14。

表 1－14　　　　　　　　　　施工图的分类

分类	说明
图样目录	说明各专业图样名称、数量、编号，其目的是便于查阅
设计说明	主要说明工程概况和设计依据，包括：建筑面积、有关的地质、水文、气象资料；采暖通风及照明要求；建筑标准、荷载等级、抗震要求；主要施工技术和材料使用等
建筑施工图 （简称建施）	它的基本内容包括：建筑总平面图、平面图、立面图和剖面图及建筑详图；它的建筑详图包括墙身剖面图、楼梯详图、浴厕详图、门窗详图及门窗表，以及各种装修、构造做法、说明等。在建筑施工图的标题栏内均注写建施××号，以供查阅
结构施工图 （简称结施）	它的基本内容包括：基础平面图、各楼层结构平面图、屋顶结构平面图、楼梯结构图及结构详图；它的结构详图有：基础详图，梁、板、柱等构件详图及节点详图等。在结构施工图的标题栏内均注写结施××号，以供查阅
设备施工图 （简称设施）	设施包括以下三部分专业图样： ①给水排水施工图：主要表示管道的布置和走向，构件做法和加工安装要求。图样包括平面图、系统图、详图等 ②采暖通风施工图：主要表示管道布置和构造安装要求。图样包括平面图、系统图、安装详图等 ③电气施工图：主要表示电气线路走向及安装要求。图样包括平面图、系统图、接线原理图以及详图等

在这些图样的标题栏内分别注写水施××号，暖施××号，电施××号，以便查阅。

2. 施工图编排顺序

工程图样应按专业顺序编排。一般应为图样目录、总平面图、建筑施工图、结构施工图、给水排水施工图、暖通空调施工图、电气施工图等。

各专业的图样应该按图样内容的主次关系、逻辑关系，有序排列。

二、建筑施工图的识读

（一）看图方法、步骤及读图要点

1. 看图方法

施工图识读的方法一般是先要弄清楚是何种图纸，然后根据图纸的特点来看。看图应："从上往下看，从左向右看，由外向里看，由大到小看，由粗到细看，图样与说明对照看，建施与结施结合看"。必要时还要把设备图拿来参照看，借助于识图符号"识图箭"，能较快看懂图纸。识图箭由箭头和箭杆两部分组成，箭头是涂黑的带鱼尾状的等腰三角形，箭杆是直线，箭头所指的图位即是箭杆上文字说明所要解释的部位，起到说明图意内容的作用。

2. 看图步骤

(1) 图纸拿来之后，应先把目录看一遍，对这份图纸的建筑类型有个初步的了解；再按照图纸目录检查各类图纸是否齐全，图纸编号与图名是否符合；如采用相配的标准图，则要了解标准图是哪一类的，以及图集的编号和编制的单位，要把它们准备存放在手边以便随时可以查看。图纸齐全后就可以按图纸顺序看图了。

(2) 看图程序是先看设计总说明，了解建筑概况、技术要求，然后看图。一般按目录的排列往下逐张看图，如先看建筑总平面图，了解建筑物的地理位置、高程、坐标、朝向，以及与建筑物有关的一些情况。

(3) 看完建筑总平面图之后，则先看建筑施工图中的建筑平面图，了解房屋的长度、宽度、轴线尺寸、开间大小、一般布局等；再看立面图和剖面图，从而对这栋建筑物有一个总体的了解。

(4) 在对建筑物有了总体了解之后，便可以从基础图一步步地深入看图了。从基础的类型、挖土的深度、基础尺寸、构造、轴线位置等开始仔细地阅读。

(5) 在图纸全部看完之后，可按不同工种有关的施工部分，将图纸再细读。

3. 读图要点

(1) 读总平面图，要特别注意拟建、新建房屋的具体位置、道路系统、原始地形、管线、电缆走向等情况，作为施工现场总平面优化布置的依据。

(2) 从施工角度看，应先看结构平面图，后看建筑平面图，再看建筑立面图、剖面图和其他专业施工图。

(3) 图纸上的标题栏内容与文字说明必须认真阅读，它能说明工程性质、该图主要注意事项和施工要求等内容。

(4) 读图过程中要注意房屋构造布置，特别是一些楼梯间、管道间、电梯井和一些预留洞口等危险部位，做到心中有数，在施工前做好预防工作，在施工中做好安全防护工作。

(5) 读图过程中熟记主要部位的施工做法，特别注意有防火要求和电气焊工艺的部位，提前做好防火准备工作，在施工中加强安全管理。

（二）总平面图的识读

将拟建工程四周一定范围内的新建、拟建、原有和拆除的建筑物、构筑物连同其周围的地形地物状况，用水平投影方法和相应的图例所画出的图样，称为总平面图。

1. 总平面图的用途

(1) 工程施工的依据（如施工定位、施工放线和土方工程）。

(2) 是室外管线布置的依据。

(3) 工程造价的重要依据（如土石方工程量、室外管线工程量的计算）。

2. 总平面图的主要内容

(1) 表明新建区域的地形、地貌、平面布置，包括红线位置，各建（构）筑物、道路、河流、绿化等的位置及其相互间的位置关系。

(2) 确定新建房屋的平面位置。一般根据原有建筑物或道路定位，标注定位尺寸；修建成片住宅、较大的公共建筑物、工厂或地形复杂时，用坐标确定房屋及道路转折点的位置。

（3）表明建筑物首层地面的绝对标高，室外地坪、道路的绝对标高；说明土方填挖情况、地面坡度及雨水排除方向。

（4）用指北针和风向频率玫瑰图来表示建筑物的朝向。

风向频率玫瑰图还表示该地区常年风向频率。它是根据某一地区多年统计的各个方向吹风次数的百分数值，按一定比例绘制，用 16 个罗盘方位表示。风向频率玫瑰图上所表示的风的吹向，是指从外面吹向地区中心的。实线图形表示常年方向频率；虚线图形表示夏季（6、7、8 三个月）的风向频率。

（5）根据工程的需要，有时还有水、暖、电等管线总平面，各种管线综合布置图、竖向设计图、道路纵横剖面图以及绿化布置图等。

（三）建筑施工图的识读

建筑施工图包括各层平面图、立面图、剖面图、建筑详图、特殊房间布置等。阅读施工图时，要核对其室内开间、进深、层高、檐高、屋面做法、建筑配件、细部尺寸及构件规格数量等数据有无矛盾。

1. 建筑平面图识读

建筑平面图，简称平面图，实际上是一幢房屋的水平剖面图。它是假想用一水平剖面将房屋沿门窗洞口剖开，移去上部分，剖面以下部分的水平投影图就是平面图。

一般地说，多层房屋就应画出各层平面图。沿底层门窗洞口切开后得到的平面图，称为底层平面图。沿二层门窗洞口切开后得到的平面图，称为二层平面图。依次可得到三层、四层平面图。当某些楼层平面相同时，可以只画出其中一个平面图，称其为标准层平面图（或中间层平面图）。

为了表明屋面构造，一般还要画出屋顶平面图。它不是剖面图，是俯视屋顶时的水平投影图，主要表示屋面的形状及排水情况和突出屋面的构造位置。

（1）建筑平面图的用途：建筑平面图主要表示建筑物的平面形状、水平方向各部分（出入口、走廊、楼梯、房间、阳台等）的布置和组合关系，墙、柱及其他建筑物的位置和大小。其主要用途是：

①建筑平面图是施工放线，砌墙、柱，安装门窗框、设备的依据。

②建筑平面图是编制和审查工程预算的主要依据。

（2）建筑平面图的基本内容：建筑平面图主要包括以下内容：

①表明建筑物的平面形状，内部各房间包括走廊、楼梯、出入口的布置及朝向。

②表明建筑物及其各部分的平面尺寸。在建筑平面图中，必须详细标注尺寸。平面图中的尺寸分为外部尺寸和内部尺寸。外部尺寸有三道，一般沿横向、竖向分别标注在图形的下方和左方。

第一道尺寸：表示建筑物外轮廓的总体尺寸，也称为外包尺寸。它是从建筑物一端外墙边到另一端外墙边的总长和总宽尺寸。

第二道尺寸：表示轴线之间的距离，也称为轴线尺寸。它标注在各轴线之间，说明房间的开间及进深的尺寸。

第三道尺寸：表示各细部的位置和大小的尺寸，也称细部尺寸。它以轴线为基准，标注出门、窗的大小和位置；墙、柱的大小和位置。此外，台阶（或坡道）、散水等细部结构的尺寸可分别单独标出。

内部尺寸标注在图形内部，用以说明房间的净空大小，内门、窗的宽度，内墙厚度以及固定设备的大小和位置。

③表明地面及各层楼面标高。

④表明各种门、窗位置，代号和编号，以及门的开启方向。门的代号用 M 表示，窗的代号用 C 表示，编号数用阿拉伯数字表示。

⑤表示剖面图剖切符号、详图索引符号的位置及编号。

⑥综合反映其他各工种（工艺、水、暖、电）对土建的要求：各工程要求的坑、台、水池、地沟、电闸箱、消火栓、雨水管等及其在墙或楼板上的预留洞，应在图中表明其位置及尺寸。

⑦表明室内装修做法：包括室内地面、墙面及天棚等处的材料及做法。一般简单的装修，在平面图内直接用文字说明；较复杂的工程则另列房间细表和材料做法表，或另画建筑装修图。

⑧文字说明：平面图中不易表明的内容，如施工要求、砖及灰浆的强度等级等需用文字说明。

以上所列内容，可根据具体项目的实际情况取舍。

2. 建筑立面图识读

建筑立面图识读，见表1-15。

表1-15　　　　　　　　　　　　　　建筑立面图识读

项　目	说　明
建筑立面图的形成及名称	建筑立面图，简称立面图，就是对房屋的前后左右各个方向所做的正投影图。立面图的命名方法有： ①按房屋朝向，如南立面图、北立面图、东立面图、西立面图 ②按轴线的编号，如图①—⑩立面图，Ⓐ—Ⓓ立面图 ③按房屋的外貌特征命名，如正立面图、背立面图等 对于简单的对称式房屋，立面图可只绘出一半，但应画出对称轴线和对称符号
建筑立面图的用途	立面图是表示建筑物的体形、外貌和室外装修要求的图样，主要用于外墙的装修施工和编制工程预算
建筑立面图的主要图示内容	建筑立面图图示的主要内容有： ①图名，比例。立面图的比例常与平面图一致 ②标注建筑物两端的定位轴线及其编号。在立面图中一般只画出两端的定位轴线及其编号，以便与平面图对照 ③画出室内外地面线，房屋的勒脚，外部装饰及墙面分格线。表示出屋顶、雨篷、阳台、台阶、雨水管、水斗等细部结构的形状和做法。为了 使立面图外形清晰，通常把房屋立面的最外轮廓线画成粗实线，室外地面用特粗线表示，门窗洞口、檐口、阳台、雨篷、台阶等用中实线表示；其余的，如墙面分隔线、门窗格子、雨水管以及引出线等均用细实线表示 ④表示门窗在外立面的分布、外形、开启方向。在立面图上，门窗应按标准规定的图例画出。门、窗立面图中的斜细线，是开启方向符号。细实线表示向外开，细虚线表示向内开。一般无须把所有的窗都画上开启符号。凡是窗的型号相同的，只画出其中一二个即可 ⑤标注各部位的标高及必须标注的局部尺寸。在立面图上，高度尺寸主要用标高表示。一般要注出室内外地坪，一层楼地面，窗台、窗顶、阳台面、檐口、女儿墙压顶面、进口平台面及雨篷底面等的标高 ⑥标注出详图索引符号 ⑦文字说明外墙装修做法。根据设计要求外墙面可选用不同的材料及做法，在立面图上一般用文字说明

3. 建筑剖面图识读

建筑剖面图识读见表1-16。

　　　　　　　　　　　　　　　建筑剖面图识读

项　目	说　明
建筑剖面图的形式和用途	建筑剖面图简称剖面图，一般是指建筑物的垂直剖面图，且多为横向剖切形式。剖面图的用途主要有： ①主要表示建筑物内部垂直方向的结构形式、分层情况、内部构造及各部位的高度等，用于指导施工 ②编制工程预算时，与平、立面图配合计算墙体、内部装修等的工程量
建筑剖面图的主要内容	建筑剖面图的主要内容有： ①图名、比例及定位轴线。剖面图的图名与底层平面图所标注的剖切位置符号的编号一致。在剖面图中，应标出被剖切的各承重墙的定位轴线及与平面图一致的轴线编号 ②表示出室内底层地面到屋顶的结构形式、分层情况。在剖面图中，断面的表示方法与平面图相同。断面轮廓线用粗实线表示，钢筋混凝土构件的断面可涂黑表示。其他没被剖切到的可见轮廓线用中实线表示 ③标注各部分结构的标高和高度方向尺寸。剖面图中应标注出室内外地面、各层楼面、楼梯平台、檐口、女儿墙顶面等处的标高。其他结构则应标注高度尺寸。高度尺寸分为三道： 第一道：总高尺寸，标注在最外边 第二道：层高尺寸，主要表示各层的高度 第三道：细部尺寸，表示门窗洞、阳台、勒脚等的高度 ④文字说明某些用料及楼、地面的做法等。需画详图的部位，还应标注出详图索引符号

4. 建筑详图识读

建筑详图是把房屋的某些细部构造及构配件用较大的比例（如 1：20，1：10，1：5 等）将其形状、大小、材料和做法详细表达出来的图样，简称详图或大样图、节点图。常用的详图一般有：墙身详图、楼梯详图、门窗详图、厨房、卫生间、浴室、壁橱及装修详图（吊顶、墙裙、贴面）等。具体识读方法见表 1‑17。

建筑详图的识读，见表 1‑17。

　　　　　　　　　　　　　　　建筑详图的识读

项　目	说　明
建筑详图的分类及特点	建筑详图分为局部构造详图和构配件详图。局部构造详图主要表示房屋某一局部构造做法和材料的组成，如墙身详图、楼梯详图等。构配件详图主要表示构配件本身的构造，如门、窗、花格等详图。建筑详图具有以下特点： ①图形详：图形采用较大比例绘制，各部分结构应表达详细，层次清楚，但又要详而不繁 ②数据详：各结构的尺寸要标注完整齐全 ③文字详：无法用图形表达的内容采用文字说明，要详尽清楚 详图的表达方法和数量，可根据房屋构造的复杂程度而定。有的只用一个剖面详图就能表达清楚（如墙身详图），有的需加平面详图（如楼梯间、卫生间），或用立面详图（如门窗详图）

项　目	说　明
外墙身详图识读	外墙身详图实际上是建筑剖面图的局部放大图。它主要表示房屋的屋顶、檐口、楼层、地面、窗台、门窗顶、勒脚、散水等处的构造，楼板与墙的连接关系。 　　(1) 主要内容：外墙身详图的主要内容包括： 　　①标注墙身轴线编号和详图符号 　　②采用分层文字说明的方法表示屋面、楼面、地面的构造 　　③表示各层梁、楼板的位置及与墙身的关系 　　④表示檐口部分如女儿墙的构造、防水及排水构造 　　⑤表示窗台、窗过梁（或圈梁）的构造情况 　　⑥表示勒脚部分如房屋外墙的防潮、防水和排水的做法。外墙身的防潮层，一般在室内底层地面下 60mm 左右处。外墙面下部有厚 30mm1：3 水泥砂浆，层面为褐色水刷石的勒脚。墙根处有坡度 5% 的散水 　　⑦标注各部位的标高及高度方向和墙身细部的大小尺寸 　　⑧文字说明各装饰内、外表面的厚度及所用的材料 　　(2) 注意事项：外墙身详图阅读时应注意以下问题： 　　①±0.000 或防潮层以下的砖墙以结构基础图为施工依据，看墙身剖面图时，必须与基础图配合，并注意 ±0.000 处的搭接关系及防潮层的做法 　　②屋面、地面、散水、勒脚等的做法、尺寸应和材料做法对照 　　③要注意建筑标高和结构标高的关系。建筑标高一般是指地面或楼面装修完成后上表面的标高，结构标高主要指结构构件的下皮或上皮标高。在预制楼板结构楼层剖面图中，一般只注明楼板的下皮标高。在建筑墙身剖面图只注明建筑标高
楼梯详图识读	楼梯是房屋中比较复杂的构造，目前多采用预制或现浇钢筋混凝土结构。楼梯由楼梯段、休息平台和栏板（或栏杆）等组成 　　楼梯详图一般包括平面图、剖面图及踏步栏杆详图等。它们表示出楼梯的形式，踏步、平台、栏杆的构造、尺寸、材料和做法。楼梯详图分为建筑详图与结构详图，并分别绘制。对于比较简单的楼梯，建筑详图和结构详图可以合并绘制，编入建筑施工图和结构施工图 　　①楼梯平面图。一般每一层楼都要画一张楼梯平面图。三层以上的房屋，若中间各层的楼梯位置及其梯段数、踏步数和大小相同时，通常只画底层、中间层和顶层三个平面图 　　楼梯平面图实际是各层楼梯的水平剖面图，水平剖切位置应在每层上行第一梯段及门窗洞口的任一位置处。各层（除顶层外）被剖到的梯段，按"国标"规定，均在平面图中以一根 45°折断线表示 　　在各层楼梯平面图中应标注该楼梯间的轴线及编号，以确定其在建筑平面图中的位置。底层楼梯平面图还应注明楼梯剖面图的剖切符号 　　平面图中要注出楼梯间的开间和进深尺寸、楼地面和平台面的标高及各细部的详细尺寸。通常把梯段长度尺寸与踏面数、踏面宽的尺寸合写在一起

续表 2

项 目	说 明
楼梯详图识读	②楼梯剖面图。假想用一铅垂平面通过各层的一个梯段和门窗洞将楼梯剖开，向另一未剖到的梯段方向投影，所得到的剖面图，即为楼梯剖面图 楼梯剖面图表达出房屋的层数、楼梯梯段数、步级数以及楼梯形式，楼地面、平台的构造及与墙身的连接等。若楼梯间的屋面没有特殊之处，一般可不画 楼梯剖面图中还应标注地面、平台面、楼面等处的标高和梯段、楼层、门窗洞口的高度尺寸。楼梯高度尺寸注法与平面图梯段长度注法相同。如 $10 \times 150 = 1500$，10 为步级数，表示该梯段为 10 级，150 为踏步高度 楼梯剖面图中也应标注承重结构的定位轴线及编号。对需画详图的部位注出详图索引符号 ③节点详图。楼梯节点详图主要表示栏杆、扶手和踏步的细部构造

三、结构施工图识读

结构施工图是表示建筑物的承重构件（如基础、承重墙、梁、板、柱等）的布置，及形状大小、内部构造和材料做法等的图纸。

（1）结构施工图的主要用途是：施工放线、构件定位、支模板、轧钢筋、浇筑混凝土、安装梁、板、柱等构件以及编制施工组织设计的依据；编制工程预算和工料分析的依据。

（2）建筑结构按其主要承重构件所采用的材料不同，一般可分为钢结构、木结构、砖石结构和钢筋混凝土结构等。不同的结构类型，其结构施工图的具体内容及编排方式也各有不同，但一般都包括以下三部分：

①结构设计说明；

②结构平面图；

③构件详图。

结构构件的种类繁多，为了便于绘图和读图，在结构施工图中常用代号来表示构件的名称。构件代号一般用大写的汉语拼音字母表示。

当采用标准、通用图集中的构件时，应用该图集中的规定代号或型号注写。

1. 基础结构图识读

基础结构图或称基础图，是表示建筑物室内地面（±0.000）以下基础部分的平面布置和构造的图样，包括基础平面图、基础详图和文字说明等（表 1-18）。

基础结构图的具体识读方法见表 1-18。

表 1-18　　　　　　　　　　　基础结构图的识读

项 目		说 明
基础平面图	基础平面图的形成	基础平面图是假想用一个水平剖切面在地面附近将整幢房屋剖切后，向下投影所得到的剖面图（不考虑覆盖在基础上的泥土） 基础平面图主要表示基础的平面位置，以及基础与墙、柱轴线的相对关系。在基础平面图中，被剖切到的基础墙轮廓要画成粗实线。基础底部的轮廓线画成细实线。基础的细部构造不必画出。它们将详尽地表达在基础详图上。图中的材料图例可与建筑平面图画法一致 在基础平面图中，必须注出与建筑平面图一致的轴间尺寸。此外，还应注出基础的宽度尺寸和定位尺寸。宽度尺寸包括基础墙宽和大放脚宽；定位尺寸包括基础墙、大放脚与轴线的联系尺寸

项 目		说 明
基础平面图	基础平面图的内容	基础平面图主要包括： ①图名、比例 ②纵横定位线及其编号（必须与建筑平面图中的轴线一致） ③基础的平面布置，即基础墙、柱及基础底面的形状、大小及其与轴线的关系 ④断面图的剖切符号 ⑤轴线尺寸、基础大小尺寸和定位尺寸 ⑥施工说明
基础详图		基础详图是用放大的比例画出的基础局部构造图，它表示基础不同断面处的构造做法、详细尺寸和材料。基础详图的主要内容有： ①轴线及编号 ②基础的断面形状、基础形式、材料及配筋情况 ③基础的详细尺寸：表示基础的各部分长、宽、高，基础埋深，垫层宽度和厚度等尺寸；主要部位标高，如室内外地坪及基础底面标高等 ④防潮层的位置及做法

2. 楼层结构平面图识读

楼层结构平面图是假想沿着楼板面（结构层）把房屋剖开，所做的水平投影图。它主要表示楼板、梁、柱、墙等结构的平面布置，现浇楼板、梁等的构造、配筋以及各构件间的联结关系。一般由平面图和详图所组成。

3. 屋顶结构平面图识读

屋顶结构平面图是表示屋顶承重构件布置的平面图，它的图示内容与楼层结构平面图基本相同，对于平屋顶，因屋面排水的需要，承重构件应按一定坡度铺设，并设置天沟、上人孔、屋顶水箱等。

四、钢筋混凝土构件结构详图识读

结构平面图只是表示房屋各楼层的承重构件的平面布置，而各构件的真实形状、大小、内部结构及构造并未表达出来。为此，还需画结构详图。

钢筋混凝土构件是指用钢筋混凝土制成的梁、板、桩、屋架等构件，按施工方法不同可分为现浇钢筋混凝土构件和预制钢筋混凝土构件两种。钢筋混凝土构件详图一般包括模板图、配筋图、预埋件详图及配筋表。配筋图又分为立面图、断面图和钢筋详图，主要用来表示构件内部钢筋的级别、尺寸、数量和配置，它是钢筋下料以及绑扎钢筋骨架的施工依据。模板图主要用来表示构件外形尺寸以及预埋件、预留孔的大小及位置，它是模板制作和安装的依据。

钢筋混凝土构件结构详图主要包括以下主要内容：

（1）构件详图的图名及比例。

（2）详图的定位轴线及编号。

（3）阅读结构详图，亦称配筋图。配筋图表明结构内部的配筋情况，一般由立面图和断面图组成。梁、柱的结构详图由立面图和断面图组成，板的结构图一般只画平面图或断面图。

（4）模板图，是表示构件的外形或预埋件位置的详图。

（5）构件构造尺寸、钢筋表。

第三节　建筑工程施工图常用图例

一、常用建筑材料图例

常用建筑材料图例，见表1-19。

表 1-19　　　　　　　　　　　　常用建筑材料图例

名　称	图　例	说　明
自然土壤		—
夯实土壤		—
砂、灰土		—
砂砾石、碎砖三合土		—
普通砖		包括实心砖、多孔砖、砌块等砌体。断面较窄不易绘出图例线时，可涂红，并在图纸备注中加注说明，画出该材料图例
石材		
毛石		
耐火砖		包括耐酸砖等砌体
空心砖		指非承重砖砌体
饰面砖		包括铺地砖、马赛克、陶瓷锦砖、人造大理石等
焦渣、矿渣		包括与水泥、石灰等混合而成的材料

名　称	图　例	说　明
混凝土		①本图例指能承重的混凝土及钢筋混凝土 ②包括各种强度等级、骨料、添加剂的混凝土 ③在剖面图上画出钢筋时，不画图例线 ④断面图形小，不易画出图例线时，可涂黑
钢筋混凝土		
多孔材料		包括水泥珍珠岩、沥青珍珠岩、泡沫混凝土、非承重加气混凝土、软木、蛭石制品等
纤维材料		包括矿棉、岩棉、玻璃棉、麻丝、木丝板、纤维板等
泡沫塑料材料		包括聚苯乙烯、聚乙烯、聚氨酯等多孔聚合物类材料
木材		①上图为横断面，左图为垫木、木砖或木龙骨 ②下图为纵断面
胶合板		应注明为×层胶合板
石膏板		包括圆孔石膏板、方孔石膏板、防水石膏板、硅钙板、防火板等
金属		①包括各种金属 ②图形小时，可涂黑
网状材料		①包括金属、塑料网状材料 ②应注明具体材料名称
液体		应注明液体名称
玻璃		包括平板玻璃、磨砂玻璃、夹丝玻璃、钢化玻璃、中空玻璃、夹层玻璃、镀膜玻璃等
橡胶		——
塑料		包括各种软、硬塑料及有机玻璃等
防水材料		构造层次多或比例大时，采用上图图例
粉刷		本图例采用较稀的点

二、常用建筑构造及配件图例

常用建筑构造及配件图例，见表1-20。

表1-20 常用建筑构造及配件图例

名　称	图　例	说　明
墙体		①上图为外墙，下图为内墙 ②外墙细线表示有保温层或有幕墙 ③应加注文字或涂色或图案填充表示各种材料的墙体 ④在各层平面图中防火墙宜着重以特殊图案填充表示
隔断		①加注文字或涂色或图案填充表示各种材料的轻质隔断 ②适用于到顶与不到顶隔断
玻璃幕墙		幕墙龙骨是否表示由项目设计决定
栏杆		—
楼梯		①上图为顶层楼梯平面，中图为中间层楼梯平面，下图为底层楼梯平面 ②需设置靠墙扶手或中间扶手时，应在图中表示
检查口		左图为可见检查口，右图为不可见检查口
孔洞		阴影部分亦可填充灰度或涂色代替
坑槽		—
墙预留洞、槽	宽×高或φ 标高 宽×高或φ×深 标高	①上图为预留洞，下图为预留槽 ②平面以洞（槽）中心定位 ③标高以洞（槽）底或中心定位 ④宜以涂色区别墙体和预留洞（槽）

续表1

名　称	图　例	说　明
坡道	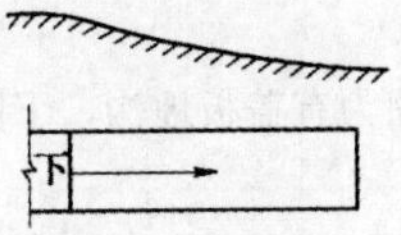	长坡道
	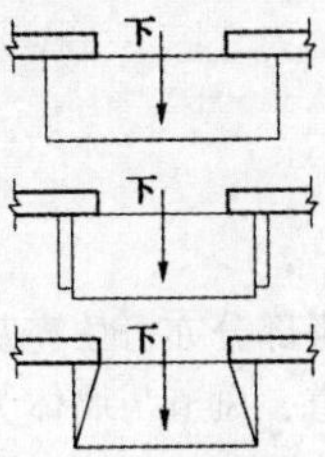	上图为两侧垂直的门口坡道，中图为有挡墙的门口坡道，下图为两侧找坡的门口坡道
台阶	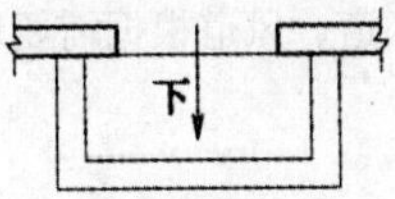	—
平面高差	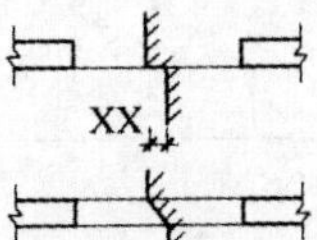	用于高差小的地面或楼面交接处，并应与门的开启方向协调
新建的墙和窗	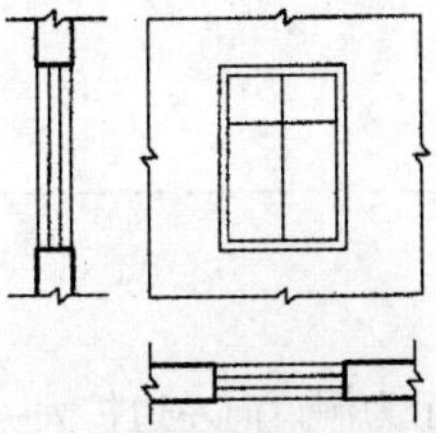	—
改建时保留的墙和窗	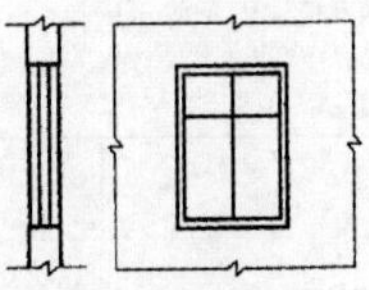	只更换窗，应加粗窗的轮廓线
拆除的墙	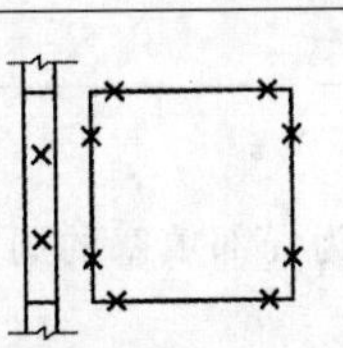	—

31

名 称	图 例	说 明
地沟		上图为有盖板地沟，下图为无盖板明沟
烟道	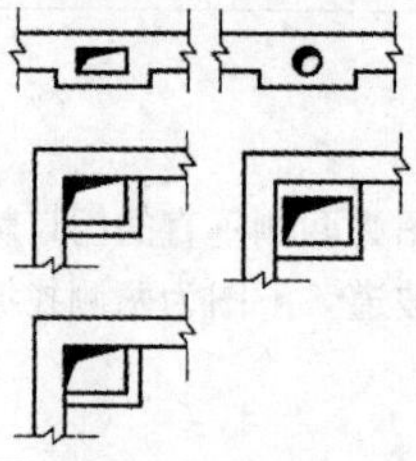	①阴影部分亦可填充灰度或涂色代替 ②烟道、风道与墙体为相同材料，其相接处墙身线应连通 ③烟道、风道根据需要增加不同材料的内衬
风道	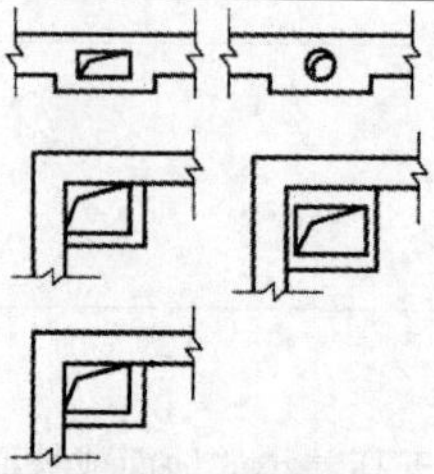	
改建时在原有墙或楼板新开的洞	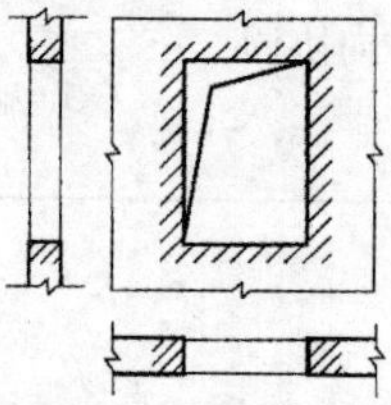	——
在原有墙或楼板洞旁扩大的洞	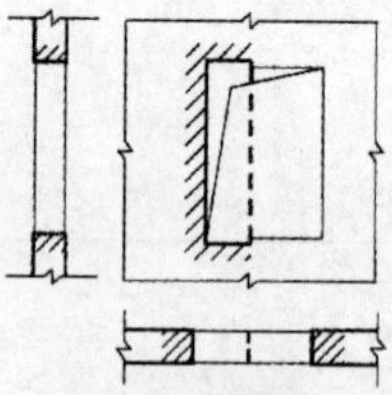	图示为洞口向左边扩大
在原有墙或楼板上全部填塞的洞	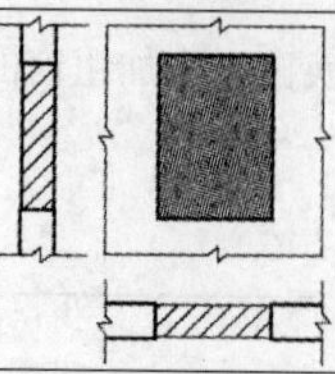	图中立面填充灰度或涂色
在原有墙或楼板上局部填塞的洞	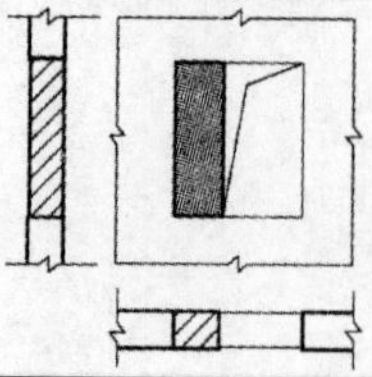	左侧为局部填塞的洞，图中立面填充灰度或涂色

32

名　称	图　例	说　明
空门洞	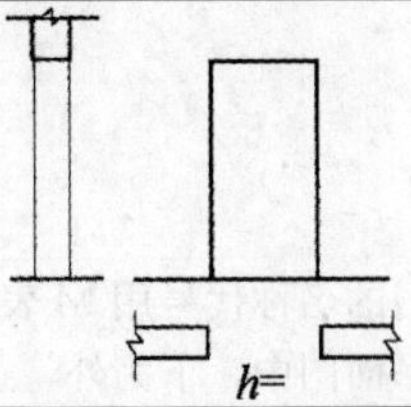	h 为门洞高度
单面开启单扇门 （包括平开或单面 弹簧）	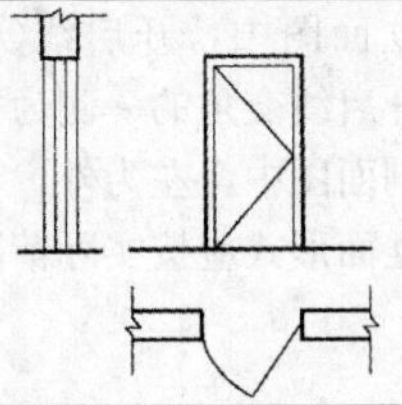	①门的名称代号用 M 表示 ②平面图中，下为外，上为内 ③立面图中，开启线实线为外开，虚线为内开，开启线交角的一侧为安装合页一侧。开启线在建筑立面图中可不表示，在立面大样图中可根据需要绘出 ④剖面图中，左为外，右为内 ⑤附加纱扇应以文字说明，在平、立、剖面图中均不表示 ⑥立面形式应按实际情况绘制
双面开启单扇门 （包括双面平开或 双面弹簧）	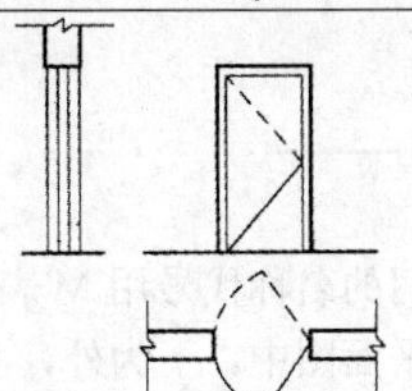	
双层单扇平开门	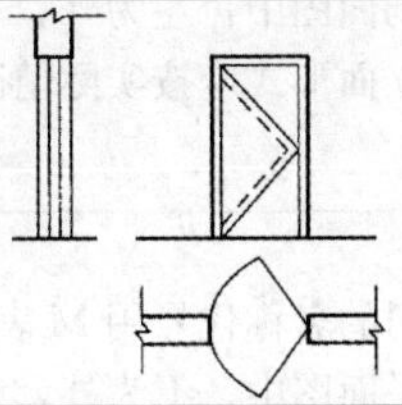	
单面开启双扇门 （包括平开或单面 弹簧）	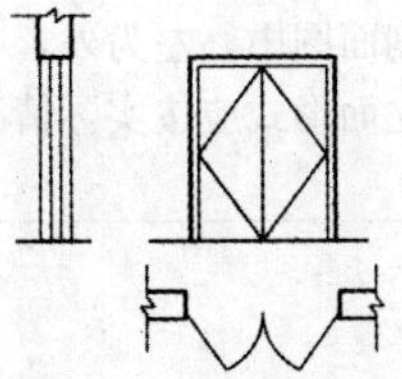	①门的名称代号用 M 表示 ②平面图中，下为外，上为内 门开启线为 90°、60°或 45°，开启弧线宜绘出 ③立面图中，开启线实线为外开，虚线为内开，开启线交角的一侧为安装合页一侧。开启线在建筑立面图中可不表示，在立面大样图中可根据需要绘出 ④剖面图中，左为外，右为内 ⑤附加纱扇应以文字说明，在平、立、剖面图中均不表示 ⑥立面形式应按实际情况绘制
双面开启双扇门 （包括双面平开或 双面弹簧）	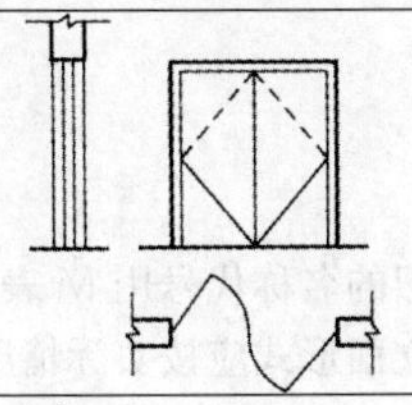	
双层双扇平开门	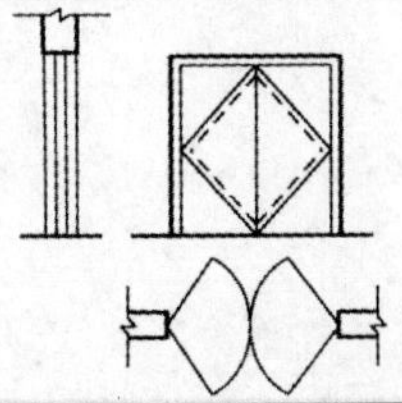	

33

名 称	图 例	说 明
折叠门	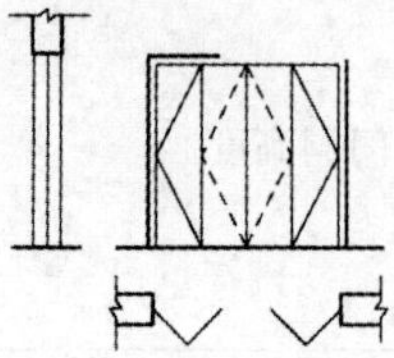	①门的名称代号用 M 表示 ②平面图中，下为外，上为内 ③立面图中，开启线实线为外开，虚线为内开，开启线交角的一侧为安装合页一侧 ④剖面图中，左为外，右为内 ⑤立面形式应按实际情况绘制
推拉折叠门	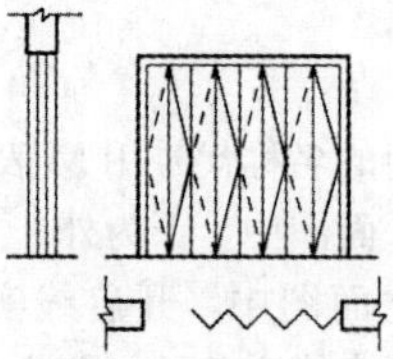	
墙洞外单扇推拉门	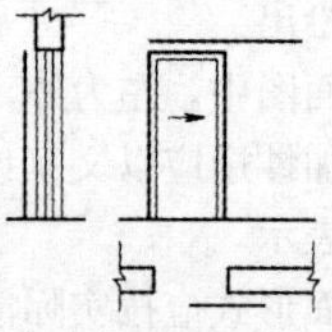	①门的名称代号用 M 表示 ②平面图中，下为外，上为内 ③剖面图中，左为外，右为内 ④立面形式应按实际情况绘制
墙洞外双扇推拉门	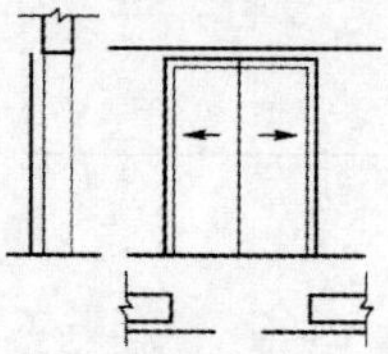	①门的名称代号用 M 表示 ②平面图中，下为外，上为内 ③剖面图中，左为外，右为内 ④立面形式应按实际情况绘制
墙中单扇推拉门	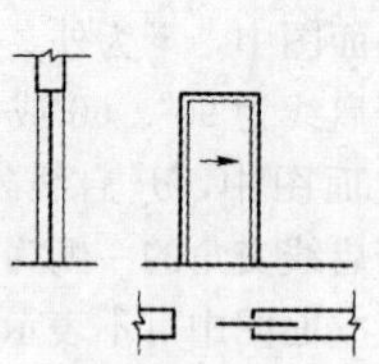	
墙中双扇推拉门	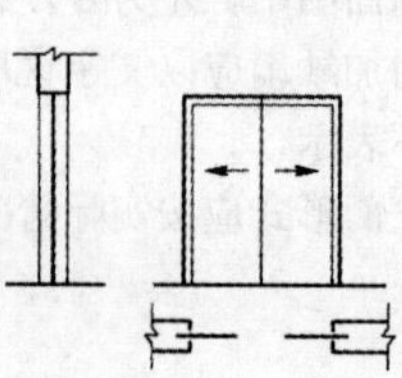	①门的名称代号用 M 表示 ②立面形式应按实际情况绘制

名 称	图 例	说 明
两翼智能旋转门	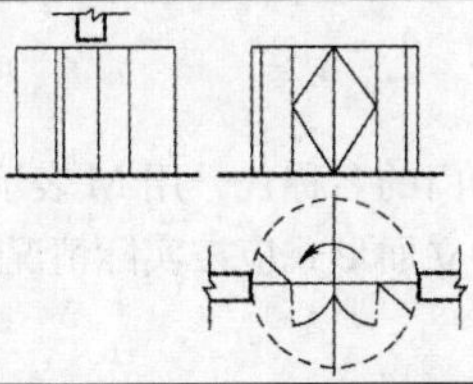	①门的名称代号用 M 表示 ②立面形式应按实际情况绘制
自动门		
折叠上翻门	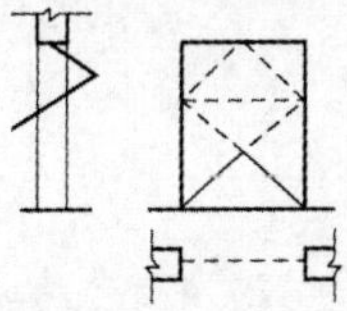	①门的名称代号用 M 表示 ②平面图中，下为外，上为内 ③剖面图中，左为外，右为内 ④立面形式应按实际情况绘制
提升门	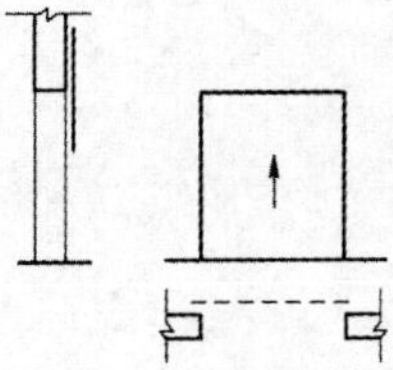	①门的名称代号用 M 表示 ②立面形式应按实际情况绘制
分节提升门		
推杠门	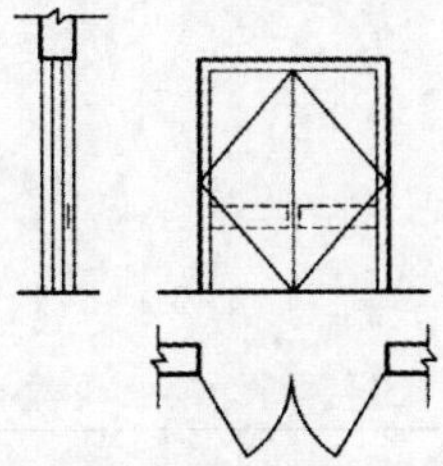	①门的名称代号用 M 表示 ②平面图中，下为外，上为内，门开启线为 90°、60°或 45° ③立面图中，开启线实线为外开，虚线为内开，开启线交角的一侧为安装合页一侧。开启线在建筑立面图中可不表示，在立面大样图中可根据需要绘出 ④剖面图中，左为外，右为内 ⑤立面形式应按实际情况绘制
门连窗		

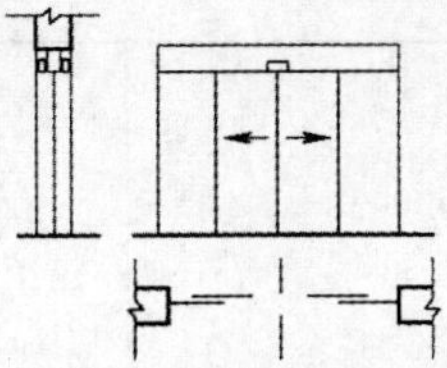

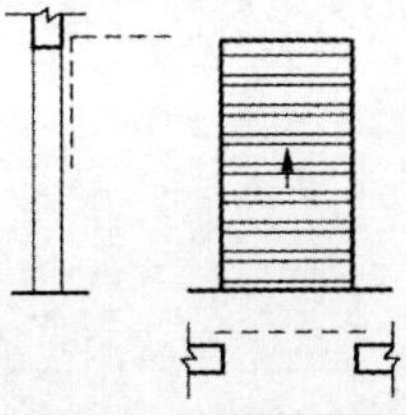

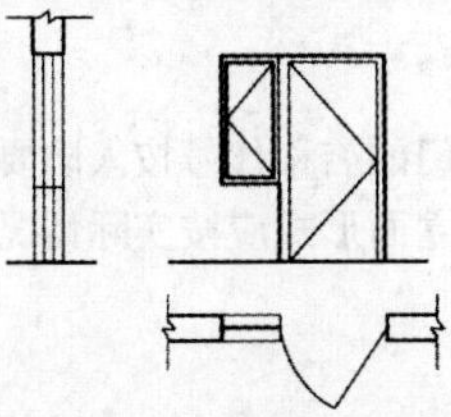

名　称	图　例	说　明
旋转门		①门的名称代号用 M 表示 ②立面形式应按实际情况绘制
横向卷帘门		
竖向卷帘门		
单侧双层卷帘门		
双侧单层卷帘门		
人防单扇防护密闭门		①门的名称代号按人防要求表示 ②立面形式应按实际情况绘制

名 称	图 例	说 明
人防单扇密闭门	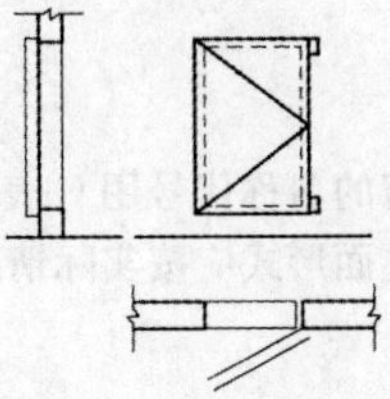	①门的名称代号按人防要求表示 ②立面形式应按实际情况绘制
人防双扇防护密闭门	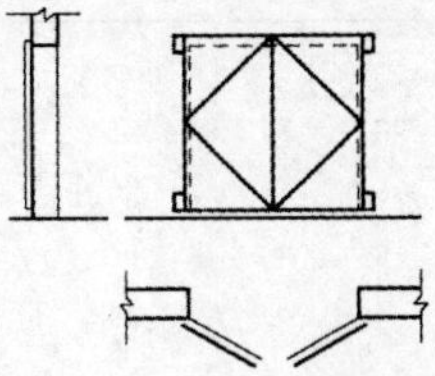	①门的名称代号按人防要求表示 ②立面形式应按实际情况绘制
人防双扇密闭门	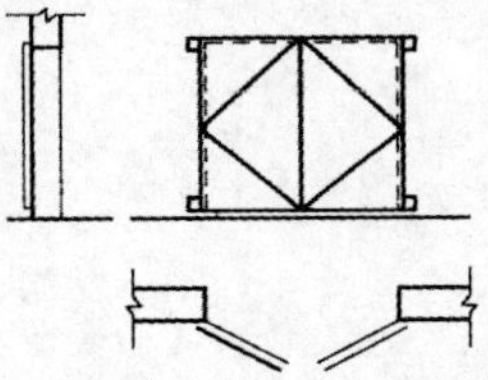	
固定窗	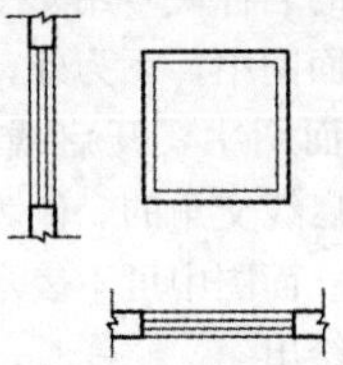	①窗的名称代号用 C 表示 ②平面图中，下为外，上为内 ③立面图中，开启线实线为外开，虚线为内开，开启线交角的一侧为安装合页一侧。开启线在建筑立面图中可不表示，在立面大样图中可根据需要绘出 ④剖面图中，左为外，右为内。虚线仅表示开启方向，项目设计不表示 ⑤附加纱窗应以文字说明，在平、立、剖面图中均不表示 ⑥立面形式应按实际情况绘制
上悬窗	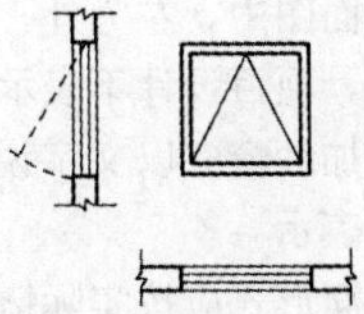	
中悬窗	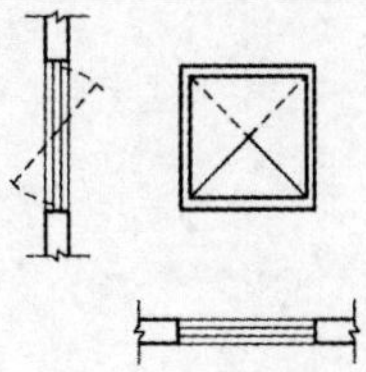	
下悬窗	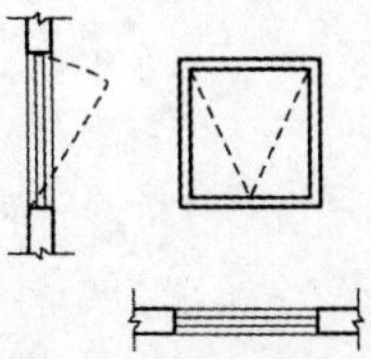	

名　称	图　例	说　明
平推窗	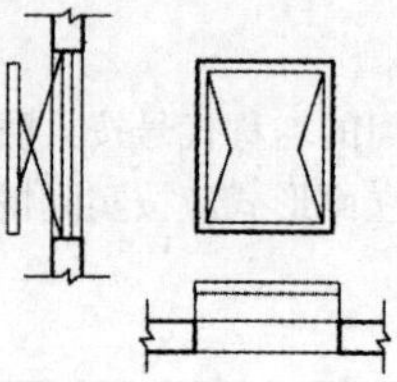	①窗的名称代号用 C 表示 ②立面形式应按实际情况绘制
立转窗		
内开平开内倾窗	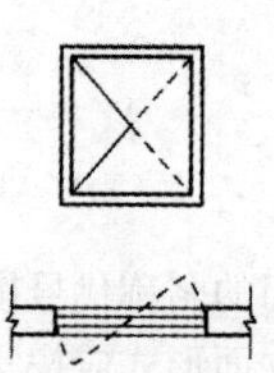	①窗的名称代号用 C 表示 ②平面图中，下为外，上为内 ③立面图中，开启线实线为外开，虚线为内开，开启线交角的一侧为安装合页一侧。开启线在建筑立面图中可不表示，在立面大样图中可根据需要绘出 ④剖面图中，左为外，右为内。虚线仅表示开启方向，项目设计不表示 ⑤附加纱窗应以文字说明，在平、立、剖面图中均不表示 ⑥立面形式应按实际情况绘制
单层外开平开窗		
单层内开平开窗		
双层内外开平开窗		

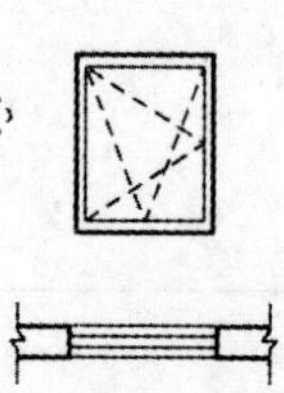

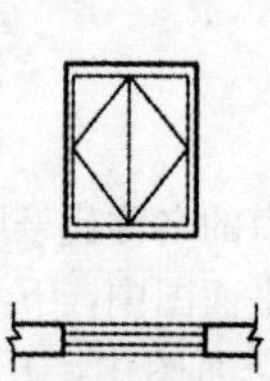

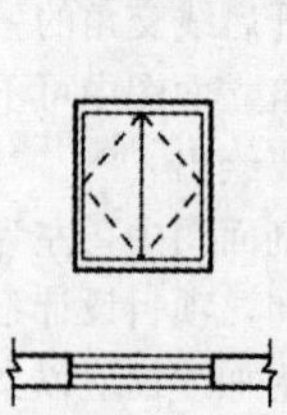

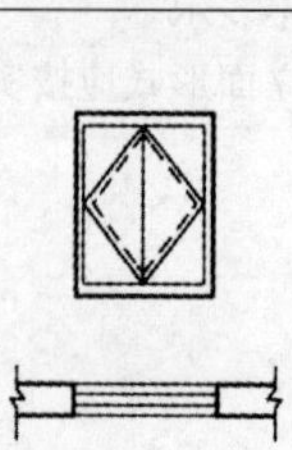

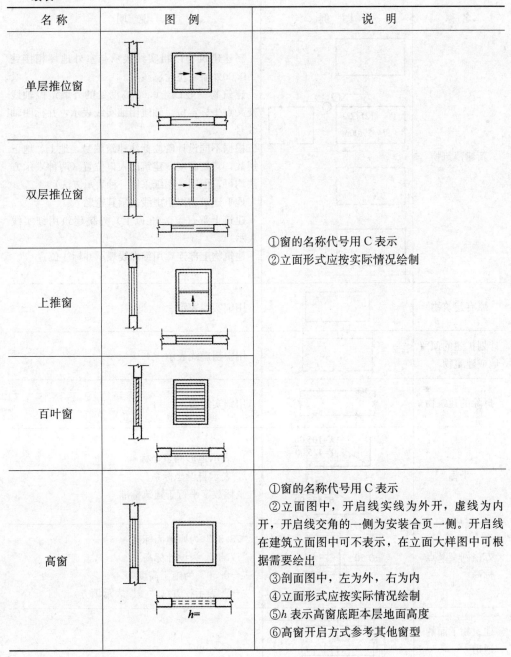

名 称	图 例	说 明
单层推位窗		
双层推位窗		①窗的名称代号用 C 表示 ②立面形式应按实际情况绘制
上推窗		
百叶窗		
高窗	h=	①窗的名称代号用 C 表示 ②立面图中，开启线实线为外开，虚线为内开，开启线交角的一侧为安装合页一侧。开启线在建筑立面图中可不表示，在立面大样图中可根据需要绘出 ③剖面图中，左为外，右为内 ④立面形式应按实际情况绘制 ⑤h 表示高窗底距本层地面高度 ⑥高窗开启方式参考其他窗型

三、总平面图例

总平面图例见表 1-21。

表 1–21　　　　　　　　　　　　　总平面图例

名　称	图　例	说　明
新建建筑物	$X=$ $Y=$ ① 12F/2D H=59.00m	新建建筑物以粗实线表示与室外地坪相接处±0.00外墙定位轮廓线 建筑物一般以±0.00高度处的外墙定位轴线交叉点坐标定位。轴线用细实线表示，并标明轴线号 根据不同设计阶段标注建筑编号，地上、地下层数，建筑高度，建筑出入口位置（两种表示方法均可，但同一图纸采用一种表示方法） 地下建筑物以粗虚线表示其轮廓 建筑上部（±0.00以上）外挑建筑用细实线表示 建筑物上部连廊用细虚线表示并标注位置
原有建筑物		用细实线表示
计划扩建的预留地或建筑物		用中粗虚线表示
拆除的建筑物		用细实线表示
坐标	1. X=105.00 Y=425.00 2. A=105.00 B=425.00	1. 表示地形测量坐标 2. 表示自设坐标系 坐标数字平行于建筑标准
方格网交叉点标高	−0.50 ┃ 77.85 　　　　 78.35	"78.35"为原地面标高 "77.85"为设计标高 "−0.50"为施工高度 "−"表示挖方（"+"表示填方）
建筑物下面的通道		—
散状材料露天堆场		需要时可注明材料名称

名　称	图　例	说　明
其他材料露天堆场或露天作业场	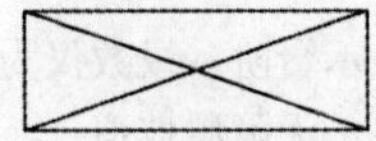	需要时可注明材料名称
铺砌场地	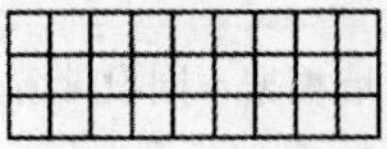	—
敞篷或敞廊	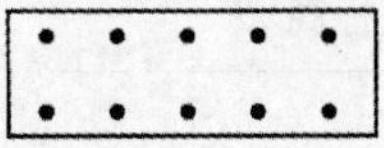	—
高架式料仓	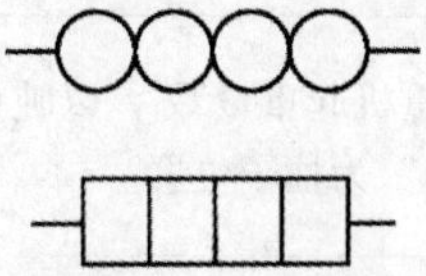	—
漏斗式贮仓		左、右图为底卸式 中图为侧卸式
冷却塔（池）		应注明冷却塔或冷却池
水塔、贮槽	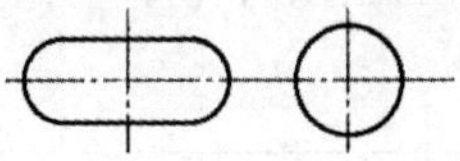	左图为卧式贮罐 右图为水塔或立式贮罐
水池、坑槽		也可以不涂黑
明溜矿槽（井）	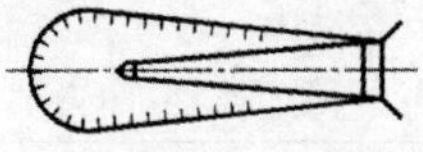	—
斜井或平洞	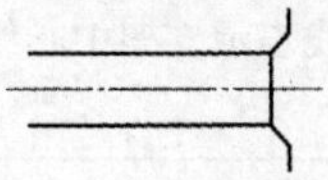	—
烟囱	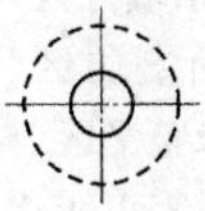	实线为烟囱下部直径，虚线为基础，必要时可注写烟囱高度和上、下口直径
围墙及大门	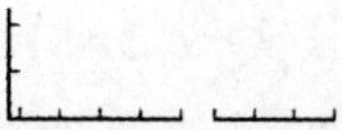	—

名 称	图 例	说 明
台 阶	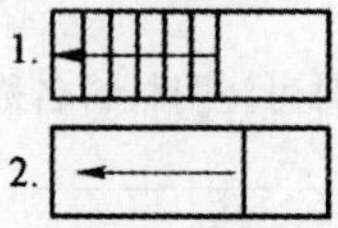 1. 2.	1. 表示台阶（级数仅为示意） 2. 表示无障碍坡道
挡土墙	 ▼5.00 1.50	挡土墙根据不同设计阶段的需要标 墙顶标高 墙底标高
挡土墙上设围墙		—
露天桥式起重机	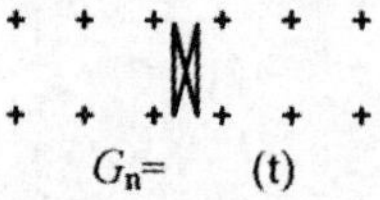 $G_n=$ (t)	起重机起重量 G_n，以吨计算 "+"为柱子位置
露天电动葫芦	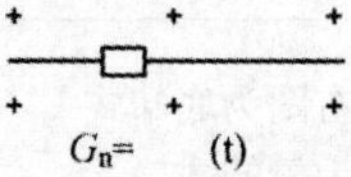 $G_n=$ (t)	起重机起重量 G_n，以吨计算 "+"为支架位置
门式起重机	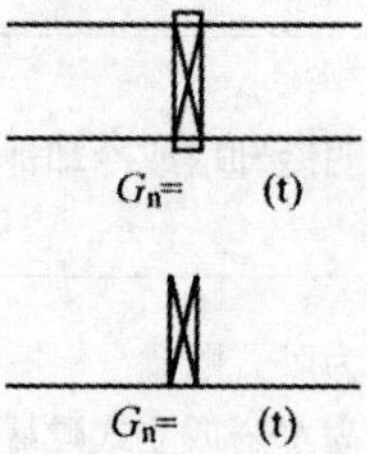 $G_n=$ (t) $G_n=$ (t)	起重机起重量 G_n，以吨计算 上图表示有外伸臂 下图表示无外伸臂
架空索道	 I I	"I"为支架位置
斜坡卷扬机道		—
斜坡栈桥 （皮带廊等）	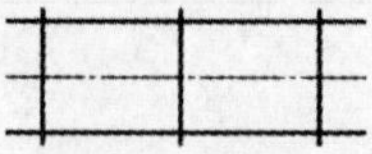	细实线表示支架中心线位置
填方区、 挖方区、 未整平区 及零点线	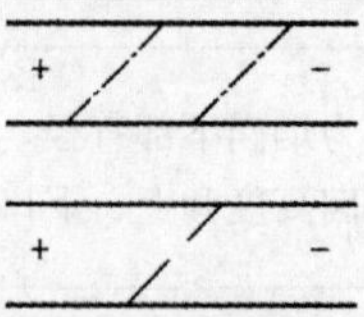 + — + —	"+"表示填方区 "—"表示挖方区 中间为未整平区 点划线为零点线
填挖边坡	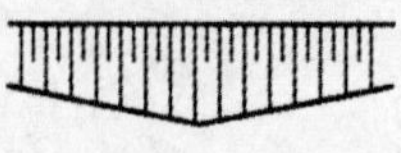	—

名 称	图 例	说 明
分水脊线与谷线	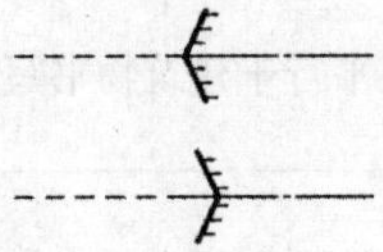	上图表示脊线 下图表示谷线
洪水淹没线	 – – – – – – – – –	洪水最高水位以文字标注
地表排水方向		—
雨水口	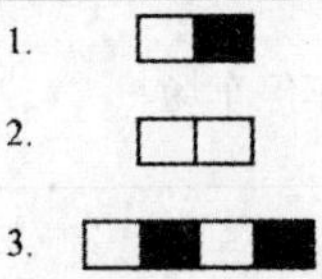 1. 2. 3.	1. 雨水口 2. 原有雨水口 3. 双落式雨水口
排水明沟	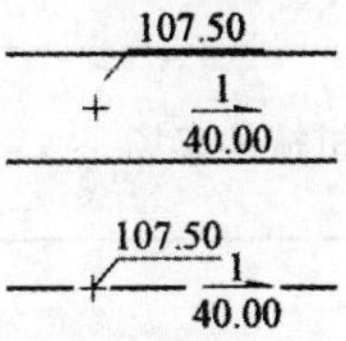 107.50 $\frac{1}{40.00}$ 107.50 $\frac{1}{40.00}$	上图用于比例较大的图面 下图用于比例较小的图面 "1"表示1‰的沟底纵向坡度,"40.00"表示变坡点间距离,箭头表示水流方向 "107.50"表示沟底变坡点标高(变坡点以"+"表示)
有盖的排水沟	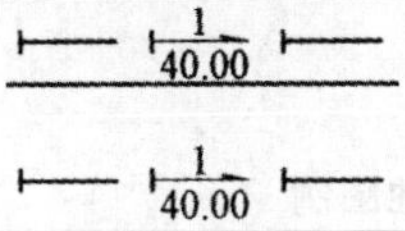 $\frac{1}{40.00}$ $\frac{1}{40.00}$	—
截水沟或排水沟	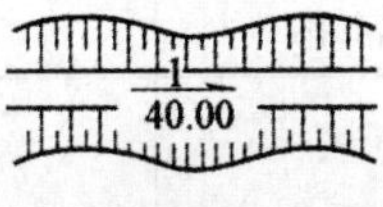 $\frac{1}{40.00}$	"1"表示1‰的沟底纵向坡度,"40.00"表示变坡点间距离,箭头表示水流方向
消火栓井		—
急流槽		箭头表示水流方向
跌水	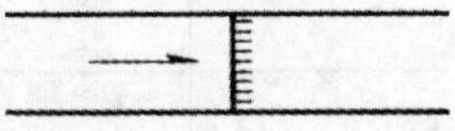	
拦水(闸)坝	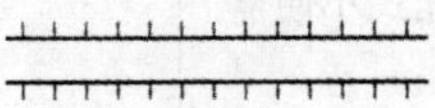	—
透水路堤	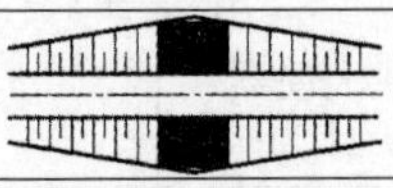	边坡较长时,可在一端或两端局部表示
过水路面	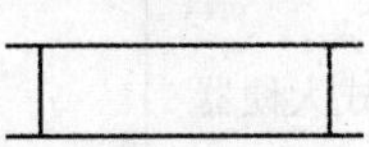	—

名　称	图　例	说　明
室内地坪标高	$\dfrac{151.00}{\triangledown(\pm 0.00)}$	数字平行于建筑物书写
室外地坪标高	▼ 143.00	室外地坪标高也可采用等高线
盲道		—
地下车库入口		机动车停车场
地面露天停车场		—
露天机械停车场		露天机械停车场

四、卫生间设备及水池图例

卫生间设备及水池的图例,见表 1-22。

表 1-22　　　　　　卫生间设备及水池图例

名　称	图　例	名　称	图　例
立式洗脸盆		妇女卫生盆	
台式洗脸盆		立式小便器	
挂式洗脸盆		壁挂式小便器	
浴盆		蹲式大便器	
化验盆、洗涤盆		坐式大便器	

44

名　称	图　例	名　称	图　例
带沥水板洗涤盆	不锈钢制品	小便槽	
盥洗槽		沐浴喷头	
污水池			

第二章

建筑工程造价与管理制度

第一节　建筑工程造价概述

一、工程造价的概念和特点

1. 工程造价的概念

工程造价，是指进行一个工程项目的建造所需要花费的全部费用，即从工程项目确定建设意向直至建成、竣工验收为止的整个建设期间所支出的总费用，这是保证工程项目建造正常进行的必要资金，是建设项目投资中的最主要的部分。工程造价主要由工程费用和工程其他费用组成。

工程造价就是工程的建造价格。工程泛指一切建设工程，它的范围和内涵具有很大的不确定性。工程造价有如下两种含义：

第一种含义：工程造价是指建设一项工程预期开支或实际开支的全部固定资产投资费用。显然，这一含义是从投资者——业主的角度来定义的。投资者选定一个投资项目，为了获得预期的效益，就要通过项目评估进行决策，然后进行设计招标、工程招标，直至竣工验收等一系列投资管理活动。在投资活动中所支付的全部费用形成了固定资产和无形资产。所有这些开支就构成了工程造价。从这个意义上说，工程造价就是工程投资费用，建设项目工程造价就是建设项目固定资产投资。

第二种含义：工程造价是指工程价格。即为建成一项工程，预计或实际在土地市场、设备市场、技术劳务市场，以及承包市场等交易活动中所形成的建筑安装工程的价格和建设工程总价格。显然，工程造价的第二种含义是以社会主义商品经济和市场经济为前提的。它是以工程这种特定的商品形式作为交易对象，通过招投标或其他交易方式，在进行多次预估的基础上，最终由市场形成的价格。

通常，人们将工程造价的第二种含义认定为工程承发包价格。应该肯定，承发包价格是工程造价中一种重要的、也是最典型的价格形式。它是在建筑市场通过招投标，由需求主体——投资者和供给主体——承包商共同认可的价格。鉴于建筑安装工程价格在项目固定资产中占有50%～60%的份额，又是工程建设中最活跃的部分；鉴于建筑企业是建设工程的实施者，占有重要的市场主体地位，工程承发包价格被界定为工程造价的第二种含义，很有现实意义。但是，如上所述，这样界定对工程造价的含义理解较狭窄。

所谓工程造价的两种含义，是以不同角度把握同一事物的本质。对建设工程的投资者来说，面对市场经济条件下的工程造价就是项目投资，是"购买"项目要付出的价格；同时也是投资者在作为市场供给主体时"出售"项目时定价的基础。对于承包商、供应商和规划、设计等机构来说，工程造价是他们作为市场供给主体出售商品和劳务的价格的总和，或是特指范围的工程造价，如建筑安装工程造价。

工程造价的两种含义是对客观存在的概括。它们既共生于一个统一体，又相互区别。最主要的区别在于需求主体和供给主体在市场追求中的经济利益不同，因而管理的性质和管理目标不同。从管理性质看，前者属于投资管理范畴，后者属于价格管理范畴。但二者又互相交叉。从管理目标看，作为项目投资或投资费用，投资者在进行项目决策和项目实施中，首先追求的是决策的正确性。投资是一种为实现预期收益而垫付资金的经济行为，项目决策是重要一环。项目决策中投资数额的大小、功能和价格（成本）比是投资决策的最重要的依据。其次，在项目实施中完善项目功能，提高工程质量，降低投资费用，按期或提前交付使用，是投资者始终关注的问题。因此，降低工程造价是投资者始终如一的追求。作为工程价格，承包商所关注的是利润和高额利润，为此，他追求的是较高的工程造价。不同的管理目标，反映他们不同的经济利益，但他们都要受那些支配价格运动的经济规律的影响和调节。他们之间的矛盾是市场的竞争机制和利益风险机制的必然反映。

区别工程造价的两种含义，其理论意义在于为投资者和以承包商为代表的供应商的市场行为提供理论依据。当政府提出降低工程造价时，是站在投资者的角度充当着市场需求主体的角色；当承包商提出要提高工程造价、提高利润率，并获得更多的实际利润时，他是要实现一个市场供给主体的管理目标。这是市场运行机制的必然。不同的利益主体绝不能混为一谈。同时，两种含义也是对单一计划经济理论的一个否定和反思。

2. 工程造价的特点

建筑工程造价的特点说明，见表 2-1。

表 2-1   建筑工程造价的特点

特 点	说 明
大额性	能够发挥投资效用的任一项工程，不仅实物形体庞大，而且造价高昂，动辄数百万、数千万、数亿、十几亿，特大型工程项目的造价可达百亿、千亿元人民币。工程造价的大额性使其关系到有关各方面的重大经济利益，同时也会对宏观经济产生重大影响。这就决定了工程造价的特殊地位，也说明了造价管理的重要意义
个别性、差异性	任何一项工程都有特定的用途、功能、规模。因此，对每一项工程的结构、造型、空间分割、设备配置和内外装饰都有具体的要求，因而使工程内容和实物形态都具有个别性、差异性。产品的差异性决定了工程造价的个别性差异。同时，每项工程所处地区、地段都不相同，使这一特点得到强化
动态性	任何一项工程从决策到竣工交付使用，都有一个较长的建设期间，而且由于不可控因素的影响，在预计工期内，许多影响工程造价的动态因素，如工程变更，设备材料价格、工资标准以及费率、利率、汇率会发生变化。这种变化必然会影响到造价的变动。所以，工程造价在整个建设期中处于不确定状态，直至竣工决算后才能最终确定工程的实际造价

特 点	说 明
层次性	造价的层次性取决于工程的层次性。一个建设项目往往含有多个能够独立发挥设计效能的单项工程（车间、写字楼、住宅楼等）。一个单项工程又是由能够各自发挥专业效能的多个单位工程（土建工程、电气安装工程等）组成。与此相适应，工程造价有 3 个层次：建设项目总造价、单项工程造价和单位工程造价。如果专业分工更细，单位工程（如土建工程）的组成部分——分部分项工程也可以成为交换对象，如大型土方工程、基础工程、装饰工程等，这样工程造价的层次就增加分部工程和分项工程而成为 5 个层次。即使从造价的计算和工程管理的角度看，工程造价的层次性也是非常突出的
兼容性	工程造价的兼容性首先表现在它具有两种含义，其次表现在工程造价构成因素的广泛性和复杂性。在工程造价中，首先说成本因素非常复杂。其中为获得建设工程用地支出的费用、项目可行性研究和规划设计费用、与政府一定时期政策（特别是产业政策和税收政策）相关的费用占有相当的份额。再次，盈利的构成也较为复杂，资金成本较大

二、工程造价的分类

工程造价是进行一个工程项目的建造所需要花费的所有费用，即从工程项目确定建设意向至建成、竣工验收为止的整个建设期间所支出的总费用，这是保证工程项目建造正常进行的必要资金，是建设项目投资中最主要的部分。

（一）按用途分类

建筑工程造价按用途分为标底价格、投标价格、中标价格、直接发包价格、合同价格和竣工结算价格。

1. 标底价格

标底价格是招标人的期望价格，不是交易价格。招标人以此作为衡量投标人投标价格的一个尺度，也是招标人的一种控制投资的手段。

编制标底价可由招标人自行操作，也可委托招标代理机构操作，由招标人做出决策。

2. 投标价格

投标人为了得到工程施工承包的资格，按照招标人在招标文件中的要求进行估价，然后依据投标策略确定投标价格，以争取中标并且通过工程实施取得经济效益。所以投标报价是卖方的要价，若中标，这个价格就是合同谈判和签订合同确定工程价格的基础。

若设有标底，投标报价时要研究招标文件中评标时如何使用标底。

（1）以靠近标底者得分最高，这时报价就无须追求最低标价；

（2）标底价只作为招标人的期望，但是仍要求低价中标，这时，投标人就要努力采取措施，既使标价最具竞争力（最低价），又使报价不低于成本，即能获得理想的利润。由于"既能中标，又能获利"是投标报价的原则，故投标人的报价必须以雄厚的技术和管理实力做后盾，编制出既有竞争力又能盈利的投标报价。

3. 中标价格

《中华人民共和国招标投标法》第 40 条规定："评标委员会应当按照招标文件确定的评标标准和方法，对投标文件进行评审和比较；设有标底的，应当参考标底。"所以评标的依据一是招标文件，二是标底（设有标底时）。

《中华人民共和国招标投标法》第 41 条规定，中标人的投标应符合下列两个条件之一：

（1）是"能最大限度地满足招标文件中规定的各项综合评价标准"；

（2）是"能够满足招标文件的实质性要求，并且经评审的投标价格最低，但是投标价低于成本的除外"。第二项条件主要是说的投标报价。

4. 直接发包价格

直接发包价格是由发包人与指定的承包人直接接触，通过谈判达成协议、签订施工合同，而不需要像招标承包定价方式那样通过竞争定价。直接发包方式计价只适用于不宜进行招标的工程，例如军事工程、保密技术工程、专利技术工程及发包人认为不宜招标而又不违反《中华人民共和国招标投标法》第 3 条（招标范围）规定的其他工程。

直接发包方式计价首先提出协商价格意见的可能是发包人或其委托的中介机构，也可能是承包人提出价格意见交发包人或其委托的中介组织进行审核。无论由哪方提出协商价格意见，都要通过谈判协商，签订承包合同，确定为合同价。

直接发包价格是以审定的施工图预算为基础，由发包人与承包人商定增减价的方式定价。

5. 合同价格

《建筑工程施工发包与承包计价管理办法》第 12 条规定："合同价可采用以下方式：

（1）固定价。合同总价或者单价在合同约定的风险范围内不可调整。

（2）可调价。合同总价或者单价在合同实施期内，根据合同约定的办法调整。

（3）成本加酬金。"

合同价格的具体说明，见表 2-2。

表 2-2　　　　　　　　　　　　　合同价格的具体说明

类　别		说　明
固定合同价	固定合同总价	是指承包整个工程的合同价款总额已经确定，在工程实施中不再因物价上涨而变化，所以，固定合同总价应考虑价格风险因素，也须在合同中明确规定合同总价包括的范围。这类合同价可以使发包人对工程总开支做到大体心中有数，在施工过程中可以更有效地控制资金的使用。但是对承包人来说，要承担较大的风险，例如物价波动、气候条件恶劣、地质地基条件及其他意外困难等，所以合同价款一般会高些
	固定合同单价	它是指合同中确定的各项单价在工程实施期间不因价格变化而调整，而在每月（或每阶段）工程结算时，根据实际完成的工程量结算，在工程全部完成时以竣工图的工程量最终结算工程总价款
可调合同价	可调总价	合同中确定的工程合同总价在实施期间可随价格变化而调整。发包人和承包人在商订合同时，以招标文件的要求及当时的物价计算出合同总价。若在执行合同期间，由于通货膨胀引起成本增加达到某一限度时，合同总价则作相应调整。可调合同价使发包人承担了通货膨胀的风险，承包人则承担其他风险。一般适合于工期较长（例如 1 年以上）的项目

类 别		说 明
可调合同价	可调单价	合同单价可调，通常在工程招标文件中规定。在合同中签订的单价，根据合同约定的条款，若在工程实施过程中物价发生变化，可作调整。有的工程在招标或签约时，因某些不确定因素而在合同中暂定某些分部分项工程的单价，在工程结算时，再根据实际情况和合同约定对合同单价进行调整，确定实际结算单价 关于可调价格的调整方法，常用的有以下几种 ①按主要材料计算价差。发包人在招标文件中列出需要调整价差的主要材料表及其基期价格（一般采用当时当地工程造价管理机构公布的信息价或结算价），工程竣工结算时按竣工当时当地工程造价管理机构公布的材料信息价或结算价，与招标文件中列出的基期价比较计算材料差价 ②主要材料按抽料法计算价差，其他材料按系数计算价差。主要材料按施工图预算计算的用量和竣工当月当地工程造价管理机构公布的材料结算价或信息价与基价对比计算差价。其他材料按当地工程造价管理机构公布的竣工调价系数计算方法计算差价 ③按工程造价管理机构公布的竣工调价系数及调价计算方法计算差价 此外，还有调值公式法和实际价格结算法 调值公式一般包括固定部分、材料部分和人工部分 3 项。当工程规模和复杂性增大时，公式也会变得复杂。调值公式如下： $$P = P_0 \left(\alpha_0 + \alpha_1 \frac{A}{A_0} + \alpha_2 \frac{B}{B_0} + \alpha_3 \frac{C}{C_0} + \cdots \right)$$ 式中　P——调值后的工程价格 　　　P_0——合同价款中工程预算进度款 　　　α_0——固定要素的费用在合同总价中所占比重，这部分费用在合同支付中不能调整 　　　α_1、α_2、α_3——代表有关各项变动要素的费用（例如人工费、钢材费用、水泥费用、运输费用等）在合同总价中所占比重，$\alpha_1 + \alpha_2 + \alpha_3 + \cdots = 1$ 　　　A_0、B_0、$C_0 \cdots$——签订合同时与 α_1、α_2、$\alpha_3 \cdots$ 对应的各种费用的基期价格指数或价格 　　　A、B、$C \cdots$——在工程结算月份与 α_1、α_2、$\alpha_3 \cdots$ 对应的各种费用的现行价格指数或价格 各部分费用在合同总价中所占比重在许多标书中要求承包人在投标时提出，并在价格分析中予以论证。也有的由发包人在招标文件中规定一个允许范围，由投标人在此范围内选定 实际价格结算法：有些地区规定对钢材、木材、水泥三大材料的价格按实际价格结算的方法，工程承包人可凭发票按实报销。此法操作方便，但是也导致承包人忽视降低成本。为避免副作用，地方建设主管部门要定期公布最高结算限价，同时合同文件中应规定发包人有权要求承包人选择更廉价的供应来源 采用哪种方法，应按工程价格管理机构的规定，经双方协商后在合同的专用条款中约定

类 别	说 明
成本加酬金确定的合同价	合同中确定的工程合同价，其工程成本部分按现行计价依据计算，酬金部分则按工程成本乘以通过竞争确定的费率计算，将两者相加，确定出合同价。一般分为以下几种形式： ①成本加固定百分比酬金确定的合同价：这种合同价是发包人对承包人支付的人工、材料和施工机械使用费、措施费、施工管理费等按实际直接成本全部据实补偿，同时按照实际直接成本的固定百分比付给承包人一笔酬金，作为承包方的利润。其计算方法如下： $$C = C_a(1+P)$$ 式中　C——总造价 　　　C_a——实际发生的工程成本 　　　P——固定的百分数 从上式中可以看出，总造价 C 将随工程成本 C_a 而水涨船高，不能鼓励承包商关心缩短工期和降低成本，对建设单位是不利的。现在已很少采用这种承包方式 ②成本加固定酬金确定的合同价：工程成本实报实销，但是酬金是事先商定的一个固定数目。计算公式如下： $$C = C_a + F$$ 式中 F 代表酬金，通常按估算的工程成本的一定百分比确定，数额是固定不变的。这种承包方式虽然不能鼓励承包商关心降低成本，但是从尽快取得酬金出发，承包商将会关心缩短工期。为了鼓励承包单位更好地工作，也有在固定酬金之外，再根据工程质量、工期和降低成本情况另加奖金的。奖金所占比例的上限可大于固定酬金，以充分发挥奖励的积极作用 ③成本加浮动酬金确定的合同价：这种承包方式要事先商定工程成本和酬金的预期水平。若实际成本恰好等于预期水平，工程造价就是成本加固定酬金；若实际成本低于预期水平，则增加酬金；若实际成本高于预期水平，则减少酬金。这三种情况可用算式表示如下： $$C = \begin{cases} C_a+F+\Delta F & C_a < C_0 \\ C_a+F & C_a = C_0 \\ C_a+F-\Delta F & C_a > C_0 \end{cases}$$ 式中　C_0——预期成本； 　　　ΔF——酬金增减部分，可以是一个百分数，也可以是一个固定的绝对数 采用这种承包方式，当实际成本超支而减少酬金时，以原定的固定酬金数额为减少的最高限度。也就是在最坏的情况下，承包人将得不到任何酬金，但是不必承担赔偿超支的责任 从理论上讲，这种承包方式既对承、发包双方都没有太多风险，又能促使承包商关心降低成本和缩短工期；但是在实践中准确地估算预期成本比较困难，所以要求当事双方具有丰富的经验并掌握充分的信息 ④目标成本加奖罚确定的合同价：在仅有初步设计和工程说明书即迫切要求开工的情况下，可根据粗略估算的工程量和适当的单价表编制概算，作为目标成

类　别	说　明
成本加酬金确定的合同价	本；随着详细设计逐步具体化，工程量和目标成本可加以调整，另外规定一个百分数作为酬金；最后结算时，若实际成本高于目标成本并超过事先商定的界限（例如 5%），则减少酬金；若实际成本低于目标成本（也有一个幅度界限），则加给酬金。计算公式如下所示： $$C = C_a + P_1 C_0 + P_2 (C_0 - C_a)$$ 式中　C_0——目标成本 　　　　P_1——基本酬金百分数 　　　　P_2——奖罚百分数 此外，还可另加工期奖罚 　　这种承包方式可以促使承包商关心降低成本和缩短工期，而且目标成本是随设计的进展而加以调整才确定下来的，故建设单位和承包商双方都不会承担多大风险，这是其可取之处。当然也要求承包商和建设单位的代表都必须具有比较丰富的经验和充分的信息

在工程实践中，采用哪一种合同计价方式，是固定价还是可调价方式，应根据建设工程的特点，业主对筹建工作的设想，对工程费用、工期和质量的要求等，综合考虑后进行确定。

（二）工程造价按计价方法分类

建筑工程造价按计价方法可分为估算造价、概算造价和施工图预算造价等。关于这几类型的工程造价，本书后续章节将作详细介绍，在此不再重复。

三、工程造价的构成与程序

建设项目投资包含固定资产投资和流动资产投资两部分。建设项目投资中的固定资产投资与建设项目的工程造价在量上相等，由设备及工器具购置费用、建筑安装工程费用、工程建设其他费用、预备费、建设期贷款利息和固定资产投资方向调节税（自 2000 年 1 月起发生的投资额暂停征收该税种）构成。工程造价构成内容见表 2-3。

表 2-3	工程造价构成
设备及工器具购置费用	①设备购置费：设备原价和设备运杂费
	②工器具及生产家具购置费
建筑安装工程费用	①直接费
	②间接费
	③利润
	④税金

工程建设其他费用	①土地使用费
	②与项目建设有关的其他费用
	③与未来企业生产经营有关的其他费用
预备费	①基本预备费
	②涨价预备费
建设期贷款利息	—
固定资产投资方向调节税	—

(一) 设备及工器具购置费的构成

由表2-3可看出，设备及工器具购置费由设备购置费和工器具及生产家具购置费两部分组成。

1. 设备购置费

设备购置费，是指为建设项目自制的或购置达到固定资产标准的各种国产或进口设备的购置费用。它由设备原价和设备运杂费构成，其计算方法如下：

$$设备购置费=设备原价+设备运杂费$$

其中，设备原价是指国产设备或进口设备的原价；运杂费是指设备原价之外的关于设备采购、运输、途中包装及仓库保管等方面支出费用的总和。

(1) 国产设备原价：一般是指设备制造厂的交货价或订货合同价。它一般根据生产厂或供应商的询价、报价、合同价确定，或采用一定的方法计算确定。国产设备原价分为国产标准设备原价和国产非标准设备原价。

①国产标准设备：

种类：国产标准设备原价有两种，即带有备件的原价和不带有备件的原价。

计算方法：在计算时，一般采用带有备件的出厂价确定原价。

②国产非标准设备：

计算方法：国产非标准设备原价有多种不同的计算方法，如成本计算估价法、系列设备插入估价法、分部组合估价法、定额估价法等。但无论采取哪种方法都应该使非标准设备计价接近实际出厂价。按成本计算法，非标准设备的原价由材料费、加工费、辅助材料费、专用工具费、废品损失费、外购配套件费、包装费、利润、税金、非标准设备设计费等费用组成。计算公式为：

单台非标准设备原价=｛[(材料费+加工费+辅助材料费)×(1+专用工具费率)×(1+废品损失率)+外购配套件费]×(1+包装费率)-外购配套件费｝×(1+利润率)+销项税+非标准设备设计费+外购配套件费

(2) 进口设备原价：

①概念。进口设备原价是指进口设备的到岸价格，即进口设备抵达买方边境港口或边境车站，且缴纳完关税等税费之后的价格。

②计算方法：进口设备采用最多的是装运港交货方式，即卖方在出口国装运交货，主要有装运港船上交货价，习惯称离岸价格 (FOB)；运费在内价 (CFR) 及运费、保险费在内价 (CIF)，习惯称到岸价格。装运港船上交货价 (FOB) 是我国进口设备采用最多的一种货价。

③计算公式如下：

进口设备到岸价 (CIF) = 离岸价格 (FOB) + 国际运费 + 运输保险费

$$=运费在内价（CFR）＋运输保险费$$

（3）设备运杂费：

①运费和装卸费：国产设备由设备制造厂交货地点起至工地仓库（或施工组织设计指定的需要安装设备的堆放地点）止所发生的运费和装卸费；进口设备则由我国到岸港口或边境车站起至工地仓库（或施工组织设计指定的需安装设备的堆放地点）止所发生的运费和装卸费。

②包装费：在设备原价中没有包含的、为运输而进行的包装所支出的各种费用。

③设备供销部门手续费：按有关部门规定的统一费率计算。

④采购与仓库保管费：指采购、验收、保管和收发设备所发生的各种费用，包括设备采购人员、保管人员和管理人员的工资、工资附加费、办公费、差旅交通费、设备供应部门办公和仓库所占固定资产使用费、工具用具使用费、劳动保护费、检验试验费等。这些费用应按有关部门规定的采购与保管费率计算。

2. 工器具及生产家具购置费

（1）概念：工器具及生产家具购置费，是指新建或扩建项目初步设计规定的，保证初期正常生产必须购置的没有达到固定资产标准的设备、仪器、工卡模具、器具、生产家具和备品备件的购置费用。

（2）计算方法：一般以设备购置费为计算基数，按照部门或行业规定的工器具及生产家具费率计算。

（3）计算公式如下：

$$工器具及生产家具购置费＝设备购置费×定额费率$$

（二）建筑安装工程费用的构成

建筑安装工程费用（即安装工程造价）的构成，按建设部、财政部共同颁发的《建筑安装工程费用项目组成》（建标〔2003〕206 号，自 2004 年 1 月 1 日起施行）文件规定，我国安装工程费用包括直接费、间接费、利润和税金 4 大部分，见表 2-4。

表 2-4　　　　　　　　　我国现行建筑安装工程费用构成

工程费		费 用 构 成
直接费	直接工程费	①人工费 ②材料费 ③施工机械使用费
	措施费	①环境保护费 ②文明施工费 ③安全施工费 ④临时设施费 ⑤夜间施工费 ⑥二次搬运费 ⑦大型机械设备进出场及安拆费 ⑧混凝土、钢筋混凝土模板及支架费 ⑨脚手架费 ⑩已完工程及设备保护费 ⑪施工排水、降水费

工程费		费 用 构 成
间接费	规费	①工程排污费 ②工程定额测定费 ③社会保障费：养老保险费、失业保险和医疗保险 ④住房公积金 ⑤危险作业意外伤害保险
	企业管理费	①管理人员工资 ②办公费 ③差旅交通费 ④固定资产费 ⑤工具用具使用费 ⑥劳动保险费 ⑦工会经费 ⑧职工教育经费 ⑨财产保险费 ⑩财务费 ⑪税金 ⑫其他
利润税金		—

1. 直接费

（1）直接工程费：指施工过程中耗费的构成工程实体的各项费用，包括人工费、材料费、施工机械使用费。

（2）措施费：指为完成工程项目施工，发生于该工程施工前和施工过程中非工程实体项目的费用，包括：安全文明施工费，夜间施工增加费，非夜间施工照明费，二次搬运费，冬雨季施工增加费，大型机械设备进出场及安拆费，施工排水、降水费，地上、地下设施、建筑物的临时保护设施费，已完工程及设备保护费，混凝土、钢筋、混凝土模板及支架费，脚手架费，垂直运输费，超高施工增加费等。

2. 间接费

（1）规费：指政府和有关权力部门规定必须缴纳的费用，包括工程排污费、社会保障费、住房公积金等。

（2）企业管理费：指施工单位为组织施工生产和经营管理所发生的费用。

3. 利润

利润，是指施工企业完成所承包工程获得的盈利。

4. 税金

税金，是指国家税法规定的应计入建筑安装工程造价内的营业税、城市维护建设税及教育费附加等。

（三）工程建设其他费用的构成

工程建设其他费用是指从工程筹建到工程竣工验收交付使用的整个建设期间，除建筑安装工程费用与设备及工具、器具购置费以外的，为保证工程建设顺利完成和交付使用后能够正常发挥效用而发生的一些费用。

工程建设其他费用，按其内容大体可分为以下三类：

1. 土地使用费

任何一个建设项目都固定于一定地点与地面相连接，必须占用一定量的土地，也就必然要发生为获得建设用地而支付的费用，即土地使用费。它包括土地征用及迁移补偿费和国有土地使用费，其具体说明见表 2-5。

表 2-5　　　　　　　　　　　　　　土地使用费说明

类 别		说 明
土地征用及迁移补偿费		它是指建设项目通过划拨方式取得无限期的土地使用权，依照《中华人民共和国土地管理法》等规定所支付的费用。其总和一般不得超过被征土地年产值的 20 倍，土地年产值则按该地被征用前 3 年的平均产量和国家规定的价格计算。其内容包括： ①土地补偿费。征用耕地（包括菜地）的补偿标准，按政府规定，为该耕地年产值的若干倍。征用园地、鱼塘、藕塘、苇塘、宅基地、林地、牧场、草原等的补偿标准，由省、自治区、直辖市人民政府制定。征收无收益的土地，不予补偿 ②青苗补偿费和被征用土地上的房屋、水井、树木等附着物补偿费。征用城市郊区的菜地时，还应按照有关规定向国家缴纳新菜地开发建设基金 ③安置补助费。征用耕地、菜地的，每个农业人口的安置补助费为该地每亩年产值的 2～3 倍，每亩耕地的安置补助费最高不得超过其年产值的 10 倍 ④缴纳的耕地占用税或城镇土地使用税、土地登记费及征地管理费等。县市土地管理机关从征地费中提取土地管理费的比率，要按征地工作量大小，视不同情况，在 1%～4% 幅度内提取 ⑤征地动迁费。包括征用土地上的房屋及附属构筑物、城市公共设施等拆除、迁建补偿费、搬迁运输费，企业单位因搬迁造成的减产、停工损失补贴费，拆迁管理费等 ⑥水利水电工程水库淹没处理补偿费。包括农村移民安置迁建费，城市迁建补偿费，库区工矿企业、交通、电力、通信、广播、管网、水利等的恢复、迁建补偿费，库底清理费，防护工程费，环境影响补偿费用等
取得国有土地使用费	一	取得国有土地使用费包括：土地使用权出让金、城市建设配套费、拆迁补偿与临时安置补助费等
	土地使用权出让金	指建设工程通过土地使用权出让方式，取得有限期的土地使用权，依照《中华人民共和国城镇国有土地使用权出让和转让暂行条例》规定，支付的土地使用权出让金 ①明确国家是城市土地的唯一所有者，并分层次、有偿、有限期地出让、转让城市土地。第一层次是城市政府将国有土地使用权出让给用地者。第二层次及以下层次的转让则发生在使用者之间 ②城市土地的出让和转让可采用协议、招标、公开拍卖等方式： a. 协议方式是由用地单位申请，经市政府批准同意后双方洽谈具体地块及地价。

续表

类 别		说 明
取得国有土地使用费	土地使用权出让金	该方式适用于市政工程、公益事业用地以及需要减免地价的机关、部队用地和需要重点扶持、优先发展的产业用地 b. 招标方式是在规定的期限内，由用地单位以书面形式投标，市政府根据投标报价、所提供的规划方案以及企业信誉综合考虑，择优而取。该方式适用于一般工程建设用地 c. 公开拍卖是指在指定的地点和时间，由申请用地者叫价应价，价高者得。这完全是由市场竞争决定，适用于盈利高的行业用地 ③在有偿出让和转让土地时，政府对地价不作统一规定，但应坚持以下原则： a. 地价对目前的投资环境不产生大的影响 b. 地价与当地的社会经济承受能力相适应 c. 地价要考虑已投入的土地开发费用、土地市场供求关系、土地用途和使用年限 ④关于政府有偿出让土地使用权的年限，各地可根据时间、区位等各种条件作不同的规定，一般可在 30～99 年之间。按照地面附属建筑物的折旧年限来看，以 50 年为宜 ⑤土地有偿出让和转让，土地使用者和所有者要签约，明确使用者对土地享有的权利和应承担的义务： a. 有偿出让和转让使用权，要向土地受让者征收契税 b. 转让土地如有增值，要向转让者征收土地增值税 c. 在土地转让期间，国家要区别不同地段、不同用途向土地使用者收取土地占用费
	城市建设配套费	是指因进行城市公共设施的建设而分摊的费用
	拆迁补偿与临时安置补助费	此项费用由拆迁补偿费和临时安置补助费或搬迁补助费构成。拆迁补偿费是指拆迁人对被拆迁人，按照有关规定予以补偿所需的费用。拆迁补偿的形式可分为产权调换和货币补偿两种形式。产权调换的面积按照所拆迁房屋的建筑面积计算；货币补偿的金额按照所拆迁房屋的区位、用途、建筑面积等因素，以房地产市场评估价格确定。拆迁人应当对被拆迁人或者房屋承租人支付搬迁补助费。在过渡期内，被拆迁人或者房屋承租人自行安排住处的，拆迁人应当支付临时安置补助费

2. 与项目建设有关的其他费用

与项目建设有关的其他费用一般包括表 2-6 中所列各项。在进行工程估算及概算中可根据实际情况进行计算，具体说明见表 2-6。

表 2-6　　　　　　　　　　　与项目建设有关的其他费用说明

类　别	说　明
建设单位 管理费	建设单位管理费是指建设项目从立项、筹建、建设、联合试运转、竣工验收、交付使用及后评估等全过程管理所需的费用。内容包括: 　　①建设单位开办费。指新建项目所需办公设备、生活家具、用具、交通工具等购置费用 　　②建设单位经费。包括工作人员的基本工资、工资性补贴、职工福利费、劳动保护费、劳动保险费、办公费、差旅交通费、工会经费、职工教育经费、固定资产使用费、工具用具使用费、技术图书资料费、生产人员招募费、工程招标费、合同契约公证费、工程质量监督检测费、工程咨询费、法律顾问费、审计费、业务招待费、排污费、竣工交付使用清理及竣工验收费、后评估等费用。不包括应计入设备、材料预算价格的建设单位采购及保管设备材料所需的费用 　　建设单位管理费按照单项工程费用之和(包括设备工器具购置费和建筑安装工程费用)乘以建设单位管理费率计算。建设单位管理费率按照建设项目的不同性质、不同规模确定。有的建设项目按照建设工期和规定的金额计算建设单位管理费
勘察设计费	勘察设计费是指为本建设项目提供项目建议书、可行性研究报告及设计文件等所需费用,内容包括: 　　①编制项目建议书、可行性研究报告及投资估算、工程咨询、评价以及为编制上述文件所进行勘察、设计、研究试验等所需费用 　　②委托勘察、设计单位进行初步设计、施工图设计及概预算编制等所需费用 　　③在规定范围内由建设单位自行完成的勘察、设计工作所需费用 　　勘察设计费中,项目建议书、可行性研究报告按国家颁布的收费标准计算,设计费按国家颁布的工程设计收费标准计算;勘察费一般民用建筑 6 层以下的按 3～5 元/m² 计算,高层建筑按 8～10 元/m² 计算,工业建筑按 10～12 元/m² 计算
研究试验费	研究试验费是指为建设项目提供和验证设计参数、数据、资料等所进行的必要的试验费用以及设计规定在施工中必须进行试验、验证所需费用,包括自行或委托其他部门研究试验所需人工费、材料费、试验设备及仪器使用费等。这项费用按照设计单位根据本工程项目的需要提出的研究试验内容和要求计算
建设单位 临时设施费	建设单位临时设施费是建设期间建设单位所需临时设施的搭设、维修、摊销费用或租赁费用 　　临时设施包括临时宿舍、文化福利及公用事业房屋与构筑物、仓库、办公室、加工厂以及规定范围内的道路、水、电、管线等临时设施和小型临时设施
工程监理费	工程监理费是建设单位委托工程监理单位对工程实施监理工作所需费用。根据原国家物价局、建设部《关于发布工程建设监理费用有关规定的通知》(〔1992〕价费字 479 号)等文件规定,选择下列方法之一计算: 　　①一般情况应按工程建设监理收费标准计算,即按所监理工程概算或预算的百分比计算 　　②对于单工种或临时性项目可根据参与监理的年度平均人数按(3.5～5)万元/人年计算

类　别	说　明
工程保险费	工程保险费是指建设项目在建设期间根据需要实施工程保险所需的费用。包括以各种建筑工程及其在施工过程中的物料、机器设备为保险标的的建筑工程一切险，以安装工程中的各种机器、机械设备为保险标的的安装工程一切险，以及机器损坏保险等。根据不同的工程类别，分别以其建筑、安装工程乘以建筑、安装工程保险费率计算。民用建筑（住宅楼、综合性大楼、商场、旅馆、医院、学校）占建筑工程费的2‰～4‰；其他建筑（工业厂房、仓库、道路、码头、水坝、隧道、桥梁、管道等）占建筑工程费的3‰～6‰；安装工程（农业、工业、机械、电子、电器、纺织、矿山、石油、化学及钢铁工业、钢结构桥梁）占建筑工程费的3‰～6‰
引进技术和进口设备其他费用	引进技术和进口设备其他费用包括出国人员费用、国外工程技术人员来华费用、技术引进费、分期或延期付款利息、担保费以及进口设备检验鉴定费 　　①出国人员费用：指为引进技术和进口设备派出人员在国外培训和进行设计联络、设备检验等的差旅费、制装费、生活费等。这项费用根据设计规定的出国培训和工作的人数、时间及派往国家，按财政部、外交部规定的临时出国人员费用开支标准及中国民用航空公司现行国际航线票价等进行计算，其中使用外汇部分应计算银行财务费用 　　②国外工程技术人员来华费用：指为安装进口设备，引进国外技术等聘用外国工程技术人员进行技术指导工作所发生的费用，包括技术服务费、外国技术人员的在华工资、生活补贴、差旅费、医药费、住宿费、交通费、宴请费、参观游览等招待费用。这项费用按每人每月费用指标计算 　　③技术引进费：指为引进国外先进技术而支付的费用，包括专利费、专有技术费（技术保密费）、国外设计及技术资料费、计算机软件费等。这项费用根据合同或协议的价格计算 　　④分期或延期付款利息：指利用出口信贷引进技术或进口设备采取分期或延期付款的办法所支付的利息 　　⑤担保费：指国内金融机构为买方出具保函的担保费。这项费用按有关金融机构规定的担保费率计算（一般可按承保金额的5‰计算） 　　⑥进口设备检验鉴定费用：指进口设备按规定付给商品检验部门的进口设备检验鉴定费。这项费用按进口设备货价的3‰～5‰计算
工程承包费	工程承包费是具有总承包条件的工程公司，对工程建设项目从开始建设至竣工投产全过程的总承包所需的管理费用。具体内容包括组织勘察设计、设备材料采购、非标设备设计制造与销售、施工招标、发包、工程预决算、项目管理、施工质量监督、隐蔽工程检查、验收和试车直至竣工投产的各种管理费用。该费用按国家主管部门或省、自治区、直辖市协调规定的工程总承包费取费标准计算。若无规定时，一般工业建设项目为投资估算的6%～8%，民用建筑和市政项目为4%～6%。不实行工程承包的项目不计算本项费用

　　3. 与未来企业生产经营有关的其他费用

(1) 联合试运转费：是新建企业或改扩建企业在工程竣工验收前，按照设计的生产工艺流程和质量标准对整个企业进行联合试运转所发生的费用支出与联合试运转期间的收入部分的差额部分。联合试运转费用一般根据不同性质的项目按需进行试运转的工艺设备购置费的百分比计算。

(2) 生产准备费：是新建企业或新增生产能力的企业，为保证竣工交付使用进行必要的生产准备所发生的费用。费用内容包括生产人员培训费和其他费用。生产准备费一般根据需要培训和提前进厂人员的人数及培训时间，按生产准备费指标进行估算。

(3) 办公和生活家具购置费：是指为保证新建、改建、扩建项目初期正常生产、使用和管理所必需购置的办公和生活家具、用具的费用。该费用改建、扩建项目低于新建项目。这项费用按照设计定员人数乘以综合指标计算，一般为 600～800 元/人。

(四) 建筑工程费用的计取方法

1. 直接费

直接费由直接工程费和措施费构成。其计算公式为：

$$直接费 = 直接工程费 + 措施费$$

直接工程费和措施费的计取方法，见表 2-7。

表 2-7　　　　　　　　　　直接工程费和措施费的计取方法

费用类别	计取方法
直接工程费	直接工程费 = 人工费 + 材料费 + 施工机械使用费 ①人工费 = $\sum$（工日消耗量×日工资单价） 其中，日工资综合单价包括生产工人基本工资、工资性津贴、生产工人辅助工资、职工福利费及劳动保护费。不同地区、不同行业、不同时期日工作单价都是不同的 ②材料费 = $\sum$（材料消耗量×材料预算单价）+ 检验试验费 其中，材料预算单价包括材料原价、材料运杂费、运输损耗费、采购保管费 ③施工机械使用费 = $\sum$（施工机械台班消耗量×机械台班单价） 其中，机械台班单价包括折旧费、大修理费、经常修理费、安拆费及场外运费、人工费、燃料动力费、养路费及车船使用费。租赁施工机械台班单价除上述费用外，还包括租赁企业的管理费、利润和税金
措施费	①环境保护费 = 直接工程费×环境保护费费率（%） $$环境保护费费率（\%） = \frac{本项费用年度平均支出}{全年建安产值×直接工程费占总造价比例（\%）}$$ ②文明施工费 = 直接工程费×文明施工费费率（%） $$文明施工费费率（\%） = \frac{本项费用年度平均支出}{全年建安产值×直接工程费占总造价比例（\%）}$$ ③安全施工费 = 直接工程费×安全施工费费率（%） $$安全施工费费率（\%） = \frac{本项费用年度平均支出}{全年建安产值×直接工程费占总造价比例（\%）}$$ ④临时设施费 =（周转使用临建费 + 一次性使用临建费）×[1+其他临时设施所占比例（%）]

费用类别	计 取 方 法
措施费	a. 周转使用临建费的计算： 周转使用临建费 $= \sum \left[\dfrac{临建面积 \times 每平方米造价}{使用年限 \times 365 \times 利用率（\%）} \times 工期（天）\right] +$ 一次性拆除费 b. 一次性使用临建费的计算： 一次性使用临建费 $= \sum \{临建面积 \times 每平方米造价 \times [1-残值率（\%）]\} +$ 一次性拆除费 c. 其他临时设施在临时设施费中所占比例，可由各地区造价管理部门依据典型施工企业的成本资料经分析后综合测定 ⑤夜间施工增加费 $= \left(1-\dfrac{合同工期}{定额工期}\right) \times \dfrac{直接工程费中的人工费合计}{平均日工资单价} \times$ 每工日夜间施工费开支 ⑥二次搬运费 = 直接工程费 × 二次搬运费费率（%） 二次搬运费费率（%）$= \dfrac{年平均二次搬运费开支额}{全年建安产值 \times 直接工程费占总造价比例（\%）}$ ⑦冬雨季施工增加费 = 直接工程费 × 冬雨季施工增加费费率（%） 冬雨季施工增加费费率（%）$= \dfrac{年平均冬雨季施工增加费开支额}{全年建安产值 \times 直接工程费占总造价比例（\%）}$ ⑧大型机械设备进出场及安拆费通常按照机械设备的使用数量以台次为单位计算 ⑨成井费用通常按照设计图示尺寸以钻孔深度按米计算。排水、降水费用通常按照排、降水日历天数按昼夜计算 ⑩以直接工程费为取费依据，根据工程所在地工程造价管理机构测定的相应费率计算支出 ⑪已完工程及设备保护费 = 成品保护所需机械费 + 材料费 + 人工费 ⑫模板及支架费 = 模板摊销量 × 模板价格 + 支、拆、运输费 摊销量 = 一次使用量 × (1 + 施工损耗) $\times \left[\dfrac{1+(周转次数-1) \times 补损率}{周转次数} - \dfrac{(1-补损率) \times 50\%}{周转次数} \right]$ 租赁费 = 模板使用量 × 使用日期 × 租赁价格 + 支、拆、运输费 ⑬脚手架搭拆费 = 脚手架摊销量 × 脚手架价格 + 搭、拆、运输费 脚手架摊销量 $= \dfrac{单位一次使用量 \times (1-残值率)}{耐用期 \div 一次使用期}$ 租赁费 = 脚手架每日租金 × 搭设周期 + 搭、拆、运输费 ⑭垂直运输费可按照建筑面积以"m²"为单位计算 垂直运输费可按照施工工期日历天数以"天"为单位计算 ⑮超高施工增加费通常按照建筑物超高部分的建筑面积以"m²"为单位计算

2. 间接费

间接费 = 取费基数 × 间接费费率

间接费费率（%）= 规费费率（%）+ 企业管理费费率（%）

在不同的取费基数下，规费费率和企业管理费率计算方法均不相同。

间接费用的计取方法见表2-8。

表2-8　　　　　　　　　　　　　　间接费用的计取方法

费用计算类别		计　取　方　法
当以直接费为计算基础时	规费费率	规费费率（%）= $\dfrac{\sum 规费缴纳标准 \times 每万元发承包价计算基数}{每万元发承包价中的人工费含量}$ $\times$ 人工费占直接费的比例（%）
	企业管理费费率	企业管理费费率（%）= $\dfrac{生产工人年平均管理费}{年有效施工天数 \times 人工单价}$ $\times$ 人工费占直接费的比例（%）
当以人工费和机械费合计为计算基础时	规费费率	规费费率（%）= $\dfrac{\sum 规费缴纳标准 \times 每万元发承包价计算基数}{每万元发承包价中的人工费含量和机械费含量}$ $\times 100\%$
	企业管理费费率	企业管理费费率（%）= $\dfrac{生产工人年平均管理费}{年有效施工天数 \times （人工单价 + 每一工日机械使用费）} \times 100\%$
当以人工费为计算基础时	规费费率	规费费率（%）= $\dfrac{\sum 规费缴纳标准 \times 每万元发承包价计算基数}{每万元发承包价中的人工费含量}$ $\times 100\%$
	企业管理费费率	企业管理费费率（%）= $\dfrac{生产工人年平均管理费}{年有效施工天数 \times 人工单价} \times 100\%$

3. 利润

①以直接费为计算基础时利润的计算方法：

利润＝（直接费＋间接费）×相应利润率（%）

②以人工费和机械费为计算基础时利润的计算方法：

利润＝直接费中的人工费和机械费合计×相应利润率（%）

③以人工费为计算基础时利润的计算方法：

利润＝直接费中的人工费合计×相应利润率（%）

4. 税金

税金是以直接费、间接费、利润之和（即不含税工程造价）为基数计算。其计算公式为：

税金＝（直接费＋间接费＋利润）×综合税率（%）

（五）建筑安装工程计价程序

根据建设部第107号部令《建筑工程施工发包与承包计价管理办法》的规定，发包与承包价的计算方法分为工料单价法和综合单价法。

1. 工料单价法计价程序

工料单价法是以分部分项工程量乘以单价后的合计为直接工程费，直接工程费以人工、材料、机械的消耗量及其相应价格确定。直接工程费汇总后另加间接费、利润、税金生成工程发承包价，其计算程序分为以下三种。

（1）以直接费为计算基础：以直接费为计算基础见表 2-9。

表 2-9　　　　　　　以直接费为基础的工料单价法计价程序

序号	费用项目	计算方法	备注
1	直接工程费	按预算表	
2	措施费	按规定标准计算	
3	小计	1+2	
4	间接费	3×相应费率	
5	利润	(3+4)×相应利润率	
6	合计	3+4+5	
7	含税造价	6×(1+相应税率)	

（2）以人工费和机械费为计算基础：以人工费和机械费为计算基础见表 2-10。

表 2-10　　　　　　以人工费和机械费为基础的工料单价法计价程序

序号	费用项目	计算方法	备注
1	直接工程费	按预算表	
2	其中人工费和机械费	按预算表	
3	措施费	按规定标准计算	
4	其中人工费和机械费	按规定标准计算	
5	小计	1+3	
6	人工费和机械费小计	2+4	
7	间接费	6×相应费率	
8	利润	6×相应利润率	
9	合计	5+7+8	
10	含税造价	9×(1+相应税率)	

（3）以人工费为计算基础：以人工费为计算基础见表 2-11。

表 2-11　　　　　　　以人工费为基础的工料单价法的计价程序

序号	费用项目	计算方法	备注
1	直接工程费	按预算表	
2	直接工程费中人工费	按预算表	
3	措施费	按规定标准计算	
4	措施费中人工费	按规定标准计算	

续表

序号	费用项目	计算方法	备注
5	小计	1+3	
6	人工费小计	2+4	
7	间接费	6×相应费率	
8	利润	6×相应利润率	
9	合计	5+7+8	
10	含税造价	9×(1+相应税率)	

2. 综合单价法计价程序

综合单价法，是以分部分项工程单价为全费用单价，全费用单价经综合计算后生成，其内容包括直接工程费、间接费、利润和税金（措施费也可按此方法生成全费用价格）。

各分项工程量乘以综合单价的合价汇总后，生成工程发承包价。

由于各分部分项工程中的人工、材料、机械含量的比例不同，各分项工程可根据其材料费占人工费、材料费、机械费合计的比例（以字母"C"代表该项比值）在以下三种计算程序中选择一种计算其综合单价。

(1) 当 $C > C_0$（C_0 为本地区原费用定额测算所选典型工程材料费占人工费、材料费和机械费合计的比例）时，可采用以人工费、材料费、机械费合计为基数计算该分项的间接费和利润(表 2-12)。

表 2-12　　　　　　　以直接费为基础的综合单价法计价程序

序号	费用项目	计算方法	备注
1	分项直接工程费	人工费+材料费+机械费	
2	间接费	1×相应费率	
3	利润	(1+2)×相应利润率	
4	合计	1+2+3	
5	含税造价	4×(1+相应税率)	

(2) 当 $C < C_0$ 值的下限时，可采用以人工费和机械费合计为基数计算该分项的间接费和利润(表 2-13)。

表 2-13　　　　　　　以人工费和机械费为基础的综合单价计价程序

序号	费用项目	计算方法	备注
1	分项直接工程费	人工费+材料费+机械费	
2	其中人工费和机械费	人工费+机械费	
3	间接费	2×相应费率	
4	利润	2×相应利润率	

序号	费用项目	计算方法	备注
5	合计	1＋3＋4	
6	含税造价	5×(1＋相应税率)	

（3）如该分项的直接费仅为人工费，无材料费和机械费时，可采用以人工费为基数计算该分项的间接费和利润（表 2-14）。

表 2-14　　　　　　　以人工费为基础的综合单价计价程序

序号	费用项目	计算方法	备注
1	分项直接工程费	人工费＋材料费＋机械费	.
2	直接工程费中人工费	人工费	
3	间接费	2×相应费率	
4	利润	2×相应利润率	
5	合计	1＋3＋4	
6	含税造价	5×(1＋相应税率)	

四、工程造价的作用和计价依据

（一）工程造价的作用

工程造价的作用说明，见表 2-15。

表 2-15　　　　　　　　　工程造价的作用

作用	内容说明
是项目决策的依据	建设工程投资大、生产和使用周期长等特点决定了项目决策的重要性。工程造价决定着项目的一次投资费用。项目决策中要考虑的主要问题包括投资者是否有足够的财务能力支付这笔费用，是否认为值得支付这项费用。一个独立的投资主体必须首先解决的问题就是财务能力。若建设工程的价格超过投资者的支付能力，会迫使他放弃拟建的项目；若项目投资的效果达不到预期目标，他也会自动放弃拟建的工程。所以，在项目决策阶段，建设工程造价就成了项目财务分析和经济评价的重要依据
是制定投资计划和控制投资的依据	工程造价在控制投资方面的作用非常明显。它是通过多次预估，最终通过竣工决算确定下来的。每一次预估的过程就是对造价的控制过程；而每一次估算对下一次估算又都是对造价严格的控制，具体地讲，每一次估算都不能超过前一次估算的一定幅度。这种控制是在投资者财务能力限度内为取得既定的投资效益所必需的。工程造价对投资的控制也表现在利用制定各类定额、标准和参数，对工程造价的计算依据进行控制。在市场经济利益风险机制的作用下，造价对投资的控制作用成为投资的内部约束机制

作　用	内　容　说　明
是筹集建设资金的依据	投资体制的改革和市场经济的建立，要求项目的投资者必须有很强的筹资能力，以保证工程建设有充足的资金供应。工程造价基本决定了建设资金的需求量，从而为筹集资金提供了比较准确的依据。当建设资金来源于金融机构的贷款时，金融机构在对项目的偿贷能力进行评估的基础上，也需要依据工程造价来确定给予投资者的贷款数额
是评价投资效果的重要指标	工程造价是一个包含着多层次工程造价的体系，就一个工程项目来说，它既是建设项目的总造价，又包含单项工程的造价和单位工程的造价，同时也包含单位生产能力的造价，或 $1m^2$ 建筑面积的造价等。所有这些，使工程造价自身形成了一个指标体系。它能够为评价投资效果提供多种评价指标，并能够形成新的价格信息，为今后类似项目的投资提供参考
是合理利益分配和调节产业结构的手段	工程造价的高低，涉及国民经济各部门和企业间的利益分配的多少。在市场经济中，工程造价无一例外地受供求状况的影响，并在围绕价值的波动中实现对建设规模、产业结构和利益分配的调节。加上政府正确的宏观调控和价格政策导向，工程造价在这方面的作用会充分发挥出来

（二）工程造价的计价依据

　　工程造价的计价依据应遵循真实和科学的原则，以现阶段的劳动生产率为前提，广泛收集资料，进行科学分析并对各种动态因素研究、论证；工程造价计价依据是多种内容结合成的有机整体，它的结构严谨，层次鲜明。经规定程序和授权单位审批颁发的工程造价计价依据，具有较强的权威性。工程造价的计价依据主要包括：《建设工程工程量清单计价规范》（GB20500—2013、建设工程定额、工程量计算规则、工程价格信息、施工图样、标准图集以及工程造价相关法律法规、标准、规范以及操作规程等。

　　1.《建设工程工程量清单计价规范》

　　随着我国建设市场的进一步对外开放，工程造价计价方式的改革也在不断深化，为了与国际接轨，我国正积极稳妥地推行工程量清单计价。为了规范工程量清单计价行为，住房和城乡建设部批准颁布《建设工程工程量清单计价规范》，本规范是实行工程量清单计价的重要依据之一，它确定了工程量清单计价的原则、方法和必须遵守的规则，其中包括统一项目编码、项目名称、计量单位和工程量计算规则等。

　　2. 建设工程定额

　　建设工程定额是指按国家有关产品标准、设计标准、施工质量验收标准（规范）等确定的施工过程中完成规定计量单位产品所消耗的人工、材料、机械等消耗量的标准。它有如下的作用：

　　（1）建设工程定额可以提高生产效率。企业通过使用定额计算人工、材料、施工机械设备及其资金的消耗量，这促使企业加强管理，合理分配和使用资源，从而增强企业的市场竞争能力。

　　（2）建设工程定额是一种计价依据。依据定额确定的工程造价是价格决策的依据，能够规范市场主体的经济行为，对完善我国固定资产投资市场和建筑市场有着重要作用。

　　（3）建设工程定额有助于完善市场的信息系统。定额本身是大量信息的集合，它主要包括人工、材料、施工机械的消耗量。建筑工程定额提供的信息，为建筑市场供需双方的交易活动和竞争创造条件。建筑工程造价就是依据定额提供的信息编制的。

3. 工程量计算规则

工程量计算规则包括《建筑面积计算规则》、《建筑工程预算工程量计算规则》和《工程量清单计价规范工程量计算规则》。《建筑面积计算规则》规定了各类建筑物建筑面积的计算方法和要求,《建筑工程预算工程量计算规则》规定了组成建筑物的各分部分项工程工程量的计算方法和原则,《工程量清单计价规范工程量计算规则》规定了各清单项目工程量的计算方法。统一的工程量计算规则有利于量价分离,更适合市场经济的需要。

4. 建设工程价格信息

在市场经济条件下,建设工程价格信息提供的单价信息和费用不具有指令性,只具有参考性,对于发包人和承包人以及工程造价咨询单位来说,都是十分重要的信息来源。单价可以从市场上调查得到,也可以利用政府或中介组织提供的信息。单价有人工单价、材料单价和机械台班单价。

5. 施工图样和标准图集

经审定的施工图样和标准图集,能够完整地反映工程的具体内容,各部位的具体做法、结构尺寸、技术特征及施工方法等,是编制工程造价的直接依据。

6. 施工组织设计或施工方案

施工组织设计或施工方案中包括了编制工程造价必不可少的有关资料,如建设地点的现场施工条件、周围环境、水文地质情况,土石方开挖的施工方法及余土外运方式与运距,施工机械的使用情况,结构构件预制加工方法及运距,主要的梁、板、柱的施工方案,重要或特殊机械设备的安装方案等。

另外,工程造价相关法律法规、工程承包协议等也是编制工程造价不可缺少的依据。

第二节　建筑工程造价管理制度

为保障国家及社会公众利益,维护公平竞争秩序和有关各方合法权益,各企事业单位及从业人员要贯彻执行国家的宏观经济政策和产业政策,遵守国家和地方的法律、法规及有关规定,自觉遵守工程造价咨询行业自律组织的各项制度和规定,并接受工程造价咨询行业自律组织的业务指导。

一、工程造价管理体制

1. 政府部门的行政管理

政府设置了多层管理机构,明确了管理权限和职责范围,形成一个严密的建设工程造价宏观管理组织系统。国务院建设主管部门在全国范围内行使建设管理职能,在建设工程造价管理方面的主要职能包括:

(1) 组织制定建设工程造价管理有关法规、规章并监督其实施;

(2) 组织制定全国统一经济定额并监督指导其实施;

(3) 制定工程造价咨询企业的资质标准并监督其执行;

(4) 负责全国工程造价咨询企业资质管理工作,审定甲级工程造价咨询企业的资质;

(5) 制定工程造价管理专业技术人员执业资格标准并监督其执行;

(6) 监督管理建设工程造价管理的有关行为。

各省、自治区、直辖市和国务院有关部门在其行政区域内和按其职责分工行使相应的管理职能。

2. 行业协会的自律管理

中国建设工程造价管理协会是我国建设工程造价管理的行业协会。此外，在全国各省、自治区、直辖市及一些大中城市，也先后成立了建设工程造价管理协会，对工程造价咨询工作及造价工程师的执业活动实行行业管理。

中国建设工程造价管理协会作为建设工程造价咨询行业的自律性组织，其行业管理的主要职能包括：

（1）研究建设工程造价管理体制改革、行业发展、行业政策、市场准入制度及行为规范等理论与实践问题；

（2）积极协助国务院建设主管部门，规范建设工程造价咨询市场，制定、实行工程造价咨询企业资质标准、市场准入和清除制度，协调解决工程造价咨询企业、造价工程师执业中出现的问题，建立健全行业法规体系，推进行业发展；

（3）接受国务院建设主管部门委托，承担工程造价咨询企业的资质申报、复核、变更，造价工程师的注册、变更和继续教育等具体工作；

（4）建立和完善建设工程造价咨询行业自律机制。按照"客观、公正、合理"和"诚信为本，操守为重"的要求，贯彻执行工程造价咨询单位执业行为准则和造价工程师职业道德行为准则、执业操作规程、工程造价咨询合同示范文本等行规行约，并监督、检查实施情况；

（5）以服务为宗旨，维护会员的合法权益，协调行业内外关系，并向政府有关部门和有关方面反映会员单位和造价工程师的意见和建议，努力发挥政府与企业之间的桥梁与纽带作用；

（6）建立建设工程造价信息服务系统，编辑、出版建设工程造价管理有关刊物和参考资料，组织交流和推广建设工程造价咨询先进经验，举办有关职业培训和国内外建设工程造价咨询业务研讨活动；

（7）对外代表我国造价工程师组织和建设工程造价咨询行业与国际组织及各国同行组织建立联系与交往，签订有关协议，为开展建设工程造价管理国际交流与合作提供服务；

（8）受理违反行业自律行为的投诉，对违规的工程造价咨询企业、造价工程师实行行业惩戒，或提请政府建设主管部门进行处罚；

（9）指导各专业委员会和地方建设工程造价管理协会的业务工作。

地方建设工程造价管理协会作为建设工程造价咨询行业管理的地方性组织，在业务上接受中国建设工程造价管理协会的指导，协助地方政府建设主管部门和中国建设工程造价管理协会进行本地区建设工程造价咨询行业的自律管理。

二、造价员岗位职责

1. 造价员的工作职责

（1）努力提高业务水平，参加工程投标、合同评审和预结算编制工作，保证编制工程造价的质量，量价费应合法、有理、有据，能经得起审查和审计；

（2）熟悉施工图纸，配合有关人员编制施工形象进度计划，按生产进度计划做好每个生产阶段的施工预算，及时开出施工任务单和耗料计划单，并以此指导项目生产，确保企业定额制度的顺利进行；

（3）配合项目领导搞好单位工程成本核算，定期做好用料、工费的分析，发现漏洞及时落实弥补措施；

（4）及时收集设计变更、现场签证单和有关定额及价格信息的变化，及时编制好项目的竣工决算，协助项目领导及有关职能人员做好应收款的催收，如实向领导反映经济信息，当好领导参谋；

（5）完成经理交办的其他工作。

2. 项目造价员的岗位职责

（1）编制各工程的材料总计划，包括材料的规格、型号、材质。在材料总计划中，主材应按部位编制，耗材按工程编制。

（2）负责编制工程的施工图预、结算及工料分析，编审工程分包、劳务层的结算。

（3）编制每月工程进度预算及材料调差（根据材料员提供市场价格或财务提供实际价格）并及时上报有关部门审批。

（4）审核分包、劳务层的工程进度预算（技术员认可工程量）。

（5）协助财务进行成本核算。

（6）根据现场设计变更和签证及时调整预算。

（7）在工程投标阶段，及时、准确地做出预算，提供报价依据。

（8）掌握准确的市场价格和预算价格，及时调整预、结算。

（9）对各劳务层的工作内容及时提供价格，作为决策的依据。

（10）参与投标文件、标书编制和合同评审，收集各工程项目的造价资料，为投标提供依据。

（11）熟悉图纸、参加图纸会审，提出问题，对业主未发现的问题负责。

（12）参与劳务及分承包合同的评审，并提出意见。

（13）建好单位工程预、结算及进度报表台账，填报有关报表。

三、工程造价专业人员资格管理

在我国建设工程造价管理活动中，从事建设工程造价管理的专业人员可以分为两大类，即造价员和注册造价工程师。

（一）造价员从业资格制度

造价员是指通过考试，取得"全国建设工程造价员资格证书"，从事工程造价业务的人员。为加强对建设工程造价员的管理，规范建设工程造价员的从业行为和提高其业务水平，中国建设工程造价管理协会制定并发布了《建设工程造价员管理暂行办法》（中价协〔2006〕013号）。

造价员从业资格制度的具体内容，见表2-16。

表 2-16　　　　　　　　　　造价员从业资格制度的具体内容

类别	内容说明
资格考试	造价员资格考试实行全国统一考试大纲、通用专业和考试科目，各造价管理协会或归口管理机构（简称归口管理机构）和中国建设工程造价管理协会专业委员会（简称专业委员会）负责组织命题和考试。通用专业分土建工程和安装工程两个专业，通用考试科目包括： 一、工程造价基础知识 二、土建工程或安装工程计量与计价实务（可任选一门） 　　其他专业和考试科目由各管理机构、专业委员会根据本地区、本行业的需要设置，并报中国建设工程造价管理协会备案

续表1

类 别	内 容 说 明
资格考试	（1）报考条件 凡遵守国家法律、法规，恪守职业道德，具备下列条件之一者，均可申请参加造价员资格考试： ①工程造价专业中专及以上学历 ②其他专业中专及以上学历，从事工程造价业务工作满一年 工程造价专业大专及以上应届毕业生，可向管理机构或专业委员会申请免试《工程造价基础知识》 （2）资格证书的颁发 造价员资格考试合格者，由各管理机构、专业委员会颁发由中国建设工程造价管理协会统一印制的"全国建设工程造价员资格证书"及专用章。"全国建设工程造价员资格证书"是造价员从事工程造价业务的资格证明
从业	造价员可以从事与本人取得的"全国建设工程造价员资格证书"专业相符合的建设工程造价工作。造价员应在本人承担的工程造价业务文件上签字、加盖专用章，并承担相应的岗位责任 造价员跨地区或行业变动工作，并继续从事建设工程造价工作的，应持调出手续、"全国建设工程造价员资格证书"和专用章，到调入所在地管理机构或专业委员会申请办理变更手续，换发资格证书和专用章 造价员不得同时受聘于两个或两个以上单位
资格证书的管理	（1）证书的检验 "全国建设工程造价员资格证书"原则上每3年检验一次，由各管理机构和各专业委员会负责具体实施。验证的内容为本人从事工程造价工作的业绩、继续教育情况、职业道德等 （2）验证不合格或注销资格证书和专用章 有下列情形之一者，验证不合格或注销"全国建设工程造价员资格证书"和专用章： ①无工作业绩的 ②脱离工程造价业务岗位的 ③未按规定参加继续教育的 ④以不正当手段取得"全国建设工程造价员资格证书"的 ⑤在建设工程造价活动中有不良记录的 ⑥涂改"全国建设工程造价员资格证书"和转借专用章的 ⑦在两个或两个以上单位以造价员名义从业的
继续教育	造价员每3年参加继续教育的时间原则上不得少于30小时，各管理机构和各专业委员会可根据需要进行调整。各地区、行业继续教育的教材编写及培训组织工作由各管理机构、专业委员会分别负责

类别	内容说明
自律管理	中国建设工程造价管理协会负责全国建设工程造价员的行业自律管理工作。各地区管理机构在本地区建设行政主管部门的指导和监督下，负责本地区造价员的自律管理工作。各专业委员会负责本行业造价员的自律管理工作。全国建设工程造价员行业自律工作受建设部标准定额司指导和监督 造价员职业道德准则包括： ①应遵守国家法律、法规，维护国家和社会公共利益，忠于职守，恪守职业道德，自觉抵制商业贿赂 ②应遵守工程造价行业的技术规范和规程，保证工程造价业务文件的质量 ③应保守委托人的商业秘密 ④不准许他人以自己的名义执业 ⑤与委托人有利害关系时，应当主动回避 ⑥接受继续教育，提高专业技术水平 ⑦对违反国家法律、法规的计价行为，有权向国家有关部门举报 各管理机构和各专业委员会应建立造价员信息管理系统和信用评价体系，并向社会公众开放查询造价员资格、信用记录等信息

（二）造价工程师执业资格制度

注册造价工程师是指通过全国造价工程师执业资格统一考试或者资格认定、资格互认，取得《中华人民共和国造价工程师执业资格证书》，并注册取得中华人民共和国造价工程师注册证书和执业印章，从事工程造价活动的专业人员。未取得注册证书和执业印章的人员，不得以注册造价工程师的名义从事工程造价活动。

1. 资格考试

注册造价工程师执业资格考试实行全国统一大纲、统一命题、统一组织的办法。原则上每年举行一次，具体内容见表 2-17。

表 2-17   注册造价工程师资格考试内容

类别	内容说明
报考条件	凡中华人民共和国公民，工程造价或相关专业大专及其以上毕业，从事工程造价业务工作一定年限后，均可申请参加造价工程师执业资格考试
考试科目	造价工程师执业资格考试分为 4 个科目："工程造价管理基础理论与相关法规"、"工程造价计价与控制"、"建设工程技术与计量（土建工程或安装工程）"和"工程造价案例分析" 对于长期从事工程造价管理业务工作的专业技术人员，符合一定的学历和专业年限条件的，可免试"工程造价管理基础理论与相关法规"、"建设工程技术与计量"两个科目，只参加"工程造价计价与控制"和"工程造价案例分析"两个科目的考试 4 个科目分别单独考试、单独计分。参加全部科目考试的人员，须在连续的两个考试年度通过；参加免试部分考试科目的人员，须在一个考试年度内通过应试科目

类 别	内 容 说 明
证书取得	造价工程师执业资格考试合格者,由省、自治区、直辖市人事部门颁发国务院人事主管部门统一印制、国务院人事主管部门和建设主管部门统一用印的造价工程师执业资格证书,该证书全国范围内有效,并作为造价工程师注册的凭证

2. 注册

注册造价工程师实行注册执业管理制度。取得造价工程师执业资格的人员,经过注册方能以注册造价工程师的名义执业。注册具体内容,见表2-18。

表 2-18   注册内容

类 别	内 容 说 明
初始注册	取得造价工程师执业资格证书的人员,受聘于一个工程造价咨询企业或者工程建设领域的建设、勘察设计、施工、招标代理、工程监理、工程造价管理等单位,可自执业资格证书签发之日起一年内向聘用单位工商注册所在地的省、自治区、直辖市人民政府建设主管部门或者国务院有关部门提出注册申请。申请初始注册的,应当提交下列材料: ①初始注册申请表 ②执业资格证件和身份证复印件 ③与聘用单位签订的劳动合同复印件 ④工程造价岗位工作证明 受聘于具有工程造价咨询资质的中介机构的,应当提供聘用单位为其交纳的社会基本养老保险凭证、人事代理合同复印件,或者劳动、人事部门颁发的离退休证复印件。外国人、台港澳地区人员应当提供外国人就业许可证书、台港澳地区人员就业证书复印件 逾期未申请注册的,须符合继续教育的要求后方可申请初始注册。初始注册的有效期为4年
延续注册	注册造价工程师注册有效期满需继续执业的,应当在注册有效期满30日前,按照规定的程序申请延续注册。延续注册的有效期为4年。申请延续注册的,应当提交下列材料: ①延续注册申请表 ②注册证书 ③与聘用单位签订的劳动合同复印件 ④前一个注册期内的工作业绩证明 ⑤继续教育合格证明
变更注册	在注册有效期内,注册造价工程师变更执业单位的,应当与原聘用单位解除劳动合同,并按照规定的程序办理变更注册手续。变更注册后延续原注册有效期。申请变更注册的,应当提交下列材料: ①变更注册申请表 ②注册证书 ③与新聘用单位签订的劳动合同复印件 ④与原聘用单位解除劳动合同的证明文件 ⑤受聘于具有工程造价咨询资质的中介机构的,应当提供聘用单位为其交纳的社会基本养老保险凭证、人事代理合同复印件,或者劳动、人事部门颁发的离退休证复印件 ⑥外国人、台港澳地区人员应当提供外国人就业许可证书、台港澳地区人员就业证书复印件

类别	内容说明
不予注册	有下列情形之一的，不予注册： ①不具有完全民事行为能力的 ②申请在两个或者两个以上单位注册的 ③未达到造价工程师继续教育合格标准的 ④前一个注册期内工作业绩达不到规定标准或未办理暂停执业手续而脱离工程造价业务岗位的 ⑤受刑事处罚，刑事处罚尚未执行完毕的 ⑥因工程造价业务活动受刑事处罚，自刑事处罚执行完毕之日起至申请注册之日止不满5年的 ⑦因前项规定以外原因受刑事处罚，自处罚决定之日起至申请注册之日止不满3年的 ⑧被吊销注册证书，自被处罚决定之日起至申请注册之日止不满3年的 ⑨以欺骗、贿赂等不正当手段获准注册被撤销，自被撤销注册之日起至申请注册之日止不满3年的 ⑩法律、法规规定不予注册的其他情形

3. 执业

执业范围、权利和义务的具体内容，见表 2-19。

表 2-19   执业范围、权利和义务的具体内容

类别		内容说明
执业范围		注册造价工程师的执业范围包括： ①建设项目建议书、可行性研究投资估算的编制和审核，项目经济评价，工程概算、预算、结算、竣工结（决）算的编制和审核 ②工程量清单、标底（或招标控制价）、投标报价的编制和审核，工程合同价款的签订及变更、调整、工程款支付与工程索赔费用的计算 ③建设项目管理过程中设计方案的优化、限额设计等工程造价分析与控制，工程保险理赔的核查 ④工程经济纠纷的鉴定 注册造价工程师应当在本人承担的工程造价成果文件上签字并盖章。修改经注册造价工程师签字盖章的工程造价成果文件，应当由签字盖章的注册造价工程师本人进行；注册造价工程师本人因特殊情况不能进行修改的，应当由其他注册造价工程师修改，并签字盖章；修改工程造价成果文件的注册造价工程师对修改部分承担相应的法律责任
权利和义务	权利	注册造价工程师享有下列权利： ①使用注册造价工程师名称 ②依法独立执行工程造价业务 ③在本人执业活动中形成的工程造价成果文件上签字并加盖执业印章 ④发起设立工程造价咨询企业 ⑤保管和使用本人的注册证书和执业印章 ⑥参加继续教育

续表

类　别		内　容　说　明
权利和义务	义务	注册造价工程师应当履行下列义务： ①遵守法律、法规、有关管理规定，恪守职业道德 ②保证执业活动成果的质量 ③接受继续教育，提高执业水平 ④执行工程造价计价标准和计价方法 ⑤与当事人有利害关系的，应当主动回避 ⑥保守在执业中知悉的国家秘密和他人的商业、技术秘密

4. 继续教育

注册造价工程师在每一注册期内应当达到注册机关规定的继续教育要求。注册造价工程师继续教育分为必修课和选修课，每一注册有效期各为 60 学时。经继续教育达到合格标准的，颁发继续教育合格证明。注册造价工程师继续教育，由中国建设工程造价管理协会负责组织。

四、造价工程师和造价员资格考试简介

（一）关于我国造价工程师注册考核制度

关于我国造价工程师注册考核制度，国家要求非常严格。为加强对工程造价的管理，提高人员素质，确保质量，人事部、建设部 1996 年颁布了《造价工程执业资格制度现行规定》。

关于我国造价工程师注册考核制度的具体内容，见表 2 - 20。

表 2 - 20　　　　　　　关于我国造价工程师注册考核制度的具体内容

类　别	内　容　说　明
申请报考条件	（1）凡中华人民共和国公民，遵纪守法并具备以下条件之一者，均可申请造价工程师执业资格考试： ①工程造价专业大专毕业，从事工程造价业务工作满 5 年；工程或工程经济类大专毕业，从事工程造价业务工作满 6 年 ②工程造价专业本科毕业，从事工程造价业务工作满 4 年；工程或工程经济类本科毕业，从事工程造价业务工作满 5 年 ③获上述专业第二学士学位或研究生班毕业和获硕士学位，从事工程造价业务工作满 3 年 ④获上述专业博士学位，从事工程造价业务工作满 2 年 （2）上述报考条件中有关学历的要求是指经教育部承认的正规学历，从事相关工作经历年限要求是指取得规定学历前、后从事该相关工作时间的总和 （3）凡符合造价工程师考试报考条件的，且在《造价工程师执业资格制度暂行规定》下发之日（1996 年 8 月 26 日）前，已受聘担任高级专业技术职务并具备下列条件之一者，可免《工程造价管理基础理论与相关法规》、《建设工程技术与计量》两个科目，只参加《工程造价计价与控制》、《工程造价案例分析》两个科目的考试

类 别		内 容 说 明
申请报考条件		①1970 年（含 1970 年，下同）以前工程或工程经济类本科毕业，从事工程造价业务满 15 年 ②1970 年以前工程或工程经济类大专毕业，从事工程造价业务满 20 年 ③1970 年以前工程或工程经济类中专毕业，从事工程造价业务满 25 年 （4）根据人事部《关于做好香港、澳门居民参加内地统一举行的专业技术人员资格考试有关问题的通知》（国人部发〔2005〕9 号）文件精神，自 2005 年度起，凡符合造价工程师执业资格考试有关规定的香港、澳门居民，均可按照规定的程序和要求，报名参加相应专业考试。香港、澳门居民在报名时应向报名点提交本人身份证明、国务院教育行政部门认可的相应专业学历或学位证书，以及相应专业机构从事相关专业工作年限的证明
考试内容		造价工程师应该是既懂工程技术又要懂经济、管理和法律，并具有实践经验和良好的职业道德的复合型人才 造价工程师执业资格考试实行全国统一大纲、统一命题、统一组织的办法。原则上每年 10 月的第二个周末考试一次 ①工程造价管理基础理论与相关法规，如投资经济理论、经济法与合同管理、项目管理等知识 ②工程造价计价与控制，除掌握造价基本概念外，主要体现全过程造价计价与控制思想，以及对工程造价管理信息系统的了解 ③建设工程技术与计量，这一部分分两个专业考试，即建筑工程与安装工程，主要掌握两专业基本技术知识与计量方法 ④工程造价案例分析，考察考生实际操作的能力。计算、审查专业工程量计算；编制和审查专业工程投资估算、概、预算、标底价、结（决）算、投标报价的评价分析。方案技术经济分析、编制补充定额技能
注册		考试合格人员在 3 个月内，到当地省级或部级造价工程师注册管理机构办理注册登记手续。有效期 3 年，有效期满前 3 个月，持证者应当到原注册机构重新办理注册手续。再次注册者，应经单位考核合格并有继续教育、参加业务培训的证明 不能继续注册的 4 种情况： ①死亡 ②服刑 ③脱离造价工程师岗位连续两年（含两年）以上 ④因健康原因不能坚持造价工程师岗位的工作
权利和义务	权利	①有独立依法执行造价工程师岗位业务，并参与工程项目经济管理的权利 ②有在所经办的工程造价成果文件上签字的权利；凡经造价工程师签字的工程造价文件需要修改时应经本人同意 ③有使用造价工程师名称的权利 ④有依法申请开办工程造价咨询单位的权利 ⑤造价工程师对违反国家有关法规的意见和决定，有权提出劝告、拒绝执行并有向上级或有关部门报告的权利

续表 2

类 别		内 容 说 明
权利和义务	义务	①必须熟悉并严格执行国家有关工程造价的法律法规和规定 ②恪守职业道德和行为规范，遵纪守法，秉公办事。对经办的工程造价文件质量负有经济的和法律的责任 ③及时掌握国内外新技术、新材料、新工艺的发展应用，为工程造价管理部门制订、修改工程定额提供依据 ④自觉接受继续教育，更新知识，积极参加职业培训，不断提高业务技术水平 ⑤不得参与与经办工程有关的其他单位事关本项工程的经营活动 ⑥严格保守执行中得知的技术和经济秘密

(二)《全国建设工程造价员资格考试大纲》

1. 前言

随着我国建设工程造价改革的不断深入，国家对事关公共利益的工程造价专业人员实行了准入控制。1996 年人事部、建设部在全国建立了造价工程师执业资格制度，目前全国造价工程师已有 7.5 万人。根据工程造价业务从业和执业的需要，应对工程造价专业人员按层次、结构分别进行管理。

2005 年建设部发布了《关于由中国建设工程造价管理协会归口做好建设工程概预算人员行业自律工作的通知》(建标〔2005〕69 号)，文件决定由中国建设工程造价管理协会对全国建设工程造价员实行统一的行业自律管理。根据中价协印发的《全国建设工程造价员管理暂行办法》(中价协〔2006〕013 号) 文件精神，为协调统一各地区各部门造价员的资格标准，中国建设工程造价管理协会编制了《全国建设工程造价员资格考试大纲》(以下简称考试大纲)，该考试大纲是造价员考前培训和考试命题的依据，也是应考人员必备的指导材料。

本考试大纲分为《建设工程造价管理基础知识》和《工程计量与计价实务 (××工程)》两个科目。其中《建设工程造价管理基础知识》科目实行全国统一的水平要求，中国建设工程造价管理协会组织编写了《建设工程造价管理基础知识》考试培训教材，供各地方、各行业管理机构及应考人员使用。《工程计量与计价实务 (××工程)》考试大纲及培训教材由各地方、各行业有关管理机构自行编制。

2. 编制说明

(1) 造价员资格考试分《建设工程造价管理基础知识》和《工程计量与计价实务 (××工程)》两个科目。其中《工程计量与计价实务 (××工程)》分若干专业，由各地方、各行业管理机构自行编制考试大纲，送中国建设工程造价管理协会备案。

(2) 造价员资格考试的两个科目应单独考试、单独计分。《建设工程造价管理基础知识》科目的考试时间为 2 小时，考试试题实行 100 分制，试题类型为单项选择和多项选择题。《工程计量与计价实务 (××工程)》科目的考试时间由各地方、各行业有关管理机构自行确定，试题类型建议为工程造价文件编制的应用实例。

(3) 考试大纲对专业知识的要求分掌握、熟悉和了解三个层次。掌握即要求应考人员具备解决实际工作问题的能力；熟悉即要求应考人员对该知识具有深刻的理解；了解即要求应考人员对该知识有正确的认知。

3. 第一科目：《建设工程造价管理基础知识》

第一科目《建设工程造价管理基础知识》的具体内容说明，见表 2-21。

表 2-21 　　　　　第一科目：《建设工程造价管理基础知识》的具体内容

类　别	内　容　说　明
工程造价相关法规与制度	①了解工程造价管理相关法律、法规与制度 ②了解造价员管理制度和造价工程师执业资格制度 ③了解工程造价咨询及其管理制度
建设项目管理	①了解项目管理的概念 ②了解建设项目管理的概念、内容与程序 ③熟悉建设项目、单项工程、单位工程、分部分项工程的概念与划分 ④了解建设项目的成本管理内容、控制理论与方法，了解建设项目风险管理的基本知识
建设工程合同管理	①了解合同法的有关内容 ②了解建设工程管理涉及的相关合同，熟悉工程造价管理相关合同 ③熟悉建设工程合同类型及其选择方法 ④了解建设工程施工合同文件的组成，熟悉建设工程施工合同造价相关条款 ⑤熟悉建设工程总承包合同及分包合同的订立、履行与变更的基本原则 ⑥了解建设工程施工合同争议的解决办法
工程造价的构成	①熟悉我国建设工程造价的概念和构成 ②熟悉设备及工器具购置费的概念和构成 ③掌握建筑工程费、安装工程费的概念和构成 ④熟悉工程建设其他费用的概念、构成 ⑤了解预备费的概念和构成 ⑥了解建设期利息的概念
工程造价计价方法和依据	①熟悉建设工程造价计价方法和特点 ②熟悉建设工程造价计价依据分类、作用与特点 ③了解建筑安装工程预算定额、概算定额和投资估算指标的编制原则和方法 ④熟悉人工、材料、机械台班定额消耗量的确定方法及其单价的组成和编制方法 ⑤掌握预算定额、概算定额单价的编制方法 ⑥熟悉建设工程费用定额的构成 ⑦了解工程造价资料积累的内容、方法及应用
决策和设计阶段工程造价的确定与控制	①了解决策和设计阶段影响工程造价的主要因素 ②了解可行性研究报告主要内容和作用 ③掌握投资估算的编制方法 ④掌握设计概算的编制方法 ⑤掌握施工图预算的编制方法 ⑥了解方案比选、优化设计、限额设计的基本方法

类 别	内 容 说 明
建设项目招投标与合同价款的确定	①熟悉建设项目招投标程序 ②熟悉招标文件的组成与内容 ③掌握建设工程招标工程量清单的编制方法 ④掌握工程招标标底和投标报价的编制方法 ⑤熟悉评标定标方法和合同价款的确定 ⑥熟悉工程分包招投标，设备、材料采购招投标合同价款的确定方法
工程施工阶段工程造价的控制与调整	①熟悉工程变更的处理，掌握合同价款的调整方法 ②了解合同预付款、工程进度款的支付方法 ③了解工程索赔的概念、处理原则与依据 ④掌握工程结算的编制与审查
竣工决算的编制与保修费用的处理	①了解竣工验收报告的组成 ②熟悉竣工决算的内容和编制方法 ③了解新增资产价值的确定方法 ④熟悉保修费用的处理方法
附录	①工程造价相关法律、行政法规 ②工程造价相关综合性规章和规范性文件 ③中国建设工程造价管理协会有关文件 ④各省、自治区、直辖市或建设行政主管部门的工程造价相关法规与规章

4. 第二科目：《工程计量与计价实务（××工程)》

第二科目《工程计量与计价实务（××工程)》的具体内容说明，见表2-22。

表 2-22 第二科目：《工程计量与计价实务（××工程)》的具体内容

类 别	内 容 说 明
专业基础知识	①了解××工程的分类、组成及构造 ②了解××工程常用材料的分类、基本性能及用途 ③了解××工程主要施工工艺与方法 ④了解××工程常用施工机械的分类与适用范围 ⑤了解××工程施工组织设计的编制原理与方法 ⑥了解××工程相关标准规范的基本内容
工程计量	①熟悉××工程识图基本原理与方法 ②熟悉××工程及常用材料图例 ③掌握××工程工程量计算 ④了解计算机辅助工程量计算方法

类 别	内 容 说 明
工程量清单的编制	①熟悉××工程量清单的内容与格式 ②掌握××工程分部分项工程工程量清单的编制 ③熟悉××工程措施项目清单的编制 ④熟悉××工程其他项目、零星工作项目清单的编制
工程计价	①熟悉××工程施工图预算编制 ②熟悉××工程预算定额和建筑安装工程费用定额适用范围、调整与使用 ③掌握××工程工程量清单的编制及计价 ④掌握××工程结算和合同价款的调整方法 ⑤熟悉计算机在工程计价中的应用

第三章

建筑工程定额与工程量清单计价

第一节　建筑工程定额

　　尽管管理科学在不断发展，但是它仍然离不开定额，没有定额提供可靠的基本管理数据，任何好的管理方法和手段也不能取得理想的结果。因此，定额虽然是科学管理发展初期的产物，但它在企业管理中，一直有重要的地位。

　　所谓定额，就是进行生产经营活动时，在人力、物力、财力消耗方面所应遵守或达到的数量标准。在建筑生产中，为了完成建筑产品，必须消耗一定数量的劳动力、材料和机械台班以及相应的资金，在一定的生产条件下，用科学方法制定出的生产质量合格的单位建筑产品所需要的劳动力、材料和机械台班等的数量标准，就称为建筑工程定额。

　　在社会生产中，为了生产某一合格产品，都要消耗一定数量的劳动力、材料、机械台班和资金，由于受到各种生产条件的影响，这种消耗数量各不相同。在一个产品生产中，这种消耗越大，产品的成本就越高，当产品价格一定时，企业的盈利就会减少，对社会的贡献也减小。因此降低产品生产过程中的消耗，具有十分重要的意义。但是这种消耗的降低是有一定限制的，它在一定的生产条件下，必有一个合理的额度。规定出完成某一单位合格产品的合理消耗标准，就是生产性的定额。由于不同的产品有不同的质量要求和安全规范要求，因此定额就不单纯是一种数量标准，而是数量、质量和安全要求的统一体。

一、工程定额的水平、性质及分类

1. 定额的水平

　　定额的水平是一定时期社会生产力水平的反映，它与操作人员的技术水平、机械化程度、新材料、新结构、新工艺、新技术的发展和应用密切相关，与企业的组织管理水平和全体人员的劳动积极性也密切相关。工程建设定额的定额水平，必须与当时的生产力发展水平相适应。人们一般把工程建设定额所反映的资源消耗量的多少称为定额水平。定额水平受一定的生产力发展水平的制约，一般来说，生产力发展水平高，则生产效率高，生产过程中的消耗就少，定额所规定的资源消耗量相应地降低，称为定额水平高；反之，生产力发展水平低，则生产效率低，生产过程中的消耗就多，定额所规定的资源消耗量相应地提高，称为定额水平低。

2. 定额的性质

　　工程建设定额的具体性质内容，见表3-1。

表 3 - 1   定额的性质

类 别	说 明
科学性	工程建设定额的科学性主要表现在定额的制定是在认真研究施工企业管理的客观规律，遵循其要求，在总结施工生产实践的基础上，根据广泛搜集的资料，经过科学分析研究之后，运用系统的、科学的方法制定的，它能正确反映工程建设和各种资源消耗之间的客观规律。定额中的各种消耗量指标，应能正确反映当前社会生产力的发展水平
系统性	工程建设定额是相对独立的系统，工程建设定额是为工程建设这个庞大的实体系统服务的，工程建设的特点决定了它的系统性。工程建设本身多种类、多层次，是一个有着多项工程的集合体。每项工程的建设都有严格项目划分，如建设项目、单项工程、单位工程、分部分项工程等，在计划和实施过程中有着严密的逻辑阶段，如规划、可行性研究、设计、施工、竣工交付使用。与此相适应必然形成工程建设定额的多种类、多层次
法令性	定额的法令性，表现在定额是根据国家一定时期的管理体制和管理制度，按不同定额的用途和适用范围，由国家主管部门或由它授权的机构按照一定的程序制定的，一经颁布执行，便有了法规的性质，在其执行范围内，任何单位都必须严格遵守，不得随意更改定额的内容和水平
群众性	定额的群众性，表现在定额的制定和执行都具有广泛的群众基础。定额水平的高低，主要取决于工人的生产力水平的高低。定额的测定到编制是在施工企业职工直接参加下进行的。工人直接参加定额的技术测定，有利于制定出易于掌握和推广的定额
统一性	工程建设定额的统一性，主要是由国家对经济发展的有计划的宏观调控职能决定的。为了使国民经济按照既定的目标发展，就需要借助于某些标准、定额、参数等对工程建设进行规划、组织、调节、控制。而这些标准、定额参数必须在一定范围内是一种统一的尺度，才能实现上述职能，才能利用它进行项目的决策，进行设计方案、投标报价、成本控制的比选和评价 工程建设定额的统一性按照其影响力和执行范围来看，有全国统一定额、地区统一定额和行业统一定额等；按照定额的制定、颁布和贯彻使用来看，有统一的程序、原则、要求和用途
定额的可变性和相对稳定性	定额水平的高低是根据一定时期社会平均生产力水平确定的。随着科学技术水平和管理水平的提高，社会生产力的水平也必然提高，当原有定额已不能适应生产需要时，就要对它进行修订和补充。社会生产力的发展有一个由量变到质变的过程，存在一个变动周期，因此定额的执行在一段时间内表现出稳定状态。所以定额既不是固定不变的，但也不能朝定夕改，它既有严格的时效性，又有一个相对稳定的执行期间
时效性	任何一种建筑工程定额都只能反映一定时期的生产力水平，当生产力向前发展了，定额也要随之变动。所以建筑工程定额在具有稳定性的同时也具有显著的时效性，当定额再不能起到它应有的作用时，建筑工程定额就要修订或重新编制

综上所述，定额的科学性是定额法令性的客观依据，而定额的法令性，又是使定额得以贯彻执行的保证，定额的群众性是定额执行的前提条件。

3. 工程建设定额的分类

工程建设定额是工程建设中各类定额的总称，是一个综合性的概念。在基本建设工程中，定额的种类很多，可以按照不同原则和方法把它进行科学分类。

工程建设定额的分类方法，见表 3-2。

表 3-2 工程建设定额的分类方法

类 别		分 类 方 法
按生产要素分类	劳动定额	劳动定额又称人工定额，是指在正常施工生产条件下，完成单位合格建筑工程产品所需消耗的劳动力的数量标准。劳动定额大多采用时间定额的形式
	材料消耗定额	材料消耗定额又称材料定额，是指在正常施工生产条件下，完成单位合格建筑工程产品所需消耗的各种材料的数量标准。包括工程建设中使用的原材料、成品、半成品、构配件、燃料以及水、电等动力资源等 材料消耗定额在很大程度上可以影响材料的合理调配和使用。它关系到资源的有效利用，制定合理的材料消耗定额，是组织材料的正常供应，保证生产顺利进行，减少积压、浪费的必要前提
	机械台班使用定额	机械台班使用定额是指在正常施工生产条件下，完成单位合格建筑工程产品所需消耗的机械台班的数量标准。按反映机械消耗的方式不同，机械台班使用定额可分为时间定额和产量定额两种表现形式
按编制程序和用途划分	施工定额	施工定额是指在正常施工条件下，具有合理劳动组织的建筑安装工人，为完成单位合格工程建设产品所需人工、材料、机械台班消耗的数量标准。它包括劳动定额、材料消耗定额和机械台班使用定额，是最基本的定额，它是以同一性质的施工过程（工序）作为研究对象，表示生产产品数量与时间消耗综合关系编制的定额。施工定额是施工企业组织生产和加强管理，在行业内部使用的一种定额，属于企业生产、作业性质的定额
	预算定额	预算定额是以施工定额为基础，以建筑物或构筑物的各个分部分项工程为对象编制的定额。其内容包括人工工日数，各种材料的消耗量，机械台班消耗量三部分。同时表示相应的地区基价。 预算定额是编制工程预算造价的重要依据，同时也是编制施工组织设计、工程结算和竣工决算等的依据。预算定额也是编制概算定额的基础
	概算定额	概算定额是以扩大的分部分项工程为对象编制的，确定其人工、材料、机械台班的消耗量及费用的标准，是编制扩大初步设计概算时，计算和确定工程概算造价的依据
	投资估算指标	投资估算指标用于编制投资估算，它是以独立的单项工程或完整的工程项目为计算对象，根据同类项目的预、决算等资料编制的定额。它是在项目建议书和可行性研究阶段编制投资估算、计算投资需要量时使用的，它非常概略，它的精确程度与可行性研究阶段相适应

类别		分类方法
按管理权限和适用范围划分	全国统一定额	全国统一定额是由国家建设行政主管部门制定发布，在全国范围内执行的定额。它反映了全国建设工程生产力水平的一种状况，综合全国工程建设中技术和施工组织管理的情况编制
	行业统一定额	行业统一定额是由国务院行业行政主管部门制定发布的，一般只在本行业和相同专业性质的范围内使用的专业定额。它是考虑到各行业部门专业技术特点，以及施工生产和管理水平编制的。如矿井工程建设定额、铁路工程建设定额
	地区统一定额	地区统一定额是由各省、自治区、直辖市建设行政主管部门结合本地区的气候、物质资源、交通运输、经济技术等条件和特点，在全国统一定额的基础上做适当调整补充而编制的
	企业定额	企业定额是由建筑安装施工企业结合本企业的生产技术和管理水平等具体情况，参考国家、部门或地区定额的水平制定的定额。企业定额只在企业内部范围内使用，是企业从事生产经营活动的重要依据，也是企业不断提高生产管理水平和市场竞争能力的重要标志
	补充定额	补充定额是指随着设计、施工技术的发展，在现行定额不能满足需要的情况下，为了补充缺项所编制的定额。补充定额只能在指定的范围内使用，可以作为以后修订定额的基础
按专业性质分类	建筑工程消耗量定额	建筑工程消耗量定额是指建筑工程的人工、材料、机械的消耗量标准
	装饰装修工程消耗量定额	装饰装修工程是指房屋建筑的装饰装修工程。装饰装修工程消耗量定额是指建筑装饰装修工程的人工、材料、机械的消耗量标准
	安装工程消耗量定额	安装工程是指各种管线、设备等的安装工程。安装工程消耗量定额是指安装工程的人工、材料、机械的消耗量标准
	市政工程消耗量定额	市政工程是指城市的道路、桥梁等公共设施的建设工程。市政工程消耗量定额是指市政工程的人工、材料、机械的消耗量标准
	仿古建筑及园林工程消耗量定额	仿古建筑及园林工程定额是指仿古建筑、园林工程的人工、材料、机械的消耗量标准
	房屋修缮工程消耗量定额	房屋修缮工程消耗量定额是指房屋修缮工程的人工、材料、机械的消耗量标准

二、建筑工程施工定额

施工定额是以同性质的施工过程或工序为测定对象，确定建筑安装工人在正常施工条件下，为完成单位合格产品所需劳动、机械、材料消耗的数量标准。建筑安装定额一般称为施工定额。施工定额是施工企业直接用于建筑工程施工管理的一种定额。施工定额是由劳动定额、材料消耗定额和机械台班定额组成，它是最基本的定额，也是编制预算定额的基础。

（一）劳动定额的概念与作用

1. 劳动定额的概念

劳动定额又称人工定额，是指建筑安装工人在正常的施工（生产）条件下、在一定的生产技术和合理的劳动组织条件下、在平均先进水平的基础上制定的。它是指每个建筑安装工人生产单位合格产品所必需消耗的劳动时间，或在单位时间内所生产的合格产品的数量。

2. 劳动定额的作用

劳动定额的作用主要表现在组织生产和按劳分配两个方面。具体表现在以下几方面：

（1）劳动定额是签发施工任务书、编制施工进度计划、劳动工资计划及企业计划管理的依据。

（2）劳动定额是企业改善劳动组织，提高劳动生产率，挖掘企业生产潜力的基础。

（3）劳动定额是贯彻按劳分配原则，推行经济责任制的重要依据。建筑企业实行计件工资、计时奖励工资，都是以劳动定额为基准进行按劳分配的。

（4）劳动定额是企业经济核算的重要基础。

（二）劳动定额的表现形式

劳动定额又称人工定额，按照用途的不同可以分为时间定额和产量定额两种表现形式。

1. 时间定额

时间定额就是某种专业（工种）、某种技术等级的工人小组或个人，在合理的劳动组织、合理的使用材料、合理的施工机械配合条件下，生产某一单位合格产品所必需的工作时间。它包括准备与结束时间、基本工作时间、辅助工作时间、不可避免的中断时间以及工人必要的休息时间。例如，一砖半混水外墙的劳动定额为 2.07 工日$/m^3$，即表示一个建筑安装工人完成 $1m^3$ 一砖半混水外墙的所必需的工作时间为 2.07 工日。

时间定额以工日为单位，每一工日按 $8h$ 计算。其计算公式为：

$$单位产品时间定额（工日）=\frac{1}{每工产量}$$

或

$$单位产品时间定额（工日）=\frac{小组成员工日数总工}{台班产量}$$

2. 产量定额

产量定额就是在合理的劳动组合、合理的使用材料、合理的机械配合条件下，某种专业（工种）、某种技术等级的工人小组或个人，在单位时间（工日）中所完成的合格产品的数量。

产量定额根据时间定额计算，其计算公式为：

$$每工产量=\frac{1}{单位产品时间定额（工日）}$$

$$台班产量=\frac{小组成员工日数的总和}{单位产品时间定额（工日）}$$

产量定额的计量单位，通常以自然单位或物理单位来表示。如（台、套、根、t、m、m^2、m^3 等）和工日来表示，如 m^3（根、t、m、m^2 等）/工日。

3. 时间定额与产量定额的关系

产量定额的高低与时间定额成反比，两者互为倒数。生产某一单位合格产品所消耗的工时越少，则在单位时间内的产品产量就越高，反之就越低，即：

$$时间定额×产量定额=1$$

$$时间定额 = \frac{1}{产量定额}$$

$$产量定额 = \frac{1}{时间定额}$$

时间定额和产量定额是同一个劳动定额量的不同表示方法，有着各自不同的用处。

时间定额以工日/m、工日/m³、工日/m²、工日/根、工日/t 等为单位，不同的工作内容由于有相同的时间单位，定额完成量可以相加，故时间定额适用于劳动计划的编制和统计完成定额的工作需要。因时间定额计算比较方便，且便于综合，故劳动定额采用时间定额的形式比较普遍。

产量定额以 m³/工日、m²/工日、m/工日、t/工日、根/工日 等为单位，具有形象化特点，数量直观、具体，容易为工人所接受和理解。因此，产量定额适用于向工人班组下达和分配生产任务。但是由于产量定额的单位不同，在统计完成生产任务时不能直接相加，因而不能满足计划统计工作的要求。

（三）劳动定额的编制

1. 分析基础资料，拟定编制方案

（1）影响工时消耗因素的确定：

①技术因素：包括完成产品的类别；材料、构配件的种类和型号等级；机械和机具的种类、型号和尺寸；产品质量等。

②组织因素：包括操作方法和施工的管理与组织；工作地点的组织；人员组成和分工；工资与奖励制度；原材料和构配件的质量及供应的组织；气候条件等。

以上各因素的具体情况利用因素确定表加以确定和分析，见表 3-3。

表 3-3　　　　　　　　　　　　　　　因素确定表

施工过程名称	施工单位名称	工地名称	工程概况		观察时间	气温（℃）
砌三层里外混水墙	×公司×施工队	×厂宿舍	三层楼每层两单元，带壁橱、阁楼、浴室，长27.6m，宽14m，高3.0m		×××年10月26日	15～17
施工队（组）人员组成		瓦工队共28人，其中：一级10人，二级工12人，五级工4人，六级工2人；男24人，女4人；50岁以上6人；高中生2人，初中生18人，小学以下8人				
施工方法和机械装备		手工操作，里架子，配备2～5t塔吊一台．翻斗车一辆				

	定额项目	单位	完成产品数量	实际工时消耗（工时）	定额工时消耗（工日）		完成定额（%）
					单位	总计	
完成定额情况	瓦工砌11/2砖混水外墙	m³	96	64.20	0.45	43.20	67.29
	瓦工砌1砖混水内墙	m³	48	32.10	0.47	22.56	70.28
	瓦工砌1/2砖隔断墙	m³	16	10.70	0.72	11.52	107.66
	壮工运输和调制砂浆	—		105.00		63.04	60.04
	按定额加工	—				39.55	
	总计	—	160	212.00		179.87	—

续表

施工过程名称	施工单位名称	工地名称	工程概况	观察时间	气温（℃）
影响工时消耗的组织和技术因素	①该宿舍楼系三层混水墙到顶，墙体厚度不一，建筑面积小，操作比较复杂 ②砖的质量不好，选砖比较费时 ③低级工比例过大，浪费工时现象比较普遍 ④高级工比例小，低级工做高级工活比较普遍，技壮工配合不好 ⑤工作台位置和砖的位置，不便于工人操作 ⑥瓦工损伤操作台，不符合动作经济原则，取砖和砂浆动作幅度很大，极易疲劳 ⑦劳动纪律不太好，有些青年工人工作时间聊天、打闹				
填表人				填表日期	
备注					

（2）计时观察资料的整理：对每次计时观察的资料进行整理之后，要对整个施工过程的观察资料进行系统的分析研究和整理。

整理观察资料的方法大多是采用平均修正法。平均修正法是一种在对测时数列进行修正的基础上，求出平均值的方法。修正测时数列，就是剔除或修正那些偏高、偏低的可疑数值。目的是保证不受那些偶然性因素的影响。

如果测时数列受到产品数量的影响时，采用加权平均值则是比较适当的。因为采用加权平均值可在计算单位产品工时消耗时，考虑到每次观察中产品数量变化的影响，从而使我们也能获得可靠的值。

（3）日常积累资料的整理和分析：日常积累的资料主要有4类：一类是现行定额的执行情况及存在问题的资料；再一类是企业和现场补充定额资料，如因现行定额漏项而编制的补充定额资料，因解决采用新技术、新结构、新材料和新机械而产生的定额缺项所编制的补充定额资料；第三类是已采用的新工艺和新的操作方法的资料；第四类是现行的施工技术规范、操作规程、安全规程和质量标准等。

（4）拟定定额的编制方案。编制方案的内容包括：

①提出对拟编定额的定额水平总的设想。

②拟定定额分章、分节、分项的目录。

③选择产品和人工、材料、机械的计量单位。

④设计定额表格的形式和内容。

2. 确定正常的施工条件

拟定施工的正常条件包括：

（1）拟定工作地点的组织：工作地点是工人施工活动场所。拟定工作地点的组织时，要特别注意使人在操作时不受妨碍，所使用的工具和材料应按使用顺序放置于工人最便于取用的地方，以减少疲劳和提高工作效率，工作地点应保持清洁和秩序井然。

（2）拟定工作组成：就是将工作过程按照劳动分工的可能划分为若干工序，以便合理使用技术工人。可以采用两种基本方法：一种是把工作过程中个别简单的工序，划分给技术熟练程度较低的工人去完成；一种是分出若干个技术程度较低的工人，去帮助技术程度较高的工人工作。采用后一种方法就把个人完成的工作过程，变成小组完成的工作过程。

（3）拟定施工人员编制：即确定小组人数、技术工人的配备，以及劳动的分工和协作。原则是使每个工人都能充分发挥作用，均衡地担负工作。

3. 确定劳动定额消耗量的方法

时间定额是在拟定基本工作时间、辅助工作时间、不可避免中断时间、准备与结束的工作时间，以及休息时间的基础上制定的。

确定劳动定额消耗量的方法，见表3-4。

表3-4   确定劳动定额消耗量的方法

类 别	说 明
拟定基本工作时间	基本工作时间在必须消耗的工作时间中占的比重最大。在确定基本工作时间时，必须细致、精确。基本工作时间消耗一般应根据计时观察资料来确定。其做法是，首先确定工作过程每一组成部分的工时消耗，然后再综合出工作过程的工时消耗。如果组成部分的产品计量单位和工作过程的产品计量单位不符，就需先求出不同计量单位的换算系数，进行产品计量单位的换算，然后再相加，求得工作过程的工时消耗
拟定辅助工作时间和准备与结束工作时间	辅助工作和准备与结束工作时间的确定方法与基本工作时间相同。但是，如果这两项工作时间在整个工作班工作时间消耗中所占比重不超过5%～6%，则可归纳为一项，以工作过程的计量单位表示，确定出工作过程的工时消耗 如果在计时观察时不能取得足够的资料，也可采用工时规范或经验数据来确定。如有现行的工时规范，可以直接利用工时规范中规定的辅助和准备与结束工作时间的百分比来计算
拟定不可避免的中断时间	在确定不可避免中断时间的定额时，必须注意由工艺特点所引起的不可避免中断才可列入工作过程的时间定额 不可避免中断时间也需要根据测时资料通过整理分析获得，也可以根据经验数据或工时规范，以占工作日的百分比表示此项工时消耗的时间定额
拟定休息时间	休息时间应根据工作班作息制度、经验资料、计时观察资料，以及对工作的疲劳程度作全面分析来确定。同时，应考虑尽可能利用不可避免中断时间作为休息时间 从事不同工种、不同工作的工人，疲劳程度有很大差别。为了合理确定休息时间，往往要对从事各种工作的工人进行观察、测定，以及进行生理和心理方面的测试，以便确定其疲劳程度。国内外往往按工作轻重和工作条件好坏，将各种工作划分为不同的级别。如我国某地区工时规范将体力劳动分为6类：最沉重、沉重、较重、中等、较轻、轻微 划分出疲劳程度的等级，就可以合理规定休息需要的时间。在上面引用的规范中，按6个等级划分，其休息时间见以下附表 附表　　　　　　休息时间占工作日的比重 表格见下

附表   休息时间占工作日的比重

疲劳程度	轻微	较轻	中等	较重	沉重	最沉重
等级	1	2	3	4	5	6
占工作日比重（%）	4.16	6.25	8.33	11.45	16.7	22.9

续表

类别	说　明
拟定定额时间	确定的基本工作时间、辅助工作时间、准备与结束工作时间、不可避免中断时间和休息时间之和，就是劳动定额的时间定额。根据时间定额可计算出产量定额，时间定额和产量定额互成倒数 　　利用工时规范，可以计算劳动定额的时间定额。其计算公式是： $$作业时间＝基本工作时间＋辅助工作时间$$ $$规范时间＝准备与结束工作时间＋不可避免的中断时间＋休息时间$$ $$工序作业时间＝基本工作时间＋辅助工作时间$$ $$＝\frac{基本工作时间}{1－辅助时间（\%）}$$ $$定额时间＝\frac{作业时间}{1－规范时间（\%）}$$

4. 劳动定额的编制方法

劳动定额的编制方法有技术测定法、统计分析法、经验估计法、比较类推法等。其中技术测定法是我国建筑安装工程收集定额基础资料的基本方法。

劳动定额的编制方法，见表3-5。

表3-5　　　　　　　　　　　　　　劳动定额的编制方法

类别	说　明
技术测定法	技术测定法是在正常的施工条件下，对施工过程中的具体活动进行现场观察，详细记录工人和机械工作时间消耗及完成产品的数量，将记录的结果加以整理，客观地分析各种因素的影响，从而制定出劳动定额 　　具体地说，首先，用时间测定的方法确定被选定的工作过程（施工定额研究对象）中各工序的基本工作时间和辅助工作时间，并相应地确定不可避免中断时间、准备与结束的工作时间以及休息时间占工作班延续时间的百分比。其次，计算各工序的标准时间消耗，并按该工作过程中各工序在工艺及组织上的逻辑关系进行综合，把各工序的标准时间综合成工作过程的标准时间消耗，该标准时间消耗即为该工作过程的定额时间 　　这种方法有较高的科学性和准确性，但大量观测耗时耗力较多，常用来制定新定额和典型定额。根据施工过程的特点不同，技术测定法又分为测时法（用于研究以循环形式重复作业的工作）、写实记录法和工作日写实法（可研究所有种类的工作）、简易测定法（只测定定额时间中的作业时间） 　　（1）优缺点：技术测定法的优点是技术依据充分，定额水平先进合理，能反映客观实际。缺点是工作量大，操作复杂 　　（2）主要步骤： 　　①确定拟编定额项目的施工过程，对其组成部分进行必要的划分 　　②选择正常的施工条件和合适的观察对象 　　③到施工现场对观察对象进行测时观察，记录完成产品的数量、工时消耗及影响工时消耗的有关因素 　　④分析整理观察资料

类别	说　明
统计分析法	统计分析法是把过去一定时期内实际施工中的同类工程和生产同类产品的实际工时消耗和产品数量的统计资料（施工任务书、考勤报表和其他相关资料）通过整理，结合当前生产技术组织条件，进行分析对比研究来制定定额的一种方法。所考虑的统计对象应该具有一定的代表性，应以具有平均先进水平的地区、企业、施工队伍的情况作为统计计算定额的依据。统计中要特别注意资料的真实性、系统性和完整性，确保定额的编制质量。这种方法适合于施工条件正常、产品稳定且批量大、统计工作健全的施工过程 　　(1) 优缺点：统计分析法的优点是简单易行，工作量小。缺点是要使统计分析法制定的定额有较好的质量，就应在基层健全原始记录和统计报表制度，并剔除一些不合理的虚假因素，为了使定额保持平均先进水平，可从统计资料中求出平均先进值 　　(2) 主要步骤： 　　①先从资料中删除特别偏高、偏低及明显不合格的数据 　　②计算出算术平均值 　　③在工时统计数值中，取小于上述算术平均值的数组，再计算其平均值，即为所求的平均先进值
比较类推法	比较类推法也称典型定额法，它是选定一个精确测定好的典型项目定额，计算出同类型其他相邻项目定额的方法。例如已知架设单排脚手架的时间定额，推算架设双排脚手架的时间定额。比较类推法计算简便而准确，但选择典型定额要恰当合理，类推计算的结果有的需要作一定调整。这种方法适用于制定规格较多的同类型工作过程的劳动定额 　　(1) 优缺点：比较类推法的优点是简单易行，有一定的准确性。缺点是该方法运用了正比例的关系来编制定额，故有一定的局限性。采用这种方法，要特别注意掌握工序、产品的施工工艺和劳动组织的"类似"或"近似"的特征，细致地分析施工过程的各种影响因素，防止将因素变化很大的项目作为同类型项目比较类推 　　(2) 计算公式。比较类推法的计算公式为： $$t = Pt_0$$ 　　式中　t——比较类推同类相邻定额项目的时间定额 　　　　　P——各同类相邻项目耗用工时的比例 　　　　　t_0——典型定额项目的时间定额
经验估计法	此法适用于那些次要的、消耗量小的、品种规格多的工作过程的劳动定额。其完全是凭借经验，根据分析图样、现场观察、了解施工工艺、分析施工生产的技术组织条件和操作方法等情况来估计。采用经验估计法时，必须挑选有丰富经验的、秉公正派的工人和技术人员参加，并且要在充分调查和征求群众意见的基础上确定 　　经验估计法的优点是简单、快速、易于掌握、工作量小。缺点是技术根据不足，有主观性、偶然性因素，准确、可靠性较差，一般用于一次性定额的制定

（四）材料消耗定额

　　材料消耗定额是指在正常的施工（生产）条件下，在节约和合理使用材料的情况下，生产单位合格产品所必需消耗的一定品种、规格的材料、半成品、配件等的数量标准。

在我国建筑产品的成本中,材料费占整个工程费用的70%左右。因此,材料的运输储存、管理和使用在施工中占有极其重要的地位。降低工程成本,在很大程度上取决于减少建筑材料的消耗量。用科学方法正确制定材料消耗定额,对合理使用材料、减少浪费、正确计算工程造价、保证正常施工都具有极其重要的意义。

1. 施工中材料消耗定额的内容

(1) 直接性消耗材料:施工中直接性材料也称非周转性材料或实体性材料,它是指在建设工程施工中,一次性消耗并直接构成工程实体的材料,如砖、石、水泥等。这类材料消耗量由材料净用量和材料损耗量两部分组成。材料净用量是指为了完成单位合格产品所必需的材料使用量,构成工程实体所净耗的材料数量。材料损耗量是指材料从现场仓库领出到完成合格产品的过程中不可避免的施工损耗,它包括场内搬运的合理损耗、加工制作的合理损耗和施工操作的合理损耗等。

用公式表示为:

$$材料消耗量 = 材料净用量 + 材料损耗量$$

材料损耗量通常以材料损耗率来计算。材料损耗率是材料损耗量与材料消耗量之比。即:

$$材料损耗率 = \frac{材料损耗量}{材料消耗量} \times 100\%$$

$$材料消耗量 = \frac{材料净用量}{1 - 损耗率}$$

为了简便,通常将材料损耗量与材料净用量之比,作为损耗率。即:

$$材料损耗率 = \frac{材料损耗量}{材料净用量} \times 100\%$$

$$材料消耗量 = 材料净用量 (1 + 材料损耗率)$$

在现场施工中,各种建筑材料的消耗,主要取决于材料的消耗定额。

以上各式中的损耗率,可参考表3-6。

表3-6 部分建筑材料、成品、半成品损耗率参考表

材料名称	工程项目	损耗率(%)	材料名称	工程项目	损耗率(%)
普通黏土砖	地面、屋面、空化(斗)墙	1.5	水泥砂浆	抹墙及墙裙	2.0
普通黏土砖	基础	0.5	水泥砂浆	地面、屋面、构筑物	1.0
普通黏土砖	实砖墙	2.0	素水泥浆	—	1.0
普通黏土砖	方砖柱	3.0	混凝土(预制)	柱、基础梁	1.0
普通黏土砖	圆砖柱	7.0	混凝土(预制)	其他	1.5
普通黏土砖	烟囱	4.0	混凝土(现浇)	二次灌浆	3.0
普通黏土砖	水塔	3.0	混凝土(现浇)	地面	1.0
白瓷砖	—	3.5	混凝土(现浇)	其余部分	1.5
陶瓷锦砖(马赛克)	—	1.5	细石混凝土	—	1.0
面砖、缸砖	—	2.5	轻质混凝土	—	2.0

续表 1

材料名称	工程项目	损耗率（%）	材料名称	工程项目	损耗率（%）
水磨石板	—	1.5	钢筋（预应力）	后张吊车梁	13.0
大理石板	—	1.5	钢筋（预应力）	先张高强丝	9.0
混凝土板	—	1.5	钢材	其他部分	6.0
水泥瓦、黏土瓦	包括脊瓦	3.5	铁件	成品	1.0
石棉垄瓦（板瓦）	—	4.0	镀锌铁皮	屋面	2.0
砂	混凝土、砂浆	3.0	镀锌铁皮	排水管、沟	6.0
白石子	—	4.0	铁钉	—	2.0
砾（碎）石	—	3.0	电焊条	—	12.0
乱毛石	砌墙	2.0	小五金	成品	1.0
乱毛石	其他	1.0	木材	窗扇、框（包括配料）	6.0
方整石	砌体	3.5	木材	镶板门芯板制作	13.1
方整石	其他	1.0	木材	镶板门企口板制作	22.0
碎砖、炉（矿）渣	—	1.5	木材	木屋架、檩、橡圆木	5.0
珍珠岩粉	—	4.0	木材	木屋架、檩、橡方木	6.0
生石膏	—	2.0	木材	屋面板平口制作	4.4
滑石粉	油漆工程用	5.0	木材	屋面板平口安装	3.3
滑石粉	其他	1.0	木材	木栏杆及扶手	4.7
砌筑砂浆	砖、毛方石砌体	1.0	模板制作	各种混凝土结构	5.0
砌筑砂浆	空斗墙	5.0	模板安装	工具式钢模板	1.0
砌筑砂浆	泡沫混凝土地墙	2.0	模板安装	支撑系统	1.0
砌筑砂浆	多孔砖墙	10.0	模板制作	圆形储仓	3.0
砌筑砂浆	加气混凝土块	2.0	胶合板、纤维板	顶棚、间壁	5.0
混合砂浆	抹顶棚	3.0	吸音板	顶棚、间壁	5.0
混合砂浆	抹墙及墙裙	2.0	石油沥青	—	1.0

材料名称	工程项目	损耗率（%）	材料名称	工程项目	损耗率（%）
石灰砂浆	抹顶棚	1.5	玻璃	配制	15.0
石灰砂浆	抹墙及墙裙	1.0	清漆	—	3.0
水泥砂浆	抹顶棚、梁柱腰线、挑檐	2.5	环氧树脂	—	2.5

（2）周转性材料：周转性材料是指施工过程中能多次重复使用的材料，如脚手架、模板、土方工程的挡土板、支撑等。这类材料在施工中不是一次性消耗掉，而是在多次周转使用中逐渐消耗掉的。其消耗量的确定应按照多次使用、分次摊销的方法计算。

在材料消耗定额中，周转性材料每使用一次，在单位产品上的消耗量称为摊销量。

$$材料摊销量＝周转使用量－回收量$$

周转使用量是指周转性材料在周转使用和补损的条件下，每周转一次平均所需的材料量。

$$周转使用量＝\frac{一次使用量＋补损量}{周转次数}$$

$$＝\frac{一次使用量＋一次使用量×（周转次数－1）×损耗率}{周转次数}$$

$$回收量＝\frac{一次使用量－（一次使用量×损耗率）}{周转次数}＝一次使用量×\frac{1－损耗率}{周转次数}$$

回收量是指每周转一次后，平均可以收回的材料量。

一次使用量是指周转性材料为完成产品每一次生产时所需要的基本量，也是第一次使用时投入的材料量。

周转次数是指周转性材料在补损的条件下，可以重复使用的次数，这与周转材料的坚固程度、使用寿命以及施工使用方法、管理、保养等有关。

损耗率又称补损率，是指周转性材料使用一次后，因损坏不能再次使用而必须补充的数量，占一次使用量的百分数。

2. 材料消耗定额的制定方法

材料消耗定额必须在充分研究材料消耗规律的基础上制定。科学的材料消耗定额应当是材料消耗规律的正确反映。材料消耗定额是通过施工生产过程中对材料消耗进行观测、试验以及根据技术资料的统计与计算等方法制定的。具体制定方法有观测法、试验法、统计法和理论计算法，见表 3－7。

表 3－7　　　　　　　　　　　　　材料消耗定额的制定方法

方法	说　明
观测法	①观测法亦称现场测定法，是在合理使用材料的条件下，在施工现场按一定程序对完成合格产品的材料耗用量进行测定，通过分析、整理，最后得出一定的施工过程单位产品的材料消耗定额 ②利用现场测定法主要是编制材料损耗定额，也可以提供编制材料净用量定额的数据。其优点是能通过现场观察、测定，取得产品产量和材料消耗的情况，为编制材料定额提供技术根据 ③观测法的首要任务是选择典型的工程项目，其施工技术、组织及产品质量，均要符合

方 法	说 明
观测法	技术规范的要求；材料的品种、型号、质量也应符合设计要求；产品检验合格，操作工人能合理使用材料和保证产品质量 ④在观测前要充分做好准备工作，如选用标准的运输工具和衡量工具，采取减少材料损耗措施等 ⑤观测的结果，要取得材料消耗的数量和产品数量的数据资料 ⑥观测法是在现场实际施工中进行的。观测法的优点是真实可靠，能发现一些问题，也能消除一部分消耗材料不合理的浪费因素。但是，用这种方法制定材料消耗定额，由于受到一定的生产技术条件和观测人员的水平等限制，仍然不能把所消耗材料不合理的因素都揭露出来。同时，也有可能把生产和管理工作中的某些与消耗材料有关的缺点保存下来 ⑦对观测取得的数据资料要进行分析研究，区分哪些是合理的，哪些是不合理的，哪些是不可避免的，以制定出在一般情况下都可以达到的材料消耗定额
试验法	①试验法是指在材料试验室中进行试验和测定数据。例如：以各种原材料为变量因素，求得不同强度等级混凝土的配合比，从而计算出每立方米混凝土的各种材料耗用量 ②利用试验法，主要是编制材料净用量定额。通过试验，能够对材料的结构、化学成分和物理性能以及按强度等级控制的混凝土、砂浆配比作出科学的结论，为编制材料消耗定额提供有技术根据的、比较精确的计算数据。但是，试验法不能取得在施工现场实际条件下，由于各种客观因素对材料耗用量影响的实际数据，这是该法的不足之处 ③试验室试验必须符合国家有关标准规范，计量要使用标准容器和称量设备，质量要符合施工与验收规范要求，以保证获得可靠的定额编制依据
统计法	①统计法是指通过对现场进料、用料的大量统计资料进行分析计算，获得材料消耗的数据。这种方法由于不能分清材料消耗的性质，因而不能作为确定材料净用量定额和材料损耗定额的精确依据 ②对积累的各分部分项工程结算的产品所耗用材料的统计分析，是根据各分部分项工程拨付材料数量、剩余材料数量及总共完成产品数量来进行计算 ③采用统计法，必须要保证统计和测算的耗用材料和相应产品一致。在施工现场中的某些材料，往往难以区分用在各个不同部位上的准确数量。因此，要有意识地加以区分，才能得到有效的统计数据 ④用统计法制定材料消耗定额一般采取两种方法： a. 经验估算法是指以有关人员的经验或以往同类产品的材料实耗统计资料为依据，通过研究分析并考虑有关影响因素的基础上制定材料消耗定额的方法 b. 统计法是对某一确定的单位工程拨付一定的材料，待工程完工后，根据已完产品数量和领退材料的数量，进行统计和计算的一种方法。这种方法的优点是不需要专门人员测定和实验。由统计得到的定额有一定的参考价值，但其准确程度较差，应对其分析研究后才能采用
理论计算法	理论计算法是根据施工图，运用一定的数学公式，直接计算材料耗用量。计算法只能计算出单位产品的材料净用量。材料的损耗量仍要在现场通过实测取得。采用这种方法必须对工程结构、图纸要求、材料特性和规格、施工及验收规范、施工方法等先进行了了解和研究。理论计算法适宜于不易产生损耗，且容易确定废料的材料，如木材、钢材、砖瓦、预制构件等材料。因为这些材料根据施工图纸和技术资料从理论上都可以计算出来，不可避免的损耗也有一定的规律可循 理论计算法是材料消耗定额制定方法中比较先进的方法。但是，用这种方法制定材料消耗定额，要求掌握一定的技术资料和各方面的知识，以及有较丰富的现场施工经验

制定周转性材料消耗定额的关键是确定该材料的周转次数。影响材料周转次数的主要因素有以下几点：

（1）周转性材料的结构及其坚固程度。

（2）工程的结构、规格、形状的变化及相同工程的数量。

（3）工程进度的快慢与使用条件的好坏，特别是工人操作技术的熟练程度。

（4）周转性材料的保管情况、维修程度。

因此，周转性材料的消耗定额不可能完全用计算的方法确定，而是在深入施工现场调查、观测和大量统计分析研究基础上，按合理的平均先进水平来确定。

（五）机械台班使用定额

在建筑工程中，有些工程产品或工作是由工人来完成的，有些是由机械来完成的，有些则是由人工和机械配合共同完成的。由机械或人机配合共同完成产品或工作中，就包含一个机械工作时间。

机械台班使用定额或称机械台班消耗定额，是指在正常施工条件下，合理的劳动组合和使用机械，完成单位合格产品或某项工作所必需的机械工作时间，包括准备与结束时间、基本工作时间、辅助工作时间、不可避免的中断时间以及使用机械的工人生理需要与休息时间。

1. 机械台班使用定额的内容与作用

（1）内容：机械台班使用定额内容是以机械作业为主体划分期日，列出完成各种分项工程或施工过程的台班产量标准，并包括机械性能、作业条件和劳动组合等说明。

（2）作用：施工机械台班使用定额的作用是施工企业对工人班组签发施工任务书、下达施工任务、实行计划奖励的依据；是编制机械需用量计划和作业计划，考核机械效率，核定企业机械调度和维修计划的依据；是编制预算定额的基础资料。

2. 机械台班使用定额的表现形式

机械台班使用定额的形式按其表现形式不同，可分为时间定额和产量定额。

（1）机械时间定额是指在合理劳动组织与合理使用机械条件下，完成单位合格产品所必需的工作时间，包括有效工作时间（正常负荷下的工作时间和降低负荷下的工作时间）、不可避免的中断时间、不可避免的无负荷工作时间。机械时间定额以"台班"表示，即一台机械工作一个作业班时间。一个作业班时间为 8 小时。即：

$$单位产品机械时间定额（台班）=\frac{1}{台班产量}$$

由于机械必须由工人小组配合，所以完成单位合格产品的时间定额，同时列出人工时间定额。即：

$$单位产品人工时间定额（工日）=\frac{小组成员总人数}{台班产量}$$

（2）机械产量定额是指在合理劳动组织与合理使用机械条件下，机械在每个台班时间内应完成合格产品的数量。机械时间定额和机械产量定额互为倒数关系。

复式表示法有如下形式：

$$\frac{人工时间定额}{机械台班产量}或\left.\frac{人工时间定额}{机械台班产量}\right|台班车次$$

3. 机械台班使用定额的编制

机械台班使用定额的编制说明，见表3-8。

表 3-8　　　　　　　　　　　　　　机械台班使用定额的编制

类　别	说　明
确定正常的施工条件	拟定机械工作正常条件，主要是拟定工作地点的合理组织和合理的工人编制 　工作地点的合理组织，就是对施工地点机械和材料的放置位置、工人从事操作的场所，作出科学合理的平面布置和空间安排。它要求施工机械和操纵机械的工人在最小范围内移动，但是又不阻碍机械运转和工人操作；应使机械的开关和操纵装置尽可能集中地装置在操纵工人的近旁，以节省工作时间和减轻劳动强度；应最大限度发挥机械的效能，减少工人的手工操作 　拟定合理的工人编制，就是根据施工机械的性能和设计能力，工人的专业分工和劳动工效，合理确定操纵机械的工人和直接参加机械化施工过程的工人的编制人数。它应要求保持机械的正常生产率和工人正常的劳动工效
确定机械 1h 纯工作正常生产率	确定机械正常生产率时，必须首先确定机械 1h 纯工作正常生产率 　机械纯工作时间，是机械的必须消耗时间。机械 1h 纯工作正常生产率，是在正常施工组织条件下，具有必需的知识和技能的技术工人操纵机械 1h 的生产率 　根据机械工作特点的不同，机械 1h 纯工作正常生产率的确定方法也有所不同。对于循环动作机械，确定机械 1h 纯工作正常生产率的计算公式如下： $$\left(\begin{array}{c}机械一次循环的\\正常延续时间\end{array}\right)=\sum\left(\begin{array}{c}循环各组成部分\\正常延续时间\end{array}\right)-交叠时间$$ $$机械 1h 纯工作循环次数=\frac{60\times60（s）}{一次循环的正常延续时间}$$ 机械 1h 纯工作正常生产率 = 机械 1h 纯工作正常循环次数 × 一次循环生产的产品数量 　对于连续动作机械，确定机械 1h 纯工作正常生产率要根据机械的类型和结构特征，以及工作过程的特点来进行。计算公式如下： $$连续动作机械 1h 纯工作正常生产率=\frac{工作时间内生产的产品数量}{工作时间（h）}$$ 　工作时间内的产品数量和工作时间的消耗，要通过多次现场观察和机械说明书来取得数据 　对于同一机械进行作业属于不同的工作过程，例如挖掘机所挖土壤的类别不同，碎石机所破碎的石块硬度和粒径不同，均需分别确定其 1h 纯工作的正常生产率
确定施工机械的正常利用系数	它是机械在工作班内对工作时间的利用率。机械的利用系数和机械在工作班内的工作状况有着密切的关系。所以，要确定机械的正常利用系数，首先要拟定机械工作班的正常工作状况，保证合理利用工时 　确定机械正常利用系数，要计算工作班正常状况下准备和结束工作，机械启动、机械维护等工作所必需消耗的时间，以及机械有效工作的开始与结束时间，从而进一步计算出机械在工作班内的纯工作时间和机械正常利用系数。机械正常利用系数的计算公式如下： $$机械正常利用系数=\frac{机械在一个工作班内纯工作时间}{一个工作班延续时间（8h）}$$

类 别	说 明
计算施工机械台班定额	它是编制机械定额工作的最后一步。在确定了机械工作正常条件、机械1h纯工作正常生产率和机械正常利用系数之后，采用下列公式计算施工机械的产量定额： 施工机械台班产量定额＝机械1h纯工作正常生产率×工作班纯工作时间 或者 施工机械台班产量定额＝机械1h纯工作正常生产率×工作班延续时间×机械正常利用系数

三、建筑工程预算定额与单位估价表

预算定额，是规定消耗在合格质量的单位工程基本构造要素上的人工、材料和机械台班数量标准，是计算建筑安装产品价格的基础。它是编制施工图预算，确定和控制项目投资、建筑工程造价、编制工程标底和投标报价的依据；是对设计方案进行技术经济比较、进行技术经济分析的依据；是进行工程索赔和工程结算的依据；是施工企业进行成本管理和企业经济核算的依据和编制概算定额的基础。

（一）预算定额的内容与编制原则

1. 预算定额的内容

预算定额主要是由总说明、建筑面积计算规则、分册（章）说明、定额项目表与附录和附件五部分组成，其说明见表3-9。

表3-9　　　　　　　　　　　　　　预算定额的内容

类 别	说 明
总说明	总说明主要介绍定额的编制依据、编制原则、适用范围及定额的作用等，同时说明编制定额时已考虑和没有考虑的因素、使用方法及有关规定等
建筑面积计算规则	建筑面积计算规则规定了计算建筑面积的范围、计算方法，不应计算建筑面积的范围等。建筑面积是分析建筑工程技术经济指标的重要数据。现行建筑面积计算规则是由国家统一作出的规定
分册（章）说明	分册（章）说明主要介绍定额项目内容、子目的数量、定额的换算方法及各分项工程的工程量计算规则等
定额项目表	定额项目表是预算定额的主要构成部分，内容包括工程内容、计量单位、项目表等 定额项目表中，各子目的预算价值、人工费、材料费、机械费及人工、材料、机械台班消耗量指标之间的关系，可用下列公式表示： 预算价值＝人工费＋材料费＋机械费 其中 人工费＝合计工日×每工日单价 材料费＝∑（定额材料用量×材料预算价格）＋其他材料费 机械费＝定额机械台班用量×机械台班使用费

续表

类别	说 明
附录和附件	附录和附件列在预算定额的最后，包括砂浆、混凝土配合比表，各种材料、机械台班单价表等有关资料，供定额换算、编制施工作业计划等使用

2. 预算定额的编制原则

编制预算定额要遵循两个主要原则，见表3-10。

表 3-10　　　　　　　　　　　预算定额的编制原则

原 则	说 明
平均合理的原则	平均合理是指在定额适用区域现阶段的社会正常生产条件下，在社会的平均劳动熟练程度和劳动强度下，确定建筑工程预算定额的定额水平。预算定额的定额水平属于平均一般水平，是大多数企业和地区能够达到和超过的水平，稍低于施工定额的平均先进水平 预算定额是在施工定额的基础上编制的，但不是简单的套用和复制，预算定额的工作内容比施工定额的工作内容有了综合扩大，包含了更多的可变因素，增加了合理的幅度差、等量差，例如人工幅度差、机械幅度差、辅助用工及材料堆放、运输、操作损耗等，使之达到平均合理的原则
简明适用的原则	简明适用，是指在编制预算定额时对于那些主要的、常用的、价值量大的项目，分项工程划分宜细，对于那些次要的、不常用的、价值量相对较小的项目可以划分粗一些。项目划分的粗细涉及如下几个具体问题： ①定额的步距：定额项目的多少与步距有关。步距大，定额子目减少，精确度降低；反之，步距小，定额子目增加，精确度提高。因此，对主要工种、主要项目、常用项目，定额子目要小些；对次要工种、次要项目、不常用的项目，定额步距可以适当加大 ②定额项目的范围：预算定额覆盖的范围要广泛，做到项目齐全，把由于采用新技术、新结构、新材料而出现的定额项目吸收进来，尽量减少补充定额，使计价工作能顺利进行 ③定额的活口设置：所谓活口就是在符合一定条件时，允许该定额另行调整。编制定额时，要尽量不留活口。对实际情况变化幅度大的项目，确需留有活口的，也应从实际出发，尽量少留，并要规定换算方法，避免采取按实计算

（二）预算定额的编制依据、步骤和方法

1. 预算定额的编制依据

编制预算定额要以施工定额为基础，并且和现行的各种规范、技术水平、管理方法相匹配，主要的编制依据，见表3-11。

表 3-11	预算定额的编制依据
依 据	说 明
现行劳动定额和施工定额	预算定额是在现行劳动定额和施工定额的基础上编制的。预算定额中劳力、材料、机械台班消耗水平,需要根据劳动定额或施工定额取定;预算定额的计量单位的选择,也要以施工定额为参考,从而保证两者的协调和可比性,减轻预算定额的编制工作量,缩短编制时间
现行设计规范、施工验收规范和安全操作规程	预算定额在确定劳力、材料和机械台班消耗数量时,必须考虑上述各项法规的要求和影响
具有代表性的典型工程施工图及有关标准图	对这些图纸进行仔细分析研究,并计算出工程数量,作为编制定额时选择施工方法、确定定额含量的依据
新技术、新结构、新材料和先进的施工方法等	这类资料是调整定额水平和增加新的定额项目所必需的依据
有关科学试验、技术测定和统计、经验资料	这类资料是确定定额水平的重要依据
现行的预算定额、材料预算价格及有关文件规定等	包括过去定额编制过程中积累的基础资料,也是编制预算定额的依据和参考

2. 预算定额编制的步骤

预算定额的编制一般按表 3-12 所列的几个步骤进行。

表 3-12	预算定额编制的步骤
步 骤	说 明
准备阶段	①拟定编制方案。提出编制定额的目的和任务、定额编制范围和内容,明确编制原则、要求、项目划分和编制依据,拟定编制单位和编制人员,做出工作计划、时间、地点安排和经费预算 ②成立编制小组。抽调人员,按需要成立各编制小组,如土建定额组、设备定额组、费用定额组、综合组等
收集资料阶段	收集编制依据中的各种资料,并进行专项的测定和试验
编制预算定额初稿	在这个阶段,根据确定的定额项目和基础资料,进行反复分析和测算,编制定额项目劳动力计算表、材料及机械台班计算表,并附注有关计算说明,然后汇总编制预算定额项目表,即预算定额初稿
测算预算定额水平	新定额编制成稿,必须与原定额进行对比测算,分析水平升降原因。一般新编定额的水平应该不低于历史上已经达到的水平,并略有提高。在定额水平测算前,必须编出同一工人工资、材料价格、机械台班费的新旧两套定额的工程单价

步 骤	说 明
定额报批 阶段	本阶段包括审核定稿和预算定额水平测算两项工作： ①审核定稿。定额初稿的审核工作是定额编制工作的法定程序，是保证定额编制质量的措施之一，应由责任心强、经验丰富的专业技术人员承担主要内容的审核工作，包括文字表达是否简明易懂，数字是否准确无误，章节、项目之间有无矛盾 ②预算定额水平测算。新定额编制成稿向主管机关报告之前，必须与原定额进行对比测算，分析水平升降原因。新编定额的水平一般应不低于历史上已经达到过的水平，并略有提高。有如下测算方法： a. 单项定额比较测算：对主要分项工程的新、旧定额水平进行逐行逐项比较测算 b. 单项工程比较测算：对同一典型工程用新、旧两种定额编制两份预算进行比较，考察定额水平的升降，分析原因
修改定稿 阶段	该阶段的工作包括： ①征求意见。定额初稿完成后征求各有关方面的意见，并深入分析研究，在统一意见书的基础上制定修改方案 ②修改整理报批。根据确定的修改方案，按定额的顺序对初稿进行修改，并经审核无误后形成报批稿，经批准后交付印刷 ③撰写编制说明。为贯彻定额，方便使用，需要撰写新定额编写说明，内容主要包括：项目、子目数量；人工、材料、机械消耗的内容范围；资料的依据和综合取定情况；定额中允许换算和不允许换算的规定；人工、材料、机械单价的计算和资料；施工方法、工艺的选择及材料运距的考虑；各种材料损耗率的取定资料；调整系数的使用；其他应说明的事项与计算数据、资料 ④立档成卷保存。定额编制资料既是贯彻执行定额需查对资料的依据，也为修编定额提供历史资料数据，应将其分类立卷归档，作为技术档案永久保存

3. 预算定额编制的方法

(1) 预算定额编制中的主要工作说明，见表 3-13。

表 3-13 预算定额编制中的主要工作

类 别	说 明
定额项目 的划分	因建筑产品结构复杂，形体庞大，所以要就整个产品来计价是不可能的。但可根据不同部位、不同消耗或不同构件，将庞大的建筑产品分解成各种不同的较为简单、适当的计量单位（称为分部分项工程），作为计算工程量的基本构成要素，在此基础上编制预算定额项目。确定定额项目时要求： ①便于确定单位估价表 ②便于编制施工图预算 ③便于进行计划、统计和成本核算工作
工程内容 的确定	基础定额子目中人工、材料消耗量和机械台班使用量是直接由工程内容确定的，所以，工程内容范围的规定是十分重要的

类别	说　明
确定预算定额的计量单位	预算定额与施工定额计量单位往往不同。施工定额的计量单位一般按工序或施工过程确定；而预算定额的计量单位主要是根据分部分项工程和结构构件的形体特征及其变化确定。由于工作内容综合，预算定额的计量单位亦具有综合的性质。工程量计算规则的规定应确切反映定额项目所包含的工作内容。预算定额的计量单位关系到预算工作的繁简和准确性。因此，要正确地确定各分部分项工程的计量单位
确定施工方法	编制预算定额所取定的施工方法，必须选用正常的、合理的施工方法用以确定各专业的工程和施工机械
确定预算定额中人工、材料、施工机械消耗量	确定预算定额人工、材料、机械台班消耗指标时，必须先按施工定额的分项逐项计算出消耗指标，然后，再按预算定额的项目加以综合。但是，这种综合不是简单的合并和相加，而需要在综合过程中增加两种定额之间的适当的水平差。预算定额的水平，首先取决于这些消耗量的合理确定 　　人工、材料和机械台班消耗量指标，应根据定额编制原则和要求，采用理论与实际相结合、图纸计算与施工现场测算相结合、编制人员与现场工作人员相结合等方法进行计算和确定，使定额既符合政策要求，又与客观情况一致，便于贯彻执行
编制定额表和拟定有关说明	定额项目表的一般格式是：横向排列为各分项工程的项目名称，竖向排列为分项工程的人工、材料和施工机械消耗量指标。有的项目表下部还有附注以说明设计有特殊要求时，怎样进行调整和换算 　　预算定额的主要内容包括：目录，总说明，各章、节说明，定额表以及有关附录等

　　(2) 人工工日消耗量的确定。预算定额中人工工日消耗量是指在正常施工生产条件下，生产单位合格产品必须消耗的人工工日数量，是由分项工程所综合的各个工序劳动定额包括的基本用工、其他用工以及劳动定额与预算定额工日消耗量的幅度差三部分组成的（见表 3-14）。

表 3-14　　　　　　　　　　　　人工工日消耗量的确定

类　别	说　明
基本用工	基本用工指完成单位合格产品所必需消耗的技术工种用工，它包括： 　　①完成定额计量单位的主要用工：按综合取定的工程量和相应劳动定额进行计算，其计算公式如下： 　　　　　基本用工＝∑（综合取定的工程量×劳动定额） 　　例如工程实际中的砖基础，有一砖厚、一砖半厚、二砖厚等之分，用工各不相同，在预算定额中由于不区分厚度，需要按统计的比例，加权平均（即上述公式中的综合取定）得出用工 　　②按劳动定额规定应增加计算的用工量：例如砖基础埋深超过 1.5m，超过部分要增加用工。预算定额中应按一定比例给予增加；又例如砖墙项目要增加附墙烟囱孔、垃圾道、壁橱等零星组合部分的加工 　　③由于预算定额是以劳动定额子目综合扩大的，包括的工作内容较多，施工的工效视具体部位而不一样，需要另外增加用工，列入基本用工内

续表

类别	说 明
其他用工	预算定额内的其他用工，包括材料超运距运输用工和辅助工作用工 ①材料超运距用工：指预算定额取定的材料、半成品等运距，超过劳动定额规定的运距应增加的工日。其用工量以超运距（预算定额取定的运距减去劳动定额取定的运距）和劳动定额计算。其计算公式如下： 超运距用工＝∑（超运距材料数量×时间定额） ②辅助工作用工：指劳动定额中未包括的各种辅助工序用工，如材料的零星加工用工，土建工程的筛沙子、淋石灰膏、洗石子等增加的用工量。辅助工作用工量一般按加工的材料数量乘以时间定额计算
人工幅度差	人工幅度差是指预算定额对在劳动定额规定的用工范围内没有包括，而在一般正常情况下又不可避免的一些零星用工，常以百分率计算。一般在确定预算定额用工量时，按基本用工、超运距用工、辅助工作用工之和的 10％～15％ 范围内取定。其计算公式为： 人工幅度差（工日）＝（基本用工＋超运距用工＋辅助用工）×人工幅度差百分率

（3）材料消耗量计算：预算定额中的材料消耗量是在合理和节约使用材料的条件下，生产单位假定建筑安装产品（即分部分项工程或结构件）必须消耗的一定品种规格的材料、半成品、构配件等的数量标准。材料消耗量计算方法主要有：

①凡有标准规格的材料，按规范要求计算定额计量单位的耗用量，如砖、防水卷材、块料面层等。

②凡设计图纸标注尺寸及下料要求的按设计图纸尺寸计算材料净用量，如门窗制作用材料，方、板料等。

③换算法：各种胶结、涂料等材料的配合比用料，可以根据要求条件换算，得出材料用量。

④测定法：包括试验室试验法和现场观察法，指各种强度等级的混凝土及砌筑砂浆配合比的耗用原材料数量的计算，需按照规范要求试配经过试压合格以后并经过必要的调整后得出的水泥、沙子、石子、水的用量。对新材料、新结构又不能用其他方法计算定额消耗用量时，需用现场测定方法来确定，根据不同条件可以采用写实记录法和观察法，得出定额的消耗量。

材料损耗量，指在正常条件下不可避免的材料损耗，如现场内材料运输及施工操作过程中的损耗等。其关系式如下：

$$材料损耗率＝损耗量/净用量×100％$$

$$材料损耗量＝材料净用量×损耗率$$

$$材料消耗量＝材料净用量＋损耗量$$

或

$$材料消耗量＝材料净用量×（1＋损耗率）$$

其他材料的确定：一般按工艺测算并在定额项目材料计算表内列出名称、数量，并依编制期价格以其他材料占主要材料的比率计算，列在定额材料栏之下，定额内可不列材料名称及消耗量。

（4）机械台班消耗量计算：预算定额中的机械台班消耗量是指在正常施工条件下，生产单位合格产品（分部分项工程或结构件）必须消耗的某类某种型号施工机械的台班数量。它由分项工程综合的有关工序劳动定额确定的机械台班消耗量以及劳动定额与预算定额的机械台班幅度差组成。

垂直运输机械依工期定额分别测算台班量，以台班/100m² 建筑面积表示。

确定预算定额中的机械台班消耗量指标，应根据《全国统一建筑安装工程劳动定额》中各种机械施工项目所规定的台班产量加机械幅度差进行计算。若按实际需要计算机械台班消耗量，不应再增加机械幅度差。

机械幅度差是指在劳动定额（机械台班量）中未曾包括的，而机械在合理的施工组织条件下所必需的停歇时间，在编制预算定额时，应予以考虑。其内容包括：

①施工机械转移工作面及配套机械互相影响损失的时间；

②在正常的施工情况下，机械施工中不可避免的工序间歇；

③检查工程质量影响机械操作的时间；

④临时水、电线路在施工中移动位置所发生的机械停歇时间；

⑤工程结尾时，工作量不饱满所损失的时间。

机械幅度差系数一般根据测定和统计资料取定。大型机械幅度差系数为：土方机械 1.25，打桩机械 1.33，吊装机械 1.3，其他均按统一规定的系数计算。

由于垂直运输用的塔吊、卷扬机及砂浆，混凝土搅拌机是按小组配合，应以小组产量计算机械台班产量，不另增加机械幅度差。

综上所述，预算定额的机械台班消耗量按下式计算：

$$预算定额机械耗用台班＝施工定额机械耗用台班×（1＋机械幅度差系数）$$

占比重不大的零星小型机械按劳动定额小组成员计算出机械台班使用量，以"机械费"或"其他机械费"表示，不再列台班数量。

（三）单位估价表

1. 单位估价表的作用

单位估价表是确定工程预算造价的基本依据之一，即按设计图纸计算出分项工程量后，分别乘以相应的定额单位（单位估价表）得出分项直接费，汇总各分部分项直接费，按规定计取各项费用，即得出单位工程全部预算造价。

单位估价表是对设计方案进行技术经济分析的基础资料，即每个分项工程，如各种墙体、地面、装修等，同部位选择什么样的设计方案，除考虑生产、功能、坚固、美观等条件外，还必须考虑经济条件。这就需要采用单位估价表进行衡量、比较，在同样条件下当然要选择一种经济合理的方案；单位估价表是进行已完工程结算的依据，即建设单位和施工企业，按单位估价表核对已完工程的单价是否正确，以便进行分部分项工程结算；单位估价表是施工企业进行经济分析的依据，即企业为了考核成本执行情况，必须按单位估价表中所定的单价和实际成本进行比较。通过对两者的比较，算出降低成本的多少并找出原因。

总之，单位估价表的作用很大，合理地确定单价，正确使用单位估价表，是准确确定工程造价，促进企业加强经济核算、提高投资效益的重要环节。

2. 单位估价表的分类

单位估价表是在预算定额的基础上编制的。因定额种类繁多，如按工程定额性质、使用范围及编制依据不同可划分，见表 3-15。

表 3-15　　　　　　　　　　　　单位估价表的分类

类别	说明
按定额性质划分	①建筑工程单位估价表，适用于一般建筑工程 ②设备安装工程单位估价表，适用于机械、电气设备安装工程，给排水工程，电气照明工程，采暖工程，通风工程等

类别	说　明
按使用范围划分	①全国统一定额单位估价表，适用于各地区、各部门的建筑及设备安装工程 ②地区单位估价表，是在地方统一预算定额的基础上，按本地区的工资标准、地区材料预算价格、建筑机械台班费用及本地区建设的需要而编制的，只适于本地区范围内使用 ③专业工程单位估价表，仅适用于专业工程的建筑及设备安装工程的单位估价表
按编制依据不同划分	按编制依据分为定额单位估价表和补充单位估价表 补充单位估价表，是指定额缺项，没有相应项目可使用时，可按设计图纸资料，依照定额单位估价表的编制原则，制定补充单位估价表

3. 单位估价表编制

单位估价表的内容由两大部分组成：一是预算定额规定的工、料、机数量，即合计用工量、各种材料消耗量、施工机械台班消耗量；二是地区预算价格，即与上述三种"量"相适应的人工工资单价、材料预算价格和机械台班预算价格。

单位估价表、单位估价汇总表的内容和表格，见表 3-16 和表 3-17。

表 3-16　　　　　　　　　　单位估价表　　　　　　　　　　（10m³）

序号	项　目	单　位	单　价	数　量	合　计
1	综合人工	工日	×××	12.45	××××
2	水泥混合砂浆 M5	m³	×××	1.39	××××
3	普通黏土砖	千块	×××	4.34	××××
4	水	m³	×××	0.87	××××
5	灰浆搅拌机 200L	台班	×××	0.23	××××
	合计				××××

表 3-17　　　　　　　　　　单位估价汇总表　　　　　　　　　　（10m³）

定额序号	工程名称	计量单位	单位价值	其　中			附　注
				工资	材料费	机械费	
4-23	空斗墙一眼一斗	10m³	××××				
4-24	空斗墙一眼二斗	10m³	××××				
4-25	空斗墙一眼三斗	10m³	××××				

四、建筑工程概算定额与概算指标

建筑工程概算定额，亦称扩大结构定额。它是初步设计阶段编制工程概算时，计算和确定工程概算造价，计算人工、材料及机械台班需要量所使用的定额。它的项目划分粗细，与初步设计深度相适应。概算定额是控制工程项目投资的重要依据，在工程建设的投资管理中有重要的作用。

概算定额是在预算定额的基础上，按常用主体结构工程列项，以主要工程内容为主，适当合并相关预算定额的分项内容，进行综合扩大，较预算定额具有更为综合扩大的性质。例如，砖砌内墙、门窗过梁、墙体加筋、内墙抹灰、内墙喷大白浆等工程内容，在预算定额中分别编制 5 个分项工程定额；在概算定额中，以砖砌内容为主要工程内容，将这 5 个施工顺序相衔接并关联性较大的分项工程，合并为一个扩大分项工程，即砖内墙概算定额。又如砖基础概算定额，适当合并了与砖基础主要工程内容相关的人工挖地基、砖砌基础、基础防潮层、回填土、余土外运等 5 个分项工程内容，综合扩大为一个扩大分项工程，即砖基础概算定额。

概算定额属于计价定额，从这一点来看，它和预算定额的性质是相同的。但是，它们的项目划分和综合扩大程度存在很大差异，也就是说，概算定额比预算定额更综合扩大。

（一）概算定额的作用、依据和原则

1. 概算定额的作用

（1）概算定额是初步设计阶段编制工程概算、技术设计阶段编制修正概算的主要依据。初步设计、技术设计是采用三阶段设计的第一阶段和第二阶段。根据国家有关规定，按设计的不同阶段对拟建工程进行估价，编制工程概算和修正概算。这样就需要与设计深度相适应的计价定额，概算定额正是适应这种设计深度而编制的。

（2）概算定额是编制主要材料申请计划的计算依据。保证材料供应是工程建设的先决条件。根据现行材料供应体制，建设项目需要向物资供应部门提供材料申请计划，申报主要材料，如钢材、木材、水泥等需用量，以获得材料供应指标。由市场采购的材料，也要按照需用量提出采购计划。根据概算定额的材料消耗指标计算工程用料数量比较准确，并可以在施工图设计之前提出计划。

（3）概算定额是设计方案进行经济比较的依据。设计方案比较，主要是指建筑结构方案的经济比较。目的是选择出经济合理的建筑结构方案，在满足功能和技术性能要求的条件下，达到降低造价和人工、材料消耗。概算定额按扩大建筑结构构件或扩大综合内容划分定额项目，可为建筑结构方案的比较提供方便条件。

（4）概算定额是编制概算指标的依据。

（5）概算定额是招投标工程编制招标标底，投标报价的依据。

2. 概算定额的编制依据

由于概算定额的适用范围不同，其编制依据较之预算定额也略有区别。

（1）现行的建筑工程设计标准及规范、施工验收规范。

（2）现行建筑工程预算定额及施工定额。

（3）经有关部门批准的建筑工程标准设计和有代表性的设计图纸等。

（4）过去颁发和现行的概算定额。

（5）现行的地区人工工资标准、材料预算价格、机械台班单价等资料。

（6）有关的施工图预算或工程结算等经济技术资料。

3. 概算定额项目划分原则

概算定额项目划分要贯彻简明适用的原则；在保证一定准确性的前提下，概算定额的项目应在预算定额项目的基础上，进行适当的综合扩大；其定额项目划分的粗细程度，应适应初步设计的深度。总之，应使概算定额项目简明易懂，项目齐全，计算简单，准确可靠。

（二）概算定额的编制步骤

概算定额的编制一般分三阶段进行，即准备阶段、编制初稿阶段和审查定稿阶段。

1. 准备阶段

该阶段主要是确定编制机构和人员的组成，进行调查研究，了解现行概算定额执行情况和存在的问题，明确编制的目的，制定概算定额的编制方案和确定概算定额的项目。

2. 编制初稿阶段

该阶段是根据已经确定的编制方案和概算定额项目，收集和整理各种编制依据，对各种资料进行深入细致的测算和分析，确定人工、材料和机械台班的消耗量指标，最后编制概算定额初稿。

3. 审查定稿阶段

该阶段的主要工作是测算定额水平，即测算新编制概算定额与原概算定额及现行预算定额之间的水平。测算的方法既要分项进行测算，又要通过编制单位工程概算以单位工程为对象进行综合测算。概算定额水平与预算定额水平之间有一定的幅度差，幅度差一般在 5% 以内。

概算定额经测算比较后，可报送国家授权机关审批。

（三）概算定额的内容

1. 文字说明部分

文字说明部分有总说明和分部工程说明。在总说明中，主要阐述概算定额的编制依据、使用范围、包括的内容及作用、应遵守的规则及建筑面积计算规则等。分部工程说明主要阐述本分部工程包括的综合工作内容及分部工程的工程量计算规则等。

2. 定额项目表

（1）定额项目的划分。建设工程概算定额项目一般按以下两种方法划分：一是按结构划分，一般是按土方、基础、墙、梁板柱、门窗、楼地面、屋面、装饰、构筑物等工程结构划分；二是按工程部位（分部）划分，一般是按基础、墙体、梁柱、楼地面、屋盖、其他工程部位等划分，如基础工程中包括了砖、石、混凝土基础等项目。公路工程概算定额的项目划分为：路基工程、路面工程、隧道工程、涵洞工程、桥梁工程。

（2）定额项目表。定额项目表是概算定额手册的主要内容，由若干个分节组成。各节定额由工程内容、定额表及附注说明组成。定额表中列有定额编号，计量单位，概算价格人工、材料、机械台班消耗指标，综合了预算定额的若干项目与数量。建筑工程概算定额项目表，见表 3-18、表 3-19。

表 3-18　　　　　　　　　现浇钢筋混凝土柱概算定额表　　　　　　　　　　($10m^3$)

工程内容：模板制作、安装、拆除，钢筋制作、安装，混凝土浇捣，抹灰、刷浆。

概算定额编号			4-3		4-4	
项　目	单位		矩形柱			
			周长 1.8m 以内		周长 1.8m 以外	
			数量	合价（元）	数量	合价（元）
基准价	元	—	13428.76		12947.26	
其中	人工费	元	—	2116.40		1728.76	
	材料费	元	—	10272.03		10361.83	
	机械费	元	—	1040.33		856.67	
合计人工	工日	22.00	96.20	2116.40	78.58	1728.76

续表

概算定额编号				4-3		4-4	
材料	中（粗）砂（天然）	t	35.81	9.494	339.98	8.817	315.74
	碎石 5～20mm	t	36.18	12.207	441.65	12.207	441.65
	石灰膏	m³	98.89	0.221	20.75	0.155	14.55
	普通木成材	m³	1000.00	0.302	302.00	0.187	187.00
	圆钢（钢筋）	t	3000.00	2.188	6564.00	2.407	7221.00
	组合钢模板	kg	4.00	64.416	257.66	39.848	159.39
	钢支撑（钢管）	kg	4.85	34.165	165.70	21.134	102.50
	零星卡具	kg	4.00	33.954	135.82	21.004	84.02
	铁钉	kg	5.96	3.091	18.42	1.912	11.40
	镀锌铁丝 22 号	kg	8.07	8.368	67.53	9.206	74.29
	电焊条	kg	7.84	15.644	122.65	17.212	134.94
	803 涂料	m³	1.45	22.901	33.21	16.038	23.26
	水	kg	0.99	12.700	12.57	12.300	12.21
	水泥 42.5 级	kg	0.25	644.459	166.11	517.117	129.28
	水泥 52.5 级	kg	0.30	4141.200	1242.36	4141.200	1242.36
	脚手架	元	—	—	196.00	—	90.60
	其他材料费	元	—	—	185.62	—	117.64
机械	垂直运输费	—	—	—	628.00	—	510.00
	其他机械费	—	—	—	412.33	—	346.67

表 3-19　　　　　　　　　　现浇钢筋混凝土柱含量表

概算定额编号				4-3		4-4	
基准价				13428.76		12947.26	
估价表编号	名　称	单位	单价（元）	数量	合价（元）	数量	合价（元）
—	柱支模高度 3.6m 增加费用	元	—	—	49.00	—	31.10
—	钢筋制作、安装	t	3408.80	2.145	7311.88	2.360	8044.77
—	组合钢模板	100m²	2155.09	0.957	2062.42	0.592	1275.81
5-20	C35 混凝土矩形梁	10m³	2559.21	1.000	2559.21	1.000	2559.21
5-283 换	刷 803 涂料	100m²	146.54	0.644	94.37	0.451	66.09
11-453	柱内侧抹混合砂浆	100m²	819.68	0.664	527.87	0.451	869.68

续表

概算定额编号					4-3		4-4
11-38换	脚手架	元	—	—	196.00	—	90.60
—	垂直运输机械费	元	—	—	628.00	—	510.00

(四) 概算指标

1. 概算指标概念及作用

概算指标是以一个建筑物或构筑物为对象，按各种不同的结构类型，确定每 100m^2 或 1000m^3 和每座为计量单位的人工、材料和机械台班（机械台班一般不以量列出，用系数计入）的消耗指标（量）或每万元投资额中各种指标的消耗数量。

概算指标比概算定额更加综合扩大，因此，它是编制初步设计或扩大初步设计概算的依据。

建筑工程概算指标的作用是：

(1) 在初步设计阶段，作为编制建筑工程设计概算的依据。这是指在没有条件计算工程量时，只能使用概算指标。

(2) 设计单位在建筑方案设计阶段，进行方案设计技术经济分析和估算的依据。

(3) 在建设项目的可行性研究阶段，作为编制项目的投资估算的依据。

(4) 在建设项目规划阶段，估算投资和计算资源需要量的依据。

2. 概算指标编制的原则

(1) 按平均水平确定概算指标的原则。在我国社会主义市场经济条件下，概算指标作为确定工程造价的依据，同样必须遵照价值规律的客观要求，在其编制时必须按社会必要劳动时间，贯彻平均水平的编制原则。只有这样才能使概算指标合理确定和控制工程造价的作用得到充分发挥。

(2) 概算指标的内容与表现形式要贯彻简明适用的原则。为适应市场经济的客观要求，概算指标的项目划分应根据用途的不同，确定其项目的综合范围。遵循粗而不漏，适应面广的原则，体现综合扩大的性质。概算指标从形式到内容应该简明易懂，要便于在采用时根据拟建工程的具体情况进行必要的调整换算，能在较大范围内满足不同用途的需要。

(3) 概算指标的编制依据必须具有代表性。概算指标所依据的工程设计资料，应是有代表性的，技术上是先进的，经济上是合理的。

3. 概算指标的编制依据与步骤

(1) 概算指标编制的依据。概算指标编制的依据有：

①标准设计图纸和各类工程典型设计。

②国家颁发的建筑标准、设计规范、施工规范等。

③各类工程造价资料。

④现行的概算定额和预算定额及补充定额。

⑤人工工资标准、材料预算价格、机械台班预算价格及其他价格资料。

(2) 概算指标的编制步骤，一般分为 3 个阶段进行：

①准备阶段：主要是收集资料，确定指标项目，研究编制概算指标的有关方针、政策和技术性的问题。

②编制阶段：主要是选定图纸，并根据图纸资料计算工程量和编制单位工程预算书，以及按编制方案确定的指标项目和人工及主要材料消耗指标，填写概算指标表格。

③审核定案及审批：概算指标初步确定后要进行审查、比较，并作必要的调整后，送国家授

权机关审批。

4. 概算指标内容及表现形式

概算指标表现为按专业的不同，由各部委（地区）汇编的各种概算指标手册。其内容由总说明、分册说明和经济指标及结构特征等部分组成。

（1）总说明及分册说明：总说明主要从总体上说明概算指标的用途、编制依据、分册情况、适用范围、工程量计算规则及其他内容。

分册说明是就本册中的具体问题作出必要的说明。

（2）经济指标：是概算指标的核心部分，它包括该单项（或单位）工程每 $1m^2$ 造价指标以及每 $1m^2$ 建筑面积的扩大分项工程量，主要材料消耗及工日消耗指标。

（3）结构特征：是指在概算指标内标明建筑物平、剖面示意图，表示建筑结构工程概况。列出结构特征，就限制了概算指标的适用对象和使用条件，可作为不同结构进行指标换算的依据。

概算指标在具体内容的表示方法上，有综合指标与单项指标两种形式。综合指标是一种概括性较大的指标。见表 3-20；单项指标则是一种以典型建筑物或构筑物为分析对象的概算指标。表 3-21 所示为学生宿舍一般土建工程概算指标。表 3-22 为单层工业厂房建筑、安装工程概算指标。

表 3-20　　　　　　　　　　单层工业建筑实物量综合指标

序号	项　目	单位	工　程　量		工　作　量	
			$1000m^2$	每万元	占造价（%）	占直接费（%）
1	土方工程	m^3	833	42	2.09	2.84
2	基础工程	m^3	84	4	2.44	3.31
3	砌砖工程	m^3	644	32	14.49	19.64
4	混凝土工程	m^3	200	10	18.00	24.40
5	门工程	m^2	146	7.3	2.56	3.46
6	窗工程	m^2	640	32	11.22	15.18
7	楼地面工程	m^2	957	48	2.29	3.11
8	屋面工程	m^2	1077	54	4.68	6.35
9	装饰工程	m^2	7673	384	6.90	9.36
10	金属工程	t	1.98	0.1	0.89	1.21
11	其他工程	元	16414	821	8.21	11.13
12	直接费	元	147535	7377	73.77	100
13	间接费	元	52465	2623	26.23	—
14	合计	元		10000	100	

表 3 - 21　多层民用建筑实物量单项指标

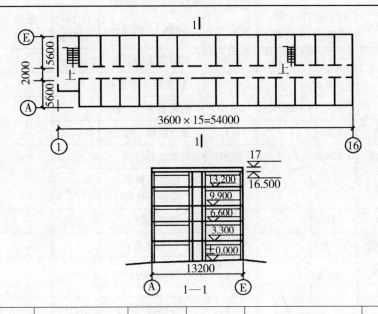

1—1

指标编号	4020	工程名称	学生宿舍	建筑面积	3581m²
项目名称		结构特征	砖　混		
工程地质及地耐力		$R=14t/m^2$		基础埋深	－2.00m

每 1m² 材料 指标	每 m² 造价指标			每 1m² 材料指标	每 m² 造价指标		
	直接费（元）	59.37			直接费（元）	59.37	
	其中基础工程	4.9			其中基础工程	4.9	
材料名称	单位	全部工程	其中基础	材料名称	单位	全部工程	其中基础
水　泥	kg	116	7	砂	m³	0.40	0.04
木　材	m³	0.013	—	石　子	m³	0.17	0.01
钢　筋	kg	10.50	0.57	石油沥青	kg	1	—
型　钢	kg	0.10	—	卷　材	m²	0.47	—
钢　板	kg	0.03					
钢窗料	kg	3.45	—				
标准砖	块	282	54				
石　灰	kg	58	21	人工（平均等级）	工日	3.47	0.49

续表

分项工程名称	每 1m² 工程量	造价（%）	元/m²	分项工程名称	每 1m² 工程量	造价（%）	元/m²
基础工程：	—	8.25	4.90	钢混凝土肋形板	0.057m²	—	1.25
砖基础	0.185m³	—	4.90	钢混凝土平板	0.064m²	—	1.20
墙体工程：	—	32.02	19.01	钢混凝土空心板	0.61m²	—	6.44
一砖外墙	0.227m²	—	2.71	细石混凝土楼面	0.54m²	—	1.27
一砖半外墙	0.276m²	—	5.44	水磨石楼面	0.215m²	—	1.28
半砖内墙	0.009m²	—	0.05	水磨石面钢混凝土楼梯	0.045m²	—	1.79
一砖内墙	0.747m²	—	7.10	混凝土散水	0.029m²	—	0.16
一砖半内墙	0.27m²	—	3.30	门窗工程：	—	15.09	8.96
水磨石隔断厕所	0.008 间	—	0.41	普通木门	0.021m²	—	0.46
梁柱工程：	—	0.2	0.12	全玻璃弹簧门	0.011m²	—	0.42
钢混凝土矩形梁	0.001m³	—	0.12	单层木侧窗	0.002m²	—	0.02
屋盖工程：	—	11.08	6.58	单层钢侧窗	0.004m²	—	0.16
钢混凝土矩形梁	0.0005m³	—	0.07	一玻一纱钢侧窗	0.128m²	—	7.90
钢混凝土肋形板	0.008m²	—	0.18	装饰工程：	—	5.09	3.02
预制钢混凝土空心板	0.186m²	—	1.96	水泥石灰砂浆抹面	0.23m²	—	0.24
二毡三油卷材屋面	0.194m²	—	1.06	石灰砂浆抹面	2.364m²	—	1.77
水泥蛭石保温层 δ—30	0.194m²	—	2.43	水刷石墙面	0.301m²	—	1.01
屋面架空隔热板	0.194m²	—	0.88	其他工程：	—	3.39	2.01
楼地面工程：	—	24.88	14.77	砖砌地沟	0.006m	—	0.24
细石混凝土地面	0.135m²	—	0.71	钢混凝土阳台及栏杆	0.029m²	—	0.92
水磨石地面	0.059m²	—	0.67	零星工程	—	—	0.85

注：本表摘自 1983 年兵器工业部编制的一般土建工程概算指标，仅供参考。

表 3－22		单层工业厂房实物量单项指标				
编　号		81	82	83	84	85
工程名称 结构类型 建筑面积（m²）		织造车间 钢筋混凝土 2350	织造车间 混合 3000	修理车间 混合 980	修理车间 混合 700	修理车间 框架 1800
工程特征	层　数	1	1	1	1	1
	厂房高度（m）	6.30	5.90	7.20	8.80	12
	跨　度	9	12	15	15	21
	开　间	3～5	3.3	6	6	6
	抗震裂度	7	7	7	7	7
	地基承载力（kN/m²）	120	150	120	180	150
结构特征	基　础	钢筋混凝土	钢筋混凝土 杯基	钢筋混凝土 杯基	砖	钢筋混凝土
	外　墙	1 砖	1.5 砖	1 砖	1 砖	1.5 砖
	内　墙	1 砖	1 砖	1 砖	1 砖	1 砖
	柱	砖	钢筋混凝土	钢筋混凝土	钢筋混凝土	钢筋混凝土
	屋　盖	空心板	薄复梁	屋面板	大型板	大型屋面板
	屋　面	油毡	油毡	油毡	油毡	油毡
	门、窗	木门、钢窗	木门、钢窗	钢门窗	木门、钢窗	木门、钢窗
	地　面	水泥、水磨石	水泥	水泥	水泥	混凝土
	内墙装饰	砂浆	混合砂浆	白灰砂浆	混合砂浆	白灰砂浆
	外墙装饰	勾缝	勾缝	勾缝	清水	清水
	卫生间标准	公厕	公厕	公厕	公厕	无
	采暖	—	暖气	暖气	—	散热器
	照明	明管	明管	明管	明管	明管
造价分析	总造价（元/m²）	247	258	260	284	294
	其中 土建（%）	94	86	90	90	88
	上下水	2	2.30	1	1.50	0.6
	暖气	—	5.70	4	—	7.4
	照明	4	6.00	5	2	2
	动力	—	—	—	6.50	2

（1）土建工程每 100m² 含工程量

1	挖 土（m³）	42	33	260	89	60
2	填 土（m³）	84	18	180	49	40
3	余 土（m³）	—	15	80	40	20
4	垫 层（m³）	2.30	1.60	0.86	7.16	34
5	基 础（m³）	16.00	12.85	14.30	13.64	22
6	外 墙（m³）	10.40	10	24	27.20	38.80
7	内 墙（m³）	21.30	16.70	6.80	2.70	3.80
8	现浇混凝土（m³）	3.21	2.96	3.80	6.50	5.70
9	预制混凝土（m³）	15.10	13.60	13.60	12.86	11
10	门（m²）	3.10	3.68	5.50	7.10	5.09
11	窗（m²）	22	21	19.60	27.00	23
12	屋 面（m²）	132	135	112	104	112
13	楼地面（m²）	65	97	98	94	91
14	水磨石地面（m²）	32	—	—	—	—
15	内墙抹灰（m²）	198	134	350	145	155
16	内墙贴瓷砖（m²）	3.10				
17	外墙抹灰（m²）	—	22	145	4.20	—
18	混凝土垫层（m²）	6.50	5.69	12.30	12.59	6.40
19	天 棚（m²）	99	78	109	94	98
20	散水及门坡混凝土(m²)	3.96	4.50	4.81	4.30	5.40

（2）水暖工程每 100m² 含工程量

1	镀锌管φ25 以内（m）	2.30	—	4	3.80	2.30
2	φ32～φ50（m）	7.50	—	—	4.73	—
3	焊接管φ25 以内（m）	—	12	11		27
4	φ32～φ50（m）	—	33	6.30	—	20.45
5	铸铁管φ50（m）		1	3.20	1.75	1.51
6	φ100（m）	1.70	1.28	—	5.14	—
7	大便器（套）	0.13	0.12	0.11	0.21	—
8	洁 具（套）	0.13	0.12			—
9	阀 门（个）	—	1.24	—	—	6.50
10	散热器（m）	—	7.18	6.20	—	8.20

（3）电照工程每 100m² 含工程量

1	钢 管（m）	73	13	36	56	15
2	塑料管（m）	—	84	1.20	5.70	21
3	管内穿线 4（mm²）	73	292	150	216	69
4	6～16（mm²）	22	7	—	157	31
5	钢索配管（m）	36	—	—	—	—
6	灯 具（套）	5.26	9.55	3.60	4.60	3.00
7	开 关（个）	—	4.2	3.60	4.60	3.00
8	插 座（个）	—	1	—	—	—
9	配电箱（个）	0.04	0.33	0.12	2.90	0.56

（4）土建工程每 100m² 工料消耗量

	①人工（工日）	448	396	368	516	580
	②材 料					
1	水 泥（t）	17.30	14.00	16.00	19.26	18.00
2	钢筋φ10 以内（t）	1.64	0.76	0.75	0.67	0.73
3	φ10 以外（t）	0.73	0.73	1.63	2.50	1.17
4	型 钢（t）	0.38	—	0.75	1.30	2.20
5	板方材（m³）	0.98	0.97	0.76	0.62	0.26
6	夹 板（m²）	7.00	8.00	7.00	8.40	6.26
7	红 砖（千块）	20.60	14.23	19.60	18.60	30
8	石 灰（t）	3.32	3.86	7.78	3.30	2
9	砂（t）	63	60	49	52	98
10	石 子（t）	42	31	60	59	66
11	色石子（t）	1.05	—	—	—	—
12	锦 砖（m²）	—	—	—	—	—
13	瓷 砖（m²）	3.50	—	—	—	—
14	毛 石（m²）	4.70	14.23	—	—	—
15	石棉瓦（m²）	—	130	—	—	—
16	蛭 石（m³）	8.00	—	7.25	—	8.16
17	油 毡（m³）	328	130	249	226	252
18	沥 青（t）	0.91	0.81	0.64	0.75	0.59
19	玻 璃（m²）	30	28	22	32	28
20	油 漆（kg）	14	13	12	15	10

（5）水暖工程每 100m² 工料消耗量

1	人工（工日）	5	18	10	4	36
2	镀锌钢管φ 25 以内(m)	2.30	—	4	3.80	2.30
3	φ 32～φ 50(m)	7.50	—	—	4.73	—
4	焊接钢管φ25 以内(m)	—	12	11	—	27
5	φ 32～φ 50 (m)	—	33	6.30	—	20.45
6	铸钢管φ 100 (m)	1.70	2.28	3.20	1.75	1.51
7	阀　门（个）	—	1.24	—	—	6.50
8	大便器（套）	0.13	0.12	0.11	0.21	—

（6）电照工程每 100m² 工料消耗量

1	人工（工日）	16	21	9	45	9
2	钢　管（m）	73	13	36	56	15
3	塑料管（m）	—	84	1.20	5.70	21
4	电线 4mm² 以内（m）	198	292	150	216	69
5	6～16mm² （m）	22	7	—	157	31
6	灯　具（套）	5.26	9.55	3.60	4.60	3
7	开　关（个）	5.26	4.2	3.60	4.60	3
8	插　座（个）	—	1	—	—	—
9	配电箱（个）	0.04	0.33	0.12	2.90	0.56

注：本表单方造价以 1988 年全国定额单价平均水平编制，仅供参考。

五、建筑工程工期定额

所谓建设工期，一般是指一个建设项目从破土动工之日起到竣工验收交付使用所需的时间。不同的建设项目，工期也不同，即使相同的建设项目，由于管理水平不同及其他外部条件的差异，也可能引起工期的不同。

建筑工程工期定额是指在平均的建设管理水平及正常的建设条件下，一个建设项目从正式破土动工到工程全部建成、验收合格交付使用全过程所需的额定时间，一般按月数计。

1. 工期定额的作用

（1）是编制标书、签订建筑安装工程承包合同的依据；

（2）是提前或者拖延竣工期限奖或罚的依据；

（3）是工程结算时计算竣工期调价的依据；

（4）是施工企业编制施工组织设计和栋号承包、考核施工进度的依据。

2. 工期定额地区类别划分

根据各地气候条件的差别，将全国（不包括香港地区、澳门地区、台湾地区）划分为 3 个地区类别，分别确定工期定额。

Ⅰ类地区：南方炎热地区15个省、直辖市、自治区。包括上海、江苏、浙江、安徽、福建、江西、湖北、湖南、广东、广西、四川、贵州、云南、重庆、海南。

Ⅱ类地区：北方寒冷地区9个省、直辖市、自治区。包括北京、天津、河北、山西、山东、河南、陕西、甘肃、宁夏。

Ⅲ类地区：严寒地区7个省、自治区。包括内蒙古、辽宁、吉林、黑龙江、西藏、青海、新疆。

同一省、自治区内由于气候条件的差别也可按工期定额地区类别划分原则，由省、自治区建设行政主管部门在本区域内再划分类区，报建设部批准后执行。

设备安装和机械施工工程不分地区类别，执行统一的工期定额。

各类别的工期定额是按各类地区的综合情况制定的，由于各省条件的不同，允许有15%以内的定额水平调整幅度，各省、直辖市、自治区建设行政主管部门可按上述规定制定实施细则，报住建部备案。

3. 工期定额按工程项目的专业性质分类

将工程项目按专业性质划分为3个部分和6项工程，分别制定工期定额。

3个部分为：第一部分民用建筑工程；第二部分工业及其他建筑工程；第三部分专业工程。

民用建筑工程部分为单项工程和单位工程。单项工程中含住宅、宾馆、饭店、综合楼、办公楼、教学楼、医疗门诊、图书馆、影剧院、体育馆工程等。单项工程工期是指单项工程从基础破土开工（或原桩位打基础桩）起至完成建筑安装工程施工全部内容，并达到国家验收标准之日止的全过程所需的日历天数。

单位工程中含结构和装修工程。

工业及其他建筑工程部分为工业建筑工程和其他建筑工程。

工业建筑工程中含单层厂房（一、二类）、多层厂房（一、二类）、降压站、冷冻机房、冷库、冷藏间、空压机房、变电室、锅炉房工程。

其他建筑工程中含地下汽车库、汽车库、仓库、独立地下室、服务用房工程、停车场、园林庭院、构筑物工程。

专业工程部分分为设备安装工程和机械施工工程。

设备安装工程含电梯、起重机、锅炉、供热交换设备、空调、自动电话交换机、金属容器安装、锅炉砌筑。

机械施工工程含构件、网架、吊装工程、机械土方、机械打桩、钻孔灌注桩、人工挖孔桩工程。

4. 工期定额其他说明与规定

《全国统一建筑安装工程工期定额》对一些特殊情况作出了其他说明与规定。

（1）定额工期以日历天数为单位。对不可抗力的因素造成工程停工，经承发包双方确认，可顺延工期。

（2）因重大设计变更或发包方原因造成停工，经承、发包双方确认后，可顺延工期。因承包方原因造成停工，不得增加工期。

（3）施工技术规范或设计要求冬季不能施工而造成工程主导工序连续停工，经承、发包双方确认后可顺延工期。

（4）定额项目包括民用建筑和一般通用工业建筑。凡定额中未包括的项目，各省、自治区、直辖市建设行政主管部门可制定补充工期定额，并报住建部备案。

（5）其他有关规定：

①单项（位）工程中层高在 2.2m 以内的技术层不计算建筑面积，但要计算层数。

②出屋面的楼（电）梯间不计算层数。

③单项（位）工程层数超出本定额时，工期可按最高相邻层数的工期差值增加。

④一个承包方同时承包两个以上（含两个）单项（位）工程时，工期的计算为：以一个单项（位）工程的最大工期为基数，另加其他单项（位）工程工期总和乘相应系数计算。加一个系数为 0.35；加 2 个系数为 0.2；加 3 个系数为 0.15；加 4 个以上的单项（位）工程不另增加工期。

⑤坑底打基础桩，另增加工期。

⑥开挖一层土方后，再打护坡桩的工程，护坡桩施工的工期，承、发包双方可按施工方案确定增加天数，但最多不超过 50d。

⑦基础施工遇到障碍物或古墓、文物、流沙、溶洞、淤泥、石方、地下水等需要进行基础处理时，由承、发包双方确定增加工期。

⑧单项工程的室外放线（不包括直埋管道）累计长度在 100m 以上，增加工期 10d；道路及停车场的面积在 500m² 以上 1000m² 以下者增加工期 10d；在 5000m² 以内者增加工期 20d；围墙工程不另增加工期。

5. 工期定额的应用

工期定额的主要用途是确定各类工程的施工工期，表 3-23、表 3-24 分别是现浇框架住宅和现浇框架多层厂房的工期定额。除此之外，工期定额也是计算赶工措施费、提前工期的基础，同时在确定塔吊、卷扬机的台班消耗和脚手架的消耗等的过程中也要应用工期定额。

表 3-23　　　　　　　　　现浇框架住宅±0.000 以上工程的工期

编号	层数	建筑面积（m²）	工期天数		
			Ⅰ类	Ⅱ类	Ⅲ类
1-159	10 层以下	20000 以内	390	410	445
1-160	10 层以下	20000 以内	415	435	470
1-161	12 层以下	10000 以内	380	400	435
1-162	12 层以下	15000 以内	405	425	460
1-163	12 层以下	20000 以内	430	450	485
1-164	12 层以下	25000 以内	455	475	510
1-165	12 层以下	25000 以内	480	505	545
1-166	14 层以下	10000 以内	415	435	470
1-167	14 层以下	15000 以内	440	460	495
1-168	14 层以下	20000 以内	465	485	520
1-169	14 层以下	25000 以内	485	510	550
1-170	14 层以下	25000 以外	515	540	580

表 3 - 24　　　　　　　现浇框架多层厂房（一类）±0.000 以上工程的工期

编号	层　数	建筑面积（m²）	工期天数		
			Ⅰ类	Ⅱ类	Ⅲ类
3 - 148	5	7000 以内	450	470	500
3 - 149	5	10000 以内	480	495	530
3 - 150	5	15000 以内	510	525	560
3 - 151	5	20000 以内	540	555	590
3 - 152	5	20000 以内	580	600	630
3 - 153	6	5000 以内	455	475	505
3 - 154	6	7000 以内	480	500	530
3 - 155	6	10000 以内	510	525	560
3 - 156	6	15000 以内	540	555	590
3 - 157	6	20000 以内	570	585	520
3 - 158	6	25000 以内	645	625	655
3 - 159	6	25000 以外	645	665	695
3 - 160	7	7000 以内	510	530	560

注：一类厂房指机加工、机修、五金、一般纺织及无特殊要求的装配车间。

由于建筑工程所配置的垂直运输机械的设置天数和施工工期相关联，因此在合理工期（即定额工期）范围内所需要的垂直运输机械的机械台班量是依据工期定额确定的，而与其效率无关。按施工工艺要求，多层建筑中配置的塔式起重机以上层主体施工工期计算台班消耗量，辅助配置的卷扬机（或建筑电梯）则以基础以上全部工期计算台班消耗量。一般情况下，各种工期有如下关系：

$$基础以上工期＝工程全部工期－基础工程工期$$
$$装修工程工期＝基础以上工期×40\%$$
$$上层主体施工工期＝基础以上工期×60\%＝工程全部工期－基础工程工期－装修工程工期$$

六、建筑工程定额计价方法

（一）定额计价的基本程序

定额计价是国家通过颁布统一的估算指标、概算指标，以及概算、预算和有关定额，来对建筑产品价格进行有计划管理。国家以假定的建筑安装产品为对象，制定统一的预算和概算定额。计算出每一单元子项的费用后，再综合形成整个工程的价格。工程计价的基本程序如图 3 - 1 所示。

从定额计价的过程示意图中可以看出，编制建设工程造价最基本的过程有两个：工程量计算和工程计价。工程量的计算统一按照项目划分和工程量计算规则计算。工程量确定以后，就可以按照一定的方法确定出工程的成本及盈利，最终就可以确定出工程预算造价（或投标报价）。定额计价方法的特点就是量与价的结合。概预算单位价格的形成过程，就是依据概预算定额所确定的消耗量乘以定额单价或市场价，经过不同层次的计算达到量与价的最优结合过程。

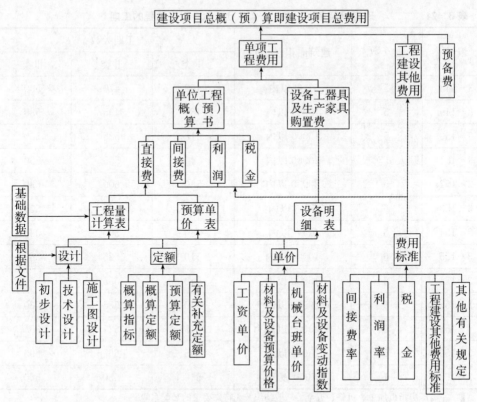

图 3-1　工程造价定额计价程序

（二）设计概算的编制

1. 设计概算的文件组成与质量控制

设计概算的文件组成与质量控制，见表 3-25。

表 3-25　　　　　　　　设计概算的文件组成与质量控制

类　别	说　明
设计概算文件的组成	①三级编制（总概算、综合概算、单位工程概算）形式设计概算文件的组成： a. 封面、签署页及目录 b. 编制说明 c. 总概算表 d. 其他费用表 e. 综合概算表 f. 单位工程概算表 g. 附件：补充单位估价表 ②二级编制（总概算、单位工程概算）形式设计概算文件的组成： a. 封面、签署页及目录 b. 编制说明 c. 总概算表 d. 其他费用表 e. 单位工程概算表 f. 附件：补充单位估价表

续表

类　别	说　明
设计概算文件质量控制	①设计概算文件编制的有关单位应当一起制定编制原则、方法，以及确定合理的概算投资水平，对设计概算的编制质量、投资水平负责 ②项目设计负责人和概算负责人对全部设计概算的质量负责；概算文件编制人员应参与设计方案的讨论；设计人员要树立以经济效益为中心的观念，严格按照批准的工程内容及投资额度设计，提出满足概算文件编制深度的技术资料；概算文件编制人员对投资的合理性负责 ③概算文件需经编制单位自审，建设单位（项目业主）复审，工程造价主管部门审批 ④概算文件的编制与审查人员必须具有国家注册造价工程师资格，或者具有省市（行业）颁发的造价员资格证，并根据工程项目大小按持证专业承担相应的编审工作 ⑤各造价协会（或者行业）、造价主管部门可根据所主管的工程特点制定概算编制质量的管理办法，并对编制人员采取相应的措施进行考核

2. 设计概算文件的编制依据与形式

设计概算文件的编制依据与形式，见表 3－26。

表 3－26　　　　　　　　　　设计概算文件的编制依据与形式

类　别	说　明
设计概算文件的编制依据	①概算编制依据是指编制项目概算所需的一切基础资料 ②概算编制依据主要有以下方面： a. 批准的可行性研究报告 b. 设计工程量 c. 项目涉及的概算指标或定额 d. 国家、行业和地方政府有关法律、法规或规定 e. 资金筹措方式 f. 正常的施工组织设计 g. 项目涉及的设备材料供应及价格 h. 项目的管理（含监理）、施工条件 i. 项目所在地区有关的气候、水文、地质地貌等自然条件 j. 项目所在地区有关的经济、人文等社会条件 k. 项目的技术复杂程度，以及新技术、专利使用情况等 l. 有关文件、合同、协议等
设计概算文件的编制形式	概算文件的编制形式应视项目情况采用三级概算编制或二级概算编制形式

3. 设计概算的编制方法

设计概算的编制方法，见表 3－27。

表 3 - 27　　　　　　　　　　　　　设计概算的编制方法

类　别	方　法
建设项目总概算及单项工程综合概算的编制	（1）概算编制说明的内容 ①项目概况：简述建设项目的建设地点、设计规模、建设性质（新建、扩建或改建）、工程类别、建设期（年限）、主要工程内容、主要工程量、主要工艺设备及数量等 ②主要技术经济指标：项目概算总投资（有引进的给出所需外汇额度）及主要分项投资、主要技术经济指标（主要单位投资指标）等 ③资金来源：按资金来源不同渠道分别说明，发生资产租赁的说明租赁方式及租金 ④编制依据：见上述"设计概算文件的编制依据" ⑤其他需要说明的问题 ⑥总说明附表： a. 建筑、安装工程工程费用计算程序表 b. 引进设备材料清单及从属费用计算表 c. 具体建设项目概算要求的其他附表及附件 （2）总概算表的内容 ①第一部分：工程费用。按单项工程综合概算组成编制，采用二级编制的按单位工程概算组成编制 a. 市政民用建设项目一般排列顺序：主体建（构）筑物、辅助建（构）筑物、配套系统 b. 工业建设项目一般排列顺序：主要工艺生产装置、辅助工艺生产装置、公用工程、总图运输、生产管理服务性工程、生活福利工程、厂外工程 ②第二部分：其他费用。一般按其他费用概算顺序列项，具体见下述"其他费用、预备费、专项费用概算编制" ③第三部分：预备费。包括基本预备费和价差预备费，具体见下述"其他费用、预备费、专项费用概算编制" ④第四部分：应列入项目概算总投资中的几项费用。一般包括建设期利息、铺底流动资金、固定资产投资方向调节税（暂停征收）等，具体见下述"其他费用、预备费、专项费用概算编制"
其他费用、预备费、专项费用概算编制	①一般建设项目其他费用包括建设用地费、建设管理费、勘察设计费、可行性研究费、环境影响评价费、劳动安全卫生评价费、场地准备及临时设施费、工程保险费、联合试运转费、生产准备及开办费、特殊设备安全监督检验费、市政公用设施建设及绿化补偿费、引进技术和引进设备材料其他费、专利及专有技术使用费、研究试验费等 ②引进工程其他费用中的国外技术人员现场服务费、出国人员旅费和生活费折合人民币列入，用人民币支付的其他几项费用直接列入其他费用中 ③其他费用概算表格形式见附表1和附表2

类 别	方 法

附表 1　　　　　　　　　　　　**其他费用表**

工程名称：＿＿＿＿＿＿＿＿　　　　　　　单位：万元（元）共 页 第 页

序号	费用项目编号	费用项目名称	费用计算基数	费率（%）	金额	计算公式	备注
1							
2							
3							
4							
5							
6							

编制人：　　　　　　　审核人：

附表 2　　　　　　　　　　　　**其他费用计算表**

其他费用编号：＿＿＿＿＿　　费用名称：＿＿＿＿＿　　单位：万元（元）共 页 第 页

序号	费用项目编号	费用项目名称	费用计算基数	费率（%）	金额	计算公式	备注
1							
2							
3							
4							
5							
6							

编制人：　　　　　　　审核人：

④预备费包括基本预备费和价差预备费，基本预备费以总概算第一部分"工程费用"和第二部分"其他费用"之和为基数的百分比计算；价差预备费一般按下式计算：

$$P = \sum_{t=1}^{m} I_t \left[(1+f)^m (1+f)^{0.5} (1+f)^{t-1} - 1 \right]$$

左侧竖排文字：其他费用、预备费、专项费用概算编制

类　别	方　法
其他费用、预备费、专项费用概算编制	式中　P——价差预备费 　　　n——建设期（年）数 　　　I_t——建设期第 t 年的投资 　　　f——投资价格指数 　　　t——建设期第 t 年 　　　m——建设前年数（从编制概算到开工建设年数） ⑤应列入项目概算总投资中的几项费用： a. 建设期利息：根据不同资金来源及利率分别计算 $$Q=\sum_{j=1}^{m}(P_{j-1}+A_j/2)i$$ 式中　Q——建设期利息 　　　P_{j-1}——建设期第 $(j-1)$ 年末贷款累计金额与利息累计金额之和 　　　A_j——建设期第 j 年贷款金额 　　　i——贷款年利率 　　　n——建设期年 b. 铺底流动资金按国家或行业有关规定计算 c. 固定资产投资方向调节税（暂停征收）
单位工程概算的编制	①单位工程概算是编制单项工程综合概算（或项目总概算）的依据，单位工程概算项目根据单项工程中所属的每个单体按专业分别编制 ②单位工程概算一般分建筑工程、设备及安装工程两大类 ③建筑工程单位工程概算： a. 建筑工程概算费用内容及组成见原建设部建标〔2003〕206 号《建筑安装工程费用项目组成》 b. 建筑工程概算要采用"建筑工程概算表"（表 3-28）编制，按构成单位工程的主要分部分项工程编制，根据初步设计工程量按工程所在省、市、自治区颁发的概算定额（指标）或行业概算定额（指标），以及工程费用定额计算 以房屋建筑为例，根据初步设计工程量按工程所在省、市、自治区颁发的概算定额（指标）分土石方工程、基础工程、墙壁工程、梁柱工程、楼地面工程、门窗工程、屋面工程、保温防水工程、室外附属工程、装饰工程等项编制概算，编制深度应达到《建筑安装工程工程量清单计价规范》（GB 50500—2013）深度 对于通用结构建筑可采用"造价指标"编制概算；对于特殊或重要的建构筑物，必须按构成单位工程的主要分部分项工程编制，必要时结合施工组织设计进行详细计算 ④设备及安装工程单位工程概算： a. 设备及安装工程概算费用由设备购置费和安装工程费组成 b. 设备购置费： 　　　　定型或成套设备费＝设备出厂价格＋运输费＋采购保管费 引进设备费用分外币和人民币两种支付方式，外币部分按美元或其他国际主要流通货币计算

续表3

类　别	方　法
单位工程概算的编制	非标准设备原价有多种不同的计算方法，如综合单价法、成本计算估价法、系列设备插入估价法、分部组合估价法、定额估价法等。一般采用不同种类设备综合单价法计算，计算公式为： $$设备费＝\Sigma 综合单价（元/t）\times 设备单重（t）$$ 工具、器具及生产家具购置费一般以设备购置费为计算基数，按照部门或行业规定的工具、器具及生产家具费率计算 　c. 安装工程费。安装工程费用内容组成，以及工程费用计算方法见《建筑安装工程费用项目组成》，其中，辅助材料费按概算定额（指标）计算，主要材料费以消耗量按工程所在地当年预算价格（或市场价）计算 　d. 引进材料费用计算方法与引进设备费用计算方法相同 　e. 设备及安装工程概算采用"设备及安装工程概算表"（表3-29）形式，按构成单位工程的主要分部分项工程编制，要根据初步设计工程量按工程所在省、市、自治区颁发的概算定额（指标）或行业概算定额（指标），以及工程费用定额计算 　f. 概算编制深度可参照《建设工程工程量清单计价规范》（GB 50500—2013）深度执行 　⑤当概算定额或指标不能满足概算编制要求时，应编制"补充单位估价表"（表3-30）
调整概算的编制	①设计概算批准后一般不得调整。由于"下述②"的原因需要调整概算时，由建设单位调查分析变更原因，报主管部门审批同意后，由原设计单位核实编制调整概算，并按有关审批程序报批 ②调整概算的原因： 　a. 超出原设计范围的重大变更 　b. 超出基本预备费规定范围，不可抗拒的重大自然灾害引起的工程变动和费用增加 　c. 超出工程造价调整预备费的国家重大政策性的调整 ③影响工程概算的主要因素已经清楚，工程量完成了一定量后方可进行调整，一个工程只允许调整一次概算 ④调整概算编制深度与要求、文件组成及表格形式同原设计概算，调整概算还应对工程概算调整的原因做详尽分析说明，所调整的内容在调整概算总说明中要逐项与原批准概算对比，并编制调整前后概算对比表（表3-31、表3-32），分析主要变更原因 ⑤在上报调整概算时，应同时提供有关文件和调整依据

表3-28　　　　　　　　　　　建筑工程概算表

单位工程概算编号：_____　　　　工程名称（单项工程）：_____　　　共　页　第　页

序号	定额编号	工程项目或费用名称	单位	数量	单价（元）				合价（元）			
					定额基价	人工费	材料费	机械费	金额	人工费	材料费	机械费
一		土石方工程										
1	××	××××										
2	××	××××										

续表

序号	定额编号	工程项目或费用名称	单位	数量	单价（元）				合价（元）			
					定额基价	人工费	材料费	机械费	金额	人工费	材料费	机械费
二		砌筑工程										
1	××	××××										
三		楼地面工程										
1	××	××××										
		小计										
		工程综合概算费用合计										

编制人：   审核人：

表 3‑29　　　　　　　　　　　　　　　**设备及安装工程概算表**

单位工程概算编号：_____　　　工程名称（单项工程）：_____　　　共　页　第　页

序号	定额编号	工程项目或费用名称	单位	数量	单价（元）					合价（元）				
					设备费	主材费	定额基价	其中		设备费	主材费	定额费	其中	
								人工费	机械费				人工费	机械费
一		设备安装												
1	××	××××												
2	××	××××												
二		管道安装												
1	××	××××												
三		防腐保温												
1	××	××××												
		小计												
		工程综合取费												
		合计												

编制人：　　　　　　　　　审核人：

表 3-30 　　　　　　　　　　　　補充単位估价表 (补充单位估价表)

子目名称：_____　　　　工作内容：_____　　　　共 页 第 页

补充单位估价表编号				
定额基价				
人工费				
材料费				
机械费				
名　称	单位	单价	数　量	
综合工日				
材料				
其他材料费				
机械				

编制人：　　　　　　　　　　审核人：

表 3-31 　　　　　　　　　　　　总概算对比表

总概算编号：_____　工程名称：_____　单位：　万元　共 页 第 页

序号	工程项目或费用名称	原批准概算					调整概算					差额（调整概算－原批准概算）	备注
		建筑工程费	设备购置费	安装工程费	其他费用	合计	建筑工程费	设备购置费	安装工程费	其他费用	合计		
	工程费用												
1	主要工程												
(1)	×××××												

126

续表

序号	工程项目或费用名称	原批准概算					调整概算					差额（调整概算－原批准概算）	备注
		建筑工程费	设备购置费	安装工程费	其他费用	合计	建筑工程费	设备购置费	安装工程费	其他费用	合计		
（2）	××××												
2	辅助工程												
（1）	××××												
3	配套工程												
（1）	××××												
二	其他费用												
1	××××												
2	××××												
三	预备费												
四	专项费用												
1	××××												
2	××××												
	建设项目概算总投资												

编制人：　　　　　　　　审核人：

127

综合概算对比表

综合概算编号：_____　　　工程名称：_____　　　单位：　　万元　　共　页　第　页

序号	工程项目或费用名称	原批准概算					调整概算					差额（调整概算－原批准概算）	调整的主要原因
		建筑工程费	设备购置费	安装工程费	其他费用	合计	建筑工程费	设备购置费	安装工程费	其他费用	合计		
一	主要工程												
1	××××												
2	××××												
二	辅助工程												
1	××××												
2	××××												
三	配套工程												
1	××××												
2	××××												
	单项工程概算费用合计												

编制人：　　　　　　　　　　　审核人：

128

(三) 设计概算的审查

1. 设计概算审查的作用与步骤

设计概算审查的作用与步骤,见表 3-33。

表 3-33   设计概算审查的作用与步骤

类 别	说 明
设计概算审查的作用	①审查设计概算,有利于合理分配投资资金,加强投资计划管理。设计概算编制得偏高或偏低,都会影响投资计划的真实性,影响投资资金的合理分配。所以审查设计概算是为了准确确定工程造价,使投资更能遵循客观经济规律 ②审查设计概算,可以促进概算编制单位严格执行国家有关概算的编制规定和费用标准,从而提高概算的编制质量 ③审查设计概算,可以使建设项目总投资力求做到准确、完整,防止任意扩大投资规模或出现漏项,从而减少投资缺口,缩小概算与预算之间的差距,避免故意压低概算投资,搞钓鱼项目,最后导致实际造价大幅度地突破概算 ④审查后的概算,对建设项目投资的落实提供了可靠的依据。打足投资,不留缺口,提高建设项目的投资效益
设计概算审查的步骤	设计概算审查是一项复杂而细致的技术经济工作,审查人员既应懂得有关专业技术知识,又应具有熟练编制概算的能力,一般情况下可按如下步骤进行: ①概算审查的准备:概算审查的准备工作包括:了解设计概算的内容组成、编制依据和方法;了解建设规模、设计能力和工艺流程;熟悉设计图纸和说明书、掌握概算费用的构成和有关技术经济指标;明确概算各种表格的内涵;收集概算定额、概算指标、取费标准等有关规定的文件资料等 ②进行概算审查:根据审查的主要内容,分别对设计概算的编制依据、单位工程设计概算、综合概算、总概算进行逐级审查 ③进行技术经济对比分析:利用规定的概算定额或指标以及有关技术经济指标与设计概算进行分析对比,根据设计和概算列明的工程性质、结构类型、建设条件、费用构成、投资比例、占地面积、生产规模、设备数量、造价指标、劳动定员等与国内外同类型工程规模进行对比分析,从大的方面找出和同类型工程的距离,为审查提供线索 ④研究、定案、调整概算:对概算审查中出现的问题要在对比分析、找出差距的基础上深入现场进行实际调查研究。了解设计是否经济合理、概算编制依据是否符合现行规定和施工现场实际、有无扩大规模、多估投资或预留缺口等情况,并及时核实概算投资。对于当地没有同类型的项目而不能进行对比分析时,可向国内同类型企业进行调查,收集资料,作为审查的参考。经过会审决定的定案问题应及时调整概算,并经原批准单位下发文件

2. 设计概算审查的方法与内容

设计概算审查的方法与内容,见表 3-34。

表 3-34		设计概算审查的方法与内容
类 别		说 明
设计概算审查的方法	全面审查法	全面审查法是指按照全部施工图的要求，结合有关预算定额分项工程中的工程细目，逐一、全部地进行审核的方法。其具体计算方法和审核过程与编制预算的计算方法和编制过程基本相同 全面审查法的优点是全面、细致，所审核过的工程预算质量高，差错比较少；缺点是工作量太大。全面审查法一般适用于一些工程量较小、工艺比较简单、编制工程预算力量较薄弱的设计单位所承包的工程
	重点审查法	抓住工程预算中的重点进行审查的方法，称重点审查法，一般情况下，重点审查法的内容如下： ①选择工程量大或造价较高的项目进行重点审查 ②对补充单价进行重点审查 ③对计取的各项费用的费用标准和计算方法进行重点审查。重点审查工程预算的方法应灵活掌握。例如，在重点审查中，如发现问题较多，应扩大审查范围；反之，如没有发现问题，或者发现的差错很小，应考虑适当缩小审查范围
	经验审查法	经验审查法是指监理工程师根据以前的实践经验，审查容易发生差错的那些部分工程细目的方法。如土方工程中的平整场地和余土外运、土壤分类等；基础工程中的基础垫层，砌砖、砌石基础，钢筋混凝土组合柱，基础圈梁、室内暖沟盖板等，都是较容易出错的地方，应重点加以审查
	分解对比审查法	把一个单位工程，按直接费与间接费进行分解，然后再把直接费按工种工程和分部工程进行分解，分别与审定的标准图预算进行对比分析的方法，称为分解对比审查法 这种方法是把拟审的预算造价与同类型的定型标准施工图或复用施工图的工程预算造价相比较，如果出入不大，就可以认为本工程预算问题不大，不再审查。如果出入较大，比如超过或少于已审定的标准设计施工图预算造价的1%或3%以上（根据本地区要求），再按分部分项工程进行分解，边分解边对比，哪里出入较大，就进一步审查那一部分工程项目的预算价格
设计概算审查的内容	审查设计概算的编制依据	包括国家综合部门的文件，国务院主管部门和各省、市、自治区根据国家规定或授权制定的各种规定及办法，以及建设项目的设计文件等重点审查 ①审查编制依据的合法性：采用的各种编制依据必须经过国家或授权机关的批准，符合国家的编制规定，未经批准的不能采用；也不能强调情况特殊，擅自提高概算定额、指标或费用标准 ②审查编制依据的时效性：各种依据，如定额、指标、价格、取费标准等，都应根据国家有关部门的现行规定进行，注意有无调整和新的规定。有的虽然颁发时间较长，但不能全部适用；有的应按有关部门作的调整系数执行 ③审查编制依据的适用范围：各种编制依据都有规定的适用范围，如各主管部门规定的各种专业定额及其取费标准，只适用于该部门的专业工程；各地区规定的各种定额及其取费标准，只适用于该地区的范围以内。特别是地区的材料预算价格区域性更强，如某市有该市区的材料预算价格，又编制了郊区内一个矿石的材料预算价格，如在该市的矿区建设时，其概算采用的材料预算价格，则应用矿区的价格，而不能采用该市的价格

类　别		说　明
设计概算审查的内容	审查概算编制深度	①审查编制说明：审查编制说明可以检查概算的编制方法、深度和编制依据等重大原则问题 ②审查概算编制深度：一般大中型项目的设计概算，应有完整的编制说明和"三级概算"（即总概算表、单项工程综合概算表、单位工程概算表），并按有关规定的深度进行编制。审查是否有符合规定的"三级概算"，各级概算的编制、校对、审核是否按规定签署 ③审查概算的编制范围：审查概算编制范围及具体内容是否与主管部门批准的建设项目范围及具体工程内容一致；审查分期建设项目的建筑范围及具体工程内容有无重复交叉，是否重复计算或漏算；审查其他费用所列的项目是否都符合规定，静态投资、动态投资和经营性项目铺底流动资金是否分部列出等
	审查建设规模、标准	审查概算的投资规模、生产能力、设计标准、建设用地、建筑面积、主要设备、配套工程、设计定员等是否符合原批准可行性研究报告或立项批文的标准。如概算总投资超过原批准投资估算 10％以上，应进一步审查超估算的原因
	审查设备规格、数量和配置	工业建设项目设备投资比重大，一般占总投资的 30％～50％，要认真审查。审查所选用的设备规格、台数是否与生产规模一致，材质、自动化程度有无提高标准，引进设备是否配套、合理，备用设备台数是否适当，消防、环保设备是否计算等。还要重点审查价格是否合理、是否符合有关规定，如国产设备应按当时询价资料或有关部门发布的出厂价、信息价，引进设备应依据询价或合同价编制概算
	审查工程费	建筑安装工程投资是随工程量增加而增加的，要认真审查。要根据初步设计图纸、概算定额及工程量计算规则、专业设备材料表、建构筑物和总图运输一览表进行审查，有无多算、重算、漏算
	审查计价指标	审查建筑工程采用工程所在地区的计价定额、费用定额、价格指数和有关人工、材料、机械台班单价是否符合现行规定；审查安装工程所采用的专业部门或地区定额是否符合工程所在地区的市场价格水平，概算指标调整系数、主材价格、人工、机械台班和辅材调整系数是否按当地最新规定执行；审查引进设备安装费率或计取标准、部分行业专业设备安装费率是否按有关规定计算等
	审查其他费用	工程建设其他费用投资约占项目总投资 25％以上，必须认真逐项审查。审查费用项目是否按国家统一规定计列，具体费率或计取标准、部分行业专业设备安装费率是否按有关规定计算等

（四）施工图预算的编制

施工图预算是在设计的施工图完成以后，以施工图为依据，根据预算定额、费用标准以及工程所在地区的人工、材料、施工机械设备台班的预算价格编制的，是确定建筑工程、安装工程预算造价的文件。

1. 施工图预算的作用与依据

施工图预算的作用与依据，见表 3 - 35。

表 3－35	施工图预算的作用与依据
类　别	说　明
施工图预算 的作用	施工图预算的作用主要有： ①是工程实行招标、投标的重要依据 ②是签订建设工程施工合同的重要依据 ③是办理工程财务拨款、工程贷款和工程结算的依据 ④是施工单位进行人工和材料准备、编制施工进度计划、控制工程成本的依据 ⑤是落实或调整年度进度计划和投资计划的依据 ⑥是施工企业降低工程成本、实行经济核算的依据
施工图预算 编制依据	①各专业设计施工图和文字说明、工程地质勘察资料 ②当地和主管部门颁布的现行建筑工程和专业安装工程预算定额（基础定额）、单位估价表、地区资料、构配件预算价格（或市场价格）、间接费用定额和有关费用规定等文件 ③现行的有关设备原价（出厂价或市场价）及运杂费率 ④现行的有关其他费用定额、指标和价格 ⑤建设场地中的自然条件和施工条件，并据以确定的施工方案或施工组织设计

2. 施工图预算编制的方法

施工图预算编制的方法。有工料单价法和综合单价法，见表 3－36。

表 3－36	施工图预算编制的方法
编制方法	编制方法说明
工料单价法	工料单价法指分部分项工程量的单价为直接费，直接费以人工、材料、机械的消耗量及其相应价格与措施费确定。间接费、利润、税金按照有关规定另行计算 （1）传统施工图预算使用工料单价法，其计算步骤如下： ①准备资料，熟悉施工图：准备的资料包括施工组织设计、预算定额、工程量计算标准、取费标准、地区材料预算价格等 ②计算工程量：首先要根据工程内容和定额项目，列出分项工程目录；其次根据计算顺序和计算规则列出计算式；第三，根据图纸上的设计尺寸及有关数据，代入计算式进行计算；第四，对计算结果进行整理，使之与定额中要求的计量单位保持一致，并予以核对 ③套工料单价：核对计算结果后，按单位工程施工图预算直接费计算公式求得单位工程人工费、材料费和机械使用费之和 ④编制工料分析表：根据各分部分项工程项目实物工程量和预算定额中项目所列的用工及材料数量，计算各分部分项工程所需人工及材料数量，汇总后算出该单位工程所需各类人工、材料的数量 ⑤计算并汇总造价：根据规定的税、费率和相应的计取基础，分别计算措施费、间接费、利润、税金等。将上述费用累计后进行汇总，求出单位工程预算造价 ⑥复核：对项目填列、工程量计算公式、计算结果、套用的单价、采用的各项取费费率、数字计算、数据精确度等进行全面复核，以便及时发现差错，及时修改，提高预算的准确性

编制方法	编制方法说明
工料单价法	⑦填写封面、编制说明：封面应写明工程编号、工程名称、工程量、预算总造价和单方造价、编制单位名称、负责人和编制日期以及审核单位的名称、负责人和审核日期等。编制说明主要应写明预算所包括的工程内容范围、依据的图纸编号、承包企业的等级和承包方式、有关部门现行的调价文件号、套用单价需要补充说明的问题及其他需说明的问题等 现在编制施工图预算时特别要注意，所用的工程量和人工、材料量是统一的计算方法和基础定额；所用的单价是地区性的（定额、价格信息、价格指数和调价方法）。由于在市场条件下价格是变动的，要特别重视定额价格的调整 （2）实物法编制施工图预算的步骤：实物法编制施工图预算是先算工程量、人工、材料量、机械台班（即实物量），然后再计算费用和价格的方法。这种方法适应市场经济条件下编制施工图预算的需要，在改革中应当努力实现这种方法的普遍应用。其编制步骤如下： ①准备资料，熟悉施工图纸 ②计算工程量 ③套基础定额，计算人工、材料、机械数量 ④根据当时、当地的人工、材料、机械单价，计算并汇总人工费、材料费、机械使用费，得出单位工程直接工程费 ⑤计算措施费、间接费、利润和税金，并进行汇总，得出单位工程造价（价格） ⑥复核 ⑦填写封面、编写说明 从上述步骤可见，实物法与定额单价法不同，实物法的关键在于第三步和第四步，尤其是第四步，使用的单价已不是定额中的单价了，而是在由当地工程价格权威部门（主管部门或专业协会）定期发布价格信息和价格指数的基础上，自行确定人工单价、材料单价、施工机械台班单价。这样便不会使工程价格脱离实际，并为价格的调整减少许多麻烦
综合单价法	综合单价法指分部分项工程量的单价为全费用单价，既包括直接费、间接费、利润（酬金）、税金，也包括合同约定的所有工料价格变化风险等一切费用，是一种国际上通行的计价方式。综合单价法按其所包含项目工作的内容及工程计量方法的不同，又可分为以下 3 种表达形式： ①参照现行预算定额（或基础定额）对应子目所约定的工作内容、计算规则进行报价 ②按招标文件约定的工程量计算规则，以及按技术规范规定的每一分部分项工程所包括的工作内容进行报价 ③由投标者依据招标图纸、技术规范，按其计价习惯，自主报价，即工程量的计算方法、投标价的确定，均由投标者根据自身情况决定 按照《建筑工程施工发包承包管理办法》的规定，综合单价是由分项工程的直接费、间接费、利润和税金组成的，而直接费是以人工、材料、机械的消耗量及相应价格与措施费确定的。因此计价顺序应当是：

续表 2

编制方法	编制方法说明
综合单价法	a. 准备资料，熟悉施工图纸 b. 划分项目，按统一规定计算工程量 c. 计算人工、材料和机械数量 d. 套综合单价，计算各分项工程造价 e. 汇总得分部工程造价 f. 各分部工程造价汇总得单位工程造价 g. 复核 h. 填写封面、编写说明 "综合单价"的产生是使用该方法的关键。显然编制全国统一的综合单价是不现实或不可能的，而由地区编制较为可行。理想的是由企业编制"企业定额"产生综合单价。由于在每个分项工程上确定利润和税金比较困难，故可以编制含有直接费和间接费的综合单价，待求出单位工程总的直接费和间接费后，再统一计算单位工程的利润和税金，汇总得出单位工程的造价。《建设工程工程量清单计价规范》（GB 50500—2013）中规定的造价计算方法，就是根据实物计算法原理编制的

（五）施工图预算的审查

1. 施工图预算审查的作用

施工图预算的审查主要有以下作用：

（1）对降低工程造价具有现实意义。

（2）有利于节约工程建设资金。

（3）有利于发挥领导层、银行的监督作用。

（4）有利于积累和分析各项技术经济指标。

2. 施工图预算审查的步骤

（1）做好审查前的准备工作：

①熟悉施工图纸。施工图纸是编制预算分项工程数量的重要依据，必须全面熟悉了解。一是核对所有的图纸，清点无误后，依次识读；二是参加技术交底，解决图纸中的疑难问题，直至完全掌握图纸。

②了解预算包括的范围。根据预算编制说明，了解预算包括的工程内容。例如，配套设施、室外管线、道路以及会审图纸后的设计变更等。

③弄清编制预算采用的单位工程估价表。任何单位估价表或预算定额都有一定的适用范围。根据工程性质，搜集熟悉相应的单价、定额资料，特别是市场材料单价和取费标准等。

（2）选择合适的审查方法，按相应内容审查。由于工程规模、繁简程度不同，施工企业情况也不同，所编工程预算繁简和质量也不同，因此需针对情况选择相应的审查方法进行审核。

（3）综合整理审查资料，编制调整预算。经过审查，如发现有差错，需要进行增加或核减的，经与编制单位逐项核实，统一意见后，修正原施工图预算，汇总核减量。

3. 施工图预算审查的方法

施工图预算审查的方法，见表 3-37。

表 3-37	施工图预算审查的方法
审查方法	审查方法说明
逐项审查法	逐项审查法又称全面审查法，即按定额顺序或施工顺序，对各分项工程中的工程细目逐项全面详细审查的一种方法。其优点是全面、细致，审查质量高、效果好。缺点是工作量大，时间较长。这种方法适合于一些工程量较小、工艺比较简单的工程
标准预算审查法	标准预算审查法就是对利用标准图纸或通用图纸施工的工程，先集中力量编制标准预算，以此为准来审查工程预算的一种方法。按标准设计图纸或通用图纸施工的工程，一般上部结构和做法相同，只是根据现场施工条件或地质情况不同，仅对基础部分做局部改变。凡这样的工程，以标准预算为准，对局部修改部分单独审查即可，无须逐一详细审查。该方法的优点是时间短、效果好、易定案。其缺点是适用范围小，仅适用于采用标准图纸的工程
分组计算审查法	分组计算审查法就是把预算中有关项目按类别划分若干组，利用同组中的一组数据审查分项工程量的一种方法。这种方法首先将若干分部分项工程按相邻且有一定内在联系的项目进行编组，利用同组分项工程间具有相同或相近计算基数的关系，审查一个分项工程数量，由此判断同组中其他几个分项工程的准确程度。该方法特点是审查速度快、工作量小
对比审查法	对比审查法是当工程条件相同时，用已完工程的预算或未完但已经过审查修正的工程预算对比审查拟建工程的同类工程预算的一种方法
"筛选"审查法	"筛选法"是能较快发现问题的一种方法。建筑工程虽面积和高度不同，但其各分部分项工程的单位建筑面积指标变化却不大。将这样的分部分项工程加以汇集、优选，找出其单位建筑面积工程量、单价、用工的基本数值，归纳为工程量、价格、用工 3 个基本指标，并注明基本指标的适用范围。这些基本指标用来筛分各分部分项工程，对不符合条件的应进行详细审查，若审查对象的预算标准与基本指标的标准不符，就应对其进行调整。"筛选法"的优点是简单易懂，便于掌握，审查速度快，便于发现问题，但问题出现的原因尚需继续审查。该方法适用于审查住宅工程或不具备全面审查条件的工程
重点审查法	重点审查法就是抓住工程预算中的重点进行审核的方法。审查的重点一般是工程量大或者造价较高的各种工程、补充定额、计提的各项费用（计取基础、取费标准）等。重点审查法的优点是突出重点、审查时间短、效果好

4. 施工图预算审查的内容

审查施工图预算的重点是：工程量计算是否准确；分部、分项单价套用是否正确；各项取费标准是否符合现行规定等方面。

（1）建筑工程施工图预算各分部工程的工程量审核重点，如表 3-38 所示。

表 3 - 38 建筑工程施工图预算各分部工程的工程量审核重点内容

分部工程名称	工程量审核的重点
土方工程	①平整场地、挖地槽、挖地坑、挖土方工程量的计算是否符合定额计算规定和施工图纸标示尺寸，土壤类别是否与勘察资料一致，地槽与地坑放坡、带挡土板是否符合设计要求，有无重算和漏算 ②回填土工程量应注意地槽、地坑回填土的体积是否扣除了基础、垫层所占体积，地面和室内填土的厚度是否符合设计要求 ③运土方的审查除了注意运土距离外，还要注意运土数量是否扣除了就地回填的土方。运土距离应是最短运距，需作比较
打桩工程	①注意审查各种不同桩料，必须分别计算，施工方法必须符合设计要求或经设计院同意 ②桩料长度必须符合设计要求，桩料长度如果超过一般桩料长度需要接桩时，注意审查接头数是否正确 ③必须核算实际钢筋量（抽筋核算）
砖石工程	①墙基与墙身的划分是否符合规定 ②按规定不同厚度的墙、内墙和外墙是否是分别计算的，应扣除的门窗洞口及埋入墙体各种钢筋混凝土梁、柱等是否已经扣除 ③不同砂浆强度的墙和定额规定按立方米或按平方米计算的墙，有无混淆、错算或漏算
混凝土及钢筋混凝土工程	①现浇构件与预制构件是否分别计算 ②现浇柱与梁，主梁与次梁及各种构件计算是否符合规定，有无重算或漏算 ③有筋和无筋构件是否按设计规定分别计算，有没有混淆 ④钢筋混凝土的含钢量与预算定额的含钢量发生差异时，是否按规定予以增减调整 ⑤钢筋按图抽筋计算
木结构工程	①门窗是否按不同种类按框外面积或扇外面积计算 ②木装修的工程量是否按规定分别以延长米或平方米计算 ③门窗孔面积与相应扣除的墙面积中的门窗孔面积核对应一致
地面工程	①楼梯抹面是否按踏步和休息平台部分的水平投影面积计算 ②细石混凝土地面找平层的设计厚度与定额厚度不同时，是否按其厚度进行换算 ③台阶不包括嵌边、侧面装饰
屋面工程	①卷材层工程量是否与屋面找平层工程量相等 ②屋面保温层的工程量是否按屋面层的建筑面积乘保温层平均厚度计算，不做保温层的挑檐部分是否按规定计算 ③瓦材规格如实际使用与定额取定规格不同时，其数量换算，其他不变 ④屋面找平层的工程量同卷材屋面，其嵌缝油膏已包括在定额内，不另计算 ⑤刚性屋面按图示尺寸水平投影面积乘以屋面坡度系数以平方米计算。不扣除房上烟囱、风帽底座、风道所占面积

136

分部工程名称	工程量审核的重点
构筑物工程	①烟囱和水塔脚手架是以座编制的，凡地下部分已包括在定额内，按规定不能再另行计算。审查是否符合要求，有无重算 ②凡定额按钢管脚手架与竹脚手架综合编制，包括挂安全网和安全笆的费用。如实际施工不同均可换算或调整；如施工需搭设斜道则可另行计算
装饰工程	①内墙抹灰的工程量是否按墙面的净高和净宽计算，有无重算或漏算 ②抹灰厚度，如设计规定与定额取定不同时，在不增减抹灰遍数的情况下，一般按每增减 1mm 定额调整 ③油漆、喷涂的操作方法和颜色不同时，均不调整。如设计要求的涂刷遍数与定额规定不同时，可按"每增加一遍"定额项目进行调整
金属构件制作	①金属构件制作工程量多数以吨为单位。在计算时，型钢按图示尺寸求出长度，再乘每米的重量；钢板应求出面积，再乘以每平方米的重量。审查是否符合规定 ②除注明者外，定额均已包括现场（工厂）内的材料运输、下料、加工、组装及产品堆放等全部工序 ③加工点至安装点的构件运输，应另按"构件运输定额"相应项目计算

（2）审查定额或单价的套用：

①预算中所列各分项工程单价是否与预算定额的预算单价相符；其名称、规格、计量单位和所包括的工程内容是否与预算定额一致。

②有单价换算时应审查换算的分项工程是否符合定额规定及换算是否正确。

③对补充定额和单位计价表的使用应审查补充定额是否符合编制原则，单位计价表计算是否正确。

（3）审查其他有关费用。其他有关费用包括的内容各地不同，具体审查时应注意是否符合当地规定和定额的要求。

①是否按本项目的工程性质计取费用，有无高套取费标准。

②间接费的计取基础是否符合规定。

③预算外调增的材料差价是否计取间接费；直接费或人工费增减后，有关费用是否做了相应调整。

④有无将不需安装的设备计取在安装工程的间接费中。

⑤有无巧立名目、乱摊费用的情况。

利润和税金的审查，重点应放在计取基础和费率是否符合当地有关部门的现行规定、有无多算或重算方面。

第二节 建筑工程工程量清单计价

一、工程量清单编制的内容

工程量清单是表现拟建工程的分部分项工程项目、措施项目、其他项目、规费项目和税金项目的名称和相应数量的明细清单。工程量清单包括分部分项工程量清单、措施项目清单、其他项目清单、规费项目清单和税金项目清单。

工程量清单编制的具体内容，见表 3-39。

表 3-39　　　　　　　　　　　　工程量清单编制的具体内容

类　别	说　明
一般规定	（1）工程量清单应由具有编制能力的招标人或受其委托，具有相应资质的工程造价咨询人编制 （2）采用工程量清单方式招标，工程量清单必须作为招标文件的组成部分，其准确性和完整性由招标人负责 （3）工程量清单是工程量清单计价的基础，应作为标准招标控制价、投标报价、计算工程量、支付工程款、调整合同价款、办理竣工结算以及工程索赔等的依据 （4）工程量清单应由分部分项工程量清单、措施项目清单、其他项目清单、规范项目清单、税金项目清单组成 （5）编制工程量清单的依据： ①《建设工程工程量清单计价规范》（GB 50500—2013） ②国家或省级、行业建设主管部门颁发的计价依据和办法 ③建设工程设计文件 ④与建设工程项目有关的标准、规范、技术资料 ⑤招标文件及其补充通知、答疑纪要 ⑥施工现场情况、工程特点及常规施工方案 ⑦其他相关资料
分部分项工程量清单	①分部分项工程量清单应包括项目编码、项目名称、项目特征、计量单位和工程量 ②分部分项工程量清单应根据附录规定的项目编码、项目名称、项目特征、计量单位和工程量计算规则进行编制 ③分部分项工程量清单的项目编码，应采用12位阿拉伯数字表示。第1~9位应按附录的规定设置，第10~12位应根据拟建工程的工程量清单项目名称设置，同一招标工程的项目编码不得有重码 ④分部分项工程量清单的项目名称应按附录的项目名称结合拟建工程的实际确定 ⑤分部分项工程量清单中所列工程量应按附录中规定的工程量计算规则计算 ⑥分部分项工程量清单的计量单位应按附录中规定的计量单位确定 ⑦分部分项工程量清单项目特征应按附录中规定的项目特征，结合拟建工程项目的实际予以描述

类　别	说　明
分部分项工程量清单	⑧编制工程量清单出现附录中未包括的项目，编制人应作补充，并报省级或行业工程造价管理机构备案，省级或行业工程造价管理机构应汇总报往住房和城乡建设部标准定额研究所 补充项目的编码由附录的顺序码与 B 和 3 位阿拉伯数字组成，并应从×B001 起顺序编制，同一招标工程的项目不得重码。工程量清单中需附有补充项目的名称、项目特征、计量单位、工程量计算规则、工程内容
措施项目清单	①措施项目清单应根据拟建工程的实际情况列项。通用措施项目可按以下附表选择列项，专业工程的措施项目可按附录中规定的项目选择列项。若出现本规范未列的项目，可根据工程实际情况补充 附表 {{TABLE2}} ②措施项目中可以计算工程量的项目清单宜采用分部分项工程量清单的方式编制，列出项目编码、项目名称、项目特征、计量单位和工程量计算规则；不能计算工程量的项目清单，以"项"为计量单位
其他项目清单	其他项目清单宜按照下列内容列项： ①暂列金额 ②暂估价：包括材料暂估价、专业工程暂估价 ③计日工 ④总承包服务费 出现上述未列的项目，可根据工程实际情况补充
规费项目清单	规费项目清单应按照下列内容列项： ①工程排污费 ②工程定额测定费 ③社会保障费：包括养老保险费、失业保险费、医疗保险费 ④住房公积金 ⑤危险作业意外伤害保险 出现上述未列的项目，应根据省级政府或省级有关权力部门的规定列项

附表（措施项目清单）：

序　号	项目名称
1	安全文明施工（含环境保护、文明施工、安全施工、临时设施）
2	夜间施工
3	二次搬运
4	冬、雨期施工
5	大型机械设备进出场及安拆
6	施工排水
7	施工降水
8	地上、地下设施，建筑物的临时保护设施
9	已完工程及设备保护

续表 2

类别	说明
税金项目清单	税金项目清单应包括下列内容： ①营业税 ②城市维护建设税 ③教育费附加 出现上述未列的项目，应根据税务部门的规定列项

二、工程量清单计价的特点和与定额差价的区别

1. 工程量清单计价的特点

工程量清单计价的特点说明，见表 3 - 40。

表 3 - 40 工程量清单计价的特点

特点	说明
统一计价规则	通过制定统一的建设工程工程量清单计价方法、统一的工程量计量规则、统一的工程量清单项目设置规则，达到规范计价行为的目的。这些规则和办法是强制性的，建设各方都应该遵守，这是工程造价管理部门首次在文件中明确政府应管什么、不应管什么
有效控制消耗量	通过由政府发布统一的社会平均消耗量指导标准，为企业提供一个社会平均尺度，避免企业盲目或随意大幅度减少或扩大消耗量，从而达到保证工程质量的目的
彻底放开价格	将工程消耗量定额中的人工、材料、机械价格和利润、管理费全面放开，由市场的供求关系自行确定价格
企业自主报价	投标企业根据自身的技术专长、材料采购渠道和管理水平等，制定企业自己的报价定额，自主报价。企业尚无报价定额的，可参考使用造价管理部门颁布的《建筑工程消耗量定额》
市场有序竞争形成价格	通过建立与国际惯例接轨的工程量清单计价模式，引入充分竞争形成价格的机制，制定衡量投标报价合理性的基础标准，在投标过程中，有效引入竞争机制，淡化标底的作用，在保证质量、工期的前提下，按国家《招标投标法》及有关条款规定，最终以"不低于成本"的合理低价者中标

2. 工程量清单计价与定额差价的区别

工程量清单计价与定额差价的区别，见表 3 - 41。

表 3-41	工程量清单计价与定额差价的区别
区 别	说 明
编制工程量清单的单位不同	传统定额预算计价办法是：建设工程的工程量分别由招标单位和投标单位分别按图示计算。工程量清单计价是：工程量由招标单位统一计算或委托有工程造价咨询资质单位统一计算，"工程量清单"是招标文件的重要组成部分，各投标单位根据招标人提供的"工程量清单"，根据自身的技术装备、施工经验、企业成本、企业定额、管理水平自主填写报单价
编制工程量清单时间不同	传统的定额预算计价法是在发出招标文件后编制（招标与投标人同时编制或投标人编制在前，招标人编制在后）。工程量清单报价法必须在发出招标文件前编制
表现形式不同	采用传统的定额预算计价法一般是总价形式。工程量清单报价法采用综合单价形式，综合单价包括人工费、材料费、机械使用费、管理费、利润，并考虑风险因素。工程量清单报价具有直观、单价相对固定的特点，工程量发生变化时，单价一般不作调整
编制依据不同	传统的定额预算计价法依据图纸；人工、材料、机械台班消耗量依据建设行政主管部门颁发的预算定额；人工、材料、机械台班单价依据工程造价管理部门发布的价格信息进行计算。工程量清单报价法，根据原建设部第 107 号令规定，标底的编制根据招标文件中的工程量清单和有关要求、施工现场情况、合理的施工方法以及按建设行政主管部门制定的有关工程造价计价办法编制。企业的投标报价则根据企业定额和市场价格信息，或参照建设行政主管部门发布的社会平均消耗量定额编制
费用组成不同	传统预算定额计价法的工程造价由直接工程费、现场经费、间接费、利润、税金组成。工程量清单计价法工程造价包括分部分项工程费、措施项目费、其他项目费、规费、税金；包括完成每项工程包含的全部工程内容的费用；包括完成每项工程内容所需的费用（规费、税金除外）；包括工程量清单中没有体现的、施工中又必须发生的工程内容所需费用，包括风险因素而增加的费用
评标所用的方法不同	传统预算定额计价投标一般采用百分制评分法。采用工程量清单计价法投标，一般采用合理低报价中标法，既要对总价进行评分，还要对综合单价进行分析评分
项目编码不同	采用传统的预算定额项目编码，全国各省市采用不同的定额子目，采用工程量清单计价全国实行统一编码，项目编码采用 12 位阿拉伯数字表示。一到九位为统一编码，其中：一、二位为附录顺序码；三、四位为专业工程顺序码；五、六位为分部工程顺序码；七、八、九位为分项工程项目名称顺序码；十到十二位为清单项目名称顺序码。前九位码不能变动，后三位码，由清单编制人根据项目设置的清单项目编制
合同价调整方式不同	传统的定额预算计价合同价调整方式有变更签证、定额解释、政策性调整。工程量清单计价法合同价调整方式主要是索赔。工程量清单的综合单价一般通过招标中报价的形式体现，一旦中标，报价作为签订施工合同的依据相对固定下来，工程结算按承包商实际完成工程量乘以清单中相应的单价计算，减少了调整活口。采用传统的预算定额经常有定额解释及定额规定，结算中又有政策性文件调整。工程量清单计价单价不能随意调整

区　别	说　明
工程量计算时间前置	工程量清单在招标前由招标人编制。也可能业主为了缩短建设周期，通常在初步设计完成后就开始施工招标，在不影响施工进度的前提下陆续发放施工图纸，因此承包商据以报价的工程量清单中各项工作内容下的工程量一般为概算工程量
投标计算口径达到了统一	因为各投标单位都根据统一的工程量清单报价，达到了投标计算口径统一。不再是传统预算定额招标，各投标单位各自计算工程量，各投标单位计算的工程量均不一致
索赔事件增加	因承包商对工程量清单单价包含的工作内容一目了然，故凡建设方不按清单内容施工的，任意要求修改清单的，都会增加施工索赔事件的发生

三、工程量清单计价的编制

（一）《建设工程工程量清单计价规范》简介

1. 《建设工程工程量清单计价规范》编制的指导思想和原则

根据原建设部第 107 号令《建筑工程施工发包与承包计价管理办法》，结合我国工程造价管理现状，总结有关省市工程量清单试点的经验，参照国际上有关工程量清单计价的通行做法，编制的指导思想是按照政府宏观调控，市场竞争形成价格，创造公平、公正、公开竞争的环境，以建立全国统一、有序的建筑市场，既要与国际惯例接轨，又考虑我国的实际现状。《建设工程工程量清单计价规范》编制的原则主要有：

（1）政府宏观调控、企业自主报价、市场竞争形成价格。

（2）与现行定额既有机结合、又有区别的原则。

（3）既考虑我国工程造价管理的现状，又尽可能与国际惯例接轨的原则。

2. 《建设工程工程量清单计价规范》的主要内容

《建设工程工程量清单计价规范》的颁布实施，是建设市场发展的要求，为建设工程招标投标计价活动健康、有序地发展提供了依据，在"计价规范"中贯穿了由政府宏观调控、企业自主报价、市场竞争形成价格的原则。主要体现在：

政府宏观调控：一是规定了全部使用国有资金或国有资金投资控股为主的大中型建设工程要严格执行"计价规范"，统一了分部分项工程项目名称、统一计量单位、统一工程量计算规则、统一项目编码，为建立全国统一建设市场和规范计价行为提供了依据；二是"计价规范"没有人工、材料、机械的消耗量，必然促进企业提高管理水平，引导企业学会编制自己的消耗量定额，适应市场的需要。

企业自主报价、市场竞争形成价格：由于"计价规范"不规定人工、材料、机械消耗量，为企业报价提供了自主的空间，投标企业可以结合自身的生产效率、消耗水平和管理能力与已储备的本企业报价资料，按照"计价规范"规定的原则方法投标报价，工程造价的最终确定，由承发包双方在市场竞争中按照价值规律，通过合同确定。

《建设工程工程量清单计价规范》主要由两部分构成：第一部分由总则、术语、工程量清单编制、工程量清单计价和工程量清单及其计价的表格组成；第二部分为附录，包括建筑工程、装饰装修工程、安装工程、市政工程、园林绿化工程，共五个附录组成。附录以表格形式列出每个清单项目的项目编码、项目名称、项目特征、工作内容、计量单位和工程量计算规则。

（1）一般概念：工程量清单计价方法，是建设工程在招标投标中，招标人委托具有资质的中介机构编制反映工程实体和措施消耗的工程量清单，并作为招标文件的一部分提供给投标人，由投标人依据工程量清单自主报价的计价方式。

工程量清单是表现拟建工程的分部分项工程项目、措施项目、项目名称和相应数量的明细清单，是由招标人按照"计价规范"附录中统一的项目编码、项目名称、计量单位和工程量计算规则进行编制，包括分部分项工程量清单、措施项目清单、其他项目清单。

工程量清单计价是指投标人完成由招标人提供的工程量清单所需的全部费用，包括分部分项工程费、措施项目费、其他项目费和规费、税金。

工程量清单计价采用综合单价计价。综合单价是指完成规定计量项目所需的人工费、材料费、机械使用费、管理费、利润，并考虑风险因素。

（2）各章内容：《建设工程工程量清单计价规范》包括正文和附录两大部分，两者具有同等效力。正文共五章，包括总则、术语、工程量清单编制、工程量清单计价、工程量清单及计价格式的内容。分别就计价规范适应范围、遵循的原则、编制工程量清单应遵循原则、工程量清单计价活动的规则、工程量清单及其计价格式作了明确规定。

附录包括：附录 A 建筑工程工程量清单项目及计算规则；附录 B 装饰装修工程工程量清单项目及计算规则；附录 C 安装工程工程量清单项目及计算规则；附录 D 市政工程工程量清单项目及计算规则；附录 E 园林绿化工程工程量清单项目及计算规则。

（二）工程量清单计价的编制

工程量清单计价是指投标人完成由招标人提供的工程量清单所需的全部费用，包括分部分项工程费、措施项目费、其他项目费、规费和税金。

1. 一般规定

（1）采用工程量清单计价，建设工程造价由分部分项工程费、措施项目费、其他项目费、规费和税金组成。

（2）分部分项工程量清单应采用综合单价计价。

（3）招标文件中的工程量清单标明的工程量是投标人投标报价的共同基础，竣工结算的工程量按发、承包双方在合同中约定应予计量且实际完成的工程量确定。

（4）措施项目清单计价应根据拟建工程的施工组织设计，可以计算工程量的措施项目，应按分部分项工程量清单的方式采用综合单价计价；其余的措施项目可以"项"为单位的方式计价，应包括除规费、税金外的全部费用。

（5）措施项目清单中的安全文明施工费应按照国家或省级、行业建设主管部门的规定计价，不得作为竞争性费用。

（6）其他项目清单应根据工程特点和招标控制价中的第（6）条、投标价中的第（6）条、竣工结算中的第（6）条的规定计价。

（7）招标人在工程量清单中提供了暂估价的材料和专业工程属于依法必须招标的，由承包人和招标人共同通过招标确定材料单价与专业工程分包价。

若材料不属于依法必须招标的，经发、承包双方协商确认单价后计价。若专业工程不属于依法必须招标的，由发包人、总承包人与分包人按有关计价依据进行计价。

（8）规费和税金应按国家或省级、行业建设主管部门的规定计算，不得作为竞争性费用。

（9）采用工程量清单计价的工程，应在招标文件或合同中明确风险内容及其范围（幅度），不得采用无限风险、所有风险或类似语句规定风险内容及其范围（幅度）。

2. 招标控制价

（1）国有资金投资的工程建设项目应实行工程量清单招标，并应编制招标控制价。招标控制价超过批准的概算时，招标人应将其报原概算审批部门审核。投标人的投标报价高于招标控制价的，其投标应予以拒绝。

（2）招标控制价应由具有编制能力的招标人，或受其委托具有相应资质的工程造价咨询人编制。

（3）招标控制价应根据下列依据编制：

①《建设工程工程量清单计价规范》（GB 50500—2013）；

②国家或省级、行业建设主管部门颁发的计价定额和计价办法；

③建设工程设计文件及相关资料；

④招标文件中的工程量清单及有关要求；

⑤与建设项目相关的标准、规范、技术资料；

⑥工程造价管理机构发布的工程造价信息；工程造价信息没有发布的参照市场价；

⑦其他的相关资料。

（4）分部分项工程费应根据招标文件中的分部分项工程量清单项目的特征描述及有关要求，按上述第（3）条的规定确定综合单价计算。

综合单价中应包括招标文件中要求投标人承担的风险费用。

招标文件提供了暂估单价的材料，按暂估的单价计入综合单价。

（5）措施项目费应根据招标文件中的措施项目清单按本节一般规定中的第（4）、第（5）条和上述第（3）条的规定计价。

（6）其他项目费应按下列规定计价：

①暂列金额应根据工程特点，按有关计价规定估算。

②暂估价中的材料单价应根据工程造价信息或参照市场价格估算；暂估价中的专业工程金额应分不同专业，按有关计价规定估算。

③计日工应根据工程特点和有关计价依据计算。

④总承包服务费应根据招标文件列出的内容和要求估算。

（7）规费和税金应按本节一般规定中的第（8）条的规定计算。

（8）招标控制价应在招标时公布，不应上调或下浮，招标人应将招标控制价及有关资料报送工程所在地工程造价管理机构备查。

（9）投标人经复核认为招标人公布的招标控制价未按照本规范的规定进行编制的，应在开标前5天向招投标监督机构或（和）工程造价管理机构投诉。招投标监督机构应会同工程造价管理机构对投诉进行处理，发现确有错误的，应责成招标人修改。

3. 投标价

（1）除《建设工程工程量清单计价规范》（GB 50500—2013）强制性规定外，投标价由投标人自主确定，但不得低于成本。

投标价应由投标人或受其委托具有相应资质的工程造价咨询人编制。

（2）投标人应按招标人提供的工程量清单填报价格。填写的项目编码、项目名称、项目特征、计量单位、工程量必须与招标人提供的一致。

（3）投标报价应根据下列依据编制：

①《建设工程工程量清单计价规范》（GB50500—2013）；

②国家或省级、行业建设主管部门颁发的计价办法；

③企业定额，国家或省级、行业建设主管部门颁发的计价定额；

④招标文件、工程量清单及其补充通知、答疑纪要；

⑤建设工程设计文件及相关资料；

⑥施工现场情况、工程特点及拟定的投标施工组织设计或施工方案；

⑦与建设项目相关的标准、规范等技术资料；

⑧市场价格信息或工程造价管理机构发布的工程造价信息；

⑨其他的相关资料。

（4）分部分项工程费应依据《建设工程工程量清单计价规范》（GB 50500—2013）综合单价的组成内容，按招标文件中分部分项工程量清单项目的特征描述确定综合单价计算。

综合单价中应考虑招标文件中要求投标人承担的风险费用。

招标文件中提供了暂估单价的材料，按暂估的单价计入综合单价。

（5）投标人可根据工程实际情况结合施工组织设计，对招标人所列的措施项目进行增补。

措施项目费应根据招标文件中的措施项目清单及投标时拟定的施工组织设计或施工方案按本节一般规定中的第（4）条的规定自主确定。其中安全文明施工费应按照本节一般规定中的第（5）条的规定确定。

（6）其他项目费应按下列规定报价：

①暂列金额应按招标人在其他项目清单中列出的金额填写。

②材料暂估价应按招标人在其他项目清单中列出的单价计入综合单价；专业工程暂估价应按招标人在其他项目清单中列出的金额填写。

③计日工按招标人在其他项目清单中列出的项目和数量，自主确定综合单价并计算计日工费用。

④总承包服务费根据招标文件中列出的内容和提出的要求自主确定。

（7）规费和税金应按本节一般规定中的第（8）条的规定确定。

（8）投标总价应当与分部分项工程费、措施项目费、其他项目费和规费、税金的合计金额一致。

4. 工程合同价款的约定

（1）实行招标的工程合同价款应在中标通知书发出之日起 30 天内，由发、承包双方依据招标文件和中标人的投标文件在书面合同中约定。

不实行招标的工程合同价款，在发、承包双方认可的工程价款基础上，由发、承包双方在合同中约定。

（2）实行招标的工程，合同约定不得违背招、投标文件中关于工期、造价、质量等方面的实质性内容。招标文件与中标人投标文件不一致的地方，以投标文件为准。

（3）实行工程量清单计价的工程，宜采用单价合同。

（4）发、承包双方应在合同条款中对下列事项进行约定；合同中没有约定或约定不明的，由双方协商确定；协商不能达成一致的，按《建设工程工程量清单计价规范》（GB 50500—2013）执行。

①预付工程款的数额、支付时间及抵扣方式；

②工程计量与支付工程进度款的方式、数额及时间；

③工程价款的调整因素、方法、程序、支付及时间；

④索赔与现场签证的程序、金额确认与支付时间；

⑤发生工程价款争议的解决方法及时间；

⑥承担风险的内容、范围以及超出约定内容、范围的调整办法；

⑦工程竣工价款结算编制与核对、支付及时间；

⑧工程质量保证（保修）金的数额、预扣方式及时间；

⑨与履行合同、支付价款有关的其他事项等。

5. 工程计量与价款支付

（1）发包人应按照合同约定支付工程预付款。支付的工程预付款，按照合同约定在工程进度款中抵扣。

（2）发包人支付工程进度款，应按照合同约定计量和支付，支付周期同计量周期。

（3）工程计量时，若发现工程量清单中出现漏项、工程量计算偏差，以及工程变更引起工程量的增减，应按承包人在履行合同义务过程中实际完成的工程量计算。

（4）承包人应按照合同约定，向发包人递交已完工程量报告。发包人应在接到报告后按合同约定进行核对。

（5）承包人应在每个付款周期末，向发包人递交进度款支付申请，并附相应的证明文件。除合同另有约定外，进度款支付申请应包括下列内容：

①本周期已完成工程的价款；

②累计已完成的工程价款；

③累计已支付的工程价款；

④本周期已完成计日工金额；

⑤应增加和扣减的变更金额；

⑥应增加和扣减的索赔金额；

⑦应抵扣的工程预付款；

⑧应扣减的质量保证金；

⑨根据合同应增加和扣减的其他金额；

⑩本付款周期实际应支付的工程价款。

（6）发包人在收到承包人递交的工程进度款支付申请及相应的证明文件后，发包人应在合同约定时间内核对和支付工程进度款。发包人应扣回的工程预付款，与工程进度款同期结算抵扣。

（7）发包人未在合同约定时间内支付工程进度款，承包人应及时向发包人发出要求付款的通知，发包人收到承包人通知后仍不按要求付款，可与承包人协商签订延期付款协议，经承包人同意后延期支付。协议应明确延期支付的时间和从付款申请生效后按同期银行贷款利率计算应付款的利息。

（8）发包人不按合同约定支付工程进度款，双方又未达成延期付款协议，导致施工无法进行时，承包人可停止施工，由发包人承担违约责任。

6. 索赔与现场签证

（1）合同一方向另一方提出索赔时，应有正当的索赔理由和有效证据，并应符合合同的相关约定。

（2）若承包人认为非承包人原因发生的事件造成了承包人的经济损失，承包人应在确认该事件发生后，按合同约定向发包人发出索赔通知。

发包人在收到最终索赔报告后并在合同约定时间内未向承包人作出答复，视为对该项索赔已经认可。

（3）承包人索赔按下列程序处理：

①承包人在合同约定的时间内向发包人递交费用索赔意向通知书；

②发包人指定专人收集与索赔有关的资料；

③承包人在合同约定的时间内向发包人递交费用索赔申请表；

④发包人指定的专人初步审查费用索赔申请表，符合上述第（1）条规定的条件时予以受理；

⑤发包人指定的专人进行费用索赔核对，经造价工程师复核索赔金额后，与承包人协商确定并由发包人批准；

⑥发包人指定的专人应在合同约定的时间内签署费用索赔审批表，或发出要求承包人提交有关索赔的进一步详细资料的通知，待收到承包人提交的详细资料后，按本条第④、⑤款的程序进行。

（4）若承包人的费用索赔与工程延期索赔要求相关联时，发包人在作出费用索赔的批准决定时，应结合工程延期的批准，综合作出费用索赔和工程延期的决定。

（5）若发包人认为由于承包人的原因造成额外损失，发包人应在确认引起索赔的事件后，按合同约定向承包人发出索赔通知。

承包人在收到发包人索赔通知后并在合同约定时间内未向发包人作出答复，视为对该项索赔已经认可。

（6）承包人应发包人要求完成合同以外的零星工作或非承包人责任事件发生时，承包人应按合同约定及时向发包人提出现场签证。

（7）发、承包双方确认的索赔与现场签证费用与工程进度款同期支付。

7. 工程价款调整

（1）招标工程以投标截止日前 28 天、非招标工程以合同签订前 28 天为基准日，其后国家的法律、法规、规章和政策发生变化影响工程造价的，应按省级或行业建设主管部门或其授权的工程造价管理机构发布的规定调整合同价款。

（2）若施工中出现施工图纸（含设计变更）与工程量清单项目特征描述不符时，发、承包双方应按新的项目特征确定相应工程量清单项目的综合单价。

（3）因分部分项工程量清单漏项或非承包人原因的工程变更，造成增加新的工程量清单项目，其对应的综合单价按下列方法确定：

①合同中已有适用的综合单价，按合同中已有的综合单价确定；

②合同中有类似的综合单价，参照类似的综合单价确定；

③合同中没有适用或类似的综合单价，由承包人提出综合单价，经发包人确认后执行。

（4）因分部分项工程量清单漏项或非承包人原因的工程变更，引起措施项目发生变化，造成施工组织设计或施工方案变更，原措施费中已有的措施项目，按原措施费的组价方法调整；原措施费中没有的措施项目，由承包人根据措施项目变更情况，提出适当的措施费变更，经发包人确认后调整。

（5）因非承包人原因引起的工程量增减，该项工程量变化在合同约定幅度以内的，应执行原有的综合单价；该项工程量变化在合同约定幅度以外的，其综合单价及措施项目费应予以调整。

（6）若施工期内市场价格波动超出一定幅度时，应按合同约定调整工程价款；合同没有约定或约定不明确的，应按省级或行业建设主管部门或其授权的工程造价管理机构的规定调整。

（7）因不可抗力事件导致的费用，发、承包双方应按以下原则分别承担并调整工程价款：

①工程本身的损害、因工程损害导致第三方人员伤亡和财产损失以及运至施工场地用于施工的材料和待安装的设备的损害，由发包人承担；

②发包人、承包人人员伤亡由其所在单位负责，并承担相应费用；

③承包人的施工机械设备损坏及停工损失，由承包人承担；

④停工期间，承包人应发包人要求留在施工场地的必要的管理人员及保卫人员的费用，由发包人承担；

⑤工程所需清理、修复费用，由发包人承担。

（8）工程价款调整报告应由受益方在合同约定时间内向合同的另一方提出，经对方确认后调整合同价款。受益方未在合同约定时间内提出工程价款调整报告的，视为不涉及合同价款的调整。

收到工程价款调整报告的一方应在合同约定时间内确认或提出协商意见，否则，视为工程价款调整报告已经确认。

（9）经发、承包双方确定调整的工程价款，作为追加（减）合同价款与工程进度款同期支付。

8. 竣工结算

（1）工程完工后发、承包双方应在合同约定时间内办理工程竣工结算。

（2）工程竣工结算由承包人或受其委托具有相应资质的工程造价咨询人编制，由发包人或受其委托具有相应资质的工程造价咨询人核对。

（3）工程竣工结算的依据：

①《建设工程工程量清单计价规范》（GB 50500—2013）；

②施工合同；

③工程竣工图纸及资料；

④双方确认的工程量；

⑤双方确认追加（减）的工程价款；

⑥双方确认的索赔、现场签证事项及价款；

⑦投标文件；

⑧招标文件；

⑨其他依据。

（4）分部分项工程费应依据双方确认的工程量、合同约定的综合单价计算；如发生调整的，以发、承包双方确认调整的综合单价计算。

（5）措施项目费应依据合同约定的项目和金额计算；如发生调整的，以发、承包双方确认调整的金额计算，其中安全文明施工费应按本节一般规定中的第（5）条的规定计算。

（6）其他项目费用应按下列规定计算：

①计日工应按发包人实际签证确认的事项计算；

②暂估价中的材料单价应按发、承包双方最终确认价在综合单价中调整；专业工程暂估价应按中标价或发包人、承包人与分包人最终确认价计算；

③总承包服务费应依据合同约定金额计算，如发生调整的，以发、承包双方确认调整的金额计算；

④索赔费用应依据发、承包双方确认的索赔事项和金额计算；

⑤现场签证费用应依据发、承包双方签证资料确认的金额计算；

⑥暂列金额应减去工程价款调整与索赔、现场签证金额计算，如有余额归发包人。

（7）规费和税金应按本节一般规定中的第（8）条的规定计算。

（8）承包人应在合同约定时间内编制完成竣工结算书，并在提交竣工验收报告的同时递交给发包人。

承包人未在合同约定时间内递交竣工结算书，经发包人催促后仍未提供或没有明确答复的，发包人可以根据已有资料办理结算。

（9）发包人在收到承包人递交的竣工结算书后，应按合同约定时间核对。

同一工程竣工结算核对完成，发、承包双方签字确认后，禁止发包人又要求承包人与另一个或多个工程造价咨询人重复核对竣工结算。

（10）发包人或受其委托的工程造价咨询人收到承包人递交的竣工结算书后，在合同约定时间内，不核对竣工结算或未提出核对意见的，视为对承包人递交的竣工结算书已经认可，发包人应向承包人支付工程结算价款。

承包人在接到发包人提出的核对意见后，在合同约定时间内，不确认也未提出异议的，视为对发包人提出的核对意见已经认可，竣工结算办理完毕。

（11）发包人应对承包人递交的竣工结算书签收，拒不签收的，承包人可以不交付竣工工程。承包人未在合同约定时间内递交竣工结算书的，发包人要求交付竣工工程，承包人应当交付。

（12）竣工结算办理完毕，发包人应将竣工结算书报送工程所在地工程造价管理机构备案。竣工结算书作为工程竣工验收备案、交付使用的必备文件。

（13）竣工结算办理完毕，发包人应根据确认的竣工结算书在合同约定时间内向承包人支付工程竣工结算价款。

（14）发包人未在合同约定时间内向承包人支付工程结算价款的，承包人可催告发包人支付结算价款。如达成延期支付协议的，发包人应按同期银行同类贷款利率支付拖欠工程价款的利息。如未达成延期支付协议，承包人可以与发包人协商将该工程折价，或申请人民法院将该工程依法拍卖，承包人就该工程折价或者拍卖的价款优先受偿。

9. 工程计价争议处理

（1）在工程计价中，对工程造价计价依据、办法以及相关政策规定发生争议事项的，由工程造价管理机构负责解释。

（2）发包人对工程质量有异议，拒绝办理工程竣工结算的，已竣工验收或已竣工未验收但实际投入使用的工程，其质量争议按该工程保修合同执行，竣工结算按合同约定办理；已竣工未验收且未实际投入使用的工程以及停工、停建工程的质量争议，双方应就有争议的部分委托有资质的检测鉴定机构进行检测，根据检测结果确定解决方案，或按工程质量监督机构的处理决定执行后办理竣工结算，无争议部分的竣工结算按合同约定办理。

（3）发、承包双方发生工程造价合同纠纷时，应通过下列办法解决：

①双方协商；

②提请调解，由工程造价管理机构负责调解工程造价问题；

③按合同约定向仲裁机构申请仲裁或向人民法院起诉。

（4）在合同纠纷案件处理中，需作工程造价鉴定的，应委托具有相应资质的工程造价咨询人进行。

四、工程量清单计价费用的确定

（一）工程量清单计价模式的费用构成

工程量清单计价模式的费用构成包括分部分项工程费、措施项目费、其他项目费、规费和税金。

（1）分部分项工程费：是指完成在工程量清单列出的各分部分项清单工程量所需的费用，包括人工费、材料费（消耗的材料费总和）、机械使用费、管理费、利润以及风险费。

（2）措施项目费：是由"措施项目一览表"确定的工程措施项目金额的总和，包括人工费、材料费、机械使用费、管理费、利润以及风险费。

（3）其他项目费：是指预留金、材料购置费（仅指由招标人购置的材料费）、总承包服务费、零星工作项目费的估算金额等的总和。

（4）规费：是指政府和有关部门规定必须缴纳的费用的总和。

（5）税金：是指国家税法规定的应计入建筑安装工程造价内的营业税、城市维护建设税及教育附加费用等的总和。

工程量清单计价模式下的建筑安装工程费用构成，见表 3－42 所示。

表 3－42　　　　　　　　　　　　　清单费用构成

			人工费	－
工程项目总费用	分部分项工程费	直接费	材料费	－
			施工机械使用费	－
		管理费	管理人员工资	－
			办公费	－
			差旅交通费	－
			固定资产使用费	－
			工具用具使用费	－
			保险费	－
			财务费用	
			其他	
		利润		
	措施项目费	临时设施费		
		短期工程措施费		
		脚手架搭拆费		
		垂直运输及超高增加费		
		大型机械安拆及场外运输费		
		安全文明施工费		
		其他项目		－
	其他项目费	预留金		
		材料购置费		
		总承包服务费		
		零星工作项目		
		其他		
	规费	工程排污费		
		工程定额测定费		
		劳动保险统筹基金		
		职工待业保险费		
		职工医疗保险费		－
		其他		－
	税金	－		－

工程量清单计价应采用综合单价计价形式。

综合单价是指完成工程量清单中一个规定的计量单位项目所需的人工费、材料费、机械使用费、管理费和利润，并考虑风险因素。

综合单价计价应包括完成规定计量单位、合格产品所需的全部费用。考虑我国的现实情况，综合单价包括除规费、税金以外的全部费用，它不但适用于分部分项工程量清单，也适用于措施项目清单、其他项目清单等。这不同于现行定额工料单价计价形式，从而达到简化计价程序，实现与国际接轨。

（二）分部分项工程费用

分部分项工程费的组成包括直接工程费、管理费和利润等项目。

1. 直接工程费

建筑安装工程直接工程费是指在工程施工过程中直接耗费的构成工程实体和有助于工程实体形成的各项费用。它包括人工费、材料费和施工机械使用费。

（1）人工费的组成与计算：其具体说明见表 3-43。

表 3-43 人工费的组成与计算

类 别		说 明
人工费的组成		人工费是指直接从事于建筑安装工程施工的生产工人开支的各项费用。人工费主要包括生产工人的基本工资、工资性补贴、生产工人的辅助工资、职工福利、生产工人劳动保护费、住房公积金、劳动保险费、医疗保险费、危险作业意外伤害保险、工会费用和职工教育经费等
人工费的计算		人工费的计算根据工程量清单"彻底放开价格"和"企业自主报价"的特点，结合当前我国建筑市场的状况，以及现今各投标企业的投标策略，主要有以下两种计算模式
	利用现行的概、预算定额计价模式	根据工程量清单提供的清单工程量，利用现行的概、预算定额，计算出完成各个分部分项工程量清单的人工费，并根据本企业的实力及投标策略，对各个分部分项工程量清单的人工费进行调整，然后汇总计算出整个投标工程的人工费。其计算公式为： 人工费＝$\sum$［Δ（概预算定额中人工工日消耗量 ×相应等级的日工资综合单价）］ 这种方法是当前我国大多数投标企业所采用的人工费计算方法，具有简单、易操作、速度快，并有配套软件支持的特点。其缺点是竞争力弱，不能充分发挥企业的特长
	动态的计价模式	这种计价模式适用于实力雄厚、竞争力强的企业，也是国际上比较流行的一种报价模式。动态的人工计价模式费的计算方法是：首先根据工程量清单提供的清单工程量，结合本企业的人工效率和企业定额，计算出投标工程消耗的工日数；其次根据现阶段企业的经济、人力、资源状况和工程所在地的实际生活水平，以及工程的特点，计算工日单价；然后根据劳动力来源及人员比例，计算综合工日单价；最后计算人工费 （1）人工工日消耗量的计算方法：工程用工量（人工工日消耗量）的计算，应根据指标阶段和招标方式来确定。就当前我国建筑市场而言，有的在初步设计阶段进行招标，有的在施工图阶段进行招标。由于招标阶段不同，工程用工工日数的计算方法也不同。目前国际承包工程项目计算用工的方法基本有两种：一是分析法；二是指标法。以下结合我国当前建设工程工程量清单招投标工作的特点，对这两种方法进行简单的阐述 ①分析法计算用工工日数：这种方法多数用于施工图阶段，以及扩大的初步设计阶段的招标。招标人在此阶段招标时，在招标文件中提出施工图（或初步设计图纸）和工程量清单，作为投标人计算投标报价的依据

类 别		说　明
人工费的计算	动态的计价模式	分析法计算工程用工量，最准确的计算是依据投标人自己施工工人的实际操作水平，加上对人工工效的分析来确定，俗称企业定额。但是，由于我国大多数施工企业没有自己的"企业定额"，其计价行为是以现行的建设部或各行业颁布的概、预算定额为计价依据，所以，在利用分析法计算工程用工量时，应根据下列公式计算： $$DC=R\cdot K$$ 式中　DC——人工工日数 　　　　R——用国内现行的概、预算定额计算出的人工工日数 　　　　K——人工工日折算系数 　　人工工日折算系数，是通过对本企业施工工人的实际操作水平、技术装备、管理水平等因素进行综合评定计算出的生产工人劳动生产率与概、预算定额水平的比率来确定，计算公式如下： $$K=V_{q}/V_{0}$$ 式中　K——人工工日折算系数 　　　　V_{q}——完成某项工程本企业应消耗的工日数 　　　　V_{0}——完成同项工程概、预算定额消耗的工日数 　　一般来讲，有实力参与建设工程投标竞争的企业，其劳动生产率水平要比社会平均劳动生产率高，亦即 K 的数值一般＜1。所以，K 又称为"人工工日折减系数" 　　在投标报价时，人工工日折减系数可以分土木建筑工程和安装工程来分别确定两个不同的"K值"；也可以对安装工程按不同的专业，分别计算多个"K值"。投标人应根据自己企业的特点和招标书的具体要求灵活掌握 　　②指标法计算用工工日数：指标法计算用工工日数，是当工程招标处于可行性研究阶段时，采用的一种用工量的计算法 　　这种方法是利用工业民用建设工程用工指标计算用工量。工业民用建设工程用工指标是该企业根据历年来承包完成的工程项目，按照工程性质、工程规模、建筑结构形式，以及其他经济技术参数等控制因素，运用科学的统计分析方法分析出的用工指标。这种方法不适用于我国目前实施的工程量清单投标报价，故不再叙述 　　(2) 综合工日单价的计算：综合工日单价可以理解为从事建设工程施工生产的工人日工资水平。从企业支付的角度看，一个从事建设工程施工的本企业生产工人的工资，其构成应包括以下几部分： 　　①本企业待业工人最低生活保障工资：这部分工资是企业中从事施工生产和不从事施工生产（企业内待业或失业）的每个职工都必须具备的；其标准不低于国家关于失业职工最低生活保障金的发放标准 　　②由国家法律规定的、强制实施的各种工资性费用支出项目，包括：职工福利费、生产工人劳动保护费、住房公积金、劳动保险费、医疗保险费等 　　③投标单位驻地至工程所在地生产工人的往返差旅费：包括短、长途公共汽车费、火车费、旅馆费、路途及住宿补助费、市内交通及补助费。此项费用可

类 别		说　明

人工费的计算	动态的计价模式	根据投标人所在地至建设工程所在地的距离和路线调查确定
		④外埠施工补助费：由企业支付给外埠施工生产工人的施工补助费
		⑤夜餐补助费：是指推行三班作业时，由企业支付给夜间施工生产工人的夜间餐饮补助费
		⑥医疗费：对工人轻微伤病进行治疗的费用
		⑦法定节假日工资：法定节假日如"五一"、"十一"支付的工资
		⑧法定休假日工资：法定休假日休息支付的工资
		⑨病假或轻伤不能工作时间的工资
		⑩因气候影响的停工工资
		⑪危险作业意外伤害保险费：按照建筑法规定，为从事危险作业的建筑施工人员支付的意外伤害保险费
		⑫效益工资（奖金）：工人奖金原则应在超额完成任务的前提下发放，费用可在超额结余的资金款项中支付，鉴于当前我国发放奖金的具体状况，奖金费用应归入人工费
		⑬应包括在工资中未明确的其他项目
		其中：
		第①②⑪项是由国家法律强制规定实施的，综合工日单价中必须包含此三项，且不得低于国家规定标准
		第③项费用可以按管理费处理，不计入人工费中
		其余各项由投标人自主决定选用的标准
		（3）综合工日单价的计算过程可分为下列几个步骤：
		①根据总施工工日数（即人工工日数）及工期（日）计算总施工人数，和施工人数存在着下列关系：
		    总工日数＝工程实际施工工期（日）×平均总施工人数
		因此，当招标文件中已经确定了施工工期时：
		    平均总施工人数＝总工日数/工程实际施工工期（日）
		当招标文件中未确定施工工期，而由投标人自主确定工期时：
		    最优化的施工人数或工期（日）＝$\sqrt{总工日数}$
		②确定各专业施工人员的数量及比重，其计算方法如下：
		    某专业平均施工人数＝某专业消耗的工日数/工程实际施工工期（日）
		总工日和各专业消耗的工日数是通过"企业定额"或公式 $DC=R \cdot K$ 计算出来的，前面已经叙述过，这里不再重复。总施工人数和各专业施工人数计算出来后，其比重亦可计算出
		③确定各专业劳动力资源的来源及构成比例。劳动力资源的来源一般有下列三种途径：
		a. 来源于本企业：这一部分劳动力是施工现场劳动力资源的骨干。投标人在投标报价时，要根据本企业现有可供调配使用生产工人数量、技术水平、技术等级及拟承建工程的特点，确定各专业应派遣的工人人数和工种比例。如：电气专业，需电工 30 人，焊工 4 人，起重工 2 人，共计 36 人，技术等级综合取定为电工四级

续表3

类 别		说　　明
人工费的计算	动态的计价模式	b. 外聘技工：这部分人员主要是解决本企业短缺的具有特殊技术职能和能满足特殊要求的技术工人。由于这部分人的工资水平比较高，所以人数不宜多 　　c. 当地劳务市场招聘的力工：由于当地劳务市场的力工工资水平较低，所以，在满足工程施工要求的前提下，提倡尽可能多地使用这部分劳动力 　　上述三种劳动力资源的构成比例的确定，应根据本企业现状、工程特点及对生产工人的要求和当地劳务市场的劳动力资源的充足程度、技能水平及工资水平综合评价后，进行合理确定 　　④综合工日单价的确定。一个建设项目施工，一般可分为土建、结构、设备、管道、电气、仪表、通风空调、给排水、采暖、消防，以及防腐绝热等专业。各专业综合工日单价的计算可按下列公式计算： 　　某专业综合工日单价＝∑（本专业某种来源的人力资源人工单价×构成比重） 　　综合工日单价的计算就是将各专业综合工日单价按加权平均的方法计算出一个加权平均数作为综合工日单价。其计算公式如下： 　　　　　综合工日单价＝∑（某专业综合工日单价×权数） 　　其中权数的取定，是根据各专业工日消耗量占总工日数的比重取定的。例如土建专业工日消耗量占总工日数的比重是20%，则其权数即为20%；又如电气专业工日消耗量占总工日数的比重是8%，则其权数即为8% 　　如果投标单位使用各专业综合工日单价法投标，则不需计算综合工日单价 　　通过上述一系列的计算，可以初步得出综合工日单价的水平，但是得出的单价是否有竞争力，以此报价是否能够中标，必须进行一系列的分析评估 　　首先，对本企业以往投标的同类或类似工程的标书，按中标与未中标进行分类分析：其一，分析人工单价的计算方法和价格水平；其二，分析中标与未中标的原因，从中找出某些规律 　　其次，进行市场调查，摸清现阶段建筑安装施工企业的人均工资水平和劳务市场劳动力价格，尤其是工程所在地的企业工资水平和劳动力价格。其后进一步对其价格水平，以及工程施工期内的变动趋势及变动幅度进行分析预测 　　再次，对潜在的竞争对手进行分析预测，分析其可能采取的价格水平，以及其造成的影响（包括对其自身和其他投标单位及其招标人的影响） 　　最后，确定调整。通过上述分析，如果认为自己计算的价格过高，没有竞争力，可以对价格进行调整 　　在调整价格时要注意：外聘技工和市场劳务工的工资水平是通过市场调查取得的，这两部分价格不能调整，只能对来源于本企业工人的价格进行调整。调整后的价格作为投标报价价格 　　此外，还应对报价中所使用的各种基础数据和计算资料进行整理存档，以备以后投标使用 　　动态的计价模式人工费的另一种计算方法是：用国家工资标准即概、预算人工单价的调整额，作为计价的人工工日单价，乘以依据"企业定额"计算出的工日消耗量计算人工费。其计算公式为： 　　　　人工费＝∑（△概预算定额人工工日单价×人工工日消耗量）

续表 4

类别		说　明
人工费的计算	动态的计价模式	动态的计价模式能准确地计算出本企业承揽拟建工程所需发生的人工费，对企业增强竞争力，提高企业管理水平及增收创利具有十分重要的意义。这种报价模式与利用概预算定额报价相比，缺点是工作量相对较大、程序复杂，且企业应拥有自己的企业定额及各类信息数据库

　　(2) 材料费的计算：建筑安装工程直接费中的材料费是指施工过程中耗用的构成工程实体的各类原材料、零配件、成品及半成品等主要材料的费用，以及工程中耗的虽不构成工程实体，但有利于工程实体形成的各类消耗性材料费用的总和。

　　主要材料一般有钢材、管材、线材、阀门、管件、电缆电线、油漆、螺栓、水泥、砂石等，其费用占材料费的 85%～95%。

　　消耗材料一般有砂纸、纱布、锯条、砂轮片、氧气、乙炔气、水、电等，费用一般占到材料费的 5%～15%。

　　以往人们一般习惯把概、预算定额中的"辅材费"称为消耗材料，而把单独计价的"主材"称为主要材料，这种叫法是十分不准确、不科学的。因为，"辅材费"中的许多材料，如钢材、管材、垫铁、螺栓、管件、油漆、焊条等，都是构成工程实体的材料，所以，这些材料都是主要材料。因此，"辅材费"的准确称谓应当是"定额计价材料费"。

　　现今的建筑市场中，许多外商投资的国内建设招标工程以及国际招标工程，要求投标人要把主要材料和消耗材料分别计价，有的还要求列出工程消耗的主要材料和消耗材料明细表。因此，搞清主要材料和消耗材料划分的界限，对工程投标具有十分重要的意义。

　　在投标报价的过程中，材料费的计算，是一个至关重要的问题。因为，对于建筑安装工程来说，材料费占整个建筑安装工程费用的 60%～70%。处理好材料费用，对一个投标人在投标过程中能否取得主动，以至最终能否一举中标都至关重要。

　　要做好材料费的计算，首先要了解材料费的计算方法。比较常用的材料费计算也有 3 种模式：利用现行的概、预算定额计价模式；全动态的计价模式；半动态的计价模式。其各自的计算方法可参见人工费计算的相关叙述。

　　为了在投标中取得优势地位，计算材料费时应把握表 3－44 所列的几点。

表 3－44　　　　　　　　　　　　　　材料费计算要点

类　别		要　点　说　明
合理确定材料的消耗量	主要材料消耗量	根据《建设工程工程量清单计价规范》的规定，招标人要在招标书中提供投标人投标报价用的"工程量清单"。在工程量清单中，已经提供了一部分主要材料的名称、规格、型号、材质和数量，这部分材料应按使用量和消耗量之和进行计价 　　对于工程量清单中没有提供的主要材料，投标人应根据工程的需要（包括工程特点和工程量大小），以及以往承担工程的经验自主进行确定，包括材料的名称、规格、型号、材质和数量等，材料的数量应是使用量和消耗量之和
	消耗材料消耗量	消耗材料的确定方法与主要材料消耗量的确定方法基本相同，投标人要根据需要，自主确定消耗材料的名称、规格、型号、材质和数量

类　别		要 点 说 明
合理确定材料的消耗量	部分周转性材料摊销量	在工程施工过程中，有部分材料作为手段措施没有构成工程实体，其实物形态也没有改变，但其价值却被分批逐步地消耗掉，这部分材料称为周转性材料。周转性材料被消耗掉的价值，应当摊销在相应清单项目的材料费中（计入措施费的周转性材料除外）。摊销的比例应根据材料价值、磨损的程度、可被利用的次数以及投标策略等诸因素进行确定
	低值易耗品	在施工过程中，一些使用年限在规定时间以下，单位价值在规定金额以内的工、器具，称为低值易耗品。这部分物品的计价办法是：概、预算定额中将其费用摊销在具体的定额子目当中；在工程量清单"动态计价模式"中，可以按概、预算定额的模式处理，也可以把它放在其他费用中处理，原则是费用不能重复计算，并能增强企业投标的竞争力
	材料单价的确定	建筑安装工程材料价格是指材料运抵现场材料仓库或堆放点后的出库价格 根据影响材料价格的因素，可以得到材料单价的计算公式为： 材料单价＝材料原价＋包装费＋采购保管费用＋运输费用 ＋材料的检验试验费用＋其他费用＋风险 材料的消耗量和材料单价确定后，材料费用便可以根据下列公式计算： 材料费＝∑（材料消耗量×材料单价）

（3）施工机械使用费的计算：施工机械使用费是指使用施工机械作业所发生的机械使用费以及机械安、拆和进出场费。施工机械不包括为管理人员配置的小车以及用于通勤任务的车辆等不参与施工生产的设备的台班费。

施工机械使用费的计算公式是：

施工机械使用费＝∑（工程施工中消耗的施工机械台班量×机械台班综合单价）
＋施工机械进出场费及安拆费（不包括大型机械）

施工机械使用费的高低及其合理性，不仅影响到建筑安装工程造价，而且能从侧面反映出企业劳动生产率水平的高低，其对投标单位竞争力的影响是不可忽视的。因此，在计算施工机械使用费时，一定要把握表 3－45 所列的几点。

表 3－45　　　　　　　　　施工机械使用费的计算要点

类　别	要 点 说 明
合理确定施工机械的种类和消耗量	要根据承包工程的地理位置、自然气候条件的具体情况以及工程量、工期等因素编制施工组织设计和施工方案，然后根据施工组织设计和施工方案、机械利用率、概预算定额或企业定额及相关文件等，确定施工机械的种类、型号、规格和消耗量 首先，根据工程量，利用概预算定额或企业定额，粗略地计算出施工机械的种类、型号、规格和消耗量；然后，根据施工方案和其他有关资料对机械设备的种类、型号、规格进行筛选，确定本工程需配备的施工机械的具体明细项目；最后，根据本企业的机械利用率指标，确定本工程中实际需要消耗的机械台班数量

续表

类 别		要 点 说 明
确定施工机械台班综合单价	确定施工机械台班单价	在施工机械台班单价费用组成中： ①养路费、车船税、保险费及年检费是按国家或有关部门规定缴纳的，这部分费用是个定值 ②燃料动力费是机械台班动力消耗与动力单价的乘积，也是个定值 ③机上人工费的处理方法有两种：第一种方法是将机上人工费计入工程直接人工费中；第二种方法是计入相应施工机械的机械台班综合单价中。机上人工费台班单价可参照"人工工日单价"的计算方法确定 ④安拆费及场外运输费的计算。施工机械的安装、拆除及场外运输可编制专门的方案，根据方案计算费用，并以此进一步地优化方案，优化后的方案也可作为施工方案的组成部分 ⑤折旧费和维修费的计算。折旧费和维修费（维修费包括大修理费和经常修理费）是两项随时间变化而变化的费用。一台施工机械如果折旧年限短，则折旧费用高，维修费用低；如果折旧年限长，折旧费用低，维修费用高 所以，选择施工机械最经济使用年限作为折旧年限，是降低机械台班单价、提高机械使用效率最有效、最直接的方法。确定了折旧年限后，然后确定折旧方法，最后计算台班折旧额和台班维修费 组成施工机械台班单价的各项费用额确定以后，机械台班单价也就确定了 还有一种机械台班单价的确定方法是根据国家及有关部门颁布的机械台班定额进行调整求得
	确定租赁机械台班费	租赁机械台班费是指根据施工需要向其他企业或租赁公司租用施工机械所发生的台班租赁费 在投标工作的前期，应进行市场调查，调查的内容包括：租赁市场可供选择的施工机械种类、规格、型号、完好性、数量、价格水平，以及租赁单位信誉度等，并通过比较选择拟租赁的施工机械的种类、规格、数量及单位，并以施工机械台班租赁价格作为机械台班单价。一般除必须租赁的施工机械外，其他租赁机械的台班租赁费应低于本企业的机械台班单价
	优化平衡、确定机械台班综合单价	通过综合分析，确定各类施工机械的来源及比例，计算机械台班综合单价。其计算公式为： 机械台班综合单价＝∑（不同来源的同类机械台班单价×权数） 其中权数是根据各不同来源渠道的机械占同类施工机械总量的比重取定的
	大型机械设备使用费、进出场费及安拆费	在传统的概、预算定额中，施工机械使用费不包括大型机械设备使用费、进出场费及安拆费，其费用一般作为措施费用单独计算 在工程量清单计价模式下，此项费用的处理方式与概、预算定额的处理方式不同。大型机械设备的使用费作为机械台班使用费，按相应分项工程项目分摊计入直接工程费的施工机械使用费中。大型机械设备进出场费及安拆费作为措施费用计入措施费用项目中

2. 管理费

(1) 管理费的组成：管理费是指组织施工生产和经营管理所需的费用。

现场管理费的高低在很大程度上取决于管理人员的多少。管理人员的多少，不仅反映了管理水平的高低，影响到管理费，而且还影响临设费用和调遣费用（如果招标书中无调遣费一项，这笔费用应该计算到人工费单价中，在直接费中人工费的计算已叙述）。

由管理费开支的工作人员包括管理人员、辅助服务人员和现场保安人员。管理人员一般包括项目经理、施工队长、工程师、技术员、财会人员、预算人员、机械师等。辅助服务人员一般包括生活管理员、炊事员、医务员、翻译员、小车司机和勤杂人员等。

为了有效地控制管理费开支，降低管理费标准，增强企业的竞争力，在投标初期就应严格控制管理人员和辅助服务人员的数量，同时合理确定其他管理费开支项目的水平。

(2) 管理费的计算：管理费的计算主要有两种方法，其说明见表 3－46。

表 3－46   管理费的计算方法

类 别	计 算 方 法
公式计算法	利用公式计算管理费的方法比较简单，也是投标人经常采用的一种计算方法。其计算公式为： $$管理费＝计算基数×施工管理费率（\%）$$ 管理费率的计算公式中的基本数据应通过以下途径来合理取定： ①分子与分母的计算口径应一致，即：分子的生产工人年平均管理费是指每一个建安生产工人年平均管理费，分母中的有效工作天数和建安生产工人年均直接费也是以每一个建安生产工人的有效工作天数和每一个建安生产工人年均直接费 ②生产工人年平均管理费的确定，应按照工程管理费的划分，依据企业近年有代表性的工程会计报表中的管理费的实际支出，剔除其不合理开支，分别进行综合平均核定全员年均管理费开支额，然后分别除以生产工人占职工平均人数的百分比，即得每一生产工人年均管理费开支额 ③生产工人占职工平均人数的百分比的确定，按照计算基础、项目特征，充分考虑改进企业经营管理，减少非生产人员的措施进行确定 ④有效施工天数的确定，必要时可按不同工程、不同地区适当区别对待。在理论上，有效施工天数等于工期 ⑤人工单价，是指生产工人的综合工日单价 ⑥人工费占直接工程费的百分比，应按专业划分，不同建筑安装工程人工费的比重不同，按加权平均计算核定 另外，利用公式计算管理费时，管理费率可以按照国家或有关部门以及工程所在地政府规定的相应管理费率进行调整确定
费用分析法	用费用分析法计算管理费，就是根据管理费的构成，结合具体的工程项目，确定各项费用的发生额。计算公式： $$管理费＝管理人员及辅助服务人员的工资＋办公费＋差旅交通费＋固定资产使用费$$ $$＋工具用具使用费＋保险费＋税金＋财务费用＋其他费用$$ 在计算管理费之前，应确定以下基础数据，这些数据是通过计算直接工程费和编制施工组织设计和施工方案取得的，这些数据包括：

类 别	计 算 方 法

费用分析法	生产工人的平均人数
	施工高峰期生产工人人数
	管理人员及辅助服务人员总数
	施工现场平均职工人数
	施工高峰期施工现场职工人数
	施工工期
	其中：管理人员及辅助服务人员总数的确定，应根据工程规模、工程特点、生产工人人数、施工机具的配置和数量，以及企业的管理水平进行确定
	①管理人员及辅助服务人员的工资：其计算公式为：
	    管理人员及辅助服务人员的工资＝管理人员及辅助服务人员数
	        ×综合人工工日单价×工期（日）
	其中：综合人工工日单价可采用直接费中生产工人的综合工日单价，也可参照其计算方法另行确定
	②办公费：按每名管理人员每月办公费消耗标准乘以管理人员人数，再乘以施工工期（月）。管理人员每月办公费消耗标准可以从以往完成的施工项目的财务报表中分析取得
	③差旅交通费：
	a. 因公出差、调动工作的差旅费和住勤补助费，市内交通费和误餐补助费，探亲路费，劳动力招募费，离退休职工一次性路费，工伤人员就医路费，工地转移费的计算可按"办公费"的计算方法确定
	b. 管理部门使用的交通工具的油料燃料费和养路费及牌照费
	    油料燃料费＝机械台班动力消耗×动力单价×工期（天）×综合利用率（％）
	养路费及牌照费按当地政府规定的月收费标准乘以施工工期（月）
	④固定资产使用费：根据固定资产的性质、来源、资产原值、新旧程度，以及工程结束后的处理方式确定固定资产使用费
	⑤工具用具使用费：其计算公式为：
	    工具用具使用费＝年人均使用额×施工现场平均人数×工期（年）
	工具用具年人均使用额可以从以往完成的施工项目的财务报表中分析取得
	⑥保险费：通过保险咨询，确定施工期间要投保的施工管理用财产和车辆应缴纳的保险费用
	⑦税金：是指企业按规定缴纳的房产税、车船使用税、土地使用税、印花税等。税金的计算可以根据国家规定的有关税种和税率逐项计算，也可以根据以往工程的财务数据推算取得
	⑧财务费用：是指企业为筹集资金而发生的各种费用，包括企业经营期间发生的短期贷款利息支出、汇兑净损失、调剂外汇手续费、金融机构手续费，以及企业筹集资金而发生的其他财务费用
	财务费计算按下列公式执行：
	    财务费＝计算基数×财务费费率（％）
	财务费费率依据下列公式计算：
	a. 以直接工程费为计算基础

类别	计算方法
费用分析法	$$财务费费率（\%）=\frac{年均存贷款利息净支出＋年均其他财务费用}{全年产值×直接工程费占总造价比例（\%）}$$ b. 以人工费为计算基础 $$财务费费率（\%）=\frac{年均存贷款利息净支出＋年均其他财务费用}{全年产值×人工费占总造价比例（\%）}$$ c. 以人工费和机械费合计为计算基础 $$财务费费率（\%）=\frac{年均存贷款利息净支出＋年均其他财务费用}{全年产值×人工费和机械费之和占总造价比例（\%）}$$ 另外，财务费用还可以从以往的财务报表及工程资料中，通过分析平衡估算取得 ⑨其他费用：可根据以往工程的经验估算 管理费对不同的工程，以及不同的施工单位是不一样的，这样使不同的投标单位具有不同的竞争实力

3. 利润

利润，是指施工企业完成所承包工程应收回的酬金。从理论上讲，企业全部劳动成员的劳动，除掉因支付劳动力按劳动力价格所得的报酬以外，还创造了一部分新增的价值，这部分价值凝固在工程产品之中，这部分价值的价格形态就是企业的利润。

在工程量清单计价模式下，利润不单独体现，而是被分别计入分部分项工程费、措施项目费和其他项目费当中。具体计算方法可以以"人工费"或"人工费加机械费"或"直接费"为基础乘以利润率。

利润的计算公式为：

$$利润＝计算基础×利润率（\%）$$

利润是企业最终的追求目标，企业的一切生产经营活动都是围绕着创造利润进行的。

利润是企业扩大再生产、增添机械设备的基础，也是企业实行经济核算，使企业成为独立经营、自负盈亏的市场竞争主体的前提和保证。

因此，合理地确定利润水平（利润率）对企业的生存和发展是至关重要的。在投标报价时，要根据企业的实力、投标策略，以发展的眼光来确定各种费用水平，包括利润水平，使本企业的投标报价既具有竞争力，又能保证其他各方面的利益的实现。

（三）措施费用

措施费用是指工程量清单中，除工程量清单项目费用以外，为保证工程顺利进行，按照国家现行有关建设工程施工及验收规范、规程要求，必须配套完成的工程内容所需的费用。

1. 实体措施费的计算

实体措施费是指工程量清单中，为保证某类工程实体项目顺利进行，按照国家现行有关建设工程施工及验收规范、规程要求，必须配套完成的工程内容所需的费用。

实体措施费计算方法有系数计算法和方案分析法两种：

（1）系数计算法：是用与措施项目有直接关系的工程项目直接工程费（或人工费或人工费与机械费之和）合计作为计算基数，乘以实体措施费用系数。

实体措施费用系数是根据以往有代表性工程的资料，通过分析计算取得的。

（2）方案分析法：是通过编制具体的措施实施方案，对方案所涉及的各种经济技术参数进行计算后，确定实体措施费用。

2. 配套措施费的计算

配套措施费不是为某类实体项目，而是为保证整个工程项目顺利进行，按照国家现行有关建设工程施工及验收规范、规程要求，必须配套完成的工程内容所需的费用。

配套措施费计算方法也包括系数计算法和方案分析法两种：

（1）系数计算法：是用整体工程项目直接工程费（或人工费，或人工费与机械费之和）合计作为计算基数，乘以配套措施费用系数。

配套措施费用系数是根据以往有代表性工程的资料，通过分析计算取得的。

（2）方案分析法：是通过编制具体的措施实施方案，对方案所涉及的各种经济技术参数进行计算后，确定配套措施费用。

（四）其他项目费用

其他项目费用是指预留金、材料购置费（仅指由招标人购置的材料费）、总承包服务费、零星工作项目费等估算金额的总和，包括：人工费、材料费、机械使用费、管理费、利润以及风险费。

其他项目清单由招标人部分和投标人部分两部分内容组成，其具体说明见表 3-47。

表 3-47 其他项目费用

类别		说 明
招标人部分	预留金	主要考虑可能发生的工程量变化和费用增加而预留的金额。引起工程量变化和费用增加的原因很多，一般主要有以下几方面： ①清单编制人员在统计工程量及变更工程量清单时发生的漏算、错算等引起的工程量增加 ②设计深度不够、设计质量低造成的设计变更引起的工程量增加 ③在现场施工过程中，应业主要求，并由设计或监理工程师出具的工程变更增加的工程量 ④其他原因引起的，且应由业主承担的费用增加，如风险费用及索赔费用 此处提出的工程量的变更主要是指工程量清单漏项或有误引起的工程量的增加和施工中的设计变更引起标准提高或工程量的增加等 预留金由清单编制人根据业主意图和拟建工程实况计算出金额填制表格。其计算，应根据设计文件的深度、设计质量的高低、拟建工程的成熟程度及工程风险的性质来确定其额度。设计深度深，设计质量高，已经成熟的工程设计，一般预留工程总造价的 3%～5% 即可。在初步设计阶段，工程设计不成熟的，至少要预留工程总造价的 10%～15% 预留金作为工程造价费用的组成部分计入工程造价，但预留金的支付与否、支付额度以及用途，都必须通过（监理）工程师的批准
	材料购置费	是指业主出于特殊目的或要求，对工程消耗的某类或某几类材料，在招标文件中规定，由招标人采购的拟建工程材料费
	其他	系指招标人部分可增加的新列项。例如，指定分包工程费，由于某分项工程或单位工程专业性较强，必须由专业队伍施工，即可增加这项费用，费用金额应通过向专业队伍询价（或招标）取得

类 别	说 明
投标人部分	计价规范中列举了总承包服务费、零星工作项目费两项内容。如果招标文件对承包商的工作范围还有其他要求，也应对其要求列项。例如，设备的厂外运输，设备的接、保、检，为业主代培技术工人等 　　投标人部分的清单内容设置，除总承包服务费仅需简单列项外，其余内容应该量化的必须量化描述。如设备厂外运输，需要标明设备的台数、每台的规格重量、运距等。零星工作项目表要标明各类人工、材料、机械的消耗量 　　零星工作项目中的工料机计量，要根据工程的复杂程度、工程设计质量的优劣，以及工程项目设计的成熟程度等因素来确定其数量。一般工程以人工计量为基础，按人工消耗总量的1%取值即可。材料消耗主要是辅助材料消耗，按不同专业工人消耗材料类别列项，按工人日消耗量计入。机械列项和计量，除了考虑人工因素外，还要参考各单位工程机械消耗的种类，可按机械消耗总量的1%取值

（五）规费

规费是根据省政府或省级有关权力部门规定必须缴纳的，应计入建筑安装工程造价的费用。根据住房和城乡建设部、财政部"关于印发《建筑安装工程费用项目组成》的通知"（建标〔2013〕44号）的规定，规费主要包括社会保险、住房公积金、工程排污费。其中社会保险费包括养老保险费、医疗保险费、失业保险费、工伤保险费和生育保险费；税金主要包括营业税、城市维护建设税、教育费附加和地方教育附加。规费作为政府和有关权力部门规定必须缴纳的费用，政府和有关权力部门可根据形势发展的需要，对规费项目进行调整，因此，清单编制人对《建筑安装工程费用项目组成》中未包括的规费项目，在编制规费项目清单时应根据省级政府或省级有关权力部门的规定列项。

1. 规费项目清单

规费项目清单应按照下列内容列项：

（1）社会保险费：包括养老保险费、失业保险费、医疗保险费、工伤保险费、生育保险费；

（2）住房公积金；

（3）工程排污费。

2. 对规费项目清单的调整

相对于"08计价规范"，"13计价规范"对规费项目清单进行了以下调整：

（1）根据《中华人民共和国社会保险法》的规定，将"08计价规范"使用的"社会保障费"更名为"社会保险费"，将"工伤保险费、生育保险费"列入社会保险费。

（2）根据第十一届全国人大常委会第20次会议将《中华人民共和国建筑法》第48条由"建筑施工企业必须为从事危险作业的职工办理意外伤害保险，支付保险费"修改为"建筑施工企业应当依法为职工参加工伤保险缴纳工伤保险费。鼓励企业为从事危险作业的职工办理意外伤害保险，支付保险费"。由于建筑法将意外伤害保险由强制改为鼓励，因此，"13计价规范"中规费项目增加了工伤保险费，删除了意外伤害保险，将其列入企业管理费中列支。

（3）根据《财政部、国家发展改革委关于公布取消和停止征收 100 项行政事业性收费项目的通知》（财综〔2008〕78 号）的规定，工程定额测定费从 2009 年 1 月 1 日起取消，停止征收。因此，"13 计价规范"中规费项目取消了工程定额测定费。

（六）税金

根据住房和城乡建设部、财政部"关于印发《建筑安装工程费用项目组成》的通知"（建标〔2013〕44 号）的规定，目前我国税法规定应计入建筑安装工程造价的税种包括营业税、城市建设维护税、教育费附加和地方教育附加。如国家税法发生变化，税务部门依据职权增加了税种，应对税金项目清单进行补充。税金项目清单应按下列内容列项：

（1）营业税；

（2）城市维护建设税；

（3）教育费附加；

（4）地方教育附加。

根据《财政部关于统一地方教育政策有关内容的通知》（财综〔2011〕98 号）的有关规定，"13 计价规范"相对于"08 计价规范"，在税金项目增列了地方教育附加项目。

五、工程量清单及其计价格式与填写要求

（一）工程量清单格式

1. 工程量清单内容

工程量清单内容包括：封面、填表须知、总说明、分部分项工程量清单、措施项目清单、其他项目清单和零星工作项目表。工程量清单统一格式中的零星工作项目表是其他项目清单的附表，是为其他项目清单计价服务的。

随工程量清单发至投标人的还应包括主要材料价格表，招标人提供的主要材料价格表应包括详细的材料编码、材料名称、规格型号和计量单位，主要材料价格表主要供评标用。

2. 工程量清单统一格式的填写

工程量清单统一格式的填写示例如下所示（包括建筑、装饰装修和安装工程，招标投标采用工程量清单计价方式。表中均以假定数字示之），供读者参考。

【例 3-1】某建筑工程工程量清单格式

某建筑工程工程量清单格式如下（表 3-48 至表 3-54）。

表 3 - 48

＿＿＿＿＿建　筑＿＿＿＿＿工程

工 程 量 清 单

招　标　人：＿＿＿＿＿＿＿（单位签字盖章）

法定代表人：＿＿＿＿＿＿＿（签字盖章）

造价工程师
及注册证号：＿＿＿＿＿＿＿（签字盖执业专用章）

编 制 时 间：＿＿＿＿＿＿

填 表 须 知

1. 工程量清单及其计价格式中所有要求签字、盖章的地方，必须由规定的单位和人员签字、盖章。

2. 工程量清单及其计价格式中的任何内容不得随意删除或涂改。

3. 工程量清单计价格式中列明的所有需要填报的单价和合价，投标人均应填报，未填报的单价和合价，视为此项费用已包含在工程量清单的其他单价和合价中。

4. 金额（价格）均应以＿＿＿人民币＿＿＿表示。

表 3-49

总 说 明

工程名称：×××公寓楼建筑工程

1. 工程概况：建筑面积7000m²，5层，混凝土基础，全现浇结构。施工工期10个月。施工现场邻近公路，交通运输方便，施工要防噪声。

2. 招标范围：全部建筑工程。

3. 清单编制依据：建设工程工程量清单计价规范、施工设计图文件、施工组织设计等。

4. 工程质量应达验收标准。

5. 考虑施工中可能发生的设计变更或清单有误，预留金额100万元。

6. 投标人在投标时应按《建设工程工程量清单计价规范》规定的统一格式，提供"分部分项工程量清单综合单价分析表"、"措施项目费分析表"。

7. 随清单附有"主要材料价格表"，投标人应按其规定内容填写。

表 3‑50

分部分项工程量清单

工程名称：×××公寓楼建筑工程

序号	项目编码	项目名称	计量单位	工程数量
		土石方工程		
1	010101003001	挖带形基槽，二类土，槽宽 0.80m，深 0.80m，弃土运距 150.00m	m³	27.18
2	010101003002	挖带形基槽，二类土，槽宽 1.00m，深 2.3m，弃土运距 150.00m	m³	1900.12
3		（以下略）		
		砌筑工程		
4	010301001001	垫层，3∶7 灰土厚 15cm	m³	50.02
5	010302002001	空斗墙 M5 水泥砂浆砌	m³	100.90
6		（以下略）		
		混凝土及钢筋混凝土工程		
7	010404001005	现浇钢筋混凝土直形墙，C30	m³	272.16
8		（以下略）		
		（其他略）		

表 3-51

措施项目清单

工程名称：×××公寓楼建筑工程

序号	项目名称
1	临时设施
2	大型机械设备进出场及安拆
3	垂直运输机械
4	环境保护
5	施工排水
6	（其他略）

表 3 - 52

其他项目清单

工程名称：×××公寓楼建筑工程

序号	项目名称
	预留金 1000000.00
	零星工作项目费

表 3 - 53

零星工作项目表

工程名称：×××公寓楼建筑工程

序号	名 称	计量单位	数量
1	人工： 　（1）木工 　（2）搬运工 　（3）（以下略）	工日 工日	196 307
	小 计		
2	材料： 　（1）茶色玻璃 5mm 　（2）镀锌铁皮	m² m²	1090 107
	小 计		
3	机械： 　（1）载重汽车 4t 　（2）点焊机 100kV·A 　（3）（以下略）	台班 台班	103 57
	小 计		
	合 计		

表 3-54

主要材料价格表

工程名称：×××公寓楼建筑工程

序号	材料编码	材料名称	规格、型号等 特殊要求	单位	单价（元）
1	（均按统一编码填写）	低碳盘条	φ8	t	
2		圆钢	φ20	t	
3		矿渣水泥	32.5级	t	
4		（以下略）			

【例3-2】某装饰装修工程工程量清单格式

某装饰装修工程工程量清单格式如下（表3-55至表3-61）。

表3-55

_____装　饰　装　修_____工程

工 程 量 清 单

招　标　人：_____（单位签字盖章）

法定代表人：_____（签字盖章）

造价工程师
及注册证号：_____（签字盖执业专用章）

编 制 时 间：_____

填 表 须 知

1. 工程量清单及其计价格式中所有要求签字、盖章的地方，必须由规定的单位和人员签字、盖章。

2. 工程量清单及其计价格式中的任何内容不得随意删除或涂改。

3. 工程量清单计价格式中列明的所有需要填报的单价和合价，投标人均应填报，未填报的单价和合价，视为此项费用已包含在工程量清单的其他单价和合价中。

4. 金额（价格）均应以＿＿＿人民币＿＿＿表示。

表 3－56

总 说 明

工程名称：×××公寓楼装饰装修工程

1. 工程概况：建筑面积 7000m²，5 层，全现浇结构，外墙面水刷石，内墙面石灰砂浆抹面刷白，室内为水磨石楼地面，铝合金窗。施工工期 6 个月。施工现场邻近公路，交通运输方便，施工要防噪声。

2. 招标范围：全部装饰装修工程。

3. 清单编制依据：建设工程工程量清单计价规范、施工设计图文件、施工组织设计等。

4. 工程质量应达验收标准。

5. 招标人自行采购铝合金窗，供至施工现场，共 510 樘。

6. 考虑施工中可能发生的设计变更或清单有误，预留金额 60 万元，铝合金窗购置费 80 万元。

7. 投标人在投标时应按《建设工程工程量清单计价规范》规定的统一格式，提供"分部分项工程量清单综合单价分析表"。

8. 随清单附有"主要材料价格表"，投标人应按其规定内容填写。

表 3 - 57

分部分项工程量清单

工程名称：×××公寓楼装饰装修工程

序号	项目编码	项目名称	计量单位	工程数量
		楼地面工程		
1	020101002001	现浇水磨石楼地面，1：2.5白石子浆厚15mm，嵌玻璃条厚3mm，1：3水泥砂浆找平层厚20mm	m²	3500.00
2	020101002002	现浇水磨石楼地面，1：2.5白石子浆厚15mm，嵌玻璃条厚3mm，1：3水泥砂浆找平层厚30mm	m²	1200.00
		墙、柱面工程		
3	020201001001	砖墙面抹灰，1：3石灰砂浆厚18mm	m²	12000.00
4		（以下略）		
	补	（略）	m²	（略）
		（其他略）		

表 3 - 58

措施项目清单

工程名称：×××公寓楼装饰装修工程

序号	项目名称
1	临时设施
2	室内空气污染测试
3	环境保护

表 3‑59

其他项目清单

工程名称：×××公寓楼装饰装修工程

序号	项目名称	
	（1）预留金	600000.00
	（2）铝合金窗购置费	800000.00
	（1）零星工作项目费	
	（2）总承包服务费	

零星工作项目表

工程名称：×××公寓楼装饰装修工程

序号	名　称	计量单位	数量
1	人工： （1）抹灰工 （2）油漆工	工日 工日	136 52
	小　计		
2	材料		
	小　计		
3	机械		
	小　计		
	合　计		

表 3 - 61

主要材料价格表

工程名称：×××公寓楼装饰装修工程

序号	材料编码	材料名称	规格、型号等特殊要求	单位	单价（元）
1	（均按统一编码填写）	铝合金条	φ4	m	
2		方钢管	25×25×2.5	m	
3		（以下略）			

【例 3 - 3】某安装工程工程量清单格式

某安装工程工程量清单格式如下（表 3 - 62 至表 3 - 67）。

表 3 - 62

___安　装___工程

工 程 量 清 单

招　标　人：_____（单位签字盖章）

法定代表人：_____（签字盖章）

造价工程师
及注册证号：_____（签字盖执业专用章）

编 制 时 间：_____

填 表 须 知

1. 工程量清单及其计价格式中所有要求签字、盖章的地方，必须由规定的单位和人员签字、盖章。

2. 工程量清单及其计价格式中的任何内容不得随意删除或涂改。

3. 工程量清单计价格式中列明的所有需要填报的单价和合价，投标人均应填报，未填报的单价和合价，视为此项费用已包含在工程量清单的其他单价和合价中。

4. 金额（价格）均应以　人民币　表示。

表 3 - 63

总 说 明

工程名称：×××公寓楼安装工程

---

1. 工程概况：建筑面积 7000m²，5 层，全现浇结构，热水集中供热采暖，普通照明灯具，镀锌钢管给水，铸铁管排水，施工工期 3 个月。施工现场邻近公路，交通运输方便。

2. 招标范围：电气、给排水、采暖工程

3. 清单编制依据：建设工程工程量清单计价规范、施工设计图文件、施工组织设计等。

4. 工程质量应达验收标准。

5. 考虑施工中可能发生的设计变更或清单有误，预留金额 70 万元。

6. 随清单附有"主要材料价格表"，投标人应按其规定内容填写。

表 3 - 64

分部分项工程量清单

工程名称：×××公寓楼安装工程

序号	项目编码	项目名称	计量单位	工程数量
		电气设备安装工程		
1	030212001001	电线硬塑料管敷设，直径20，砖混结构，暗配	m	5080.00
2	030212003001	管内照明配线，二线，塑料铜线 15mm^2	m	4700.00
3		（以下略）		
		给排水、采暖、燃气工程		
4	030801001001	室内给水镀锌焊接钢管，DN20，螺纹连接	m	1200.00
5	030805001001	铸铁散热器，M132，三级除锈刷银粉二遍	片	600
6		（以下略）		
		（其他略）		

180

表 3 - 65

措施项目清单

工程名称：×××公寓楼安装工程

序号	项目名称
1	临时设施费
2	安全施工
3	（其他略）

表 3 - 66

其他项目清单

工程名称：×××公寓楼安装工程

序号	项目名称	
	预留金	700000.00

表 3 - 67

主要材料价格表

工程名称：×××公寓楼安装工程

序号	材料编码	材料名称	规格、型号等 特殊要求	单位	单价（元）
1 2	（均按统一编码填写）	镀锌焊接钢管 普通焊接钢管 （以下略）	DN20 DN20	m m	

（二）工程量清单计价格式

1. 工程量清单计价格式

《计价规范》提供的工程量清单计价格式为统一格式，内容包括：封面、投标总价、工程项目总表、单项工程费汇总表、单位工程费汇总表、分部分项工程量清单计价表、措施项目清单计价表、其他项目清单计价表、零星工作项目计价表、分部分项工程量清单综合单价分析表、措施项目费分析表、主要材料价格表。其中格式不得变更或修改。但是，当一个工程项目不是采用总承包而是分包时，表格的使用可能有些变化。需要填写哪些表格，招标人应提出具体要求。

2. 工程量清单计价格式的填写

工程量清单计价格式的填写，如下例所示（表中金额均以××表示）。

【例 3 - 4】某建筑工程工程量清单计价格式

某建筑工程工程量清单计价格式如下（表 3 - 68 至表 3 - 79）。

表 3 - 68

_____ 建 筑 _____ 工程

工程量清单报价表

招 标 人：_____（单位签字盖章）

法定代表人：_____（签字盖章）

造价工程师
及注册证号：_____（签字盖执业专用章）

编 制 时 间：_____

表 3-69

投 标 总 价

建 设 单 位：＿＿＿＿＿＿

工 程 名 称：＿＿＿＿＿＿

投标总价（小写）：＿＿＿＿＿＿

（大写）：＿＿＿＿＿＿

招 标 人：＿＿＿＿＿＿（单位签字盖章）

法定代表人：＿＿＿＿＿＿（签字盖章）

编 制 时 间：＿＿＿＿＿＿

表 3 - 70

工程项目总价表

工程名称：×××公寓楼工程

序号	项目名称	金额（元）
1	×××公寓楼工程	××
2	（略）	
	合　计	××

表 3 - 71

单项工程费汇总表

工程名称：×××公寓楼工程

序号	项目名称	金额（元）
1	建筑工程	××
2	装饰装修工程	××
3	安装工程	××
	其中：电气设备安装工程	××
	给排水、采暖	××
	合　计	××

表 3-72

单位工程费汇总表

工程名称：×××公寓楼建筑工程

序号	项目名称	金额（元）
1	分部分项工程量清单计价合计	××
2	措施项目清单计价合计	××
3	其他项目清单计价合计	××
	规费	××
	税金	××
	合　计	××

表 3-73

分部分项工程量清单计价表

工程名称：×××公寓楼建筑工程

序号	项目编码	项目名称	计量单位	工程数量	综合单价	合价
					金额（元）	
		土石方工程				
1	010101003001	挖带形基槽，二类土，槽宽 0.60m，深 0.80m，弃土运距 150.00m	m³	××	××	××
2	010101003002	挖带形基槽，二类土，槽宽 1.00m，深 2.10m，弃土运距 150.00m	m³	××	××	××
3		（以下略）				
		小计				××
		砌筑工程				
4	010301001001	垫层，3：7 灰土厚 15cm	m³	××	××	××
5	010302002001	空斗墙，M5 水泥砂浆砌筑	m³	××	××	××
6		（以下略）				
		小计				××
		本页小计				××
		合计				
		混凝土及钢筋混凝土工程				
7	010404001005	现浇钢筋混凝土直形墙，C30	m³	××	××	××
8		（以下略）				
		小计				××
		（其他略）				
		本页小计				××
		合计				××

表 3-74

措施项目清单计价表

工程名称：×××公寓楼建筑工程

序号	项目名称	金额（元）
1	临时设施	××
2	大型机械设备进场及安拆	××
3	垂直运输机械计价合计	××
4	环境保护	××
5	施工排水	××
6	（其他略）	
	合　计	××

表 3-75

其他项目清单计价表

工程名称：×××公寓楼建筑工程

序号	项目名称	金额（元）
1	招标人部分 　预留金	××
	小　　计	××
2	投标人部分 　零星工作项目费	××
	小　　计	××
	合　　计	××

表 3-76

零星工作项目计价表

工程名称：×××公寓楼建筑工程

序号	名　称	计量单位	数量	金额（元）	
				综合单价	合价
1	人工 （1）木工 （2）搬运工 （3）（以下略）	工日 工日	×× ××	×× ××	×× ××
	小　计				××
2	材料 （1）茶色玻璃 5mm （2）镀锌铁皮 20#	m² m²	×× ××	×× ××	×× ××
	小　计				××
3	机械 （1）载重汽车 4t （2）点焊机 100kV·A （3）（以下略）	台班 台班	×× ××	×× ××	×× ××
	小　计				××
	合　计				××

表 3-77

分部分项工程量清单综合单价分析表

工程名称：×××公寓楼建筑工程

序号	项目编码	项目名称	工程内容	综合单价组成					综合单价
				人工费	材料费	机械使用费	管理费	利润	
1	010101003001	挖带形基槽，二类土，槽宽 0.60m，深 0.80m，弃土运距 150.00m	挖土	××	××	××	××	××	××元/m³
				××		××	××	××	
			基底钎探	××	××		××	××	
			运土	××			××	××	
2	010101003002	挖带形基槽，二类土，槽宽 1.00m，深 2.10m，弃土运距 150.00m	挖土	××	××	××	××	××	××元/m³
				××		××	××	××	
			基底钎探	××	××		××	××	
			运土	××			××	××	
			挡土板	××	××		××	××	
		（其他略）							

措施项目费分析表

工程名称：×××公寓楼建筑工程

序号	措施项目名称	单位	数量	金额（元）					
				人工费	材料费	机械使用费	管理费	利润	小计
1	临时设施	项	1	××	××	××	××	××	××
2	大型机械设备进出场及安拆	项	1	××	××	××	××	××	××
3	垂直运输机械	项	1			××	××	××	××
4	环境保护	项	1	××	××		××	××	××
5	施工排水	项	1	××	××	××	××	××	××
	合　计			××	××	××	××	××	××

主要材料价格表

工程名称：×××公寓楼建筑工程

序号	材料编码	材料名称	规格、型号 等特殊要求	单位	单价（元）
1	（均按统一编码填写）	低碳盘条	ϕ 8	t	××
2		圆钢	ϕ 20	t	××
3		矿渣水泥	32.5 级	t	××
		（其他略）			

【例 3‑5】某装饰装修工程工程量清单计价格式
某装饰装修工程工程量清单计价格式如下（表 3‑80 至表 3‑87）。

表 3‑80

_____装 饰 装 修_____工程

工程量清单报价表

招 标 人：_____（单位签字盖章）

法定代表人：_____（签字盖章）

造价工程师
及注册证号：_____（签字盖执业专用章）

编 制 时 间：_____

单位工程费汇总表

工程名称：×××公寓楼装饰装修工程

序号	项目名称	金额（元）
1	分部分项工程量清单计价合计	××
2	措施项目清单计价合计	××
3	其他项目清单计价合计	××
	规费	××
	税金	××
合　计		××

表 3-82

分部分项工程量清单计价表

工程名称：×××公寓楼装饰装修工程

序号	项目编码	项目名称	计量单位	工程数量	金额（元）	
					综合单价	合价
		楼地面工程				
1	020101002001	现浇水磨石楼地面，1：2.5白石子浆厚15mm，嵌玻璃条厚3mm，1：3水泥砂浆找平层厚20mm	m²	××	××	××
2	020101002002	现浇水磨石楼地面，1：2.5白石子浆厚15mm，嵌玻璃条厚3mm，1：3水泥砂浆找平层厚30mm	m²	××	××	××
		（其他略）				
		本页小计				××
		合　计				××

表 3 - 83

措施项目清单计价表

工程名称：×××公寓楼装饰装修工程

序号	项目名称	金额（元）
1	临时设施	××
2	室内空气污染测试	××
3	环境保护	××
4	安全施工	××
	合　计	××

表 3-84

其他项目清单计价表

工程名称：×××公寓楼装饰装修工程

序号	项目名称	金额（元）
1	招标人部分 （1）预留金 （2）铝合金窗购置费	×× ××
	小　计	××
2	投标人部分 （1）零星工作项目费 （2）总承包服务费	×× ××
	小　计	××
	合　计	××

表 3-85

零星工作项目计价表

工程名称：×××公寓楼装饰装修工程

序号	名　　称	计量单位	数量	金额（元）	
				综合单价	合价
1	人工 　（1）抹灰工 　（2）油漆工	 工日 工日	 ×× ××	 ×× ××	 ×× ××
	小　　计				××
2	材料				
	小　　计				
3	机械				
	小　　计				
	合　　计				××

表 3 - 86

分部分项工程量清单综合单价分析表

工程名称：×××公寓楼装饰装修工程

序号	项目编码	项目名称	工程内容	综合单价组成					综合单价（元/m²）
				人工费	材料费	机械使用费	管理费	利润	
1	020101002001	现浇水磨石楼地面，1∶2.5白石子浆厚 15mm，嵌玻璃条厚 3mm，1∶3 水泥砂浆找平层厚20mm	找平层	××	××	××	××	××	××
				××	××	××	××	××	
			面层	××	××	××	××	××	
		（其他略）							

表 3-87

主要材料价格表

工程名称：×××公寓楼装饰装修工程

序号	材料编码	材料名称	规格、型号等特殊要求	单位	单价（元）
1	（均按统一编码填写）	铝合金条	$\phi 4$	m	××
2		方钢管	$25 \times 25 \times 2.5$	m	××
3		（以下略）			

某安装工程工程量清单计价格式如下（表 3－88 至表 3－93）。

表 3－88

_____安　装_____工程

工程量清单报价表

招　标　人：_____（单位签字盖章）

法定代表人：_____（签字盖章）

造价工程师
及注册证号：_____（签字盖执业专用章）

编　制　时　间：_____

表 3 - 89

单位工程费汇总表

工程名称：×××公寓楼安装工程

序号	项目名称	金额（元）
1	分部分项工程量清单计价合计	666256.00
2	措施项目清单计价合计	225000.00
3	其他项目清单计价合计	540000.00
	规费	360000.00
	税金	135000.00
	合　　计	1926256.00

表 3－90

分部分项工程量清单计价表

工程名称：×××公寓楼安装工程

序号	项目编码	项目名称	计量单位	工程数量	金额（元）	
					综合单价	合价
		电气设备安装工程				
1	020101002001	电线硬塑料管敷设，直径 20，砖混结构，暗配	m	4000.00	5.00	20000.00
2	020101002002	管内照明配线，二线，塑料铜线 15mm^2	m	4000.00	7.00	28000.00
3		（以下略）				
		（其他略）				
		本页小计				48000.00
		合　计				
4		室内给水镀锌钢管，DN20，螺纹连接	m	1000.00	14.00	14000.00
5		铸铁散热器，M132，三级除锈刷银粉两遍	片	500	24.00	12000.00
6		（以下略）				
		本页小计				26000.00
		合　计				74000.00

206

表 3 - 91

措施项目清单计价表

工程名称：×××公寓楼安装工程

序号	项目名称	金额（元）
1	临时设施	180000.00
2	安全施工	45000.00
3	（其他略）	
	合　计	225000.00

表 3 - 92

其他项目清单计价表

工程名称：×××公寓楼安装工程

序号	项目名称	金额（元）
1	招标人部分 　预留金	540000.00
	小　　计	540000.00
2	投标人部分	
	小　　计	
	合　　计	540000.00

表 3-93

主要材料价格表

工程名称：×××公寓楼安装工程

序号	材料编码	材料名称	规格、型号等特殊要求	单位	单价（元）
1	（均按统一编码填写）	镀锌焊接钢管	DN20	m	5.19
2		普通焊接钢管（其他略）	DN20	m	3.91

六、工程量清单计价实例

【例3-7】某工程有35根钢筋混凝土柱,根据上部荷载计算,每根柱下有4根400mm×400mm方柱,柱长24m(用2根12m长方桩用焊接方法接桩),其上设5000mm×6000mm×800mm的承台,桩顶距自然地坪6m,桩由预制厂运至工地,运距为15km,土质为一级,采用柴油机打桩(桩用C20混凝土,承台采用C40混凝土)。

解题如下:

1. 业主根据桩基础施工图计算:

(1)预制钢筋混凝土桩总长为:$35×4×24=3360$(m)

(2)接钢筋混凝土方桩:接桩工程量$=35×4=140$(个)

2. 投标人根据地质资料及施工方案计算:

(1)预制钢筋混凝土桩:$V_1=0.4×0.4×35×4×24=537.6$(m³)

$$V_2=0.4×0.4×35×4×24×(1+1\%)=542.97$$(m³)

①预制钢筋混凝土方桩运输,5km以内。

人工费:$2.92×542.97=1585.47$(元)

材料费:$1.36×542.97=738.44$(元)

机械费:$66.43×542.97=36069.50$(元)

②预制钢筋混凝土方桩运输,增10km。

人工费:$0.75×542.97×2=814.46$(元)

材料费:$0.18×542.97×2=195.47$(元)

机械费:$14.13×542.97×2=15344.33$(元)

③打预制钢筋混凝土方桩:

人工费:$52.63×537.6=28293.89$(元)

材料费:$1049.39×537.6=564152.06$(元)

机械费:$213.90×537.6=114992.64$(元)

④送桩:$V_3=0.4×0.4×140×(6+0.5)=145.6$(m³)

人工费:$67.56×145.6=9836.74$(元)

材料费:$3.05×145.6=444.08$(元)

机械费:$180.38×145.6=26263.33$(元)

⑤综合:

直接费合计:798730.41元

管理费:$798730.41×34\%=271568.34$(元)

利润:$798730.41×8\%=63898.43$(元)

总计:$798730.41+271568.34+63898.43=1134197.18$(元)

综合单价:$1134197.18÷3360=337.56$(元/m)

(2)接钢筋混凝土方桩:

①接方桩工程量:$35×4=140$(个)

人工费:$14.54×140=2035.6$(元)

材料费:$32.81×140=4593.4$(元)

机械费:无

②综合:

直接费合计：6629 元

管理费：6629×34％＝2253.86（元）

利润：6629×8％＝530.32（元）

总计：9413.18 元

综合单价：9413.18÷140＝67.24（元/个）

分部分项工程工程量清单计价表见表 3-94。

分部分项工程工程量清单综合单价计算，见表 3-95 和表 3-96。

表 3-94　　　　　　　　　　分部分项工程工程量清单计价表

项目编码	项目名称	项目特征描述	单位	数量	金额（元）		
					综合单价	合价	直接费
010201001001	预制钢筋混凝土桩	土壤级别：一级土 桩单根长：12m 桩数：280 桩截面：400mm×400mm 混凝土强度：C30 泥浆运输：15km	m	3360	337.56	1134197.18	798730.41
010201002001	接桩	方桩 桩截面：400mm×400mm 胶泥接桩	个	140	67.24	9413.6	6629

表 3-95　　　　　　　　　　分部分项工程工程量清单综合单价计算表 1

项目编号	01010201001001	项目名称	预制钢筋混凝土桩	计量单位	m

清单综合单价组成明细

定额编号	工程内容	数量（m³）	单价（元）			合价（元）			
			人工费	材料费	机械费	人工费	材料费	机械费	管理费和利润
—	预制钢筋混凝土运输（5km 以内）	542.97	2.92	1.36	66.43	1585.37	738.44	36069.50	16125.19
—	预制钢筋混凝土运输（增 10km）	542.97	0.75	0.18	14.13	814.46	195.47	15344.33	6868.79
—	打预制混凝土方桩	537.6	52.63	1049.39	213.90	28293.89	564152.06	114992.64	297124.21
小　计（元）						30693.72	565085.97	166406.47	320118.19
清单项目综合单价（元）						337.56			

211

表 3-96

分部分项工程工程量清单综合单价计算表 2

项目编号	010201002001	项目名称	预制钢筋混凝土桩	计量单位	个		

清单综合单价组成明细

定额编号	工程内容	数量（个）	单价（元）			合价（元）			
			人工费	材料费	机械费	人工费	材料费	机械费	管理费和利润
—	接方桩	140	14.54	32.81	—	2035.6	4593.4	—	2784.18
小计（元）						2035.6	4593.4	—	2784.18
清单项目综合单价（元）						67.24			

【例 3-8】 ××工程墙面的剖面图如图 3-2 所示，砖墙厚 240mm，红机砖砌筑，M5 水泥砂浆，圈梁沿外墙附设断面为 240mm×180mm，M-1 为 1.2m×2.4m；M-2 为 0.9m×2.0m；C-1 为 1.5m×1.8m。

根据施工图计算可得到：外墙中心线长度为 33.20m，内墙净长线长度为 11.12m，外墙体积为 66.118m³，内墙体积为 21.40m³；实心砖外墙工程量为 68.190m³，实心砖内墙工程量为 21.308m³。

试根据清单工程量计算规则和上述条件计算分部分项工程量，并列出分部分项工程量清单与计价表以及工程量清单综合单价分析表。

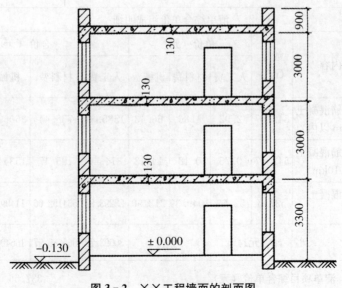

图 3-2 ××工程墙面的剖面图

解题如下：

1. 分部分项工程量清单与计价表

（1）通过已知条件和计算得到：

外墙中心线长度：33.20m

外墙体积：66.118m³

①实心砖外墙工程量：68.190m³

a. 砌筑实心砖外墙：

内墙净长线长度：11.12m

内墙体积：21.40m³

人工费：45.75×68.190＝3119.69（元）

材料费：128.24×68.190＝8744.69（元）

机械费：4.47×68.190＝304.81（元）

b. 综合：

直接费用合计：12169.19 元

管理费：12169.19×34％＝4137.52（元）

利润：12169.19×8％＝973.54（元）

总计：12169.19＋4137.52＋973.54＝17280.25（元）

综合单价：17280.25÷66.118＝261.35（元/m³）

②实心砖内墙工程量：21.308m³

a. 砌筑实心砖内墙：

人工费：41.97×21.308＝894.297（元）

材料费：128.20×21.308＝2731.686（元）

机械费：4.42×21.308＝94.182（元）

b. 综合：

直接费用合计：3720.165 元

管理费：3720.165×34％＝1264.856（元）

利润：3720.165×8％＝297.613（元）

总计：3720.165＋1264.856＋297.613＝5282.634（元）

综合单价：5282.634÷21.40＝246.85（元/m³）

（2）分部分项工程量清单与计价表，见表 3-97。

表 3-97　　　　　　　　分部分项工程工程量清单与计价表

工程名称：××工程

序号	项目编号	项目名称	项目特征描述	计量单位	数量	金额（元）	
						综合单价	合价
1	010302001001	实心砖墙	①砖品种：红机砖 ②规格：240mm×115mm×53mm ③强度等级：MU10 ④墙体类型：外墙 ⑤厚度：240mm ⑥高度：10.07m ⑦砂浆强度等级：M7.5	m³	66.118	261.35	17280.25

续表

序号	项目编号	项目名称	项目特征描述	计量单位	数量	金额（元）综合单价	金额（元）合价
2	010302001002	实心砖墙	①砖品种：红机砖 ②规格：240mm×115mm×53mm ③强度等级：MU10 ④墙体类型：内墙 ⑤厚度：240mm ⑥高度：9.14m ⑦砂浆强度等级：M7.5	m³	21.40	246.85	5282.634
		本页小计（元）					22562.884
		合计（元）					22562.884

2. 工程量清单综合单价分析表

填制工程量清单综合分析表，见表 3 - 98 和表 3 - 99。

表 3 - 98　　　　　　　　　工程量清单综合单价分析表

工程名称：××工程

项目编号	010103001001	项目名称	实心砖墙	计量单位		m³	
清单综合单价组成明细							
定额编号	工程内容	数量（m³）	单价（元）人工费	单价（元）材料费	单价（元）机械费	合价（元）人工费	

定额编号	工程内容	数量（m³）	人工费	材料费	机械费	人工费	材料费	机械费	管理费和利润
一	砌筑实心砖外墙	1.031	45.75	128.24	4.47	47.16	132.31	4.60	77.30
小　计（元）						47.16	132.31	4.60	77.30
清单项目综合单价（元）						261.35			

表 3 - 99　　　　　　　　　工程量清单综合单价分析表

工程名称：××工程

项目编号	010103001002	项目名称	预制钢筋混凝土桩	计量单位		个	
清单综合单价组成明细							

定额编号	工程内容	数量（m³）	人工费	材料费	机械费	人工费	材料费	机械费	管理费和利润
一	砌筑实心砖外墙	0.996	41.97	128.20	4.42	41.78	127.67	4.40	73.00
小　计（元）						41.78	127.67	4.40	73.00
清单项目综合单价（元）						246.85			

214

【例 3-9】某多层砖混住宅条基土方工程,如图 3-3 所示,土壤类别为:三类土,基础为砖大放脚带形基础,垫层为三七灰土,宽度为 810mm,厚度为 500mm,挖土深度为 3m,弃土运距 4km,总长度为 100m。

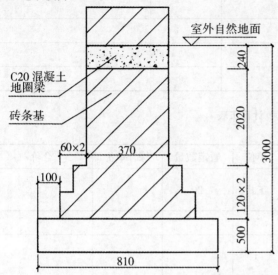

说明:
1. 此条基总长度为 100m,图上标注尺寸为 mm
2. 土质为三类土,原土回填夯实,自然地坪与室外地坪为同一标高。余土外运 4km。
3. 地圈梁为钢筋混凝土,粒径 40mm 卵石,中砂。条基为 M5 水泥砂浆砌筑。

图 3-3 某多层砖混住宅基础图

招标人根据基础施工图,按清单工程量计算规则,计算出的工程量清单见表 3-100 至表3-103。

表 3-100 措施项目清单与计价表

工程名称:某多层砖混住宅工程基础工程

编 号	项目名称	计算基础	费率(%)	金额(元)
(一)	安全文明施工费			
1	环境保护费			
2	文明施工费			
3	安全施工费			
4	临时设施费			
(二)	施工排水			
(三)	施工降水			
	合计			

表 3-101 其他项目清单与计价汇总表

工程名称:某多层砖混住宅工程基础工程

序号	项目名称	计量单位	金额(元)	备注
(一)	暂列金额	项		
(二)	暂估价			
1	材料暂估价			

215

续表

序号	项目名称	计量单位	金额（元）	备注
2	专业工程暂估价			
（三）	计日工			
（四）	总承包服务费			
	合 计			

表 3‑102　　　　　　　　　　　　计日工表

工程名称：某多层砖混住宅工程基础工程

序号	项目名称	单位	暂定数量	综合单价	合价
1	人工 　1. 普工	工日	20		
	人工小计				
2	材料 　水泥 42.5 级	t	1		
	材料小计				
3	施工机械 　载重汽车 4t	台班	10		
	施工机械小计				
	总计				

表 3‑103　　　　　　　　　　　　主要材料价格表

工程名称：某多层砖混住宅工程基础工程

序号	材料编码	材料名称	规格型号等特殊要求	单位	单价（元）
1	C04	红机砖	240mm×115mm×52mm	千块	580
2	C05	水泥	32.5 级	t	345

1. 确定施工方案，计算施工工程量

投标人根据分部分项工程量清单及地质资料、施工方案计算工程量如下：

（1）基础挖土截面计算如下：

$$S=(a+2c+KH)\,H=(0.81+0.25\times2+0.2\times3)\times3=5.73\ (\text{m}^2)$$

（工作面宽度各边为 0.25m、放坡系数为 0.2）

基础总长度为 100m。

$$土方挖方总量为：V=S\times L=5.73\text{m}^2\times100\text{m}=573\text{m}^3$$

（2）采用人工挖土方总量为 573m³，根据施工方案除现场堆土 443m³ 用于回填外，装载机装自卸汽车运距 4km、运输土方量为 130m³。

（3）在计算综合单价时，应按施工方案的总工程量进行计算，按招标人提供的工程量清单折

216

算综合单价。

（4）通过对工程量清单的审核，清单工程量按计算规则计算无误。

2. 认真阅读和分析填表须知及总说明

填表须知主要是明确了工程量清单的填报格式的统一及规范，明确了签字盖章的重要性及工程量清单的支付条件及货币的币种。

总说明的内容主要由以下部分组成，其说明见表 3-104。

表 3-104　　　　　　　　　　　　　填表须知及总说明

类　别	说　明
工程概况	建设规模、工程特征、计划工期、施工现场实际情况、交通运输情况、自然地理条件、环境保护要求等
工程招标和分包范围	工程招标文件主要包括招标书、投标须知、合同条款及合同格式、工程技术要求及工程规范、投标文件格式、工程量清单、施工图纸、评标定标办法等。如有分包的要说明分包的范围及具体内容
工程量清单编制依据	主要是指编制工程量清单的依据，为投标人审核工程量清单及工程结算的依据，主要有建设工程工程量清单计价规范、设计图纸、答疑纪要等
工程质量、材料、施工等的特殊要求	合同条款是招标文件的一部分，这项主要是指合同条款外的特殊要求部分。主要是因为投标人的投标报价是招标文件所确定的招标范围内的全部工作内容的价格体现，报价中应包括人工、材料、机械、管理费、利润、规费、税金及风险的所有费用，有必要把影响投标报价的所有特殊要求给予表述
招标人自行采购材料的名称、规格型号、数量等	这部分是招标人需在结算时扣除的费用，投标人在报价时必须把它们包括在投标报价中，但投标人不能对此部分进行变更 招标人会提出其他工程项目清单内的内容，如预留金等 投标人必须按招标文件要求填报格式填写。不然招标人会认为投标人没有响应招标文件，作废标处理。对招标人提供的总说明应进行很好的分析、研究，如对招标文件误解造成损失，全部由投标人承担

3. 分部分项工程综合单价计算

（1）充分了解招标文件，明确报价范围。投标报价应采用综合单价形式，是指招标文件所确定的招标范围内的除规费、税金以外全部工作内容，包括人工、材料、设备、施工机械、管理费、利润及一定的风险费用。

在投标组价时依据招标人提供的招标文件、施工图纸、补充答疑纪要、工程技术规范、质量标准、工期要求、承包范围、工程量清单、工器具及设备清单等，按企业定额或参照省市有关消耗量定额、价格指数确定综合单价。对于投标报价中数字保留小数点的位数依据招标文件要求，招标文件没有规定应按常规执行。一般除合价及总价有可能取整外，其他保留两位，小数点后第三位四舍五入。

（2）计算前的数据准备。工程量清单由招标人提供后，还得计算方案工程量，并校核工程量清单中的工程量。这些工作在接到招标文件后，在投标的前期准备阶段完成，到分部分项工程综合单价计算时进行整理、归类、汇总。

（3）测算工程所需人工工日、材料及机械台班的数量。规范规定企业可以按反映企业水平的企业定额或参照政府消耗量定额确定人工、材料、机械台班的耗用量。为了能够反映企业的个别成本，企业得有自己的企业定额。按清单项内的工程内容对应企业定额项目划分确定定额子目，再对应清单项进行分析、汇总。表 3 - 105 为某企业对此基础工程子目的企业定额。

表 3 - 105　　　　　　　某施工企业内部企业定额

定额编号	项目名称	单位	数量
010101003 - 1 - 5	人工挖沟深 4m 以内三类土地槽	m³	1
R01	综合工日	工日	0.296
010103001 - 1 - 2	基础土方运输，运输距离 5km 以内	m³	1
R01	综合工日	工日	0.065
J01	机动翻斗车	台班	0.161
010103002 - 1 - 3	基础回填机械夯实	m³	1
R01	综合工日	工日	0.169
J02	蛙式打夯机	台班	0.029
010301001 - 1 - 6	三七灰土垫层，厚度 50cm 以内	m³	1
R01	综合工日	工日	0.89
C01	白灰	t	0.164
C02	黏土	m³	1.323
C03	水	m³	0.202
J02	蛙式打夯机	台班	0.11
010301001 - 1 - 3	M5 水泥砂浆砌砖基础	m³	1
R01	综合工日	工日	1.218
C04	红砖	千块	0.512
C03	水	m³	0.161
C05	水泥 42.5 级	t	0.054
C06	中沙	m³	0.263
J03	灰浆搅拌机	台班	0.032
010403004 - 1 - 2	现浇 C20 地圈梁混凝土	m³	1
R01	综合工日	工日	2.133
C05	水泥 42.5 级	t	0.342
C06	中沙	m³	0.396
C03	水	m³	1.787
C07	卵石 4cm	m³	0.842
C08	草袋	m²	1.283
J04	混凝土搅拌机	台班	0.063
J05	插入式振动器	台班	0.125

（4）市场调查和询价。此工程为条形基础，不要求特殊工种的人员上岗，市场劳务来源比较充裕，且价格平稳，采用市场劳务价作为参考，按前3个月投标人使用人员的平均工资标准确定。

因工程所在地为大城市，工程所用材料供应充足，价格平稳，考虑到工期又较短，一般材料都可在当地采购，因此以工程所在地建材市场前3个月的平均价格水平为依据，不考虑涨价系数。

此工程使用的施工机械为常用机械，投标人都可自行配备，机械台班按全系统机械台班定额计算出台班单价，不再额外考虑调整施工机械费。

经上述市场调查和询价得到对应此工程的综合工日单价、材料单价及机械台班单价，见表3-106。

表3-106   部分综合人、材、机预算价格

项目	编号	名称	单位	价格（元）
人工	R01	综合工日	工日	80
	R02	普工	工日	78
	R03	瓦工	工日	85
材料	C01	白灰	t	230
	C02	黏土	m³	15
	C03	水	m³	0.5
	C04	红砖	千块	580
	C05	水泥42.5级	t	345
	C06	中沙	m³	67
	C07	卵石	m³	63
	C08	草袋	m²	2
机械	J01	机动翻斗车	台班	200
		蛙式打夯机	台班	100
		灰浆搅拌机	台班	100
		混凝土搅拌机	台班	600
		插入式振动器	台班	60
		载重汽车4t	台班	500

（5）计算清单项内的定额基价。按确定的定额含量及查询到的人工、材料、机械台班的单价，对应计算出定额子目单位数量的人工费、材料费和机械费。计算公式：

人工费＝Σ（人工工日数×对应人工单价）

材料费＝Σ（材料定额含量×对应材料综合材料预算单价）

机械费＝Σ（机械台班定额含量×对应机械的台班单价）

计算结果见表3-107

(6) 计算综合单价。计价规范规定综合单价必须包括清单项目内的全部费用，但招标人提供的工程量是不能变动的。施工方案、施工技术的增量全部包含在报价内。对应于清单工程特征内的工程内容费用也要包括在报价内，这就存在一个分摊的问题，就是把完成此清单项全部内容的价格计算出来后折算到招标人提供工程量的综合单价中。管理费包括现场管理费及企业管理费，按人工费、材料费、机械费的合计数的10%计取，利润按人工费、材料费、机械费的合计数的5%计取，不考虑风险。具体计算见表3-108。

表 3-107　　　　　　　　　　　某企业内部定额基价计算表

定额编号	项目名称	单位	数量	单价（元）	合价（元）	基价（元）
010101003-1-5	人工挖沟深4m以内三类土地槽	m³	1	—	—	23.68
人工费	综合工日	工日	0.296	80	23.68	23.68
010103001-1-2	基础土方运输，运输距离5km以内	m³	1			37.4
人工费	综合工日	工日	0.065	80	5.2	5.2
机械费	机动翻斗车	台班	0.161	200	32.2	32.2
010103002-1-3	基础回填机械夯实	m³	1	—	—	16.42
人工费	综合工日	工日	0.169	80	13.52	13.52
机械费	蛙式打夯机	台班	0.029	100	2.9	2.9
010301001-1-6	三七灰土垫层，厚度50cm以内	m³	1	—	—	139.87
人工费	综合工日	工日	0.89	80	71.2	71.2
材料费	白灰	t	0.164	230	37.72	57.67
	黏土	m³	1.323	15	19.85	
	水	m³	0.202	0.5	0.101	
机械费	蛙式打夯机	台	0.11	100	11	11
010301001-1-3	M5水泥砂浆砌砖基	m³	1	—	—	433.93
人工费	综合工日	工日	1.218	80	97.44	97.44
材料费	红砖	千块	0.512	580	296.96	333.29
	水	m³	0.161	0.5	0.08	
	水泥42.5级	t	0.054	345	18.63	
	中沙	m³	0.263	67	17.62	
机械费	灰浆搅拌机	台	0.032	100	3.2	3.2

表 3‑108　　　　分部分项工程量清单综合单价计价表

清单项目序号		1			2	3
1	清单项目编码	010101003001			010301001001	010301006001
2	清单项目名称	挖基础土方 土壤类别：三类土 基础类型：砖大放脚带形基础 垫层宽度：920mm 挖土深度：1.8m 弃土运距：4km			砖基础 　砖类型：MU10 机制红砖 　砂浆类型：M5 水泥砂浆 　基础类型：深度为2.5m 的条形基础 　垫层厚度：500mm，40m³	基础垫层 垫层类型：3：7 灰土
3	计量单位	m³			m³	m³
4	工程量清单	250			90	40
5	定额编号	010101003-1-5	010103001-1-2	010103002-1-3	010301001-1-3	010301001-1-6
6	定额子目名称	人工挖沟深 4m 以内三类土地槽	基础土方运输，距离5km 以内	基础回填机械夯实	M5 水泥砂浆砌砖基础	三七灰土垫层，厚度 50cm以内
7	定额计量单位	m³	m³	m³	m³	m³
8	计价工程量	573	130	443	90	40
9	定额基价	23.68	37.4	16.42	433.93	139.87
10	合价（元）	13568.64	4862	7274.06	39053.7	5594.8
11	人材机合计（元）	25704.7			39053.7	5594.8
12	管理费（元）	2570.05			3905.37	559.48
13	利润（元）	1285.24			1952.69	279.74
14	成本价（元）	29559.99			44911.76	6434.02
15	综合单价（元/m²）	118.24			499.02	160.85

计价规范规定工程量清单计价表必须按规定的格式填写，计算完成后，按规范要求的格式填报"分部分项工程量清单计价表"、"分部分项工程量清单综合单价分析表"、"主要材料价格表"，在这三个表内工程量清单的名称、单位、数量及主要材料规格、数量必须按工程量清单填写，不能做任何变动。分部分项工程量清单综合单价分析表，就是把如何按定额组价的每一个定额子目折算成每个工程量清单的总合单价的汇总表（表3-109）。

表3-109　　　　　　　　　　　　　分部分项工程量清单与计价表

工程名称：

序号	项目编码	项目名称	项目特征	计量单位	工程数量	金额（元）	
						综合单价	合价
1	010101003001	挖基础土方	土壤类别：三类土 基础类型：砖大放脚带形基础 垫层宽度：920mm 挖土深度：1.8m 弃土运距：4km	m³	250	118.24	29560
2	010301001001	砖基础	砖类型：MU10 机制红砖 砂浆类型：M5 水泥砂浆 基础类型：深度为 2.5m 的条形基础	m³	90	499.02	44911.8
3	010401006001	基础垫层	垫层类别：3：7 灰土 垫层厚度：500mm，40m³	m	40	160.85	6434
本页小计（元）							80905.8
合计（元）							80905.8

主要材料的格式按规范的要求执行，只对招标人工程量清单内要求的材料价格进行填报，但所填报的价格必须与分部分项组价时的材料预算价相一致。

分部分项工程量清单综合单价分析表，不是投标人的必报表格，是按招标文件的要求进行报价的，分析清单项目也要按招标人在工程量清单中的具体要求执行。必须注意以下几点：

（1）格式必须按规范中规定的格式填写。

（2）清单的具体项目按工程量清单的要求执行。

（3）工程内容为组价时按规范要求的内容对应定额的子目名称。

综合单价组成栏内的数值一律为单价。所有单价的计算公式如下：人工费、材料费、机械费的单价等于对应定额基价中人工费、材料费、机械费乘以计算工程量后，除以清单项目工程量。管理费及利润按规定的系数进行计算（表3-110），管理费按人、材、机单价合计数乘以10%计算，利润按人、材、机单价合计数乘以5%计算。

表 3 - 110 综合单价组成表

序号	项目编码	项目名称	项目特征	工程内容	综合单价组成						综合单价
					人工费	材料费	机械费	管理费	利润	小计	
1	010101003001	挖基础土方	土壤类别：三类土 基础类型：砖大放脚带形基础 垫层宽度：920mm 挖土深度:1.8m 弃土运距:4km	人工挖沟深 4m 内三类土地槽	54.27	—	—	5.43	2.72	62.42	118.24
				基础土方运输，距离 5km 以内	2.71	—	16.74	1.95	0.96	22.36	
				基础回填机械夯实	23.96	—	5.14	2.91	1.45	33.46	
2	010301001001	砖基础	类型：MU10 机制红砖 砂浆类型：M5 基础类型深度为 2.5m 的条形基础	M5 水泥砂浆砌砖基础	97.44	333.29	3.2	43.39	21.7	499.02	499.02
3	010401006001	基础垫层	垫层类型：3：7 灰土 厚度：500mm，40m³	三七灰土垫层，厚度 50cm 以内	71.2	57.67	11	13.99	6.99	160.85	160.85

4. 措施项目费计算

措施项目在计价时，首先应详细分析其所包含的全部工程内容，然后确定其综合单价。措施项目不同，其综合单价组成内容可能有差异，综合单价的组成包括完成该措施项目的人工费、材料费、机械费、管理费、利润及一定的风险。计算综合单价的方法有表 3 - 111 所列的几种。

表 3 - 111 计算综合单价的方法

方 法	说 明
定额法计价	这种方法与分部分项综合单价的计算方法一样，主要是指一些与实体有紧密联系的项目，如模板、脚手架、垂直运输等
实物量法计价	这种方法是最基本、也是最能反映投标人个别成本的计价方法，是按投标人现在的水平，预测将要发生的每一项费用的合计数，并考虑一定的涨幅因素及其他社会环境影响因素，如安全、文明措施费等

方　法	说　明
公式参数法计价	定额模式下几乎所有的措施费用都采用这种办法，有些地区以费用定额的形式体现，就是按一定的基数乘系数的方法或自定义公式进行计算。这种方法简单、明了，但最大的难点是公式的科学性、准确性难以把握，尤其是系数的测算是一个长期、规范的问题。系数的高低直接反映投标人的施工水平。这种方法主要适用于施工过程中必须发生，但在投标时很难具体分项预测，又无法单独列出项目内容的措施项目，如夜间施工、二次搬运费等，按此办法计价
分包法计价	在分包价格的基础上增加投标人的管理费及风险进行计价的方法，这种方法适合可以分包的独立项目，如大型机械设备进出场及安拆、室内空气污染测试等 　　措施项目计价方法的多样化正体现了工程量清单计价投标人自由组价的特点，其实上面提到的这些方法对分部分项工程、其他项目的组价都是有用的。在用上述办法组价时要注意： 　　（1）工程量清单计价规范规定，在确定措施项目综合单价时，规范规定的综合单价组成仅供参考，也就是措施项目内的人工费、材料费、机械费、管理费、利润等不一定全部发生，不要求每个措施项目内人工费、材料费、机械费、管理费、利润都必须有 　　（2）在报价时，有时措施项目招标人要求分析明细，这时用公式参数法组价、分包法组价都是先知道总数，这就靠人为用系数或比例的办法分摊人工费、材料费、机械费、管理费及利润 　　（3）招标人提出的措施项目清单是根据一般情况确定的，没有考虑不同投标人的"个性"，因此投标人在报价时，可以根据本企业的实际情况，增加措施项目内容并报价。如下例中用实物量计价法计算某住宅工程基础分部项目的安全施工措施费 　　①对安全施工措施项目基础数据的收集： 　　a. 本工程工期为 1 个月，实际施工天数为 30 天 　　b. 本工程投入生产工人 120 名，各类管理人员（包括辅助服务人员）8 名，在生产工人当中抽出 1 名专职安全员，负责整个现场的施工安全 　　c. 进入现场的人员一律穿安全鞋、戴安全帽，高空作业人员一律系安全带 　　d. 为安全起见，施工现场脚手架均须安装防护网 　　e. 每天早晨施工以前，进行 10 分钟的安全教育，每个星期一开半小时的安全例会 　　f. 班组的安全记录要按日填写完整 　　②根据施工方案对安全生产的要求，投标人编制安全措施费用如下 　　a. 专职安全员的人工工资及奖金、补助等费用支出为 1500 元 　　b. 安全鞋、安全帽费用：安全鞋按每个职工 1 双，每双 20 元，安全帽每个职工 1 顶，每顶为 8 元，按 50% 回收。其费用为：（120＋8）×（20＋8）×50%＝1792（元） 　　c. 安全教育与安全例会费为 1800（元） 　　d. 安全防护网措施费，根据计算，防护网搭设面积为 400m²，安全网每平方米 8 元，每平方米搭拆费用为 2.5 元，工程结束后，安全网一次性摊销完，安全防护网措施费＝100×（8＋2.5）＝1050（元）

方　法	说　明
分包法 计价	e. 安全生产费用合计＝1500＋1792＋1800＋1050＝6142（元） 　　其他措施项可以按公式参数法进行计算，如临时设施费按分部分项工程费用的3％、环境保护按分部分项工程费用的1％、文明施工按分部分项工程费用的5％计取，因此，临时设施措施费为22695.50×3％＝680（元） 　　环境保护措施费为 22695.50×1％＝227（元） 　　文明施工措施费为 22695.50×5％＝1135（元） 　　施工排水、施工降水可以按现场平面布置图，参照定额组价进行。计算结果为5000 元 　　根据招标文件要求及规范要求的格式，措施项目清单见表 3－112

表 3－112　　　　　　　　　措施项目清单与计价表

工程名称：某多层砖混住宅工程基础工程

编　号	项目名称	计算基础	费率（％）	金额（元）
（一）	安全文明施工费			8184
1	环境保护费			227
2	文明施工费			1135
3	安全施工费			6142
4	临时设施费			680
（二）	施工排水			5000
（三）	施工降水			5000
	合计			18184

5. 其他项目费计算

　　由于工程建设标准有高有低、复杂程度有难有易、工期有长有短、工程的组成内容有繁有简，工程投资有百千万元至上亿元，正由于工程的这种复杂性，在施工之前很难预料在施工过程中会发生什么变更，所以招标人按估算的方式将这部分费用以其他项目费的形式列出，由投标人按规定组价，包括在总报价内。前面分部分项工程综合单价、措施项目费都是投标人自由组价，可其他项目费不一定是投标人自由组价，原因是本规范提供了两部分四项作为列项的其他项目费，包括招标人部分和投标人部分。招标人部分是非竞争性项目，就是要求投标人按招标人提供的数量及金额进入报价，不允许投标人对价格进行调整。对于投标人部分是竞争性费用，名称、数量由招标人提供，价格由投标人自由确定。规范中提到的四种其他项目费：预留金、材料购置费、总承包服务费和零星工作项目费，对于招标人来说只是参考，可以补充，但对于投标人是不能补充的。必须按招标人提供的工程量清单执行。但在执行过程中应注意以下几点：

　　（1）其他项目清单中的预留金、材料购置费和零星工作项目费，均为估算、预测数量，虽在投标时计入投标人的报价中，不应视为投标人所有。竣工结算时，应按投标人实际完成的工作内容结算，剩余部分仍归招标人所有。

　　（2）预留金主要考虑可能发生的工程量变更而预留的金额，此处提出的工程量变更主要指工程量清单漏项、有误引起工程量的增加和施工中的设计变更引起标准提高而造成的工程量的增加等。

（3）总承包服务费包括配合协调招标人工程分包和材料采购所需的费用，此处提出的工程分包是指国家允许分包的工程，但不包括投标人自行分包的费用。投标人由于分包而发生的管理费，应包括在相应清单项目的报价内。

（4）为了准确计价，招标人用零星工作项目表的形式详细列出人工、材料、机械名称和相应数量。投标人在此表内组价，此表为零星工作项目费的附表，不是独立的项目费用表。

（5）其他项目费及零星工程项目费的报表格式必须按工程量清单及规格要求格式执行。如某多层砖混住宅楼工程的其他项目费如表3－113所示。预留金为投标人非竞争性费用，一般在工程量清单的总说明中有明确说明，按规定的费用计取。零星工作项目费按零星工作项目表的计算结果计取，见表3－113。

表3－113   其他项目清单与计价汇总表

工程名称：某多层砖混住宅工程基础工程

序号	项目名称	计量单位	金额（元）	备注
（一）	暂列金额	项		
（二）	暂估价			
1	材料暂估价			
2	专业工程暂估价	项		
（三）	计日工		7945	详见表3－114
（四）	总承包服务费			
	合计		7945	

表3－114   计日工表

工程名称：某多层砖混住宅工程基础工程

序号	项目名称	单位	暂定数量	综合单价	合价
1	人工 普工	工日	20	80	1600
	人工小计				1600
2	材料 水泥42.5级	t	1	345	345
	材料小计				345
3	施工机械 载重汽车4t	台班	10	600	6000
	施工机械小计				6000
	总计				7945

6. 规费的计算

规费是指政府和有关部门规定必须缴纳的费用，包括工程排污费、工程定额测定费、社会保障费、住房公积金及危险作业意外伤害保险等。规费的计算比较简单，在投标报价时，规费的计算一般按国家及有关部门规定的计算公式及费率标准计算。

7. 税金的计算

建筑安装工程税金由营业税、城市维护建设税及教育费附加构成，是国家税法规定的应计入工程造价内的税金，是"转嫁税"。与分部分项工程费、措施项目费及其他项目费不同，税金具有法定性和强制性，工程造价包括按税法规定计算的税金，并由工程承包人按规定及时足额交纳给工程所在地的税务部门。

(1) 营业税的税额为营业额的3%，其中营业额是指从事建筑、安装、修缮、装饰及其他工程作业收取的全部收入，包括工程所用材料、物资价值，当安装设备的价值纳入发包价格时，也包括安装设备的价款，工程总承包人将工程分包或者转包给他人的，以工程的全部承包额减去付给分包人或者转包人的价款后的余额为营业额，但仍以总承包人为代扣缴义务人。营业税的计税公式为：

$$计税价格=[工程成本×(1+成本利润率)]÷(1-营业税税率)$$

(2) 城市维护建设税额。工程所在地为市区的，按营业税的7%征收；工程所在地为县镇的，按营业税的5%征收；所在地在农村的，按营业税的1%征收。城乡维护建设税的计税公式为：

$$应纳税额=应税营业税额×适用税率（7\%或5\%或1\%）$$

(3) 教育费附加税额为营业税的3%。其计税公式为：

$$应纳税额=应税营业税额×3\%$$

为了计算上的方便，可将营业税、城市维护建设税、教育费附加通过简化计算合并在一起，以工程成本加成本利润率为基数计算税金。在建筑业计算价款时，在未计税金之前是不知道总价款的，可税金又是按总价款为基数乘适用税率，这就存在一个含税计税的问题。因此必须推导出一个税前价款计税的公式，也就是以工程总价款扣除应交税金额的价款为基数×税率=工程总价款×适用税率。税率的计算公式如下：

$$税率=\{1÷[1-营业税适用税率×(1+城市维护建设税适用税率$$
$$+教育费附加适用税率)]-1\}×100\%$$

如果工程所在地在市区的，则：

$$税率（\%）=\left[\frac{1}{1-3\%-(3\%×7\%)-(3\%×3\%)}-1\right]×100\%=3.41\%$$

工程所在地在县城镇的，则：

$$税率（\%）=\left[\frac{1}{1-3\%-(3\%×5\%)-(3\%×3\%)}-1\right]×100\%=3.35\%$$

工程所在地不在市区、县城、镇的，则：

$$税率（\%）=\left[\frac{1}{1-3\%-(3\%×1\%)-(3\%×3\%)}-1\right]×100\%=3.22\%$$

按上面的举例，规费的费率为5%，此工程在城市，税率为3.41%。工程的规费、税金计算见表3-115。

表3-115 规费、税金项目清单与计价表

序号	项目名称	计算基础	费率（%）	金额（元）
1	规费	分部分项费＋措施项目费＋其他项目费	5	5351.74
2	税金	分部分项费＋措施项目费＋其他项目费＋规费	3.41	3832.38
3	合计	—	—	9184.12

8. 工程总造价计算

取费计算完后，可以按规范要求的格式填报"单位工程投标报价汇总表"（表3-116）。对于"投标总价"、"工程项目投标报价汇总表"、"单项工程投标报价汇总表"按规范要求的格式进行填报（表3-116至表3-119）。

表3-116 单位工程投标报价汇总表

工程名称：某多层砖混住宅基础工程

序号	汇总内容	金额（元）	其中：暂估价（元）
1	分部分项工程清单计价合计	80905.8	—
2	措施项目清单计价合计	18184	—
3	其他项目清单计价合计	7945	—
4	规费	5351.74	—
5	税金	3832.38	—
合计＝1＋2＋3＋4＋5		116218.91	—

表3-117 单项工程招标控制价汇总表

工程名称：某多层砖混住宅基础工程

序号	单项工程名称	金额（元）	其中		
			暂估价（元）	安全文明施工费（元）	规费（元）
1	某多层砖混住宅基础工程	116218.91	—	8184	5351.74
	合计	116218.91	—	8184	5351.74

表3-118 工程项目投标报价汇总表

工程名称：某多层砖混住宅基础工程

序号	单项工程名称	金额（元）	其中		
			暂估价（元）	安全文明施工费（元）	规费（元）
1	某多层砖混住宅基础工程	116218.91	—	8184	5351.74
	合计	116218.91	—	8184	5351.74

表 3－119	投标总价

招 标 人：_____××××_____

工程名称：_____某多层砖混住宅基础工程_____

投标总价(小写)：_____116218.91 元_____

　　　　(大写)：_____拾壹万陆仟贰佰壹拾捌元玖角壹分_____

　　　　　　　　　××××公司

投 标 人：_____ (单位盖章)

法定代表人

或其授权人：_____××××公司　法定代表人_____ (签字或盖章)

　　　　　　　　　×××签字

　　　　　　　　盖造价工程师

编 制 人：_____或造价员章_____ (造价人员签字盖专用章)

编制时间：_____ 年____ 月____日

第四章

建筑工程工程量计算

第一节 工程量计算基本知识

工程量是指以物理计量单位或自然单位所表示的各个具体工程和结构配件的数量。物理计量单位，一般是指以公制度量表示的长度、面积、体积、质量等。如建筑物的建筑面积、楼面的面积（m^2），墙基础、墙体、混凝土梁、板、柱的体积（m^3），管道、线路的长度（m），钢柱、钢梁、钢屋架的质量（t）等。自然计量单位是指以施工对象本身自然组成情况为计量单位，如个、组、套、台等。

工程量是编制施工图预算的重要基础数据，同时也是施工图预算中最烦琐、最细致的工作。工程量计算准确与否，将直接影响工程造价的准确性。

工程量是施工企业编制施工作业计划、合理安排施工进度、调配进入施工现场的劳动力、材料、设备等生产要素的重要依据，是加强成本管理、实行承包核算的重要依据。

一、工程量计算依据和一般方法

1. 工程量计算依据的资料

工程量计算依据的资料有如下几点：

（1）审定的施工图样及设计说明，如相关图集、设计变更资料、图样答疑、会审记录等。

（2）经审定的施工组织设计或施工方案。

（3）工程施工合同，招标文件的商务条款。

（4）工程量计算规则等地方及国家标准。

2. 工程量计算的一般方法

为了准确地、快速地计算工程量，避免漏项、重复现象的发生，在计算中应按照一定的规律进行。计算工程量的方法实际上是计算顺序的问题，通常的计算顺序有两种：

（1）按照施工顺序计算：按照施工的先后顺序，即从平整场地、基础挖土算起，直至装修工程等全部施工内容结束为止。一般自下而上，由外向内依次进行计算。

（2）按照定额手册中各项目的排列顺序计算：定额的顺序，即是按定额的章节、子目顺序，由前到后，同时参照施工图列项计算。

另外，还可以利用统筹法计算工程量，统筹法计算工程量的基本思路是先进行基数计算，把计算全过程中基本数据、被重复使用的结果数据按先后使用的需要，统筹安排数据的计算，运用统筹原理和统筹图来合理安排工程量的计算程序，以最少的计算次数简化工程量计算过程，从而节省时间，以提高工程造价的编制速度和准确性。

二、工程量计算的一般原则

为了准确地计算工程量，提高施工图预算编制的质量和速度，防止工程量计算中出现错算、漏算和重复计算。工程量计算时，通常要遵循以下原则：

1. 计算口径要一致

计算工程量时，根据施工图列出的分部分项工程项目，它所包括的工作内容和范围，必须与定额中相应分项工程的规定一致。如楼地面工程卷材防潮层定额项目中，已包括刷冷底子油一遍附加层工料的消耗，所以在计算该分项工程时，不能再列刷冷底子油项目，否则就是重复计算工程量。

2. 工程量计算规则要一致

预（概）算定额各个分部都列有工程量计算规则，在计算工程量时，必须严格执行工程量计算规则，才能保证工程量计算的准确性，如在砖墙工程量计算中，定额中规定了哪些是应扣除的体积，哪些是不应扣除的体积，应按其规定计算而不能擅自决定。

3. 计量单位要一致

按施工图纸计算工程量时，所列各分项工程的计量单位，必须与定额中相应项目的计量单位一致。例如，砖砌墙体工程量的计量单位是立方米（m³），而不是以平方米（m²）计。

4. 计算工程量要遵循一定的顺序进行

计算工程量时，为了快速准确，不重不漏，一般应遵循一定的顺序进行。表 4 - 1 分别介绍土建工程中工程量计算通常采用的几种顺序。

表 4 - 1   计算工程量遵循的顺序

类　别	说　明
按施工顺序计算	按施工先后顺序依次计算工程量，即按平整场地、挖地槽、基础垫层、砖石基础、回填土、砌墙、门窗、钢筋混凝土楼板安装、屋面防水、外墙抹灰、楼地面、内墙抹灰、粉刷、油漆等分项工程进行计算
按定额顺序计算	按当地定额中的分部分项编排顺序计算工程量，即从定额的第一分部第一项开始，对照施工图纸，凡遇定额所列项目，在施工图中有的，就按该分部工程量计算规则算出工程量。凡遇定额所列项目，在施工图中没有的，就忽略，继续看下一个项目，若遇到有的项目，其计算数据与其他分部的项目数据有关，则先将项目列出，其工程量待有关项目工程量计算完成后，再进行计算。例如，计算墙体砌筑，该项目在定额的第四分部，而墙体砌筑工程量为：（墙身长度×高度－门窗洞口面积）×墙厚－嵌入墙内混凝土及钢筋混凝土构件所占体积＋垛、附墙烟道等体积。这时可先将墙体砌筑项目列出，工程量计算可暂放缓一步，待第五分部混凝土及钢筋混凝土工程及第六分部门窗工程等工程量计算完毕后，再利用该计算数据补算出墙体砌筑工程量 这种按定额编排计算工程量顺序的方法，对初学者可以有效地防止漏算重算现象
按图纸拟定一个有规律的顺序依次计算	①按顺时针方向计算：从平面图左上角开始，按顺时针方向依次计算。例如外墙计算可从左上角开始，依箭头所指示的次序计算，绕一周后又回到左上角（如图 4 - 1 所示）。此方法适用于外墙、外墙基础、外墙挖地槽、楼（地）面、顶棚、室内装饰等工程量的计算

类　别	说　明
按图纸拟定一个有规律的顺序依次计算	②按先横后竖，先上后下，先左后右的顺序计算：以平面图上的横竖方向分别从左到右或从上到下依次计算，如图 4-2 所示。此方法适用于内墙、内墙挖地槽、内墙基础和内墙装饰等工程量的计算 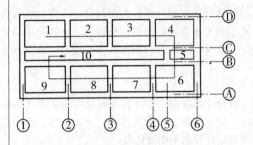 图 4-1　按顺时针方向顺序计算 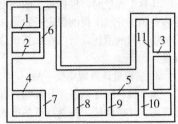 图 4-2　按先横后竖、先上后下、 先左后右的顺序计算 ③按照图纸上的构、配件编号顺序计算：在图纸上注明记号，按照各类不同的构（配）件，如柱、梁、板等编号，顺序地按柱 Z_1、Z_2、Z_3、Z_4…；梁 L_1、L_2、L_3…，板 B_1、B_2、B_3…构件编号依次计算，如图 4-3 所示 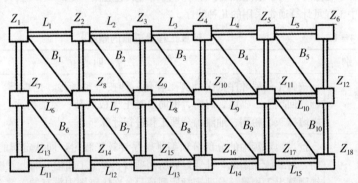 图 4-3　按构（配）件编号顺序计算 ④根据平面图上的定位轴线编号顺序计算：对于复杂工程，计算墙体、柱子和内外粉刷时，仅按上述顺序计算还可能发生重复或遗漏，这时，可按图纸上的轴线顺序进行计算，并将其部位以轴线号表示出来。如位于 A 轴线上的外墙，轴线长为①~②，可标记为 A：①~②。此方法适用于内外墙挖地槽、内外墙基础、内外墙砌体、内外墙装饰等工程量的计算

三、工程量计算步骤和注意事项

1. 工程量计算步骤

工程量计算可先列出分项工程项目名称、计量单位、工程数量、计算式等，见表 4-2。

表 4-2   工程量计算表

工程名称：_____   第____页共____页

序 号	项目名称	工程量计算式	单 位	工程数量

计算：   校核：   审查：   年   月   日

（1）列出分项工程名称：根据施工图纸及定额规定，按照一定计算顺序，列出单位工程施工图预算的分项工程项目名称。

（2）列出计量单位、计算公式：按定额要求，列出计量单位和分项工程项目的计算公式，计算工程量，采用表格形式进行，可使计算步骤清楚，部位明确，便于核对，减少错误。

（3）汇总列出工程数量：计算出的工程量同类项目汇总后，填入工程数量栏内，作为计取工程直接费的依据。

2. 工程量计算的注意事项

工程量计算的应注意如下几点：

（1）必须口径一致：根据施工图列出的项目所包括的内容及范围必须与计算规则中规定的相应项目一致，才能准确地套用工程量单价。计算工程量除必须熟悉施工图样外，还应熟悉计量规则中每个项目所包括的内容和范围。

（2）根据设计图样和设计说明进行准确的项目描述，对图样中的错漏、尺寸符号、用料及做法不清等问题应及时请设计单位解决，计算时应以设计图样为依据，不能任意更改。

（3）注意计算中的整体性和相关性：一个工程项目是一个整体，计算工程量时应从整体出发。例如墙体工程量，开始计算时不论有无门窗洞口，先按整体墙体计算，在算到门窗或其他相关分部时，再在墙体工程中扣除这部分洞口工程量。又如计算土方工程量，要注意自然地坪标高与设计室内地坪标高的差数，为计算挖、填深度提供可靠数据。

（4）注意计算的切实性：工程量计算前应深入了解工程现场情况，拟采用的施工方案、施工方法等，从而使工程量更切合实际。

（5）注意对计算结果的自检和他检：另外，工程量的计算应注意按照相应的工程量计算规则进行。与《全国统一建筑工程基础定额》相配套的是《全国统一建筑工程预算工程量计算规则》。各地区的预算定额中有些计算规则不完全相同，且工程量清单计价规范的某些计算规则也有所不同。

第二节　建筑面积计算规范

一、建筑面积基本概述

建筑面积是指建筑物各层外墙外围水平投影面积的总和，它是反映建筑平面建设规模的数量指标。建筑面积中包括结构面积（墙、柱等结构所占面积）和有效面积（扣除结构面积后的面积）。

建筑面积反映了建筑规模的大小，它是国家编制基本建设计划、控制投资规模的一项重要技术指标。

建筑面积是检查控制施工进度、竣工任务的重要指标，如开工面积、已完工面积、竣工面积、在建面积、优良工程率、建筑装饰规模等都是以建筑面积为指标表示的。

建筑面积是初步设计阶段选择概算指标的重要依据之一。建筑面积是计算面积利用系数、土地利用系数及单位建筑面积经济指标的依据。

建筑面积亦称建筑展开面积，它是指住宅建筑外墙外围线测定的各层平面面积之和。它是表示一个建筑物建筑规模大小的经济指标。它包括三项，即使用面积、辅助面积和结构面积。

（1）使用面积：指建筑物各层平面中直接为生产或生活使用的净面积之和。例如，住宅建筑中的居室、客厅、书房、储藏室、厨房、卫生间等。

（2）辅助面积：指建筑物各层平面中为辅助生产或辅助生活所占净面积之和。例如，建筑物中的楼梯、走道、屯梯间、杂物间等。使用面积与辅助面积之和称有效面积。

（3）结构面积：是指建筑各层平面中的墙、柱等结构所点面积之一。

1. 不应计算面积的项目

（1）建筑物通道（骑楼、过街楼的底层）。

（2）建筑物内的设备管道夹层。

（3）建筑物内分隔的单层房间，舞台及后台悬挂幕布、布景的天桥、挑台等。

（4）屋顶水箱、花架、凉棚、露台、露天游泳池。

（5）建筑物内的操作平台、上料平台、安装箱和罐体的平台。

（6）勒脚、附墙柱、垛、台阶、墙面抹灰、装饰面、镶贴块料面层、装饰性幕墙、空调室外机搁板（箱）、飘窗、构件、配件、宽度在 2.10m 及以内的雨篷，以及与建筑物内不相连通的装饰性阳台、挑廊。

（7）无永久性顶盖的架空走廊、室外楼梯和用于检修、消防等的室外钢楼梯、爬梯。

（8）自动扶梯、自动人行道。

（9）独立烟囱、烟道、地沟、油（水）罐、气柜、水塔、贮油（水）池、贮仓、栈桥、地下人防通道、地铁隧道。

2. 建筑面积各经济指标的计算公式

（1）每平方米工程造价＝$\dfrac{\text{工程造价}}{\text{建筑面积}}$（元/m^2）。

（2）每平方米人工消耗＝$\dfrac{\text{单位工程用工量}}{\text{建筑面积}}$（工日/m^2）。

（3）每平方米材料消耗＝$\dfrac{\text{单位工程某材料用量}}{\text{建筑面积}}$（kg/m^2、m^3/m^2 等）。

（4）每平方米机械台班消耗＝$\dfrac{\text{单位工程某机械台班用量}}{\text{建筑面积}}$（台班/m^2 等）。

（5）每平方米工程量＝$\dfrac{\text{单位工程某工程量}}{\text{建筑面积}}$（m^2/m^2、m/m^2 等）。

二、建筑面积计算规范概述

由于建筑面积是计算各种技术指标的重要依据，这些指标又起着衡量和评价建设规模、投资效益、工程成本等方面重要尺度的作用。因此，中华人民共和国建设部颁发了《建筑工程建筑面积计算规范》（GB/T 5035—2005），规定了建筑面积的计算方法。

本规范主要内容有总则、术语、计算建筑面积的规定。为便于准确理解和应用本规范，对建筑面积计算规范的有关条文进行了说明。

本规范由建设部负责管理，建设部标准定额研究所负责具体技术内容的解释。

1. 总则

（1）为规范工业与民用建筑工程的面积计算，统一计算方法，制定本规范。

（2）本规范适用于新建、扩建、改建的工业与民用建筑工程的面积计算。

（3）建筑面积计算应遵循科学、合理的原则。

（4）建筑面积计算除应遵循本规范，尚应符合国家现行的有关标准规范的规定。

2. 术语的定义或涵义

术语的定义或涵义，见表4-3。

表 4-3 术语的定义或涵义

术语	定义或涵义
层 高	是指上下两层楼面或楼面与地面之间的垂直距离
自然层	是指按楼板、地板结构分层的楼层
架空层	是指建筑物深基础或坡地建筑吊脚架空部位不回填土石方形成的建筑空间
走 廊	是指建筑物的水平交通空间
挑 廊	是指挑出建筑物外墙的水平交通空间
檐 廊	是指设置在建筑物底层出檐下的水平交通空间
回 廊	是指在建筑物门厅、大厅内设置在二层或二层以上的回形走廊
门 斗	是指在建筑物出入口设置的起分隔、挡风、御寒等作用的建筑过渡空间

续表

术语	定义或涵义
建筑物通道	是指为道路穿过建筑物而设置的建筑空间
架空走廊	是指建筑物与建筑物之间，在二层或二层以上专门为水平交通设置的走廊
勒脚	是指建筑物的外墙与室外地面或散水接触部位墙体的加厚部分
围护结构	是指围合建筑空间四周的墙体、门、窗等
围护性幕墙	是指直接作为外墙起围护作用的幕墙
饰性幕墙	是指设置在建筑物墙体外起装饰作用的幕墙
落地橱窗	是指突出外墙面根基落地的橱窗
阳台	是指供使用者进行活动和晾晒衣物的建筑空间
眺望间	是指设置在建筑物顶层或挑出房间的供人们远眺或观察周围情况的建筑空间
雨篷	是指设置在建筑物进出口上部的遮雨、遮阳篷
地下室	是指房间地平面低于室外地平面的高度超过该房间净高的1/2者为地下室
半地下室	是指房间地平面低于室外地平面的高度超过该房间净高的1/3，且不超过1/2者为半地下室
变形缝	是指伸缩缝（温度缝）、沉降缝和防震缝的总称
永久性顶盖	是指经规划批准设计的永久使用的顶盖
飘窗	是指为房间采光和美化造型而设置的突出外墙的窗
骑楼	是指楼层部分跨在人行道上的临街楼房
过街楼	是指有道路穿过建筑空间的楼房

3. 建筑面积计算规范的主要内容

《建筑工程建筑面积计算规范》主要规定了三个方面的内容：

（1）计算全部建筑面积的范围和规定。

（2）计算一半建筑面积的范围和规定。

（3）不计算建筑面积的范围和规定。

这些规定主要基于以下几个方面的考虑：

①尽可能准确地反映建筑物各组成部分的价值量。例如，有永久性顶盖，无围护结构的走廊，按其结构底板水平面积1/2计算建筑面积；有围护结构的走廊（增加了围护结构的工料消耗）则计算全部建筑面积。又如，多层建筑坡屋顶内和场馆看台下，当设计加以利用时，净高超过2.10m的部位应计算建筑面积；净高在1.20～2.10m的部位应计算1/2面积；净高不足1.20m时不应计算面积。

②通过建筑面积计算的规定，简化了建筑面积计算过程。例如，附墙柱、垛等不应计算建筑面积。

4. 计算建筑面积的规定

计算建筑面积的规定，见表4-4。

表 4 - 4	计算建筑面积的规定
类　别	计 算 规 定
单层建筑物面积计算规则	单层建筑物面积计算规定如下： （1）单层建筑物的建筑面积，应按其外墙勒脚以上结构外围水平面积计算，勒脚是墙根部很矮的一部分墙体加厚，不能代表整个外墙结构，因此，要扣除勒脚墙体加厚的部分，并应符合下列规定： ①单层建筑物高度在 2.20m 及以上者，应计算全面积；高度不足 2.20m 者，应计算 1/2 面积 ②利用坡屋顶内空间时，顶板下表面至楼面的净高超过 2.10m 的部位，应计算全面积；净高在 1.20～2.10m 的部位，应计算 1/2 面积；净高不足 1.20m 的部位，不应计算面积。单层建筑物可以是民用建筑、公共建筑，也可以是工业厂房。建筑面积只包括外墙的结构面积，不包括外墙抹灰厚度、装饰材料厚度所占的面积 （2）单层建筑物内设有局部楼层者，局部楼层的二层及以上楼层，有围护结构的应按其围护结构外围水平面积计算，无围护结构的应按其结构底板水平面积计算。层高在 2.20m 及以上者，应计算全面积；层高不足 2.20m 者，应计算 1/2 面积
多层建筑物建筑面积计算规则	多层建筑物建筑面积计算规定如下： ①多层建筑物首层应按其外墙勒脚以上结构外围水平面积计算，二层及以上楼层应按其外墙结构外围水平面积计算。层高在 2.20m 及以上者，应计算全面积；层高不足 2.20m 者，应计算 1/2 面积 ②多层建筑坡屋顶内和场馆看台下，当设计加以利用时，净高超过 2.10m 的部位，应计算全面积；净高在 1.20～2.10m 的部位，应计算 1/2 面积；当设计不利用或室内净高不足。1.20m 时，不应计算面积 外墙上的抹灰厚度或装饰材料厚度不能计入建筑面积。"二层及以上楼层"，是指有可能各层的平面布置不同，面积也不同，因此，要分层计算。多层建筑物的建筑面积应按不同的层高分别计算。层高是指上下两层楼面结构标高之间的垂直距离。建筑物最底层的层高指当有基础底板时，按基础底板上表面结构标高至上层楼面的结构标高之间的垂直距离确定；当没有基础底板时，按地面标高至上层楼面结构标高之间的垂直距离确定。最上一层的层高是指楼面结构标高至屋面板板底结构标高之间的垂直距离；若遇到以屋面板找坡的屋面，屋高指楼面结构标高至屋面板最低处找坡结构标高之间的垂直距离。多层建筑坡屋顶内和场馆看台下的空间应视为坡屋顶内的空间，设计加以利用时，应按其净高确定其面积的计算；设计不利用的空间，不应计算建筑面积
地下室、半地下室建筑面积计算规则	计算面积包括相应的有永久性顶盖的出入口，应按其外墙上口（不包括采光井、外墙防潮层及其保护墙）外边线所围水平面积计算。层高在 2.20m 及以上者，应计算全面积；层高不足 2.20m 者，应计算 1/2 面积 地下室、半地下室应以其外墙上口外边线所围水平面积计算。原计算规则规定，按地下室、半地下室上口外墙外围水平面积计算，文字上不甚严密，"上口外墙"容易理解为地下室、半地下室的上一层建筑的外墙。由于上一层建筑外墙与地下室墙的中心线不一定完全重叠，多数情况是凸出或凹进地下室外墙中心线

续表1

类　别	计 算 规 定
坡地建筑物面积计算规则	坡地的建筑物吊脚架空层、深基础架空层，设计加以利用并有围护结构的，层高在2.20m及以上的部位，应计算全面积；层高不足2.20 m的部位，应计算1/2面积。设计加以利用、无围护结构的建筑吊脚架空层，应按其利用部位水平面积的1/2计算；设计不利用的深基础架空层、坡地吊脚架空层、多层建筑坡屋顶内、场馆看台下的空间不应计算面积。层高在2.20m的及以上的吊脚架空层可以设计用来作为一个房间使用。深基础架空层2.20m以上层高时，可以设计用来作为安装设备或做贮藏间使用
门厅、大厅建筑面积计算规则	门厅、大厅建筑面积计算规定如下： ①建筑物的门厅、大厅按一层计算建筑面积。门厅、大厅内设有回廊时，应按其结构底板水平面积计算。回廊层高在2.20m及以上者，应计算全面积；层高不足2.20m者，应计算1/2面积 ②"门厅、大厅内设有回廊"，是指建筑物大厅、门厅的上部（一般该大厅、门厅占两个或两个以上建筑物层高）四周向大厅、门厅、中间挑出的走廊称为回廊。宾馆、大会堂、教学楼等大楼内的门厅或大厅，往往要占建筑物的两层或两层以上的层高，这时也只能计算一层面积。"层高不足2.20m者，应计算1/2面积"应该指回廊层高可能出现的情况
架空走廊建筑面积计算规则	建筑物间有围护结构的架空走廊，应按其围护结构外围水平面积计算，层高在2.20m及以上者，应计算全面积；层高不足2.20m者，应计算1/2面积。有永久性顶盖无围护结构的应按其结构底板水平面积的1/2计算。架空走廊是指建筑物与建筑物之间，在二层或二层以上专门为水平交通设置的走廊
舞台灯光控制室建筑面积计算规则	舞台灯光控制室建筑面积计算规定如下： ①有围护结构的舞台灯光控制室，应按其围护结构外围水平面积计算。层高在2.20m及以上者，应计算全面积；层高不足2.20m者，应计算1/2面积 ②如果舞台灯光控制室有围护结构且只有一层，则就不能另外计算面积。因为整个舞台的面积计算已经包含了该灯光控制室的面积
立体书库、立体仓库、立体车库	立体书库、立体仓库、立体车库的建筑面积计算规定如下： ①立体书库、立体仓库、立体车库，无结构屋的应按一层计算，有结构层的应按其结构层面积分别计算。层高在2.20m及以上者，应计算全面积；层高不足2.20m者，应计算1/2面积 ②立体书库、立体仓库、立体车库没有规定是否有围护结构的，均按是否有结构层，应区分不同的层高确定建筑面积计算的范围
场馆看台的建筑面积	场馆看台的建筑面积计算规定如下： ①有永久性顶盖无围护结构的场馆看台应按其顶盖水平投影面积的1/2计算 ②这里所称的"场馆"实际上指"场"（如网球场、足球场等）看台上有永久性顶盖部分。"馆"应是有永久性顶盖和围护结构的，应按单层或多层建筑相关规定计算面积

238

续表 2

类　别	计　算　规　定
楼梯间、水箱间、电梯机房建筑面积	楼梯间、水箱间、电梯机房建筑面积计算规定如下： ①建筑物顶部有围护结构的楼梯间、水箱间、电梯机房等，层高在 2.20m 及以上者，应计算全面积；层高不足 2.20m 者，应应计算 1/2 面积 ②如遇建筑物屋顶的楼梯间是坡屋顶，应按坡屋顶的相关规定计算面积。单独放在建筑物屋顶上的混凝土水箱或钢板水箱，不计算面积
有围护结构不垂直于水平面而超出底板外沿建筑物的建筑面积	有围护结构不垂直于水平面而超出底板外沿建筑物的建筑面积计算规定如下： ①设有围护结构不垂直于水平面而超出底板外沿的建筑物，应按其底板面的外围水平面积计算。层高在 2.20m 及以上者应计算全面积；层高不足 2.20m 者应计算 1/2 面积 ②设有围护结构不垂直于水平面而超出底板外沿的建筑物是指向建筑物外倾斜的墙体，若遇有向建筑物内倾斜的墙体，应视为坡屋顶，应按坡屋顶有关规定计算面积
室内楼梯间、井、垃圾道、附墙烟囱等建筑面积	室内楼梯间、井、垃圾道、附墙烟囱等建筑面积计算规定如下： ①建筑物内的室内楼梯间、电梯井、观光电梯井、提物井、管道井、通风排气竖井、垃圾道、附墙烟囱应按建筑物的自然层计算 ②内楼梯间的面积计算，应按楼梯依附的建筑物的自然层数计算并在建筑物面积内。遇跃层建筑，其共用的室内楼梯应按自然层计算面积；上下两错层户室共用的室内楼梯，应选上一层的自然层计算面积（图 4-4），电梯井是指安装电梯用的垂直井 图 4-4　户室错层剖面示意图

续表3

类　别	计　算　规　定
雨篷结构建筑面积	雨篷结构建筑面积计算规定如下： ①雨篷结构的外边线至外墙结构外边线的宽度超过 2.10m 者，应按雨篷结构板的水平投影面积的 1/2 计算 ②雨篷均以其宽度超过 2.10m 或不超过 2.10m 衡量，超过 2.10m 者应按雨篷的结构板水平投影面积的 1/2 计算。有柱雨篷和无柱雨篷计算应一致
有永久性顶盖的室外楼梯	有永久性顶盖的室外楼梯的建筑面积计算规定如下： ①有永久性顶盖的室外楼梯，应按建筑物自然层的水平投影面积的 1/2 计算 ②室外楼梯，最上层楼梯无永久性顶盖，或不能完全遮盖楼梯的雨篷，上层楼梯不计算面积，上层楼梯可视为下层楼梯的永久性顶盖，下层楼梯应计算面积
阳台建筑面积计算	阳台建筑面积计算规定如下： ①建筑物的阳台均应按其水平投影面积的 1/2 计算 ②建筑物的阳台，不论是凹阳台、挑阳台、封闭阳台、不封闭阳台均按其水平投影面积的一半计算
落地橱窗、门斗、挑廊、走廊、檐廊的建筑面积	落地橱窗、门斗、挑廊、走廊、檐廊的建筑面积计算规定如下： ①建筑物外有围护结构的落地橱窗、门斗、挑廊、走廊、檐廊，应按其围护结构外转水平面积计算。屋高在 2.20m 及以上者，应计算全面积；层高不足 2.20m 者，应计算 1/2 面积。有永久性顶盖无围护结构的，应按其结构底板水平面积的 1/2 计算 ②落地橱窗是指突出外墙面，根基落地橱窗。门斗是指在建筑物出入口设置的起分隔、挡风、御寒等作用的建筑过渡空间。保温门斗一般有围护结构。挑廊是指挑出建筑物外墙的水平交通空间。走廊是指建筑物底层的水平交通空间。檐廊是指设置在建筑物底檐下的水平交通空间
其他建筑面积	其他建筑面积计算规定如下： ①有永久性顶盖无围护结构的车棚、货棚、站台、加油站、收费站等，应按其顶盖水平投影面积的 1/2 计算，如车棚、货棚、站台、加油站、收费站等的面积计算。在车棚、货棚、站台、加油站、收费站内设有有围护结构的管理室、休息室等，另按相关规定计算面积 ②高低联跨的建筑物，应以高跨结构外边线为界分别计算建筑面积；其高低跨内部连通时，其变形缝应计算在低跨面积内 ③以幕墙作为围护结构的建筑物，应按幕墙外边线计算建筑面积 ④建筑物外墙外侧有保温隔热层的，应按保温隔热层外边线计算建筑面积 ⑤建筑物内的变形缝，应按其自然层合并在建筑物面积内计算。此处所指建筑物内的变形缝是与建筑物相连通的变形缝，即暴露在建筑物内，在建筑物内可以看得见的变形缝

第三节 土石方工程

建筑工程中，无论是编制施工组织设计还是工程投标报价，无论是编制施工图预算还是编制工程量清单及清单计价，工程量都是一个重要的依据。因而，在工程中必须正确地计算工程量。要正确计算工程量，就必须按照一定的规则来计算，下面主要介绍现行的《全国统一建筑工程预算工程量计算规则》（土建工程部分）中工程量计算规则的内容。

一、土石方工程定额内容、规定与工程量的计算规则

（一）定额工作内容

1. 机械土石方

机械土石方定额工作内容，见表 4-5。

表 4-5   机械土石方定额工作内容

定额	定额工作内容
推土机推土方	推土机推土方工作内容包括以下几项： ①推土机推土、弃土、平整 ②修理边坡 ③工作面内排水
铲运机铲运土方	铲运机铲运土方工作内容包括以下几项： ①铲土、运土、卸土及平整 ②修理边坡 ③工作面内排水
挖掘机挖土方	挖掘机挖土方工作内容包括以下几项： ①挖土、将土堆放到一边 ②清理机下余土 ③工作面内的排水 ④修理边坡
挖掘机挖土自卸汽车运土方	挖掘机挖土自卸汽车运土方工作内容包括以下几项： ①挖土、装车、运土、卸土、平整 ②修理边坡、清理机下余土 ③工作面内的排水及场内汽车行驶道路的养护
装载机装运土方	装载机装运土方工作内容容包括以下几项： ①装土、运土、卸土 ②修整边坡 ③清理机下余土

续表 1

定 额	定额工作内容
自卸汽车运土方	自卸汽车运土方工作内容包括以下几项： ①运土、卸土、平整 ②场内汽车行驶道路的养护
地基强夯	地基强夯工作内容包括以下几项： ①机具准备 ②按设计要求布置锤位线 ③夯击 ④夯锤位移 ⑤施工道路平整 ⑥资料记载
场地平整、碾压	场地平整、碾压工作内容包括以下几项： ①推平、碾压 ②工作面内排水
推土机推渣	推土机推渣工作内容包括以下几项： ①推渣、弃渣、平整 ②集渣、平渣 ③工作面内的道路养护及排水
挖掘机挖渣 自卸汽车运渣	挖掘机挖渣自卸汽车运渣工作内容包括以下几项： ①挖渣、集渣 ②挖渣、集渣、卸渣 ③工作面内的排水及场内汽车行驶道路的养护
井点排水	井点排水工作内容包括以下几项： ①打拔井点管 ②设备安装拆除 ③场内搬运 ④临时堆放 ⑤降水 ⑥填井点坑等
抽水机降水	抽水机降水工作内容包括以下几项： ①设备安装拆除 ②场内搬运 ③降排水 ④排水井点维护等

续表 2

定　额	定额工作内容
井点降水	(1) 井点降水工作内容包括： ①安装，包括井点装配成型、地面试管铺总管、装水泵和水箱、冲水沉管、灌砂、孔口封土、连接试抽 ②拆除，包括拆管、清洗、整理、堆放 ③使用，包括抽水、值班、井管堵漏 (2) 电渗井点阳极工作内容包括： ①制作，包括圆钢划线、切断、车制、堆放 ②安装，包括阳极圆钢埋设，弧焊、整流器就位安装，阴阳极电路连接 ③拆除，包括拆除井点、整理、堆放 ④使用，包括值班及检查用电安全 (3) 水平井点工作内容包括： ①安装，包括托架、顶进设备及井管等就位，井点顶进，排管连接 ②拆除，包括托架、顶进设备及总管等拆除，井点拔除、清理、堆放 ③使用，包括抽水值班、井管堵漏

2. 人工土石方

人工土石方定额工作内容，见表 4-6。

表 4-6　　　　　　　　　人工土石方定额工作内容

定　额	定额工作内容
人工挖土方、淤泥、流沙	人工挖土方、淤泥、流沙工作内容包括： ①挖土、装土、修理边底 ②挖淤泥、流沙，装淤泥、流砂，修理边底
人工挖沟槽基坑	人工挖沟槽基坑工作内容包括：人工挖沟槽、基坑土方，将土置于槽、坑边 1m 以外自然堆放，沟槽、基坑底夯实
人工挖孔桩	人工挖孔桩工作内容包括：挖土方，凿枕石，积岩地基处理，修整边、底、壁，运土、石 100 m 以内以及孔内照明、安全架子搭拆等
人工挖冻土	人工挖冻土工作内容包括：挖、抛冻土，修整底边，弃土于槽、坑两侧 1m 以外
人工爆破挖冻土	人工爆破挖冻土工作内容包括：打眼，装药，填充填塞物，爆破，清理，弃土于槽、坑边 1m 以外
回填土、打夯、平整场地	回填土、打夯、平整场地工作内容包括： ①回填土 5m 以内取土 ②原土打夯包括碎土、平土、找平、洒水 ③平整场地，标高在 30cm 以内的挖土找平

续表

定额	定额工作内容
土方运输	土方运输工作内容包括：人工运土方、淤泥，包括装、运、卸土和淤泥及平整
支挡土板	支挡土板工作内容包括：制作、运输、安装及拆除
人工凿石	人工凿石的工作内容包括以下几项： ①平基：开凿石方、打碎、修边检底 ②沟槽凿石：包括打单面槽子、碎石，槽壁打直，底检平，将石方运出槽边1m以外 ③基坑凿石：包括打两面槽子、碎石，坑壁打直，底检平，将石方运出坑边1m以外 ④摊座：在石方爆破的基底上进行摊座，清除石渣
人工打眼爆破石方	人工打眼爆破石方工作内容包括：布孔、打眼、准备炸药及装药、准备及添充填塞物、安爆破线、封锁爆破区、爆破前后的检查、爆破、清理岩石、撬开及破碎不规则的大石块、修理工具
机械打眼爆破石方	机械打眼爆破石方工作内容包括：布孔、打眼、准备炸药及装药、准备及添充填塞物、安爆破线、封锁爆破区、爆破前后的检查、爆破、清理岩石、撬开及破碎不规则的大石块、修理工具
石方运输	石方运输工作内容包括：装、运、卸石方

（二）定额一般规定

1. 机械土石方

（1）岩石分类，详见"土壤及岩石（普氏）分类表"（表 4 - 7）。表列 V 类为定额中松石，Ⅵ～Ⅷ类为定额中次坚石，Ⅸ、Ⅹ类为定额中普坚石，Ⅺ～ⅩⅥ类为特坚石。

表 4 - 7　　　　　　　土壤及岩石（普氏）分类表

土石分类	普氏分类	土壤及岩石名称	天然湿度下平均容重（kg/m³）	极限压碎强度（kg/cm²）	用轻钻孔机钻进 1m 耗时（min）	开挖方法及工具	紧固系数
一、二类土壤	I	砂	1500	—	—	用尖锹开挖	0.5～0.6
		沙壤土	1600				
		腐殖土	1200				
		泥炭	600				

244

土石分类	普氏分类	土壤及岩石名称	天然湿度下平均容重（kg/m³）	极限压碎强度（kg/cm²）	用轻钻孔机钻进 1m 耗时（min）	开挖方法及工具	紧固系数
一、二类土壤	Ⅱ	轻壤土和黄土类土	1600	—	—	用锹开挖并少数用镐开挖	0.6～0.8
		潮湿而松散的黄土，软的盐渍土和碱土	1600				
		平均粒径 15 mm 以内的松散而软的砾石	1700				
		含有草根的密实腐殖土	1400	—	—	用尖锹开挖并少数用镐开挖	
		含有直径在 30mm 以内根类的泥炭和腐殖土	1100				
		掺有卵石、碎石和石屑的砂和腐殖土	1650				
		含有卵石或碎石杂质的胶结成块的填土	1750				
		含有卵石、碎石和建筑料杂质的砂壤土	1900				
三类土壤	Ⅲ	肥黏土，其中包括石炭纪、侏罗纪的黏土和冰黏土	1800	—	—	用尖锹并同时用镐和撬棍开挖（30%）	0.81～1.0
		重壤土、粗砾石、粒径为 15～40mm 的碎石或卵石	1750				
		干黄土和掺有碎石或卵石的自然含水量黄土	1790				
		含有直径大于 30mm 根类的腐殖土或泥炭	1400				
		掺有碎石、卵石和建筑碎料的土壤	1900	—	—		

土石分类	普氏分类	土壤及岩石名称	天然湿度下平均容重（kg/m³）	极限压碎强度（kg/cm²）	用轻钻孔机钻进 1m 耗时（min）	开挖方法及工具	紧固系数
四类土	IV	含有碎石的重黏土，其中包括石炭纪、侏罗纪的硬黏土	1950	—	—	用尖锹并同时用镐和撬棍开挖（30%）	1.0~2.0
		含有碎石、卵石、建筑碎料和重达 25kg 的顽石（总体积 10% 以内）等杂质的肥黏土和重壤土	1950	—	—		
		冰碛黏土，含有质量在 50kg 以内的巨砾，其含量为总体积的 10% 以内	2000	—	—		
		泥板岩	2000	—	—		
		不含或含有质量达 10kg 的顽石	1950	—	—		
松石	V	含有质量在 50kg 以内的巨砾（占体积 10% 以上）的冰碛石	2100	<210	<3.5	部分用于凿工业，部分用爆破开挖	1.5~2.0
		矽藻岩和软白垩岩	1800				
		胶结力弱的砾岩	1900				
		各种不坚实的板岩	2600				
		石膏	2200				
次坚石	VI	凝灰岩和浮石	1100	200~400	3.5	用镐和爆破法开挖	2~4
		灰岩多孔和裂隙严重的石灰岩和介质石灰岩	1200				
		中等硬变的片岩	2700				
		中等硬变的泥灰岩	2300				

土石分类	普氏分类	土壤及岩石名称	天然湿度下平均容重（kg/m³）	极限压碎强度（kg/cm²）	用轻钻孔机钻进 1m 耗时（min）	开挖方法及工具	紧固系数
次坚石	Ⅶ	石灰石胶结的带有卵石和沉积岩的砾石	2200	400～600	6.0	用爆破方法开挖	4～6
		风化的和有大裂缝的黏土质砂岩	2000				
		坚实的泥板岩	2800				
		坚实的泥灰岩	2500				
	Ⅷ	砾质花岗岩	2300	600～800	8.5	用爆破方法开挖	6～8
		泥灰质石灰岩	2300				
		黏土质砂岩	2200				
		砂质云片岩	2300				
		硬石膏	2900				
普坚石	Ⅸ	严重风化的软弱的花岗岩、片麻岩和正长岩	2500	800～1000	11.5	用爆破方法开挖	8～10
		滑石化的蛇纹岩	2400				
		致密的石灰岩	2500				
		含有卵石、沉积岩的渣质胶结的砾岩	2500				
		砂岩	2500				
		砂质石灰灰质片岩	2500				
		菱镁矿	3000				
	Ⅹ	白云石	2700	1000～1200	15.0	用爆破方法开挖	10～12
		坚固的石灰岩	2700				
		大理岩	2700				
		石灰岩质胶结的致密砾石	2600				
		坚固的砂质片岩	2600				

续表 4

土石分类	普氏分类	土壤及岩石名称	天然湿度下平均容重（kg/m³）	极限压碎强度（kg/cm²）	用轻钻孔机钻进 1m 耗时（min）	开挖方法及工具	紧固系数
特坚石	XI	粗花岗岩	2800	1200～1400	18.0	用爆破方法开挖	12～14
		非常坚硬的白云岩	2900				
		蛇纹岩	2600				
		石灰质胶结的含有火成岩之卵石的砾石	2800				
		石英胶结的坚固砂岩	2700				
		粗粒正长岩	2700				
	XII	具有风化痕迹的安山岩和玄武岩	2700	1400～1600	22.0	用爆破方法开挖	14～16
		片麻岩	2600				
		非常坚固的石灰岩	2900				
		硅质胶结的含有火成岩之卵石的砾岩	2900				
		粗石岩	2600				
	XIII	中粒花岗岩	3100	1600～1800	27.5	用爆破方法开挖	16～18
		坚固耐用的片麻岩	2800				
		辉绿岩	2700				
		玢岩	2500				
		坚固的粗面岩	2800				
		中粒正长岩	2800				
	XIV	非常坚硬的细粒花岗岩	3300	1800～2000	32.5	用尖锹并同时用镐和撬棍开挖	18～20
		花岗岩麻岩	2900				
		闪长岩	2900				
		高硬度的石灰岩	3100				
		坚固的玢岩	2700				
	XV	安山岩、玄武岩、坚固的角页岩	3100	2200～2500	46.0	用爆破方法开挖	20～25
		高硬度的辉绿岩和闪长岩	2900				
		坚固的辉长岩和石英岩	2800				
	XVI	拉长玄武岩和橄榄玄武岩	3300	>2500	>60	用爆破方法开挖	>25
		特别坚固的辉长辉绿岩、石英石玢岩	3000				

（2）推土机推土或石渣、铲运机铲运土重车上坡时，如果坡度大于 5％时，其运距按坡度区段斜长乘坡度系数（表 4-8）计算。

表 4-8 坡度系数表

坡度（％）	5～10	15 以内	20 以内	25 以内
系数	1.75	2.0	2.25	2.50

（3）汽车、人力车，重车上坡降效因素，已综合在相应的运输定额项目中，不再另行计算。

（4）机械挖土方工程量，按机械挖土方 90％，人工挖土方 10％计算，人工挖土部分按相应定额项目，人工乘以系数 2。

（5）土壤含水率定额是按天然含水率为准制定：含水率大于 25％时，定额人工、机械乘以系数 1.15，若含水率大于 40％时另行计算。

（6）推土机推土或铲运机铲土，土层平均厚度小于 300mm 时，推土机台班用量乘以系数 1.25；铲运机台班用量乘以系数 1.17。

（7）挖掘机在垫板上进行作业时，人工、机械乘以系数 1.25，定额内不包括垫板铺设所需的工料和机械消耗。

（8）推土机和铲运机，推、铲未经压实的积土时，按定额项目乘以系数 0.73。

（9）机械土方定额是按三类土编制的，如实际土壤类别不同时，定额中机械台班量乘以表 4-9 中所示系数。

表 4-9 机械台班系数

项　目	一、二类土壤	四类土壤
推土机推土方	0.84	1.18
铲运机铲运土方	0.84	1.26
自行铲运机铲运土方	0.86	1.09
挖掘机挖土方	0.84	1.14

（10）定额中的爆破材料是按炮孔中无地下渗水、积水编制的，炮孔中若出现地下渗水、积水时，处理渗水或积水发生的费用另行计算。定额内未计爆破时所需覆盖的安全网、草袋、架设安全屏障等设施，发生时另行计算。

（11）机械上下行驶坡道土方，合并在土方工程量内计算。

（12）汽车运土运输道路是按一、二、三类道路综合确定的，已考虑了运输过程中，道路清理的人工，如需铺筑材料，另行计算。

2. 人工土石方

（1）土壤分类：详见"土壤及岩石（普氏）分类表"（表 4-6）。表列Ⅰ、Ⅱ类为定额中一、二类土壤（普通土）；Ⅲ类为定额中三类土壤（坚土）；Ⅳ类为定额中四类土壤（砂砾坚土）。人工挖地槽、地坑定额深度最深为 6m，超过 6m 时，可另作补充定额。

（2）人工土方定额是按干土编制的，如挖湿土时，人工乘以系数 1.18。干湿的划分，应根据地质勘测资料以地下常水位为准划分，地下常水位以上为干土，以下为湿土。

（3）人工挖孔桩定额，适用于在有安全防护措施的条件下施工。

（4）本定额未包括地下水位以下施工的排水费用，发生时另行计算。挖土方时如有地表水需要排除时，亦应另行计算。

(5) 支挡土板定额项目分为密撑和疏撑，密撑是指满支挡土板；疏撑是指间隔支挡土板，实际间距不同时，定额不作调整。

(6) 在有挡土板支撑下挖土方时，按实挖体积，人工乘系数 1.43，

(7) 挖桩间土方时，按实挖体积（扣除桩体占用体积），人工乘以系数 1.5。

(8) 人工挖孔桩，桩内垂直运输方式按人工考虑。如深度超过 12m 时，16m 以内按 12m，项目人工用量乘以系数 1.3；20m 以内乘以系数 1.5 计算。同一孔内土壤类别不同时，按定额加权计算，如遇有流沙、淤泥时，另行处理。

(9) 场地竖向布置挖填土方时，不再计算平整场地的工程量。

(10) 石方爆破定额是按炮眼法松动爆破编制的，不分明炮、闷炮，但闷炮的覆盖材料应另行计算。

(11) 石方爆破定额是按电雷管导电起爆编制的，如采用火雷管爆破时，雷管应换算，数量不变。扣除定额中的胶质导线，换为导火索，导火索的长度按每个雷管 2.12m 计算。

(三) 定额工程量的计算规则

1. 确定资料

计算土石方工程量前，应确定下列各种资料：

(1) 土壤及岩石类别的确定：土石方工程土壤及岩石类别划分，依工程勘测资料与《土壤及岩石分类表》对照后确定。

(2) 地下水位标高及排（降）水方法。

(3) 土方、沟槽、基坑挖（填）起止标高、施工方法及运距。

(4) 岩石开凿、爆破方法、石渣清运方法及运距。

(5) 其他有关资料。

2. 土石方工程量计算一般规则

(1) 土方体积，均以挖掘前的天然密实体积为准计算。如遇有必须以天然密实体积折算时，可按表 4 - 10 所列数值换算。

(2) 挖土一律以设计室外地坪标高为准计算。

表 4 - 10　　　　　　　　　　土石方体积折算表

虚方体积	天然密实度体积	夯实后体积	松填体积
1.00	0.77	0.67	0.83
1.30	1.00	0.87	1.08
1.50	1.15	1.00	1.25
1.20	0.92	0.80	1.00

3. 平整场地及碾压工程量计算规则

(1) 人工平整场地是指建筑场地挖、填土方厚度在 +30cm 以内及找平。挖、填土方厚度超过 +30cm 以外时，按场地土方平衡竖向布置图另行计算。

(2) 平整场地工程量按建筑物外墙外边线每边各加 2m，以平方米（m²）计算。

(3) 建筑场地原土碾压以平方米计算，填土碾压按图示填土厚度以平方米（m²）计算。

4. 挖掘沟槽、基坑土方工程量计算规则

(1) 沟槽、基坑划分：

①凡图示沟槽底宽在 3m 以内，且沟槽长大于槽宽 3 倍以上的，为沟槽。

②凡图示基坑底面积在 20m² 以内的为基坑。

③凡图示沟槽底宽 3m 以外，坑底面积 20m² 以外，平均场地挖土方厚度在 300cm 以外，均按挖土方计算。

(2) 计算挖沟槽、基坑、土方工程量需放坡时，放坡系数按表 4-11 规定计算。

表 4-11　　　　　　　　　　　　　放坡系数表

土壤类别	放坡起点（m）	人工挖土（1∶k）	机械挖土（1∶k）	
			在坑内作业	在坑上作业
一、二类土	1.20	1∶0.5（k=1/2）	1∶0.33（k=1/3）	1∶0.75（k=3/4）
三类土	1.50	1∶0.33（k=1/3）	1∶0.25（k=1/4）	1∶0.67（k=2/3）
四类土	2.00	1∶0.25（k=1/4）	1∶0.1（k=1/10）	1∶0.33（k=1/3）

注：①沟槽、基坑中土壤类别不同时，分别按其放坡起点、放坡系数，依不同土壤厚度加权平均计算。

　　②计算放坡时，在交接处重复工程量不予扣除，原槽、坑做基础垫层时，放坡自垫层上表面开始计算。

　　③表中坡度系数 k=边坡宽度÷坑（槽）深度。

(3) 挖沟槽、基坑需支挡土板时，其宽度按图示沟槽、基坑底宽，单面加 10cm，双面加 20cm 计算。挡土板面积，按槽、坑垂直支撑面积计算，支挡土板后，不得再计算放坡。

(4) 基础施工所需工作面，按表 4-12 规定计算。

表 4-12　　　　　　　　　基础施工所需工作面宽度计算表

基础材料	每边各增加工作面宽度（mm）	基础材料	每边各增加工作面宽度（mm）
砖基础	200	混凝土基础支模板	300
浆砌毛石、条石基础	150	基础垂直面做防水层	800（防水层面）
混凝土基础垫层支模板	300		

(5) 挖沟槽长度，外墙按图示中心线长度计算；内墙按图示基础底面之间净长线长度计算；内外凸出部分（垛、附墙烟囱等）体积并入沟槽土方工程量内计算。

(6) 人工挖土方深度超过 1.5m 时，按表 4-13 增加工日。

表 4-13　　　　　　　　人工挖土方超深增加工日表　　　　　　　　　　（100m²）

深 2m 以内	深 4m 以内	深 6m 以内
5.55 工日	17.60 工日	26.16 工日

(7) 挖管道沟槽按图示中心线长度计算。沟底宽度，设计有规定的，按设计规定尺寸计算；设计无规定的，可按表 4-14 规定宽度计算。

表 4-14 　　　　　　　　**管道地沟沟底宽度计算表**　　　　　　　　　　（m）

管径（mm）	铸铁管、钢管、石棉水泥管	混凝土、钢筋混凝土、预应力混凝土管	陶土管
50～70	0.60	0.80	0.70
100～200	0.70	0.90	0.80
250～350	0.80	1.00	0.90
400～450	1.00	1.30	1.10
500～600	1.30	1.50	1.40
700～800	1.60	1.80	
900～1000	1.80	2.00	
1100～1200	2.00	2.30	
1300～1400	2.20	2.60	

注：①按表中计算管道沟土方工程量时，各种井类及管道（不含铸铁给排水管）接口等处需加宽增加的土方量不另行计算，底面积大于 20m² 的井类，其增加工程量并入管沟土方内计算。

②铺设铸铁给水排水管道时其接口等处土方增加量，可按铸铁给水排水管道地沟土方总量的 2.5% 计算。

(8) 沟槽、基坑深度，按图示槽、坑底面至室外地坪深度计算；管道地沟按图示沟底至室外地坪深度计算。

5. 人工挖孔桩土方工程量计算规则

人工挖孔桩土方量按图示桩断面积乘以设计桩孔中心线深度计算。

6. 岩石开凿及爆破工程量计算规则

岩石开凿及爆破工程量，区别石质按下列规定计算：

(1) 人工凿岩石，按图示尺寸以立方米计算。

(2) 爆破岩石按图示尺寸以立方米计算，其沟槽、基坑深度、宽允许超挖量：

次坚石：200mm。

特坚石：150mm。

超挖部分岩石并入岩石挖方量之内计算。

7. 回填土工程量计算规则

回填土区分夯填、松填按图示回填体积并依下列规定，以立方米（m³）计算：

(1) 沟槽、基坑回填土，沟槽、基坑回填体积以挖方体积减去设计室外地坪以下埋设砌筑物（包括基础垫层、基础等）体积计算。

(2) 管道沟槽回填，以挖方体积减去管径所占体积计算。管径在 500mm 以下的不扣除管道所占体积；管径超过 500mm 以上时按表 4-15 规定扣除管道所占体积计算。

(3) 房心回填土，按主墙之间的面积乘以回填土厚度计算。

(4) 余土或取土工程量，可按下列计算：

余土外运体积＝挖土总体积－回填土总体积

式中，计算结果为正值时为余土外运体积，负值时为取土体积。

表 4-15	管道扣除土方体积表					（m³）
管道名称	管道直径（mm）					
	501～600	601～800	801～1000	1001～1200	1201～1400	1401～1600
钢管	0.21	0.44	0.71	—	—	—
铸铁管	0.24	0.49	0.77	—	—	—
混凝土管	0.33	0.60	0.92	1.15	1.35	1.55

8. 土方运距计算规则

（1）推土机推土运距：按挖方区重心至回填区重心之间的直线距离计算。

（2）铲运机运土运距：按挖方区重心至卸土区重心加转向距离45m计算。

（3）自卸汽车运土运距：按挖方区重心至填土区（或堆放地点）重心的最短距离计算。

9. 地基强夯工程量计算规则

地基强夯按设计图示强夯面积，区分夯击能量，夯击遍数以平方米（m²）计算。

10. 井点降水工程量计算规则

井点降水区别轻型井点、喷射井点、大口径井点、电渗井点、水平井点，按不同井管深度的井点安装、拆除，以根为单位计算，使用按套、天计算。

井点套组成：

轻型井点：50 根为一套。

喷射井点：30 根为一套。

大口径井点：45 根为一套。

电渗井点阳极：30 根为一套。

水平井点：10 根为一套。

井管间距应根据地质条件和施工降水要求，依施工组织设计确定，施工组织设计没有规定时，可按轻型井点管距 0.8～1.6m，喷射井点管距 2～3m 确定。

使用天数应以每昼夜 24h 为 1d，使用天数应按施工组织设计规定的使用天数计算。

二、土石方工程量计算方法

（一）大型土石方工程量计算方法

大型土石方工程工程量计算常用方法有：横截面法、方格网点计算法、分块法。

1. 横截面法

横截面法是指根据地形图以及总图或横截面图，将场地划分成若干个互相平行的横截面图，按横截面以及与其相邻横截面的距离计算出挖、填土石方量的方法。横截面法适用于地形起伏变化较大或形状狭长地带。

（1）计算前的准备：

①根据地形图及总平面图，将要计算的场地划分成若干个横截面，相邻两个横截面距离视地形变化而定。在起伏变化大的地段，布置密一些（即距离短一些），反之则可适当长一些。如线路横断面在平坦地区，可取 50m 一个，山坡地区可取 20m 一个，遇到变化大的地段再加测断面。

②实测每个横截面特征点的标高，量出各点之间距离（如果测区已有比较精确的大比例尺地形图，也可在图上设置横截面，用比例尺直接量取距离，按等高线求算高程，方法简捷，就其精

253

度来说，没有实测的高），按比例尺把每个横截面绘制到厘米方格纸上，并套上相应的设计断面，则自然地面和设计地面两轮廓线之间的部分，即是需要计算的施工部分土石方量。

（2）具体计算步骤：

①划分横截面：根据地形图（或直接测量）及竖向布置图，将要计算的场地划分横截面，划分原则为垂直等高线，或垂直主要建筑物边长，横截面之间的间距可不等，地形变化复杂的间距宜小，反之宜大一些，但最大不宜大于100m。

②划截面图形：按比例划制每个横截面的自然地面和设计地面的轮廓线。设计地面轮廓线之间的部分，即为填方和挖方的截面。

③计算横截面面积：按表4-16的面积计算公式，计算每个截面的填方或挖方截面积。

表 4-16 **常用横截面计算公式**

图　形	计　算　公　式
	$F=h(b+nh)$
	$F=h\left[b+\dfrac{h(m+n)}{2}\right]$
	$F=b\dfrac{h_1+h_2}{2}+nh_1h_2$
	$F=h_1\dfrac{a_1+a_2}{2}+h_2\dfrac{a_2+a_3}{2}+h_3\dfrac{a_3+a_4}{2}+h_4\dfrac{a_4+a_5}{2}$
	$F=\dfrac{1}{2}a(h_0+2h+h_n)$ $h=h_1+h_2+h_3+\cdots+h_n$

④计算土方量。根据截面面积计算土方量，相邻两截面间的土方量计算公式：

$$V=\frac{1}{2}(F_1+F_2)\times L$$

式中　V——表示相邻两截面间的土方量（m^3）；

　　　　F_1、F_2——表示相邻两截面的挖（填）方截面积（m^2）；

　　　　L——表示相邻截面间的间距（m）。

2. 方格网法

254

方格网法是指根据地形图以及总图或横截面图，将场地划分成方格网，并在方格网上注明标高，然后据此计算并加以汇总土石方量的计算方法。方格网法对于地势较平缓地区，计算精度较高。

方格网法的计算步骤如下：

（1）根据平整区域的地形图（或直接测量地形）划分方格网：方格网大小视地形变化的复杂程度及计算要求的精度不同而不同，一般方格网大小为 20m×20m（也可 10m×10m），然后按设计总图或竖向布置图，在方格网上套划出方格角点的设计标高（即施工后需达到的高度）和自然标高（原地形高度），设计标高与自然标高之差即为施工高度。"一"表示挖方，"+"表示填方。

（2）确定零点与零线位置：在一个方格内同时有挖方和填方时，要先求出方格边线上的零点位置，将相邻零点连接起来为零线，即挖方区与填方区分界线，如图 4-5 所示。

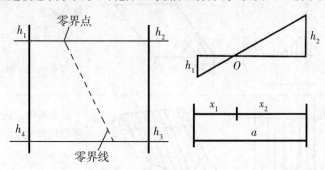

图 4-5　零线零点位置示意图

零点可按下式计算：

$$x_1 = \frac{ah_1}{h_1 + h_2} \qquad x_2 = \frac{ah_2}{h_1 + h_2}$$

式中　x_1、x_2——角点至零点距离（m）；

　　　h_1、h_2——相邻两角点的施工高度（m），用绝对值代入；

　　　a——方格网边长（m）。

在实际工程中，常采用图解法直接绘出零点位置，如图 4-6 所示，既简便又迅速，且不易出错，其方法是：用比例尺在角点相反方向标出挖、填高度，再用尺连接两点与方格边线相交处即为零点。也可用尺量出计算边长（x_1、x_2）。

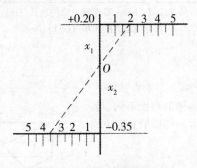

图 4-6　零点位置图解法

（3）各方格的土方量计算。常用方格网的计算公式按表 4-17 中计算公式计算各方格的土方量，并汇总土方量。

表 4 - 17　　　　　　　　常用方格网的计算

图　形		计 算 公 式
正方形		方格网内，四点填方或挖方计算公式为： $V=\dfrac{a^2}{4}(h_1+h_2+h_3+h_4)$
三角形		方格网内，一点填方或挖方计算公式为： $V=\dfrac{1}{2}bc\cdot\dfrac{h_3}{3}=\dfrac{bch_3}{6}$ 当 $b=c=a$ 时，$V=\dfrac{a^2h_3}{6}$
五角形		方格网内，三点填方或挖方计算公式为： $V_{填}=\dfrac{bch_3}{6}$ $V_{挖}=\left(a^2-\dfrac{bc}{2}\right)\dfrac{h_1+h_2+h_4}{5}$
梯形		$V_{填}=\dfrac{b+c}{2}\cdot\dfrac{a\,(h_1+h_3)}{4}$ $\quad=\dfrac{a}{8}(b+c)\,(h_1+h_3)$ $V_{挖}=\dfrac{d+e}{2}\cdot\dfrac{a\,(h_2+h_4)}{4}$ $\quad=\dfrac{a}{8}\,(d+e)\,(h_2+h_4)$

注：a——方格网的边长（m）；b、c、d、e——零点到一角的边长（m）；h_1、h_2、h_3、h_4——各角点的施工高程，用绝对值代入；V——挖方或填方的体积（m³）。

（二）沟槽土方量计算方法

1. 不同截面沟槽土方量计算

在实际工作中，常遇到沟槽的截面不同，如图 4-7 所示的情况，这时土方量可以沿长度方向分段后，再用下列公式进行计算。

$$V_1=\dfrac{L_1}{6}(A_1+4A_0+A_2)$$

式中　V_1——第一段的土方量（m³）；

L_1——第一段的长度（m）。

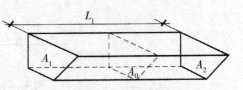

图 4-7　截面法沟槽土方量计算

各段土方量的和即为总土方量：

$$V=V_1+V+\cdots+V_n$$

2. 综合放坡系数的计算

在工作实际中，常遇到沟槽上下土质不同，放坡系数不同，为了简化计算，常采用加权平均的方法计算综合放坡系数，如图4-8所示。

综合放坡系数计算公式为：

$$K=\frac{K_1h_1+K_2h_2}{h}$$

式中　K——综合放坡系数；

K_1、K_2——不同土类放坡系数；

h_1、h_2——不同土类的厚度；

h——放坡总深度。

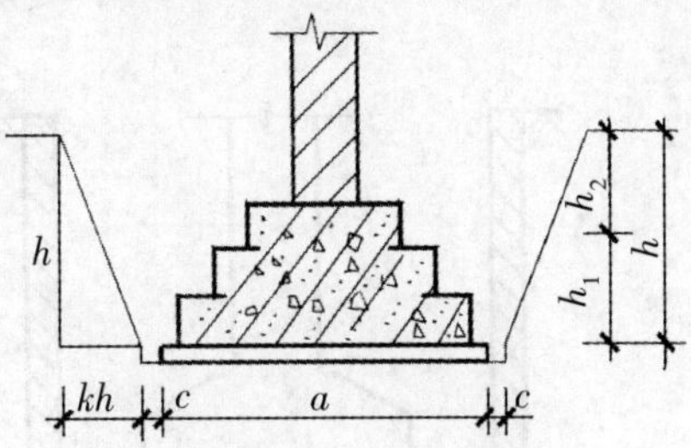

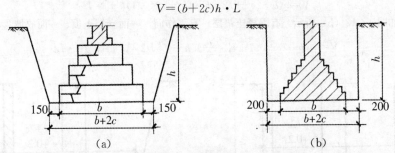

图4-8　综合放坡示意图

3. 相同截面沟槽土方量计算

相同截面的沟槽比较常见，下面介绍几种沟槽工程量计算公式。

(1) 无垫层，不放坡，不带挡土板，无工作面：

$$V=b\cdot h\cdot L$$

(2) 如图4-9（a）示，无垫层，放坡，不带挡土板，有工作面：

$$V=(b+2c+K\cdot h)\,h\cdot L$$

(3) 如图4-9（b）所示，无垫层，不放坡，不带挡土板，有工作面：

$$V=(b+2c)h\cdot L$$

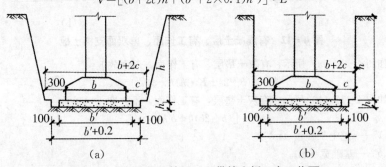

图4-9　无垫层、不带挡土板、有工作面

(4) 如图4-10（a）所示，有混凝土垫层，不带挡土板，有工作面，在垫层上面放坡：

$$V=[(b+2c+K\cdot h)h+(b'+2\times0.1)h']\cdot L$$

(5) 如图4-10（b）所示，有混凝土垫层，不带挡土板，有工作面，不放坡：

$$V=[(b+2c)h+(b'+2\times0.1)h']\cdot L$$

图4-10　有混凝土垫层、不带挡土板、有工作面

(6) 如图 4-11 (a) 所示，无垫层，有工作面，双面支挡土板：

$$V=(b+2c+0.2)h \cdot L$$

(7) 如图 4-11 (b) 所示，无垫层，有工作面，一面支挡土板、一面放坡：

$$V=\left(b+2c+0.1+K \cdot \frac{h}{2}\right)h \cdot L$$

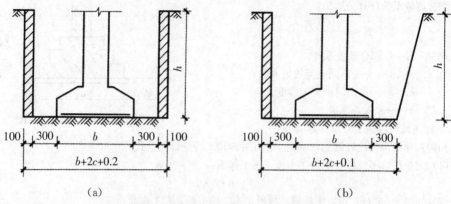

图 4-11　无垫层、有工作面、单双面支挡土板

(8) 如图 4-12 (a) 所示，有混凝土垫层，有工作面，双面支挡土板：

$$V=[(b+2c+0.2)\ h+(b'+2\times0.1)h')] \cdot L$$

(9) 如图 4-12 (b) 所示，有混凝土垫层，有工作面，一面支挡土板、一面放坡：

$$V=\left[\left(b+2c+0.1+K \cdot \frac{h}{2}\right)\ h+(b'+2\times0.1)\ h'\right) \right] \cdot L$$

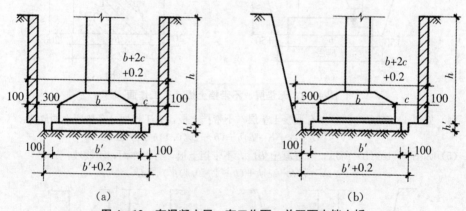

图 4-12　有混凝土层，有工作面、单双面支挡土板

(10) 如图 4-13 (a) 所示，有灰土垫层，有工作面，双面放坡：

$$V=[(b+2c+K \cdot h)h+b'h']\ \cdot L$$

(11) 如图 4-13 (b) 所示，有灰土垫层，有工作面，不放坡：

$$V=[(b+2c)h+b'h']\ \cdot L$$

式中　V——挖土工程量（m³）；

　　　b——基础宽（m）；

　　　c——基础工作面（m）；

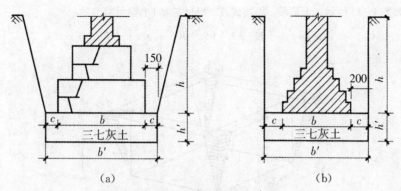

(a)　　　　　　　　　　　　　　　(b)

注：当$b+2c<b'$时，宽度按b'计算

图 4-13　灰土垫层，有工作面

K——综合放坡系数；

h'——垫层上表面至室外地坪的高度（m）；

b'——沟槽内垫层的宽度（m）；

c_1——垫层工作面（m）；

h——挖土深度（m）；

L——外墙为中心线长度；内墙为基础（垫层）底面之间的净长度（m）。

（三）基坑土方量计算方法

1. 基坑土方量近似计算法

基坑土方量，可近似地按拟柱体体积公式计算，如图 4-14 所示。

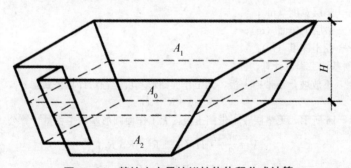

图 4-14　基坑土方量按拟柱体体积公式计算

$$V=\frac{H}{6}(A_1+4A_0+A_2)$$

式中　V——土方工程量（m³）；

　　　H——基坑深度（m）；

　　　A_1、A_2——基坑上下底面积（m²）；

　　　A_0——基坑中截面的面积（m²）。

2. 矩形截面基坑工程量计算

（1）无垫层，不放坡，不带挡土板，无工作面矩形基坑工程量计算公式：

$$V=a\cdot b\cdot H$$

(2) 如图 4-15 所示，无垫层，周边放坡，矩形基坑工程量计算公式：

$$V=(a+2c+K \cdot h)(b+2c+K \cdot h) \cdot h+\frac{1}{3}K^2 \cdot h^3$$

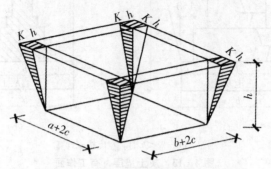

图 4-15　矩形基坑工程量计算示意图

(3) 有垫层，周边放坡，矩形基坑工程量计算公式：

$$V=(a+2c+K \cdot h)(b+2c+K \cdot h) \cdot h+\frac{1}{3}K^2 \cdot h^3+(a_1+2c_1)(b_1+2c_1)(H-h)$$

式中　V——挖土工程量（m^3）；

　　　a——基础长度（m）；

　　　b——基础宽度（m）；

　　　c——基础工作面（m）；

　　　K——综合放坡系数；

　　　h——垫层上表面至室外地坪的高度（m）；

　　　a_1——垫层长度（m）；

　　　b_1——垫层宽度（m）；

　　　c_1——垫层工作面（m）；

　　　H——挖土深度（m）。

3. 圆形截面基坑工程量计算

(1) 无垫层，不放坡，不带挡土板，无工作面圆形基坑工程量计算公式：

$$V=\pi \cdot R^2 \cdot H$$

(2) 如图 4-16 所示，无垫层，不带挡土板，无工作面圆形基坑工程量计算公式：

$$V=\frac{1}{3}\pi \cdot H\ (R^2+R_1^2+R \cdot R_1)$$

$$R_1=R+K \cdot H$$

式中　V——挖土工程量（m^3）；

　　　K——综合放坡系数；

　　　H——挖土深度（m）；

　　　R——圆形坑底半径（m）；

　　　R_1——圆形坑顶半径（m）。

（四）回填土方量计算方法

1. 场地平整工程量计算

场地平整工程量计算公式，如图 4-17所示。

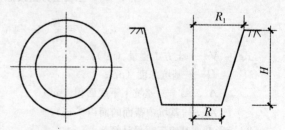

图 4-16　圆形基坑工程量计算示意图

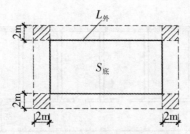

图4-17 场地平整计算示意图

$$场地平整工程量＝S_底＋L_外×2＋16 （m^2）$$

式中 $S_底$——底层建筑面积（m^2）;

$L_外$——外墙外边线长度（m）。

2. 回填土工程量计算公式

槽坑回填土体积＝挖土体积－设计室外地坪以下埋设的垫层、基础体积

管道沟槽回填体积＝挖土体积－管道所占体积

房心回填体积＝房心面积×回填土设计厚度

3. 运土工程量计算公式

运土体积＝挖土总体积－回填土（天然密实）总体积

式中的计算结果为正值时，为余土外运；为负值时取土内运。

（五）竣工清理工程量计算公式

竣工清理工程量＝勒脚以上外墙外围水平面积×室内地坪到檐口（山尖1/2）的高度

三、土石方工程量计算示例

1. 平整场地及碾压工程量计算实例

【例4-1】建筑物场地平整是指建筑物场地挖、填土方厚度在±30cm以内及找平。则按建筑物外墙边线各加2m，以平方米计算。

如图4-18所示中，已知 $a＝120m$、$b＝50m$。求平整场地工程量。

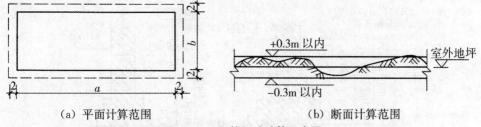

（a）平面计算范围　　　　　　（b）断面计算范围

图4-18 平整场地计算示意图

解：人工平整场地工程量为：

$$120×50＋(120＋50)×2×2＋2×2×4＝6696 （m^2）$$

【例4-2】某建筑物首层平面图如图4-19所示，土壤类别为一类土，求该工程平整场地的工程数量。

解：平整场地工程量，按建筑物外墙外边线每边各加2m。

故：工程量＝$(26.64＋4)×(10.74＋4)－(3.3×6－0.24－4)×3.3＝400.28 （m^2）$

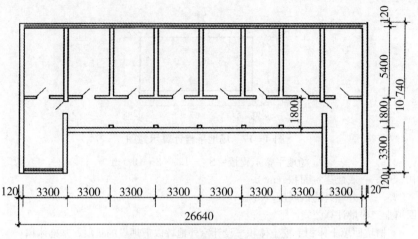

图 4-19　平整场地计算示意图

2. 挖掘沟槽、基坑土方工程量计算实例

【例 4-3】某建筑物的基础如图 4-20 所示,计算挖四类土地槽工程量。

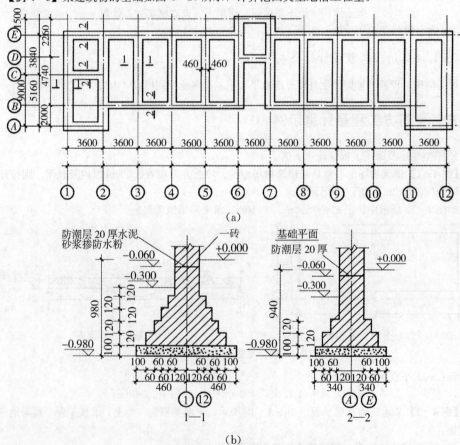

(a)

(b)

图 4-20　沟槽断面示意图

解：计算顺序可按轴线编号，从左至右及由下而上进行，但基础宽度相同者应合并。

①、⑫轴：室外地面至槽底的深度×槽宽×长＝(0.98−0.3)×0.92×9×2＝11.26（m³）

②、⑪轴：(0.98−0.3)×0.92×(9−0.68)×2＝10.41（m³）

③、④、⑤、⑧、⑨、⑩轴：(0.98−0.3)×0.92×(7−0.68)×6＝23.72（m³）

⑥、⑦轴：(0.98−0.3)×0.92×(8.5−0.68)×2＝9.78（m³）

A、B、C、D、E、F轴线：(0.84−0.3)×0.68×[39.6×2+(3.6−0.92)]＝30.07（m³）

挖地槽工程量＝11.26＋10.41＋23.72＋9.78＋30.07＝85.24（m³）

3. 土方方格网法计算

方格网计算是根据工程地形图（一般用1∶500的地形图），将欲计算场地分成若干个方格网，应用土方计算公式逐格进行土方计算，最后将所有方格网汇总即得场地总挖、填土方量。本法适用于地形平缓和台阶宽度较大的地段，作为平整场地，精度较高。其计算步骤为：

(1) 划分方格网：方格网通常采用20m×20m或40m×40m，面积大、地形简单、坡度平缓的场地，可用50m×50m或100m×100m。方格网应尽量与测量的纵横坐标网或施工坐标网重合。

(2) 标注高程：根据地形图的自然等高线高程，在方格网右下角标上自然地面的标高；根据竖向设计图，在方格网的右上角标上设计地面标高，并将自然地面与设计地面标高的差值，即各角点的施工（挖方或填方）高度，标在方格网的左上角，挖方为（＋），填方为（−）。

(3) 计算零点位置：在一个方格网中同时存在挖方或填方时，应先算出方格网边的零点位置，并标注于方格网上，零点连接线便是挖方区与填方区的分界线。

零点位置可按图4−5的计算方法计算。

(4) 计算土方工程量：按方格网底面积图形和表4−17所列方格网土方计算公式计算每个方格网内挖方或填方量。

(5) 汇总全部土方工程量：将挖方区或填方区所有方格计算土方量进行汇总，即得该场地挖方和填方的总土方量。

【例4−4】某厂房场地部分方格网如图4−21（a）所示，方格边长为20m×20m。试计算挖、填总土方工程量。

解：①划分方格网、标注高程：根据图4−21（a）所示方格各点的设计标高和自然地面标高，计算方格各点的施工高度，标注于图4−21（b）所示中左上角。

②计算零点位置：从图4−21（b）所示中可看出1—2、2—7、3—8三条方格边两端角的施工高度符号不同，说明此方格边上有零点存在。由公式可得：

1—2线：$x_1 = [h_1/(h_1+h_2)] \times a = [0.13/(0.10+0.13)] \times 20 = 11.30$（m）

2—7线：$x_1 = [h_1/(h_1+h_2)] \times a = [0.13/(0.41+0.13)] \times 20 = 4.81$（m）

3—8线：$x_1 = [h_1/(h_1+h_2)] \times a = [0.15/(0.21+0.15)] \times 20 = 8.33$（m）

将各零点标注于图4−21（b），并将零点线连接起来。

③计算土方工程量：

方格Ⅰ：底面为三角形和五边形。

三角形200土方量：
$$V_填 = -(0.13/6) \times 11.30 \times 4.81 = -1.18（m³）$$

五边形16700土方量：
$$V_挖 = (20^2 - 1/2 \times 11.30 \times 4.81) \times [(0.1+0.52+0.41)/5] = 76.8（m³）$$

方格Ⅱ：底面为两个梯形。

梯形2300土方量：$V_填 = -20/8 \times (4.81+8.33) \times (0.13+0.15) = -9.2（m³）$

梯形7800土方量：$V_挖 = 20/8 \times (15.19+11.67) \times (0.41+0.21) = 41.63（m³）$

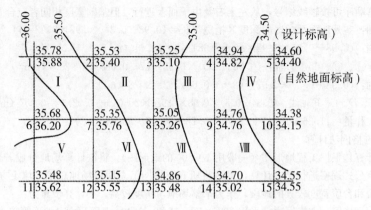

（a）为方格角点标高、方格编号、角点编号图

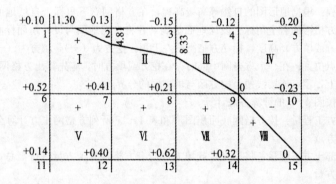

（b）为零线、角点挖、填高度图

Ⅰ、Ⅱ、Ⅲ……方格编号；1、2、3……角点号

图 4-21　方格网计算法图例

方格Ⅲ：底面为一个梯形和一个三角形。

梯形 3400 土方量：$V_填 = -20/8 \times (8.33+20)(0.15+0.12) = 19.12$（$m^3$）

三角形 800 土方量：$V_挖 = [(11.67 \times 20)/6] \times 0.21 = 8.17$（$m^3$）

方格Ⅳ、Ⅴ、Ⅵ、Ⅶ底面均为正方形。

正方形 45910 土方量：$V_填 = -[(20 \times 20)/4] \times (0.12+0.20+0+0.23) = 55.0$（$m^3$）

正方形 671112 土方量：$V_挖 = [(20 \times 20)/4] \times (0.52+0.41+0.14+0.40) = 147.0$（$m^3$）

正方形 781213 土方量：$V_挖 = [(20 \times 20)/4] \times (0.41+0.21+0.40+0.62) = 164.0$（$m^3$）

正方形 891314 土方量：$V_挖 = [(20 \times 20)/4] \times (0.21+0+0.62+0.32) = 1115.0$（$m^3$）

方格Ⅷ底面为两个三角形：

三角形 91015 土方量：$V_填 = -0.23/6 \times 20 \times 20 = -15.33$（$m^3$）

三角形 91415 土方量：$V_挖 = 0.32/6 \times 20 \times 20 = 21.33$（$m^3$）

④汇总全部土方工程量：

全部挖方量：$\sum V_挖 = 76.80+41.63+8.17+147+164+115+21.33 = 573.93$（$m^3$）

全部填方量：$\sum V_填 = -1.18-9.20-19.12-55.0-15.33 = -99.83$（$m^3$）

264

第三节　桩基础工程

一、桩基础基本概述

1. 桩的分类

桩的分类一般按以下两种方法分：

（1）按桩的受力状态可分为端承桩和摩擦桩两类。

①端承桩：桩通过极软弱土层，使桩尖直接支承在坚硬的土层或岩石上，桩上的荷载主要由桩端阻力承受。

②摩擦桩：桩通过软弱土层而支承在较坚硬的土层上，桩上的荷载主要由桩周与软土之间的摩擦力承受，同时也考虑桩端阻力的作用。

（2）按桩的制作方法可分为预制桩和灌注桩。

①预制桩：在工厂或工地预制后运到现场，再用各种方法（打入、振入、压入等）将桩沉入土中。预制桩刚度好，适宜用在新填土或极软弱的地基。

预制桩按制作材料不同可分为钢筋混凝土桩、预应力钢筋混凝土桩和钢桩等。

②灌注桩：在预定的桩位上成孔，在孔内灌注混凝土成桩。因成孔的方法不同，有以下几种灌注桩：沉管灌注桩、钻孔灌注桩、爆扩灌注桩等。

2. 桩的构造要求

根据《建筑桩基技术规范》（JGJ 94—2008）的规定，混凝土预制桩的构造要求包括：

（1）混凝土预制桩的截面边长不应小于200mm，预应力混凝土预制实心桩的截面边长不宜小于350mm。

（2）混凝土预制桩的桩身配筋应按吊运、打桩及桩在建筑物中受力等条件计算确定。

（3）采用锤击法沉桩时，混凝土预制桩的最小配筋率不宜小于 0.8%；如采用静压法沉桩时，其最小配筋率不宜小于 0.6%。

（4）主筋直径不宜小于 $\phi 14$，打入桩桩顶（$4\sim5$）d 长度范围内箍筋应加密，并应设置钢筋网片。

（5）预制桩的混凝土强度等级不宜低于 C30，预应力混凝土实心桩的混凝土强度等级不应低于 C40，预制桩纵向钢筋的混凝土保护层厚度不宜小于 30mm。

（6）预制桩的分节长度应根据施工条件及运输条件确定，每根桩的接头不宜超过 3 个。

（7）预制桩的桩尖可将主筋合拢焊接在桩尖辅助钢筋上，如图 4-22 所示。在密实砂和碎石类土中，可在桩尖处包以钢板桩靴，加强桩尖。

3. 灌注桩配筋规定

按照《建筑桩基技术规范》（JGJ 94—2008），灌注桩应按下列规定配筋：

（1）配筋率：当桩身直径为 300～2000mm 时，正截面配筋率可取 0.65%～0.2%（小直径桩取高值）；对受荷载特别大的桩、抗拔桩和嵌岩端承桩应根据计算确定配筋率，并不应小于上述值。

（2）配筋长度：端承型桩和位于坡地、岸边的基桩应沿桩身等截面或变截面通长配筋；摩擦型灌注桩配筋长度不应小于 2/3 桩长；当受水平荷载时，配筋长度尚不宜小于 $4.0/\alpha$（α 为桩的水平变形系数）；对于受地震作用的基桩，桩身配筋长度应穿过可液化土层和软弱土层，进入稳定土层的深度应符合规定；受负摩阻力的桩、因先成桩后开挖基坑而随地基土回弹的桩，其配筋长度应穿过软弱土层并进入稳定土层，进入的深度不应小于（2～3）d；抗拔桩及因地震作用、冻胀或膨胀力作用而受拔力的桩，应等截面或变截面通长配筋。

（3）对于受水平荷载的桩，主筋不应小于 8 ϕ 12；对于抗压桩和抗拔桩，主筋不应少于 6 ϕ 10；纵向主筋应沿桩身周边均匀布置，其净距不应小于 60mm。

（4）箍筋应采用螺旋式，直径不应小于 6mm，间距宜为 200～300mm；受水平荷载较大的桩基、承受水平地震作用的桩基以及考虑主筋作用计算桩身受压承载力时，桩顶以下 5d 范围内的箍筋应加密，间距不应大于 100mm；当桩身位于液化土层范围内时箍筋应加密；当考虑箍筋受力作用时，箍筋配置应符合现行国家标准《混凝土结构设计规范》（GB 50010）的有关规定；当钢筋笼长度超过 4m 时，应每隔 2m 设一道直径不小于 12mm 的焊接加劲箍筋。

（5）桩身混凝土及混凝土保护层厚度应符合下列要求：

①桩身混凝土强度等级不得小于 C25，混凝土预制桩尖强度等级不得小于 C30。

②灌注桩主筋的混凝土保护层厚度不应小于 35mm，水下灌注桩的主筋混凝土保护层厚度不得小于 50mm。

③四类、五类环境中桩身混凝土保护层厚度应符合国家现行标准《港口工程混凝土结构设计规范》（JTJ 267）、《工业建筑防腐蚀设计规范》（GB 50046）的相关规定。

（6）扩底灌注桩扩底端尺寸应符合下列规定（图 4-23）：

①对于持力层承载力较高、上覆土层较差的抗压桩和桩端以上有一定厚度较好土层的抗拔桩，可采用扩底；扩底端直径与桩身直径之比 D/d，应根据承载力要求及扩底端侧面和桩端持力层土性特征以及扩底施工方法确定；挖孔桩的 D/d 不应大于 3，钻孔桩的 D/d 不应大于 2.5。

②扩底端侧面的斜率应根据实际成孔及土体自立条件确定，a/h_c 可取 1/4～1/2，砂土可取 1/4，粉土、黏性土可取 1/3～1/2。

③抗压桩扩底端底面宜呈锅底形，矢高 h_b 可取 （0.15～0.20）D。

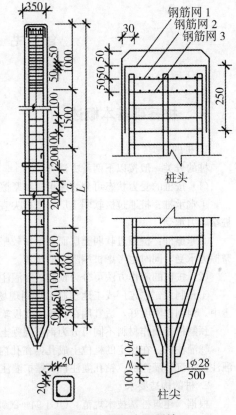

图 4-22 混凝土预制桩

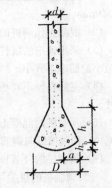

图 4-23 扩底桩构造

二、基础定额内容与规定

1. 定额工作内容

桩基础定额工作内容，见表 4-18。

表 4-18 桩基础定额工作内容

类　别	工　作　内　容
柴油打桩机打预制钢筋混凝土桩	柴油打桩机打预制钢筋混凝土桩工作内容包括：准备打桩机具、移动打桩机及其轨道、吊装定位、安卸桩帽校正、打桩
预制钢筋混凝土桩接桩	预制钢筋混凝土桩接桩工作内容包括：准备接桩工具，对接上、下节桩，桩顶垫平，旋转接桩、筒铁、钢板、焊接、焊制、安放、拆卸夹箍等
液压桩机具	液压桩机具工作内容包括：移动压桩机就位，捆桩身，吊桩找位，安卸桩帽，校正，压桩
打拔钢板桩	打拔钢板桩工作包括：准备打桩机具、移动打桩机及其轨道、吊桩定位、安卸桩帽、校正打桩、系桩、拔桩、15cm 以内临时堆放安装及拆除导向夹具 ①钢板桩若打入有侵蚀性地下水的土质超过一年或基底为基岩者，拔桩定额另行处理 ②打槽钢或钢轨，其机械使用量乘以系数 0.77 ③定额内未包括钢板桩的矫正、除锈、刷油漆
打孔灌注混凝土桩	打孔灌注混凝土桩工作内容包括：准备打桩机具，移动打桩机及其轨道，用钢管打桩孔安放钢筋笼，运砂石料，过磅、搅拌、运输灌注混凝土，拔钢管，夯实，混凝土养护
长螺旋钻孔灌注混凝土桩	长螺旋钻孔灌注混凝土桩工作内容包括： ①准备机具，移动桩机，桩位校测，钻孔 ②安放钢筋骨架，搅拌和灌注混凝土 ③清理钻孔余土，并运至 50m 以外指定地点
潜水钻机钻孔灌注混凝土桩	潜水钻机钻孔灌注混凝土桩工作内容包括：护筒埋高及拆除，准备钻孔机具，钻孔出渣，加泥浆和泥浆制作，清桩孔泥浆，导管准备及安拆，搅拌及灌注混凝土
泥浆运输	泥浆运输工作内容包括：装卸泥浆，运输，清理场地
打孔灌注砂（碎石或砂石）桩	打孔灌注砂（碎石或砂石）桩工作内容包括：准备打桩机具，移动打桩机及其轨道，安放桩尖，沉管打孔，运砂（碎石或砂石）灌注，拔管，振实 打碎石或砂石桩时，人工工日、碎石（或砂石）用量按相应定额子目中括号内的数量计算
灰土挤密桩	灰土挤密桩工作内容包括：准备机具，移动桩机，打拔桩管成孔，灰土、过筛拌和，30m 以内运输，填充，夯实
桩架 90°调面、超运距移动	桩架 90°调面、超运距移动工作内容包括：铺设轨道、桩架 90°整体调面、桩机整体移动

2. 定额一般规定

本定额适用于一般工业与民用建筑工程的桩基础，不适用于水工建筑、公路桥梁工程。

(1) 基础定额中土壤级别的划分应根据工程地质资料中的土层构造和土壤物理、力学性能的有关指标，参考纯沉桩时间确定。凡遇有砂夹层者，应首先按砂层情况确定土壤级别。无砂层者，按土壤物理力学性能指标并参考每米平均纯沉桩时间确定。用土壤力学性能指标鉴别土壤级别时，桩长在12m以内，相当于桩长的1/3的土层厚度应达到所规定的指标。12m以外，按5m厚度确定。土质鉴别见表4-19。

表4-19   土质鉴别表

内　容		土壤级别	
		一级土	二级土
砂夹层	砂层连续厚度	<1m	>1m
	砂层中卵石含量	—	<15%
物理性能	压缩系数	>0.02	<0.02
	孔隙比	>0.7	<0.7
力学性能	静力触探值	<50	>50
	动力触探系数	<12	>12
每米纯沉桩时间平均值		<2min	>2min
说明		桩经外力作用较易沉入的土，土壤中夹较薄的砂层	桩经外力作用较难沉入的土，土壤中夹有不超过3m的连续厚度砂层

(2) 本定额除静力压桩外，均未包括接桩，如需接桩，除按相应打桩定额项目计算外，按设计要求另计算接桩项目。

(3) 单位工程打（灌）桩工程量在表4-20规定数量以内时，其人工、机械量按相应定额项目乘以1.25计算。

表4-20   单位工程打（灌）桩工程量

项　目	单位工程的工程量	项　目	单位工程的工程量
钢筋混凝土方桩	150m³	打孔灌注混凝土桩	60m³
钢筋混凝土管桩	50m³	打孔灌注砂、石桩	60m³
钢筋混凝土板桩	50m³	钻孔灌注混凝土桩	100m³
钢板桩	50t	潜水钻孔灌注混凝土桩	100m³

(4) 焊接桩接头钢材用量，设计与定额用量不同时，可按设计用量换算。

(5) 打试验桩按相应定额项目的人工、机械乘以系数2计算。

(6) 打桩、打孔，桩间净距小于4倍桩径（桩边长）的，按相应定额项目中的人工、机械乘以系数1.13。

(7) 定额以打直桩为准，如打斜桩斜度在1:6以内者，按相应定额项目乘以系数1.25，如斜度大于1:6者，按相应定额项目人工、机械乘以系数1.43。

(8) 定额以平地（坡度小于15°）打桩为准，如在堤坡上（坡度大于15°）打桩时，按相应定额项目人工、机械乘以系数1.15。如在基坑内（基坑深度大于1.5m）打桩或在地坪上打坑槽内

（坑槽深度大于1m）桩时，按相应定额项目人工、机械乘以系数1.11。

（9）定额各种灌注的材料用量中，均已包括表4-21规定的充盈系数和材料损耗；其中灌注砂石桩除上述充盈系数和损耗率外，还包括级配密实系数1.334。

表4-21　　　　　　　　定额各种灌注的材料用量表

项目名称	充盈系数	损耗率（%）	项目名称	充盈系数	损耗率（%）
打孔灌注混凝土桩	1.25	1.5	打孔灌注砂桩	1.30	3
钻孔灌注混凝土桩	1.30	1.5	打孔灌注砂石桩	1.30	3

（10）在桩间补桩或强夯后的地基打桩时，按相应定额项目人工、机械乘以系数1.15。

（11）打送桩时可按相应打桩定额项目综合工日及机械台班乘以表4-22规定系数计算。

（12）金属周转材料中包括桩帽、送桩器、桩帽盖、活瓣桩尖、钢管、料斗等属于周转性使用的材料。

表4-22　　　　　　　　　送桩深度及系数表

送桩深度	系　　数	送桩深度	系　　数
2m以内	1.25	4m以上	1.67
4m以内	1.43		

三、桩基础工程量计算主要技术资料

1. 混凝土灌注桩体积

混凝土灌注桩的体积，可参照表4-23进行计算。

表4-23　　　　　　　　　混凝土灌注桩体积表

桩直径（mm）	套管外径（mm）	桩全长（m）	混凝土体积（m³）	桩直径（mm）	套管外径（mm）	桩全长（m）	混凝土体积（m³）
300	325	3.00	0.2489	300	351	5.00	0.4838
		3.50	0.2904			5.50	0.5322
		4.00	0.3318			6.00	0.5806
		4.50	0.3733			每增减0.10	0.0097
		5.00	0.4148	400	459	3.00	0.4965
		5.50	0.4563			3.50	0.5793
		6.00	0.4978			4.00	0.6620
		每增减0.10	0.0083			4.50	0.7448
300	351	3.00	0.2903			5.00	0.8275
		3.50	0.3387			5.50	0.9103
		4.00	0.3870			6.00	0.9930
		4.50	0.4354			每增减0.10	0.0165

注：混凝土体积＝$\pi r^2 \times$桩全长＝3.14×套管外径直径的平方×桩全长；r——套管外径的半径。

2. 预制钢筋混凝土方桩体积

预制钢筋混凝土方桩的体积，可参照表4-24进行计算。

　　　　　　　　　　　　预制钢筋混凝土方桩体积表

桩截面（mm）	桩尖长（mm）	桩长（m）	混凝土体积（m³）	
			A	B
250×250	400	3.00	0.171	0.188
		3.50	0.202	0.229
		4.00	0.233	0.250
		5.00	0.296	0.312
		每增减 0.5	0.031	0.031
300×300	400	3.00	0.246	0.270
		3.50	0.291	0.315
		4.00	0.336	0.360
		5.00	0.426	0.450
		每增减 0.5	0.045	0.045
320×320	400	3.00	0.280	0.307
		3.50	0.331	0.358
		4.00	0.382	0.410
		5.00	0.485	0.512
		每增减 0.5	0.051	0.051
350×350	400	3.00	0.335	0.368
		3.50	0.396	0.429
		4.00	0.457	0.490
		5.00	0.580	0.613
		6.00	0.702	0.735
		8.00	0.947	0.980
		每增减 0.5	0.0613	0.0613
400×400	400	5.00	0.757	0.800
		6.00	0.917	0.960
		7.00	1.077	1.120
		8.00	1.237	1.280
		10.00	1.557	1.600
		12.00	1.877	1.920
		15.00	2.357	2.400
		每增减 0.5	0.08	0.08

注：①混凝土体积栏中，A 栏为理论计算体积，B 栏为按工程量计算的体积。

②桩长包括桩尖长度。混凝土体积理论计算公式：

$$V=(L\times A)+\frac{1}{3}A\cdot H$$

式中　　V——体积；

　　　　L——桩长（不包括桩尖长）；

　　　　A——桩截面面积；

　　　　H——桩尖长。

四、工程量清单设置与工程量计算规则

1. 地基处理与边坡支护工程

(1) 地基处理工程（编码：010201）工程量清单项目设置及工程量计算规则，见表 4-25。

(2) 基坑与边坡支护工程（编码：010202）工程量清单项目设置及工程量计算规则，见表 4-26。

表 4-25　　　　　　　　　　地基处理工程（编码：010201）

项目名称	项目特征	工程量计算规则	工作内容
换填垫层	①材料种类及配比 ②压实系数 ③掺加剂品种	按设计图示尺寸以体积计算（计量单位：m³）	①分层铺填 ②碾压、振密或夯实 ③材料运输
铺设土工合成材料	①部位 ②品种 ③规格	按设计图示尺寸以面积计算（计量单位：m³）	①挖填锚固沟 ②铺设 ③固定 ④运输
预压地基	①排水竖井种类、断面尺寸、排列方式、间距、深度 ②预压方法 ③预压荷载、时间 ④砂垫层厚度	按设计图示处理范围以面积计算（计量单位：m²）	①设置排水竖井、盲沟、滤水管 ②铺设砂垫层、密封膜 ③堆载、卸载或抽气设备安拆、抽真空 ④材料运输
强夯地基	①夯击能量 ②夯击遍数 ③夯击点布置形式、间距 ④地耐力要求 ⑤夯填材料种类		①铺设夯填材料 ②强夯 ③夯填材料运输
振冲密实（不填料）	①地层情况 ②振密深度 ③孔距		①振冲加密 ②泥浆运输

271

项目名称	项目特征	工程量计算规则	工作内容
振冲桩（填料）	①地层情况 ②空桩长度、桩长 ③桩径 ④填充材料种类	①以米计量，按设计图示尺寸以桩长计算 ②以立方米计量，按设计桩截面乘以桩长以体积计算 （计量单位：m、m³）	①振冲成孔、填料、振实 ②材料运输 ③泥浆运输
砂石桩	①地层情况 ②空桩长度、桩长 ③桩径 ④成孔方法 ⑤材料种类、级配	①以米计量，按设计图示尺寸以桩长（包括桩尖）计算 ②以立方米计量，按设计桩截面乘以桩长（包括桩尖）以体积计算 （计量单位：m、m³）	①成孔 ②填充、振实 ③材料运输
水泥粉煤灰碎石桩	①地层情况 ②空桩长度、桩长 ③桩径 ④成孔方法 ⑤混合料强度等级	按设计图示尺寸以桩长（包括桩尖）计算 （计量单位：m）	①成孔 ②混合料制作、灌注、养护 ③材料运输
深层搅拌桩	①地层情况 ②空桩长度、桩长 ③桩截面尺寸 ④水泥强度等级、掺量		①预搅下钻、水泥浆制作、喷浆搅拌提升成桩 ②材料运输
粉喷桩	①地层情况 ②空桩长度、桩长 ③桩径 ④粉体种类、掺量 ⑤水泥强度等级、石灰粉要求	按设计图示尺寸以桩长计算 （计量单位：m）	①预搅下钻、喷粉搅拌提升成桩 ②材料运输
夯实水泥土桩	①地层情况 ②空桩长度、桩长 ③桩径 ④成孔方法 ⑤水泥强度等级 ⑥混合料配比	按设计图示尺寸以桩长（包括桩尖）计算 （计量单位：m）	①成孔、夯底 ②水泥土拌和、填料、夯实 ③材料运输
高压喷射注浆桩	①地层情况 ②空桩长度、桩长 ③桩截面 ④注浆类型、方法 ⑤水泥强度等级	按设计图示尺寸以桩长计算 （计量单位：m）	①成孔 ②水泥浆制作、高压喷射注浆材料运输

续表 2

项目名称	项目特征	工程量计算规则	工作内容
石灰桩	①地层情况 ②空桩长度、桩长 ③桩径 ④成孔方法 ⑤掺和料种类、配合比	按设计图示尺寸以桩长（包括桩尖）计算 （计量单位：m）	①成孔 ②混合料制作、运输、夯填
灰土（土）挤密桩	①地层情况 ②空桩长度、桩长 ③桩径 ④成孔方法 ⑤灰土级配		①成孔 ②灰土拌和、运输、填充、夯实
桩锤冲扩桩	①地层情况 ②空桩长度、桩长 ③桩径 ④成孔方法 ⑤桩体材料种类、配合比	按设计图示尺寸以桩长计算 （计量单位：m）	①安、拔套管 ②冲孔、填料、夯实 ③桩体材料制作、运输
注浆地基	①地层情况 ②空钻深度、注浆深度 ③注浆间距 ④浆液种类及配比 ⑤注浆方法 ⑥水泥强度等级	①以米计量，按设计图示尺寸以钻孔深度计算 ②以立方米计量，按设计图示尺寸以加固体积计算 （计量单位：m、m³）	①成孔 ②注浆导管制作、安装 ③浆液制作、压浆 ④材料运输

表 4‑26 　　　　基坑与边坡支护工程（编码：010202）

项目名称	项目特征	工程量计算规则	工作内容
地下连续墙	①地层情况 ②导墙类型、截面 ③墙体厚度 ④成槽深度 ⑤混凝土种类、强度等级 ⑥接头形式	按设计图示墙中心线长乘以厚度乘以槽深以体积计算 （计量单位：m³）	①导墙挖填、制作、安装、拆除 ②挖土成槽、固壁、清底置换 ③混凝土制作、运输、灌注、养护 ④接头处理 ⑤土方、废泥浆外运 ⑥打桩场地硬化及泥浆池、泥浆沟
咬合灌注桩	①地层情况 ②桩长 ③桩径 ④混凝土种类、强度等级 ⑤部位	①以米计量，按设计图示尺寸以桩长计算 ②以根计量，按设计图示数量计算 （计量单位：m、根）	①成孔、固壁 ②混凝土制作、运输、灌注、养护 ③套管压拔 ④土方、废泥浆外运 ⑤打桩场地硬化及泥浆池、泥浆沟

续表 1

项目名称	项目特征	工程量计算规则	工作内容
圆木桩	①地层情况 ②桩长 ③材质 ④尾径 ⑤桩倾斜度	①以米计量，按设计图示尺寸以桩长（包括桩尖）计算 ②以根计量，按设计图示数量计算 （计量单位：m、根）	①工作平台搭拆 ②桩机移位 ③桩靴安装 ④沉桩
预制钢筋混凝土板桩	①地层情况 ②送桩深度、桩长 ③桩截面 ④沉桩方法 ⑤连接方式 ⑥混凝土强度等级		①工作平台搭拆 ②桩机移位 ③沉桩 ④板桩连接
型钢桩	①地层情况或部位 ②送桩深度、桩长 ③规格型号 ④桩倾斜度 ⑤防护材料种类 ⑥是否拔出	①以吨计量，按设计图示尺寸以质量计算 ②以根计量，按设计图示数量计算 （计量单位：m、根）	①工作平台搭拆 ②桩机移位 ③打（拔）桩 ④接桩 ⑤刷防护材料
钢板桩	①地层情况 ②桩长 ③板桩厚度	①以吨计量，按设计图示尺寸以质量计算 ②以平方米计量，按设计图示墙中心线长乘以桩长以面积计算 （计量单位：t、m^2）	①工作平台搭拆 ②桩机移位 ③打拔钢板桩
锚杆（锚索）	①地层情况 ②锚杆（索）类型、部位 ③钻孔深度 ④钻孔直径 ⑤杆体材料品种、规格、数量 ⑥预应力 ⑦浆液种类、强度等级	①以米计量，按设计图示尺寸以钻孔深度计算 ②以根计量，按设计图示数量计算 （计量单位：m、根）	①钻孔、浆液制作、运输、压浆 ②锚杆（锚索）制作、安装 ③张拉锚固 ④锚杆（锚索）施工平台搭设、拆除
土钉	①地层情况 ②钻孔深度 ③钻孔直径 ④置入方法 ⑤杆体材料品种、规格、数量 ⑥浆液种类、强度等级		①钻孔、浆液制作、运输、压浆 ②土钉制作、安装 ③土钉施工平台搭设、拆除

274

续表 2

项目名称	项目特征	工程量计算规则	工作内容
喷射混凝土、水泥砂浆	①部位 ②厚度 ③材料种类 ④混凝土（砂浆）类别、强度等级	按设计图示尺寸以面积计算 （计量单位：m²）	①修整边坡 ②混凝土（砂浆）制作、运输、喷射、养护 ③钻排水孔、安装排水管 ④喷射施工平台搭设、拆除
钢筋混凝土支撑	①部位 ②混凝土种类 ③混凝土强度等级	按设计图示尺寸以体积计算 （计量单位：m³）	①模板（支架或支撑）制作、安装、拆除、堆放、运输及清理模内杂物、刷隔离剂等 ②混凝土制作、运输、浇筑、振捣、养护
钢支撑	①部位 ②钢材品种、规格 ③探伤要求	按设计图示尺寸以质量计算。不扣除孔眼质量，焊条、铆钉、螺栓等不另增加质量 （计量单位：t）	①支撑、铁件制作（摊销、租赁） ②支撑、铁件安装 ③探伤 ④刷漆 ⑤拆除 ⑥运输

2. 桩基工程

（1）打桩工程（编码：010301）工程量清单项目设置及工程量计算规则，见表 4-27。

（2）灌注桩工程（编码：010302）工程量清单项目设置及工程量计算规则，见表 4-28。

表 4-27　　　　　　　　打桩工程（编码：010301）

项目名称	项目特征	工程量计算规则	工作内容
预制钢筋混凝土方桩	①地层情况 ②送桩深度、桩长 ③桩截面 ④桩倾斜度 ⑤沉桩方法 ⑥接桩方式 ⑦混凝土强度等级	①以米计量，按设计图示尺寸以桩长（包括桩尖）计算 ②以立方米计量，按设计图示截面积乘以桩长（包括桩尖）以实体积计算 ③以根计量，按设计图示数量计算 （计量单位：m、m³、根）	①工作平台搭拆 ②桩机竖拆、移位 ③沉桩 ④接桩 ⑤送桩
预制钢筋混凝土管桩	①地层情况 ②送桩深度、桩长 ③桩外径、壁厚 ④桩倾斜度 ⑤沉桩方法 ⑥桩尖类型 ⑦混凝土强度等级 ⑧填充材料种类 ⑨防护材料种类		①工作平台搭拆 ②桩机竖拆、移位 ③沉桩 ④接桩 ⑤送桩 ⑥桩尖制作安装 ⑦填充材料、刷防护材料

项目名称	项目特征	工程量计算规则	工作内容
钢管桩	①地层情况 ②送桩深度、桩长 ③材质 ④管径、壁厚 ⑤桩倾斜度 ⑥沉桩方法 ⑦填充材料种类 ⑧防护材料种类	①以吨计量，按设计图示尺寸以质量计算 ②以根计量，按设计图示数量计算 （计量单位：t、根）	①工作平台搭拆 ②桩机竖拆、移位 ③沉桩 ④接桩 ⑤送桩 ⑥切割钢管、精割盖帽 ⑦管内取土 ⑧填充材料、刷防护材料
截（凿）桩头	①桩类型 ②桩头截面、高度 ③混凝土强度等级 ④有无钢筋	①以立方米计量，按设计桩截面乘以桩头长度以体积计算 ②以根计量，按设计图示数量计算 （计量单位：m³、根）	①截（切割）桩头 ②凿平 ③废料外运

表 4-28 灌注桩工程（编码：010302）

项目名称	项目特征	工程量计算规则	工作内容
泥浆护壁成孔灌注桩	①地层情况 ②空桩长度、桩长 ③桩径 ④成孔方法 ⑤护筒类型、长度 ⑥混凝土种类、强度等级	①以米计量，按设计图示尺寸以桩长（包括桩尖）计算 ②以立方米计量，按不同截面在桩上范围内以体积计算 ③以根计量，按设计图示数量计算 （计量单位：m、m³、根）	①护筒埋设 ②成孔、固壁 ③混凝土制作、运输、灌注、养护 ④土方、废泥浆外运 ⑤打桩场地硬化及泥浆池、泥浆沟
沉管灌注桩	①地层情况 ②空桩长度、桩长 ③复打长度 ④桩径 ⑤沉管方法 ⑥桩尖类型 ⑦混凝土种类、强度等级		①打（沉）拔钢管 ②桩尖制作、安装 ③混凝土制作、运输、灌注、养护
干作业成孔灌注桩	①地层情况 ②空桩长度、桩长 ③桩径 ④扩孔直径、高度 ⑤成孔方法 ⑥混凝土种类、强度等级		①成孔、扩孔 ②混凝土制作、运输、灌注、振捣、养护

项目名称	项目特征	工程量计算规则	工作内容
挖孔桩土（石）方	①地层情况 ②挖孔深度 ③弃土（石）运距	按设计图示尺寸（含护壁）截面积乘以挖孔深度以立方米计算 （计量单位：m³）	①排地表水 ②挖土、凿石 ③基底钎探 ④运输
人工挖孔灌注桩	①桩芯长度 ②桩芯直径、扩底直径、扩底高度 ③护壁厚度、高度 ④护壁混凝土种类、强度等级 ⑤桩芯混凝土种类、强度等级	①以立方米计量，按桩芯混凝土体积计算 ②以根计量，按设计图示数量计算 （计量单位：m³、根）	①护壁制作 ②混凝土制作、运输、灌注、振捣、养护
钻孔压浆桩	①地层情况 ②空钻长度、桩长 ③钻孔直径 ④水泥强度等级	①以米计量，按设计图示尺寸以桩长计算 ②以根计量，按设计图示数量计算 （计量单位：m、根）	钻孔、下注浆管、投放骨料、浆液制作、运输
灌注桩后压浆	①注浆导管材料、规格 ②注浆导管长度 ③单孔注浆量 ④水泥强度等级	按设计图示以注浆孔数计算 （计量单位：孔）	①注浆导管制作、安装 ②浆液制作、运输、压浆

五、工程量计算与工程量清单计价示例

（一）定额工程量计算示例

1. 预制钢筋混凝土方桩工程量计算实例

【例4-5】某桩基础工程共打预制钢筋混凝土方桩256根，桩长12.5 m，其中桩尖0.5m，桩截面为300mm×300mm。试计算打预制钢筋混凝土方桩工程量。

解：根据公式"单桩体积＝桩截面面积×桩全长"可知：

$$V=0.3\times0.3\times12.5\times256=288.0\ (m^3)$$

2. 管桩工程量计算实例

【例4-6】某工程需用如图4-24（a）所示预制钢筋混凝土方桩200根，图4-24（b）所示为预制混凝土管桩150根，已知混凝土强度等级为C40，土壤类别为四类土，求该工程打钢筋混凝土桩及管桩的工程数量。

解：按设计图示尺寸，以桩长（包括桩尖）或根数计算，则：

①土壤类别为四类土，打单桩长度11.6m，断面450mm×450mm，混凝土强度等级为C40的

预制混凝土桩的工程数量为 200 根（或 11.6×200＝2320m）。

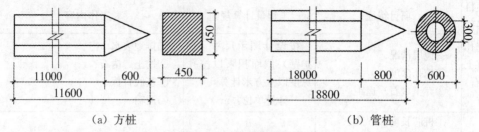

（a）方桩　　　　　　　　　（b）管桩

图 4-24　预制混凝土桩

②土壤类别为四类土，钢筋混凝土管桩单根长度 18.8m，外径 600mm，内径 300mm，管内灌注 C10 细石混凝土，混凝土强度等级为 C40 的预制混凝土管桩的工程数量为 150 根（工程量清单数量）。

如果是施工企业编制投标报价，应按建设主管部门规定办法计算工程量。

方桩单根工程量：$V_桩＝S_截×H＝0.45×0.45×（11＋0.6）＝2.35$（m³）

$$总工程量＝2.35×200＝470（m³）$$

管桩单根工程量：$V_桩＝π×0.3^2×18.8－π×0.15^2×18＝4.04$（m³）

$$总工程量＝4.04×150＝606.48（m³）$$

3. 接桩工程量计算计算实例

【例 4-7】接桩分为电焊接桩和硫黄胶泥桩两种方式，电焊接桩按个计算，硫黄胶泥接桩按桩断面面积计算；送桩按桩截面积乘以送桩长度（即打桩架底至桩顶面高度或自桩顶至自然地坪面另加 0.5m）计算。如图 4-25 所示，求接桩、送桩工程量。

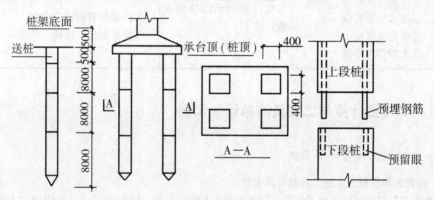

图 4-25　硫黄胶泥接桩示意图

解：接桩工程量＝0.4×0.4×2×4＝1.28（m²）

送桩工程量＝0.4×0.4×1.0×4＝0.64（m²）

4. 混凝土灌柱桩工程量计算实例

【例 4-8】某工程为人工挖孔灌注混凝土桩，混凝土强度等级 C20，数量为 60 根，设计桩长 8m，桩径 1.2m，已知土壤类别为四类土，求该工程混凝土灌注桩的工程数量。

解：混凝土灌注桩的工程数量计算如下。

计算公式：按设计图示尺寸以桩长（包括桩尖）或根数计算。

则土壤类别为四类土，混凝土强度等级为 C20，数量为 60 根，设计桩长 8m，桩径 1.2m，人

278

工挖孔灌柱混凝土桩的工程数量：8×60＝480（m）（或60根）

如果是施工企业编制投标报价，应按建设主管部门规定方法计算工程量。

单根桩工程量：

$$V_{桩}=\pi\times\left(\frac{1.2}{2}\right)^2\times8=9.048\ (\text{m}^3)$$

$$总工程量＝9.048\times60=542.88\ (\text{m}^3)$$

（二）工程量清单计价编制示例

某工程灌注桩，土壤级别为二级土，单根桩设计长度为8m，总共127根，桩截面直径为800mm，灌注混凝土强度等级C30。

1. 经业主根据灌注桩基础施工图计算

混凝土灌注桩总长为：8×127＝1016（m）

2. 经投标人根据地质资料和施工方案计算

经投标人根据地质资料和施工方案计算，见表4-29。

表4-29 地质资料和施工方案计算

资　料	施工方案计算
混凝土桩总体积	混凝土桩总体积为：3.1416×(0.4)²×1016＝510.7（m³） 混凝土桩实际消耗总体积为：510.7×(1＋0.015＋0.25)＝646.04（m³） （每立方米实际消耗混凝土量为：1.265m³）
钻孔灌注混凝土的计算	①人工费：25×8.4×510.7＝107247（元） ②材料费： 　a. C30混凝土：210×1.265×510.7＝135667.46（元） 　b. 板桩材：1200×0.01×510.7＝6128.4（元） 　c. 黏土：340×0.054×510.7＝9376.45（元） 　d. 电焊条：5×0.145×510.7＝370.26（元） 　e. 水：1.8×2.62×510.7＝2408.46（元） 　f. 铁钉：2.4×0.0390×510.7＝47.80（元） 　g. 其他材料费：30155×16.04％＝4836.86（元） 　h. 小计：158835.69元 ③机械费： 　a. 潜水钻机（φ1250内）：290×0.422×510.7＝62499.47（元） 　b. 交流焊机（40kVA）：59×0.026×510.7＝783.41（元） 　c. 空气压缩机（m³/min）：11×0.045×510.7＝252.80（元） 　d. 混凝土搅拌机（400L）：90×0.076×510.7＝3493.19（元） 　e. 其他机械费：69304.04×11.57％＝8018.48（元） 　f. 小计：75047.35元 ④合计：341130.04元

续表

资料	施工方案计算
泥浆运输	泥浆运输（泥浆总用量）：$0.486×510.7=248.2$（m³） ①人工费：$25×0.744×248.2=4616.52$（元） ②机械费： a. 泥浆运输车：$330×0.186×248.2=15234.52$（元） b. 泥浆泵：$100×0.062×248.2=1538.84$（元） c. 小计：16773.36 元 ③合计：21389.88 元
泥浆池挖土方	泥浆池挖土方（58m³） 人工费：$12×58=696$（元）
泥浆池垫层	泥浆池垫层（2.96m³） ①人工费：$30×2.96=88.8$（元） ②材料费：$154×2.96=455.84$（元） ③机具费：$16×2.96=47.36$（元） ④合计：592.0 元
池壁砌砖	池壁砌砖（7.55m³） ①人工费：$40.50×7.55=305.78$（元） ②材料费：$135.00×7.55=1019.25$（元） ③机具费：$4.5×7.55=33.98$（元） ④合计：1359.01 元
池底砌砖	池底砌砖（3.16m³） ①人工费：$35.0×3.16=110.6$（元） ②材料费：$126×3.16=398.16$（元） ③机具费：$4.5×3.16=14.22$（元） ④合计：522.98 元
池底、池壁抹灰	①人工费：$3.3×25+5×30=232.50$（元） ②材料费：$7.75×25+5.5×30=358.75$（元） ③机具费：$0.5×55=27.5$（元） ④合计：618.75 元
拆除泥浆池	人工费：600 元
综合	①直接费合计：366908.66 元 ②管理费：直接费×34%＝124748.94（元） ③利润：直接费×8%＝366908.66×8%＝29352.69（元） ④总计：521010.29 元 ⑤综合单价：521010.29/1016＝512.81（元/m）

3. 将相关数据填入"分部分项工程量清单计价表"和"分部分项工程量清单综合单价计算表"

中，将相关数据填入"分部分项工程量清单计价表（表 4 - 30）和"分部分项工程量清单综合单价计算表"（表 4 - 31）中。

表 4 - 30　　　　　　　　　　**分部分项工程量清单计价表**

工程名称：某工程

项目编码	项目名称	计量单位	工程数量	金额（元）	
				综合单价	合价
010201003	混凝土灌注桩 土壤类别：二类土 桩单根设计长度：8m 桩根数：127 根 桩截面：ϕ 800 混凝土强度：C30 泥浆运输 5km 以内	m	1016	512.80	521 004.80

表 4 - 31　　　　　　　　　　**分部分项工程量清单综合单价计算表**

工程名称：某工程　　　　　　　　　　　　　　　　　　计量单位：m
项目编码：010201003001　　　　　　　　　　　　　　工程数量：1016
项目名称：混凝土灌注桩　　　　　　　　　　　　　　　综合单价：512.80 元

定额编号	工程内容	单位	数量	其中（元）					
				人工费	材料费	机械费	管理费	利润	小计
AB0215	钻孔灌注混凝土桩	m	0.637	105.56	153.52	76.10	113.96	26.81	475.95
2—97	泥浆运输 5km 以内	m³	0.244	4.54	—	16.51	7.16	1.68	29.89
1—2	泥浆池挖土方（2m 以内，三类土）	m³	0.057	0.69	—	—	0.23	0.05	0.97
8—15	泥浆池垫层（石灰拌和）	m³	0.003	0.09	0.45	0.05	0.20	0.05	0.84
4—10	砖砌池壁（一砖厚）	m³	0.007	0.30	1.00	0.03	0.45	0.11	1.89
8—105	砖砌池底（平铺）	m³	0.003	0.11	0.39	0.01	0.17	0.04	0.72
11—25	池壁、池底抹灰	m²	0.025	0.23	0.35	0.03	0.21	0.05	0.87
A2B—11	拆除泥浆池	座	0.001	0.59	—	—	0.20	0.05	0.84
	合计	—	—	112.11	155.71	92.73	122.58	28.84	511.97

第四节 砌筑工程

一、砌筑工程工程量计算常用资料

1. 砖墙用砖和砂浆计算

(1) 一斗一卧空斗墙用砖和砂浆理论计算公式：

$$砖 = \frac{一斗一卧一层砖的块数}{墙厚 \times 一斗一卧砖高 \times 墙长}$$

$$砂浆 = \frac{(墙长 \times 4 \times 立砖净高 \times 10 + 斗砖宽 \times 20 + 卧砖长 \times 12.52) \times 0.01 \times 0.053}{墙厚 \times 一斗一卧砖高 \times 墙长}$$

(2) 各种不同厚度的墙用砖和砂浆净用量计算公式：

砖墙：每立方米砖砌体各种不同厚度的墙用砖和砂浆净用量的理论计算公式如下：

$$砖的净用量 = \frac{1}{墙厚 \times (砖长 + 灰缝) \times (砖厚 + 灰缝)} \times K$$

$$砂浆净用量 = 1 - 砖数净用量 \times 每块砖体积$$

式中 K——墙厚的砖数 $\times 2$（墙厚的砖数是指 0.5、1、1.5、2、…）。

标准砖规格为 240mm $\times$ 115mm $\times$ 53mm，每块砖的体积为 0.0014628m³，灰缝横竖方向均为 1cm。

(3) 方形砖柱用砖和砂浆用量理论计算公式：

$$砖 = \frac{一层砖的块数}{长 \times 宽 \times (一层砖厚 + 灰缝)}$$

$$砂浆 = 1 - 砖数净用量 \times 每块砖体积$$

(4) 圆形砖柱用砖和砂浆理论计算公式：

$$砖 = \frac{1}{\pi/4 \times 0.49 \times 0.49 \times (砖厚 + 灰缝)}$$

$$砂浆 = 1 - 每块砖体积 \times \frac{1}{\left(长 + \dfrac{1}{2}灰缝\right) \times (宽 + 灰缝) \times (厚 + 灰缝)}$$

2. 砖墙体工程量计算

砖墙体有外墙、内墙、女儿墙、围墙之分，计算时要注意墙体砖品种、规格、强度等级、墙体类型、墙体厚度、墙体高度、砂浆强度等级、配合比不同时要分开计算。

(1) 外墙：

$$V_{外} = (H_{外} L_{中} - F_{洞}) \, b + V_{增减}$$

式中 $H_{外}$——外墙高度；

$L_{中}$——外墙中心线长度；

$F_{洞}$——门窗洞口、过人洞、空圈面积；

$V_{增减}$——相应的增减体积，其中 $V_{增}$ 是指有墙垛时增加的墙垛体积；

b——墙体厚度。

对于砖垛工程量的计算可查表 4-32。

表 4-32		4 标准砖附墙砖垛或附墙烟囱、通风道折算墙身面积系数				
突出断面 $a \times b$ (cm)	墙身厚度 D (cm)					
	$\frac{1}{2}$砖	$\frac{3}{4}$砖	1砖	$1\frac{1}{2}$砖	2砖	$2\frac{1}{2}$砖
	11.5	18	24	36.5	49	61.5
12.25×24	0.2609	0.1685	0.1250	0.0822	0.0612	0.0488
12.5×36.5	0.3970	0.2562	0.1 900	0.1249	0.0930	0.0741
12.5×49	0.5330	0.3444	0.2554	0.1680	0.1251	0.0997
12.5×61.5	0.6687	0.4320	0.3204	0.2107	0.1 569	0.1250
25×24	0.5218	0.3371	0.2500	0.1644	0.1224	0.0976
25×36.5	0.7938	0.5129	0.3804	0.2500	0.1862	0.1485
25×49	1.0625	0.6882	0.5104	0.2356	0.2499	0.1992
25×61.5	1.3374	0.8641	0.6410	0.4214	0.3138	0.2501
37.5×24	0.7826	0.5056	0.3751	0.2466	0.1836	0.1463
37.5×36.5	1.1904	0.7691	0.5700	0.3751	0.2793	0.2226
37.5×49	1.5983	1.0326	0.7650	0.5036	0.3749	0.2989
37.5×61.5	2.0047	1.2955	0.9608	0.6318	0.4704	0.3750
50×24	1.0435	0.6742	0.5000	0.3288	0.2446	0.1951
50×36.5	1.5870	1.0253	0.7604	0.5000	0.3724	0.2967
50×49	2.1304	1.3764	1.0208	0.6712	0.5000	0.3980
50×61.5	2.6739	1.7273	1.2813	0.8425	0.6261	0.4997
62.5×36.5	1.9813	1.2821	0.9510	0.6249	0.4653	0.3709
62.5×49	2.6635	1.7208	1.3763	0.8390	0.6249	0.4980
62.5×61.5	3.3426	2.1600	1.6016	1.0532	0.7842	0.6250
74×36.5	2.3487	1.5174	1.1254	0.7400	0.5510	0.4392

注：表中 a 为突出墙面尺寸（cm），b 为砖垛（或附墙烟囱、通风道）的宽度（cm）。

（2）内墙：

$$V_内 = (H_内 L_净 - F_洞) \, b + V_{增减}$$

式中　$H_内$——内墙高度；

$L_净$——内墙净长度；

$F_洞$——门窗洞口、过人洞、空圈面积；

$V_{增减}$——计算墙体时相应的增减体积；

b——墙体厚度。

（3）女儿墙：

283

$$V_女 = H_女 L_中 b + V_{增减}$$

式中　$H_女$——女儿墙高度；

$L_中$——女儿墙中心线长度；

b——女儿墙厚度。

（4）砖围墙

高度算至压顶上表面（如有混凝土压顶时算至压顶下表面），围墙柱并入围墙体积内计算。

3. 砖砌山墙面积计算

（1）山墙（尖）面积计算公式：

坡度 1:2（26°34′）=0.125L^2

坡度 1:4（14°02′）=0.0625L^2

坡度 1:12（4°45′）=0.02083L^2

（2）山尖墙面积，见表 4-33。

公式中坡度=$H:S$（如图 4-26 所示）

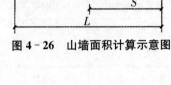

图 4-26　山墙面积计算示意图

表 4-33　　　　　　　　　　　　　山墙（尖）面积表

长度 L（m）	坡度（$H:S$）			长度 L（m）	坡度（$H:S$）		
	1:2	1:4	1:12		1:2	1:4	1:12
	山尖面积（m²）				山尖面积（m²）		
4.0	2.00	1.00	0.33	10.4	13.52	6.76	2.25
4.2	2.21	1.10	0.37	10.6	14.05	7.02	2.34
4.4	2.42	1.21	0.40	10.8	14.58	7.29	2.43
4.6	2.65	1.32	0.44	11	15.13	7.56	2.53
4.8	2.88	1.44	0.48	11.2	15.68	7.84	2.61
5.0	3.13	1.56	0.52	11.4	16.25	8.12	2.71
5.2	3.38	1.69	0.56	11.6	16.82	8.41	2.80
5.4	3.65	1.82	0.61	11.8	17.41	8.70	2.90
5.6	3.92	1.96	0.65	12	18.00	9.00	3.00
5.8	4.21	2.10	0.70	12.2	18.61	9.30	3.10
6.0	4.50	2.25	0.75	12.4	19.22	9.61	3.20
6.2	4.81	2.40	0.80	12.6	19.85	9.92	3.31
6.4	5.12	2.56	0.85	12.8	20.43	10.24	3.41
6.6	5.45	2.72	0.91	13.0	21.13	10.56	3.52
6.8	5.78	2.89	0.96	13.2	21.73	10.89	3.63
7.0	6.13	3.06	1.02	13.4	22.45	11.22	3.74

续表

长度 L (m)	坡度（H∶S）			长度 L (m)	坡度（H∶S）		
	1∶2	1∶4	1∶12		1∶2	1∶4	1∶12
	山尖面积（m²）				山尖面积（m²）		
7.2	6.43	3.24	1.08	13.6	23.12	11.56	3.85
7.4	6.85	3.42	1.14	13.8	23.81	11.90	3.97
7.6	7.22	3.61	1.20	14	24.50	12.23	4.08
7.8	7.61	3.80	1.27	14.2	25.21	12.60	4.20
8.0	8.00	4.00	1.33	14.4	25.92	12.96	4.32
8.2	8.41	4.20	1.40	14.6	26.65	13.32	4.44
8.4	8.82	4.41	1.47	14.8	27.33	13.69	4.56
8.6	9.25	4.62	1.54	15	28.13	14.06	4.69
8.8	9.68	4.84	1.61	15.2	28.88	14.44	4.81
9.0	10.13	5.06	1.69	15.4	29.65	14.82	4.94
9.2	10.58	5.29	1.76	15.6	30.42	15.21	5.07
9.4	11.05	5.52	1.84	15.8	21.21	15.60	5.20
9.6	11.52	5.76	1.92	16	32.00	16.00	5.33
9.8	12.01	6.00	2.00	16.2	32.81	16.40	5.47
10	12.50	6.25	2.08	16.4	33.62	16.81	5.60
10.2	13.01	6.50	2.17	16.6	34.45	17.22	5.76

4. 独立砖基础工程量计算

独立基础：按图示尺寸计算。

对于砖柱基础，如图 4-27 所示，可查表 4-34 计算：$V_{柱基} = V_{柱基身} + V_{柱放脚}$。

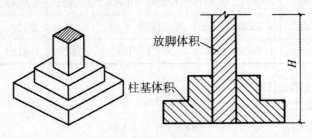

图 4-27 柱基

285

　　　　　　　　　　　　　　　砖柱基础体积

柱断面尺寸（mm）		240×240		240×365		365×365		365×490	
每米深柱基身体积（m³）		0.0576		0.0876		0.1332		0.17885	
砖柱增加四边放脚体积（m³）	层数	等高	不等高	等高	不等高	等高	不等高	等高	不等高
	一	0.0095	0.0095	0.0115	0.0115	0.0135	0.0135	0.0154	0.0154
	二	0.0325	0.0278	0.0384	0.0327	0.0443	0.0376	0.0502	0.0425
	三	0.0729	0.0614	0.0847	0.0713	0.0965	0.0811	0.1084	0.091
	四	0.1347	0.1097	0.1544	0.1254	0.174	0.1412	0.1937	0.1569
	五	0.2217	0.1793	0.2512	0.2029	0.2807	0.2265	0.3103	0.2502
	六	0.3379	0.2694	0.3793	0.3019	0.4206	0.3344	0.4619	0.3669
	七	0.4873	0.3868	0.5424	0.4301	0.5976	0.4734	0.6527	0.5167
	八	0.6737	0.5306	0.7447	0.5857	0.8155	0.6408	0.8864	0.6959
	九	0.9013	0.7075	0.9899	0.7764	1.0785	0.8453	1.1671	0.9142
	十	1.1738	0.9167	1.2821	1.0004	1.3903	1.084	1.4986	1.1678
柱断面尺寸（mm）		490×490		490×615		615×615		615×740	
每米深柱基身体积（m³）		0.2401		0.30135		0.37823		0.4551	
砖柱增加四边放脚体积（m³）	层数	等高	不等高	等高	不等高	等高	不等高	等高	不等高
	一	0.0174	0.0174	0.0194	0.0194	0.0213	0.0213	0.0233	0.0233
	二	0.0561	0.0474	0.0621	0.0524	0.068	0.0573	0.0739	0.0622
	三	0.1202	0.1008	0.132	0.1106	0.1438	0.1205	0.1556	0.1303
	四	0.2134	0.1727	0.2331	0.1884	0.2528	0.2042	0.2725	0.2199
	五	0.3398	0.2738	0.3693	0.2974	0.3989	0.321	0.4284	0.3447
	六	0.5033	0.3994	0.5446	0.4318	0.586	0.4643	0.6273	0.4968
	七	0.7078	0.56	0.7629	0.6033	0.8181	0.6467	0.8732	0.69
	八	0.9573	0.7511	1.0288	0.8062	1.099	0.8613	1.1699	0.9164
	九	1.2557	0.9831	1.3443	1.052	1.4329	1.1209	1.5214	1.1898
	十	1.6069	1.2514	1.7152	1.3551	1.8235	1.4188	1.9317	1.5024

5. 条形砖基础工程量计算

条形基础计算公式为：

$$V_{外墙基}＝S_{断}L_{中}＋V_{垛基}$$

$$V_{内墙基}＝S_{断}L_{净}$$

其中条形砖基断面面积为：

286

$$S_{断}=(基础高度+大放脚折加高度)\times 基础墙厚$$

或

$$S_{断}=基础高度\times 基础墙厚+大放脚墙加面积$$

砖基础的大放脚形式有等高式和间隔式，如图4-28（a）、图4-28（b）所示。大放脚的折加高度或大放脚增加面积可根据砖基础的大放脚形式、大放脚错台层数从表4-35和表4-36中查得。

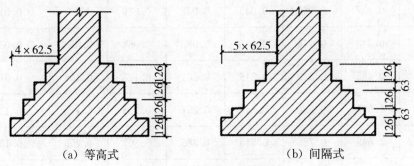

（a）等高式　　　　　　　　　　　　（b）间隔式

图4-28　砖基础放脚形式

表4-35　　　　　　　　　　标准砖等高式砖墙基大放脚折加高度表

放脚层数	折加高度（m）						增加断面积（m²）
	$\frac{1}{2}$砖（0.115）	1砖（0.24）	$1\frac{1}{2}$砖（0.365）	2砖（0.49）	$2\frac{1}{2}$砖（0.615）	3砖（0.74）	
一	0.137	0.066	0.43	0.032	0.026	0.021	0.01575
二	0.411	0.197	0.129	0.096	0.077	0.064	0.04725
三	0.822	0.394	0.259	0.193	0.154	0.128	0.0945
四	1.369	0.656	0.432	0.321	0.259	0.213	0.1575
五	2.054	0.984	0.647	0.482	0.384	0.319	0.2363
六	2.876	1.378	0.906	0.675	0.538	0.447	0.3308
七	—	1.838	1.208	0.900	0.717	0.596	0.4410
八	—	2.363	1.553	1.157	0.922	0.766	0.5670
九	—	2.953	1.942	1.447	1.153	0.958	0.7088
十	—	3.609	2.373	1.768	1.409	1.171	0.8663

注：①本表按标准砖双面放脚，每层等高12.6cm（二皮砖，二灰缝）砌出6.25cm计算。

②本表折加墙基高度的计算，以240mm×115mm×53mm标准砖、1cm灰缝及双面大放脚为准。

③折加高度（m）＝$\dfrac{放脚断面积（m²）}{墙厚（m）}$。

④采用折加高度数字时，取两位小数，第三位以后四舍五入。采用增加断面数字时，取三位小数，第四位以后四舍五入。

表 4 - 36　　　　　　　标准砖间隔式墙基础大放脚折加高度表

放脚层数	折加高度（m）						增加断面积（m²）
	$\frac{1}{2}$砖 (0.115)	1 砖 (0.24)	$1\frac{1}{2}$砖 (0.365)	2 砖 (0.4，9)	$2\frac{1}{2}$砖 (0.615)	3 砖 (0.74)	
一	0.137	0.066	0.043	0.032	0.026	0.021	0.0158
二	0.343	0.164	0.108	0.080	0.064	0.053	0.0394
三	0.685	0.320	0.216	0.161	0.128	0.106	0.0788
四	1.096	0.525	0.345	0.257	0.205	0.170	0.1260
五	1.643	0.788	0.518	0.386	0.307	0.255	0.1890
六	2.260	1.083	0.712	0.530	0.423	0.331	0.2597
七	—	1.444	0.949	0.707	0.563	0.468	0.3465
八	—	—	1.208	0.900	0.717	0.596	0.4410
九	—	—	—	1.125	0.896	0.745	0.5513
十	—	—	—	—	1.088	0.905	0.6694

注：①本表适用于间隔式砖墙基大放脚（即底层为二皮开始高 12.6cm，上层为一皮砖高 6.3cm，每边每层砌出 6.25cm）。

②本表折加墙基高度的计算，以 240mm×115mm×53mm 标准砖、1cm 灰缝及双面大放脚为准。

③本表砖墙基础体积计算公式与表 4 - 35（等高式砖墙基）同。

埰基是大放脚突出部分的基础，如图 4 - 29 所示。为了方便使用，埰基工程量可直接查表 4 - 37 计算。

$$V_{埰基} = 埰基正身体积 + 放脚部分体积$$

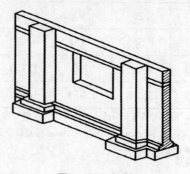

图 4 - 29　埰基

表 4-37　　　　砖垛基础体积（单位：m³/每个砖垛基础）

项目		突出墙面宽	$\frac{1}{2}$砖（12.5cm）	1砖（25cm）				1$\frac{1}{2}$砖（37.8cm）			2砖（50cm）		
		砖垛尺寸（mm）	125×40	125×365	250×240	250×365	250×490	375×365	375×490	375×615	500×490	500×615	500×740
垛基正身体积	垛基高	80cm	0.024	0.037	0.048	0.073	0.098	0.110	0.147	0.184	0.196	0.246	0.296
		90cm	0.027	0.014	0.054	0.028	0.110	0.123	0.165	0.208	0.221	0.277	0.333
		100cm	0.030	0.046	0.060	0.091	0.123	0.137	0.184	0.231	0.245	0.308	0.370
		110cm	0.033	0.050	0.066	0.100	0.135	0.151	0.202	0.254	0.270	0.338	0.407
		120cm	0.036	0.055	0.072	0.110	0.147	0.164	0.221	0.277	0.294	0.369	0.444
		130cm	0.039	0.059	0.078	0.119	0.159	0.178	0.239	0.300	0.319	0.400	0.481
		140cm	0.042	0.064	0.084	0.128	0.1 72	0.192	0.257	0.323	0.343	0.431	0.518
		150cm	0.045	0.068	0.090	0.137	0.184	0.205	0.276	0.346	0.368	0.461	0.555
		160cm	0.048	0.073	0.096	0.146	0.196	0.21 9	0.294	0.369	0.392	0.492	0.592
		170cm	0.051	0.078	0.102	0.155	0.208	0.233	0.312	0.392	0.417	0.523	0.629
		180cm	0.054	0.082	0.108	0.164	0.221	0.246	0.331	0.415	0.441	0.554	0.666
		每增减5cm	0.0015	0.0023	0.003	0.0045	0.0062	0.0063	0.0092	0.0115	0.0126	0.0154	0.1850

项目		层数	等高式/间隔式	等高式/间隔式	等高式/间隔式	等高式/间隔式
放脚部分体积	层数	一	0.002/0.002	0.004/0.004	0.006/0.006	0.008/0.008
		二	0.006/0.005	0.012/0.010	0.018/0.015	0.023/0.020
		三	0.012/0.010	0.023/0.020	0.035/0.029	0.047/0.039
		四	0.020/0.16	0.039/0.032	0.059/0.047	0.078/0.063
		五	0.029/0.024	0.059/0.047	0.088/0.070	0.117/0.094
		六	0.041/0.032	0.082/0.065	0.123/0.097	0.164/0.129
		七	0.055/0.043	0.109/0.086	0.164/0.129	0.221/0.172
		八	0.070/0.055	0.141/0.109	0.211/0.164	0.284/0.225

6. 条形毛石基础工程量计算

条形毛石基础工程量的计算，可参见表 4-38 进行。

表 4-38　　　　　　　　　毛石条形基础工程量表（定值）

基础阶数	图示	截面尺寸（mm）			截面面积（m²）	毛石砌体（m³/10m）	材料消耗（m³）	
		顶宽	底宽	高			毛石	砂浆
一阶式		600	600	600	0.36	3.60	4.14	1.44
		700	700	600	0.42	4.20	4.83	1.68
		800	800	600	0.48	4.80	5.52	1.92
		900	900	600	0.54	5.40	6.21	2.16
		600	600	1000	0.60	6.00	6.90	2.40
		700	700	1000	0.70	7.00	8.05	2.80
		800	800	1000	0.80	8.00	9.20	3.20
		900	900	1000	0.90	9.00	10.12	3.60
二阶式		600	1000	800	0.64	6.40	7.36	2.56
		700	1100	800	0.72	7.20	8.28	2.88
		800	1200	800	0.80	8.00	9.20	3.20
		900	1300	800	0.88	8.80	10.12	3.52
		600	1000	1200	1.04	9.40	11.96	4.16
		700	1100	1200	1.16	11.60	13.34	4.64
		800	1200	1200	1.28	12.80	14.72	5.12
		900	1300	1200	1.40	14.00	16.10	5.60
三阶式		600	1400	1200	1.20	12.00	13.80	4.80
		700	1500	1200	1.32	13.20	15.18	5.28
		800	1600	1200	1.44	14.40	16.56	5.76
		900	1700	1200	1.56	15.60	17.94	6.24
		600	1400	1600	1.76	17.60	20.24	7.04
		700	1500	1600	1.92	19.20	22.08	7.68
		800	1600	1600	2.08	20.80	23.92	8.92
		900	1700	1600	2.24	22.40	25.76	8.96

7. 条形毛石基础断面面积计算

条形毛石基础断面面积，可参见表 4-39 进行计算。

表 4-39　　　　　条形毛石基础断面面积表

宽度 (mm)	断面面积（m²）											
	高度（mm）											
	400	450	500	550	600	650	700	750	800	850	900	950
500	0.200	0.225	0.250	0.275	0.300	0.325	0.350	0.375	0.400	0.425	0.450	0.475
550	0.220	0.243	0.275	0.303	0.330	0.358	0.385	0.413	0.440	0.468	0.495	0.523
600	0.240	0.270	0.300	0.330	0.360	0.390	0.420	0.450	0.480	0.510	0.540	0.570
650	0.260	0.293	0.325	0.358	0.390	0.423	0.455	0.488	0.520	0.553	0.585	0.518
700	0.280	0.315	0.350	0.385	0.420	0.455	0.490	0.525	0.560	0.595	0.630	0.665
750	0.300	0.338	0.375	0.413	0.450	0.488	0.525	0.563	0.600	0.638	0.675	0.713
800	0.320	0.360	0.400	0.440	0.480	0.520	0.560	0.600	0.640	0.680	0.720	0.760
850	0.340	0.383	0.425	0.468	0.510	0.553	0.595	0.638	0.680	0.723	0.765	0.808
900	0.360	0.405	0.450	0.495	0.540	0.585	0.630	0.675	0.720	0.765	0.810	0.855
950	0.380	0.428	0.475	0.523	0.570	0.618	0.665	0.713	0.760	0.808	0.855	0.903
1000	0.400	0.450	0.500	0.550	0.600	0.650	0.700	0.750	0.800	0.850	0.900	0.950
1050	0.420	0.473	0.525	0.578	0.630	0.683	0.735	0.788	0.840	0.893	0.945	0.998
1100	0.440	0.495	0.550	0.605	0.660	0.715	0.770	0.825	0.880	0.935	0.990	1.050
1150	0.460	0.518	0.575	0.633	0.690	0.748	0.805	0.863	0.920	0.978	1.040	1.093
1200	0.480	0.540	0.600	0.660	0.720	0.780	0.840	0.900	0.960	1.020	1.080	1.140
1250	0.500	0.563	0.625	0.688	0.750	0.813	0.875	0.933	1.000	1.063	1.125	1.188
1300	0.520	0.585	0.650	0.715	0.780	0.845	0.910	0.975	1.040	1.105	1.170	1.235
1350	0.540	0.608	0.675	0.743	0.810	0.878	0.945	1.013	1.080	1.148	1.215	1.283
1400	0.560	0.630	0.700	0.770	0.840	0.910	0.980	1.050	1.120	1.19	1.260	1.330
1450	0.580	0.653	0.725	0.798	0.870	0.943	1.015	1.088	1.160	1.233	1.305	1.378
1500	0.600	0.675	0.750	0.825	0.900	0.975	1.050	1.125	1.200	1.275	1.350	1.425
1600	0.640	0.720	0.800	0.880	0.960	1.040	1.120	1.200	1.280	1.360	1.440	1.520
1700	0.680	0.765	0.850	0.935	1.020	1.105	1.190	1.275	1.360	1.445	1.530	1.615
1800	0.720	0.810	0.900	0.990	1.080	1.170	1.260	1.350	1.440	1.530	1.620	1.710
2000	0.800	0.900	1.000	1.100	1.200	1.300	1.400	1.500	1.600	1.700	1.800	1.900

8. 烟道砌砖工程量计算

烟道与炉体的划分以第一道闸门为界，属炉体内的烟道部分列入炉体工程量计算。烟道砌砖工程量按图示尺寸以实砌体积计算（图4-30）。

$$V = C\left[2H + \pi\left(R - \frac{C}{2}\right)\right]L$$

式中 V——砖砌烟道工程量（m^3）；

$\quad\quad C$——烟道墙厚（m）；

$\quad\quad H$——烟道墙垂直部分高度（m）；

$\quad\quad R$——烟道拱形部分外半径（m）；

$\quad\quad L$——烟道长度（m），自炉体第一道闸门至烟囱筒身外表面相交处。

参见图 4-30，即可写出烟道内衬工程量计算公式：

$$V=C_1\left[2H+\pi\left(R-C-\delta-\frac{C_1}{2}\right)+2\left(R-C-\delta-C_1\right)\right]$$

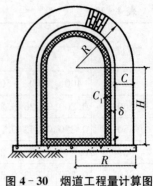

图 4-30　烟道工程量计算图

式中 V——烟道内衬体积（m^3）。

$\quad\quad C_1$——烟道内衬厚度（m）。

9. 烟囱筒身工程量计算

烟囱筒身不论圆形、方形，均按图示筒壁平均中心线周长乘以筒壁厚度，再乘以筒身垂直高度，扣除筒身各种孔洞（$0.3m^2$ 以上），钢筋混凝土圈梁、过梁等所占体积以立方米（m^3）计算。若其筒壁周长不同时，分别计算每段筒身体积，相加后即得整个烟囱筒身的体积，计算公式如下：

$$V=\pi CD\sum H-\text{应扣除体积}$$

式中 V——烟囱筒身体积（m^3）；

$\quad\quad H$——每段筒身垂直高度（m）；

$\quad\quad C$——每段筒壁厚度（m）；

$\quad\quad D$——每段筒壁中心线的平均直径（图 4-31）。

$$D=\frac{(D_1-C)+(D_2-C)}{2}=\frac{D_1+D_2}{2}-C$$

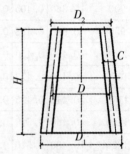

图 4-31　烟囱筒身工程量
计算示意图

10. 圆形整体式烟囱砖基础工程量计算

如图 4-32 所示是圆形整体式砖基础，其基础体积的计算同样可分为两个部分：一部分是基身，另一部分为大放脚，其基身与放脚应以基础扩大顶面向内收一个台阶宽（62.5mm）处为界，界内为基身，界外为放脚。若烟囱筒身外径恰好与基身重合，则其基与放脚的划分即以筒身外径为分界。

（1）圆形整体式烟囱基础的体积 V_{yj} 可按下式计算：

$$V_{yj}=V_s+V_f$$

其中，砖基身体积 V_s 为：

$$V_s=\pi r_s^2 h_c$$
$$r_s=r_w-0.0625$$

式中 r_s——圆形基身半径（m）；

$\quad\quad r_w$——圆形基础扩大面半径（m）；

$\quad\quad h_c$——基身高度（m）。

（2）砖基大放脚增加体积 V_f 的计算：

由图 4-32 可见，圆形基础大放脚可视为相对于基础中心的单面放脚。若计算出单面放脚增加断面相对于基础中心线的平均半径 r_0，即可计算大放脚增加的体积。平均半径 r_0 可按重心法求得。以等高式放脚为例，其计算公式如下：

$$r_0=r_s+\frac{\sum_{i=1}^{n}S_id_i}{\sum S_i}=r_s+\frac{\sum_{i=1}^{n}i^2}{n\text{ 层放脚单面断面面积}}\times 2.04\times 10^{-4}$$

式中 i——从上向下计数的大放脚层数。

则圆形砖基放脚增加体积 V_f 为：

$$V_f = 2\pi \times r_0 \times n\ \text{层放脚单面断面面积}$$

式中 n 层放脚单面断面面积由查表求得。

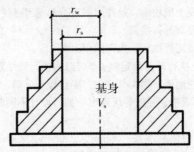

图 4‑32 圆形整体式烟囱砖基础

11. 烟囱环形砖基础工程量计算

烟囱环形砖基础如图 4‑33 所示，砖基大放脚分等高式和非等高式两种类型。基础体积的计算方法与条形基础的方法相同，分别计算出砖基身及放脚增加断面面积即可得烟囱基础体积公式。

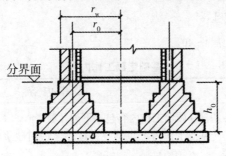

图 4‑33 烟囱环形砖基础

（1）砖基身断面面积：

$$\text{砖基身断面面积} = bh_c$$

式中 b——砖基身顶面宽度（m）；

h_c——砖基身高度（m）。

（2）砖基础体积：

$$V_{hj} = (bh_c + V_f)\ l_c$$

式中 V_{hj}——烟囱环形砖基础体积（m³）；

V_f——烟囱基础放脚增加断面面积（m²）；

$l_c = 2\pi r_0$——烟囱砖基础计算长度，其中 r_0 是烟囱中心至环形砖基扩大面中心的半径。

二、基础定额工程量计算规定与内容

（一）基础定额一般规定

1. 砌砖、砌块

（1）定额中砖的规格，是按标准砖编制的；砌块、多孔砖规格是按常用规格编制的。规格不同时，可以换算。

（2）砖墙定额中已包括先立门窗框的调直用工以及腰线、窗台线、挑檐等一般出线用工。

（3）砖砌体均包括原浆勾缝用工，加浆勾缝时，另按相应定额计算。

（4）填充墙以填炉渣、炉渣混凝土为准，如实际使用材料与定额不同时允许换算，其他不变。

（5）墙体必需放置的拉接钢筋，应按钢筋混凝土章节另行计算。

（6）硅酸盐砌块、加气混凝土砌块墙，是按水泥混合砂浆编制的，如设计使用水玻璃矿渣等粘结剂为胶合料时，应按设计要求另行换算。

（7）圆形烟囱基础按砖基础定额执行，人工乘以系数 1.2。

（8）砖砌挡土墙，2 砖以上执行砖基础定额；2 砖以内执行砖墙定额。

（9）零星项目系指砖砌小便池槽、明沟、暗沟、隔热板带砖墩、地板墩等。

（10）项目中砂浆系按常用规格、强度等级列出，如与设计不同时，可以换算。

2. 砌石

（1）定额中粗、细料石（砌体）墙按 400mm×220mm×200mm，柱按 450mm×220mm×200mm，踏步石按 400mm×200mm×100mm 规格编制的。

（2）毛石墙镶砖墙身按内背镶 1/2 砖编制的，墙体厚度为 600mm。

（3）毛石护坡高度超过 4 m 时，定额人工乘以系数 1.15。

（4）砌筑圆弧形石砌体基础、墙（含砖石混合砌体）按定额项目人工乘以系数 1.1。

（二）基础定额工作内容

基础定额工作内容，见表 4-40。

表 4-40　　　　　　　　　　基础定额工作内容

定期项目		工作内容
砌砖	砖基础、砖墙	砖基础、砖墙工作内容包括下列几项： ①砖基础工作内容包括：调运砂浆、铺砂浆、运砖、清理基槽坑、砌砖等 ②砖墙工作内容包括：调、运、铺砂浆，运砖；砌砖，包括窗台虎头砖、腰线、门窗套；安放木砖、铁件等
	空斗墙、空花墙	空斗墙、空花墙工作内容包括下列几项： ①调、运、铺砂浆，运砖 ②砌砖，包括窗台虎头砖、腰线、门窗套 ③安放木砖、铁件等
	填充墙、贴砌砖	填充墙、贴砌砖工作内容包括下列几项： ①调、运、铺砂浆，运砖 ②砌砖，包括窗台虎头砖、腰线、门窗套 ③安放木砖、铁件等
	砌块墙	砌块墙工作内容包括下列几项： ①调、运、铺砂浆，运砖 ②砌砖，包括窗台虎头砖、腰线、门窗套 ③安放木砖、铁件等
	围墙	围墙工作内容包括：调、运、铺砂浆，运砖

定期项目		工 作 内 容
砖砌	砖柱	砖柱工作内容包括下列几项： ①调、运、铺砂浆，运砖 ②砌砖 ③安放木砖、铁件等
	砖烟囱、水塔	砖烟囱、水塔工作内容包括下列几项： ①砖烟囱筒身工作内容包括：调运砂浆、砍砖、砌砖、原浆勾缝、支模出檐、安爬梯、烟囱帽抹灰等 ②砖烟囱内衬、砖烟道工作内容包括：调、运砂浆、砍砖、砌砖、内部灰缝刮平及填充隔热材料等 ③砖水塔工作内容包括：调运砂浆、砍砖、砌砖及原浆勾缝；制作安装及拆除门窗、胎模等
	其他砖砌体	其他砖砌体工作内容下列几项： ①砖平拱、钢筋砖过梁工作内容包括：调、运砂浆，铺砂浆，运砂，砌砖，模板制作安装、拆除，钢筋制作安装 ②挖孔桩砖护壁工作内容包括：调、运、铺砂浆，运砖，砌砖
砌石	基础、勒脚	基础、勒脚工作内容包括：运石，调运、铺砂浆，砌筑
	墙、柱	墙、柱工作内容包括下列几项： ①运石，调、运铺砂浆 ②砌筑、平整墙角及门窗洞口处的石料加工等 ③毛石墙身包括墙角、门窗洞口处的石料加工
	护坡	护坡工作内容包括：调、运砂浆，砌石，铺砂，勾缝等
	其他石砌体	其他石砌体工作内容包括下列几项： ①翻楞子、天地座打平、运石，调、运、铺砂浆，安铁梯及清理石渣；洗石料；基础夯实、扁钻缝、安砌等 ②剔缝、洗刷、调运砂浆、勾缝等 ③划线、扁光、打钻路、钉麻石等

（三）砖基础工程量计算规则

1. 基础与墙身（柱身）的划分

（1）基础与墙（柱）身使用同一种材料时，以设计室内地面为界（有地下室者，以地下室室内设计地面为界），以下为基础，以上为墙（柱）身。

（2）基础与墙身使用不同材料时，位于设计室内地面±300mm 以内时，以不同材料为分界线，超过±300 mm 时，以设计室内地面为分界线。

（3）砖、石围墙，以设计室外地坪为界线，以下为基础，以上为墙身。

2. 基础长度

外墙墙基按外墙中心线长度计算，内墙墙基按内墙基净长计算。基础大放脚 T 形接头处的重叠部分以及嵌入基础的钢筋、铁件、管道、基础防潮层及单个面积在 0.3m² 以内孔洞所占体积不予扣除，但靠墙暖气沟的挑檐亦不增加。附墙垛基础宽出部分体积应并入基础工程量内。内墙基净长如图 4-34 所示。

砖砌挖孔桩护壁工程量按实砌体积计算。

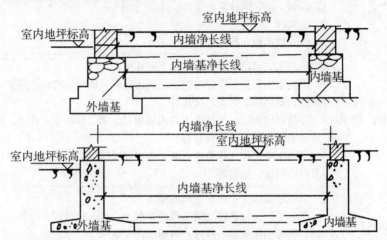

图 4-34 内墙基净长示意图

（四）砖砌体工程量计算规则

砖砌体工程量计算规则，见表 4-41。

表 4-41　　　　　　　　　砖砌体工程量计算规则

项　目	说　明
砖砌体工程量计算一般规则	砖砌体工程量计算一般规则有如下几点： ①计算墙体时，应扣除门窗洞口、过人洞、空圈、嵌入墙身的钢筋混凝土柱、梁（包括过梁、圈梁、挑梁）、砖砌平拱和暖气包壁龛及内墙板头的体积，不扣除梁头、外墙板头、檩头、垫木、木楞头、沿椽木、木砖、门窗走头、砖墙内的加固钢筋、木筋、铁件、钢管及每个面积在 0.3m² 以下的孔洞等所占的体积，突出墙面的窗台虎头砖、压顶线、山墙泛水、烟囱根、门窗套及三皮砖以内的腰线和挑檐等体积亦不增加 ②砖垛、三皮砖以上的腰线和挑檐等体积，并入墙身体积内计算 ③附墙烟囱（包括附墙通风道、垃圾道）按其外形体积计算，并入所依附的墙体积内，不扣除每一个孔洞横截面在 0.1m² 以下的体积，但孔洞内的抹灰工程量亦不增加 ④女儿墙高度，自外墙顶面至图示女儿墙顶面高度，分别不同墙厚并入外墙计算 ⑤砖砌平拱、平砌砖过梁按图示尺寸以 m³ 计算。如设计无规定时，砖砌平拱按门窗洞口宽度两端共加 100mm，乘以高度（门窗洞口宽小于 1500mm 时，高度为 240mm；大于 1500mm 时，高度为 365mm）计算；平砌砖过梁按门窗洞口宽度两端共加 500mm，高度按 440mm 计算

项　目	说　明
砌体厚度计算	①标准砖以 240mm×115mm×53mm 为准，其砌体计算厚度，见附表。 附表　标准砖墙厚计算表 ②使用非标准砖时，其砌体厚度应按砖实际规格和设计厚度计算
墙的长度计算	外墙长度按外墙中心线长度计算，内墙长度按内墙净长线计算
墙身高度的计算	①外墙墙身高度：斜（坡）屋面无檐口顶棚者算至屋面板底［如图 4-35（a）所示］；有屋架，且室内外均有顶棚者，算至屋架下弦底面另加 200mm［如图 4-35（b）所示］；无顶棚者算至屋架下弦底面加 300mm；出檐宽度超过 600mm 时，应按实砌高度计算；平屋面算至钢筋混凝土板底［如图 4-35（c）所示］ （a）斜（坡）屋面无檐口顶棚者墙身高度计算 （b）有屋架，且室内外均有顶棚者墙身高度计算 （c）无顶棚者墙身高度计算 图 4-35　外墙墙身高度计算示意 ②内墙墙身高度：位于屋架下弦者，其高度算至屋架底；无屋架者算至顶棚底另加 100mm；有钢筋混凝土楼板隔层者算至板底；有框架梁时算至梁底面 ③内、外山墙，墙身高度：按其平均高度计算
框架间砌体工程量计算	分别内外墙以框架间的净空面积乘以墙厚计算，框架外表镶贴砖部分亦并入框架间砌体工程量内计算

附表　标准砖墙厚计算表

砖数（厚度）	1/4	1/2	3/4	1	1.5	2	2.5	3
计算厚度（mm）	53	115	180	240	365	490	615	740

续表 2

项 目	说 明
空花墙计算	按空花部分外形体积以 m^3 计算,空花部分不予扣除,其中实体部分以 m^3 另行计算
空斗墙工程量计算	空斗墙按外形尺寸以 m^3 计算 墙角、内外墙交接处,门窗洞口立边,窗台砖及屋檐处的实砌部分已包括在定额内,不另行计算,但窗间墙、窗台下、楼板下、梁头下等实砌部分,应另行计算,套零星砌体定额项目
多孔砖、空心砖计算	按图示厚度以 m^3 计算,不扣除其孔、空心部分体积
填充墙工程量计算	填充墙按外形尺寸以 m^3 计算,其中实砌部分已包括在定额内,不另计算
加气混凝土墙工程量计算	硅酸盐砌块墙、小型空心砌块墙,按图示尺寸以 m^3 计算。按设计规定需要镶嵌砖砌体部分已包括在定额内,不另计算
其他砖砌体工程量计算	①砖砌锅台、炉灶,不分大小,均按图示外形尺寸以 m^3 计算,不扣除各种空洞的体积 ②砖砌台阶(不包括梯带)按水平投影面积以 m^2 计算 ③厕所蹲台、水槽腿、灯箱、垃圾箱、台阶挡墙或梯带、花台、花池、地垄墙及支撑地楞的砖墩,房上烟囱、屋面架空隔热层砖墩及毛石墙的门窗立边、窗台虎头砖等实砌体积,以 m^3 计算,套用零星砌体定额项目 ④检查井及化粪池不分壁厚均以 m^3 计算,洞口上的砖平拱碳等并入砌体体积内计算 ⑤砖砌地沟不分墙基、墙身合并以 m^3 计算。石砌地沟按其中心线长度以延长米计算

(五)砖构筑物工程量计算规则

砖构筑物工程量计算规则,见表 4 - 42。

表 4 - 42   砖构筑物工程量计算规则

项 目	说 明
砖烟囱工程量计算规则	①筒身,圆形、方形均按图示筒壁平均中心线周长乘以厚度并扣除筒身各种孔洞,钢筋混凝土圈梁、过梁等体积以 m^3 计算,其筒壁周长不同时可按下式分段计算: $$V = \sum H \times C \times \pi D$$ 式中　V——筒身体积 　　　H——每段筒身垂直高度 　　　C——每段筒壁厚度 　　　D——每段筒壁中心线的平均直径

项 目	说 明
砖烟囱工程量计算规则	②烟道、烟囱内衬按不同内衬材料并扣除孔洞后,以图示实体积计算 ③烟囱内壁表面隔热层,按筒身内壁并扣除各种孔洞后的面积以 m² 计算;填料按烟囱内衬与筒身之间的中心线平均周长乘以图示宽度和筒高,并扣除各种孔洞所占体积(但不扣除连接横砖及防沉带的体积)后以 m³ 计算 ④烟道砌砖:烟道与炉体的划分以第一道闸门为界,炉体内的烟道部分列入炉体工程量计算
砖砌水塔工程量计算规则	①水塔基础与塔身划分:以砖砌体的扩大部分顶面为界,以上为塔身,以下为基础,分别套相应基础砌体定额 ②塔身以图示实砌体积计算,并扣除门窗洞口和混凝土构件所占的体积,砖平拱自旋及砖出檐等并入塔身体积内计算,套水塔砌筑定额 ③砖水箱内外壁,不分壁厚,均以图示实砌体积计算,套相应的内外砖墙定额
砌体内钢筋加固规则	应按设计规定,以吨(t)计算,套钢筋混凝土中相应项目

三、工程量清单项目计算规则

1. 砖基础工程

砖基础工程工程量清单项目设置及工程量计算规则,应按表4-43的规定执行。

表4-43 砖基础(编码:010301)

项目名称	项目特征	工程量计算规则	工程内容
砖基础	①垫层材料种类、厚度 ②砖品种、规格、强度等级 ③基础类型 ④基础深度 ⑤砂浆强度等级	按设计图示尺寸以体积计算。包括附墙垛基础宽出部分体积,扣除地梁(圈梁)、构造柱所占体积,不扣除基础大放脚T形接头处的重叠部分及嵌入基础内的钢筋、铁件、管道、基础砂浆防潮层和单个面积0.3m²以内的孔洞所占体积,靠墙暖气沟的挑檐也不增加 基础长度:外墙按中心线,内墙按净长线计算。 (计量单位:m³)	①砂浆制作、运输 ②铺设垫层 ③砌砖 ④防潮层铺设 ⑤材料运输

2. 砖砌体

砖砌体工程工程量清单项目设置及工程量计算规则,应按表4-44的规定执行。

表 4-44　　　　　砖砌体（编码：010302）

项目名称	项目特征	工程量计算规则	工程内容
实心砖墙	①砖品种、规格、强度等级 ②墙体类型 ③墙体厚度 ④墙体高度 ⑤勾缝要求 ⑥砂浆强度等级、配合比	按设计图示尺寸以体积计算。扣除门窗洞口、过人洞、空圈、嵌入墙内的钢筋混凝土柱、梁、圈梁、挑梁、过梁及凹进墙内的壁龛、管槽、暖气槽、消火栓箱所占体积。不扣除梁头、板头、檩头、垫木、木楞头、沿缘木、木砖、门窗走头、砖墙内加固钢筋、木筋、铁件、钢管及单个面积 0.3m² 以内的孔洞所占体积。凸出墙面的腰线、挑檐、压顶、窗台线、虎头砖、门窗套的体积亦不增加。凸出墙面的砖垛并入墙体体积内计算 （1）墙长度：外墙按中心线、内墙按净长计算 （2）墙高度： ①外墙：斜（坡）屋面无檐口天棚者算至屋面板底；有屋架且室内外均有天棚者算至屋架下弦底另加 200mm；无天棚者算至屋架下弦底另加 300mm，出檐宽度超过 600mm 时按实砌高度计算；平屋面算至钢筋混凝土板底 ②内墙：位于屋架下弦者，算至屋架下弦底；无屋架者算至天棚底另加 100mm；有钢筋混凝土楼板隔层者算至楼板顶；有框架梁时算至梁底 ③女儿墙：从屋面板上表面算至女儿墙顶面（如有混凝土压顶时算至压顶下表面） ④内、外山墙：按其平均高度计算 （3）围墙：高度算至压顶上表面（如有混凝土压顶时算至压顶下表面），围墙柱并入围墙体积内 （计量单位：m³）	①砂浆制作、运输 ②砌砖 ③勾缝 ④砖压顶砌筑 ⑤材料运输
空斗墙	①砖品种、规格、强度等级 ②墙体类型 ③墙体厚度 ④勾缝要求 ⑤砂浆强度等级、配合比	按设计图示尺寸以空斗墙外形体积计算。墙角、内外墙交接处、门窗洞口立边、窗台砖、屋檐处的实砌部分体积并入空斗墙体积内 （计量单位：m³）	①砂浆制作、运输 ②砌砖 ③装填充料 ④勾缝 ⑤材料运输
空花墙	①砖品种、规格、强度等级 ②墙体类型 ③墙体厚度 ④勾缝要求 ⑤砂浆强度等级	按设计图示尺寸以空花部分外形体积计算，不扣除空洞部分体积 （计量单位：m³）	

300

项目名称	项目特征	工程量计算规则	工程内容
填充墙	①砖品种、规格、强度等级 ②墙体厚度 ③填充材料种类 ④勾缝要求 ⑤砂浆强度等级	按设计图示尺寸以填充墙外形体积计算（计量单位：m³）	①砂浆制作、运输 ②砌砖 ③装填充料 ④勾缝 ⑤材料运输
实心砖柱	①砖品种、规格、强度等级 ②柱类型 ③柱截面 ④柱高 ⑤勾缝要求 ⑥砂浆强度等级、配合比	按设计图示尺寸以体积计算。扣除混凝土及钢筋混凝土梁垫、梁头、板头所占体积（计量单位：m³）	①砂浆制作、运输 ②砌砖 ③勾缝 ④材料运输
零星砌砖	①零星砌砖名称、部位 ②勾缝要求 ③砂浆强度等级、配合比	按设计图示尺寸以体积计算。扣除混凝土及钢筋混凝土梁垫、梁头、板头所占体积计量单位：m³（个、m、m²）	

3. 砖构筑物工程

砖构筑物工程工程量清单项目设置及工程量计算规则，应按表4-45的规定执行。

表4-45　　　　　　　砖构筑物（编码：010303）

项目名称	项目特征	工程量计算规则	工程内容
砖烟囱、水塔	①筒身高度 ②砖品种、规格、强度等级 ③耐火砖品种、规格 ④耐火泥品种 ⑤隔热材料种类 ⑥勾缝要求 ⑦砂浆强度等级、配合比	按设计图示筒壁平均中心线周长乘以厚度乘以高度以体积计算。扣除各种孔洞、钢筋混凝土圈梁、过梁等的体积（计量单位：m³）	①砂浆制作、运输 ②砌砖 ③涂隔热层 ④装填充料 ⑤砌内衬 ⑥勾缝 ⑦材料运输
砖烟道	①烟道截面形状、长度 ②砖品种、规格、强度等级 ③耐火砖品种规格 ④耐火泥品种 ⑤勾缝要求 ⑥砂浆强度等级、配合比	按图示尺寸以体积计算（计量单位：m³）	①砂浆制作、运输 ②砌砖 ③涂隔热层 ④装填充料 ⑤砌内衬 ⑥勾缝 ⑦材料运输

续表

项目名称	项目特征	工程量计算规则	工程内容
砖窨井、检查井	①井截面 ②垫层材料种类、厚度 ③底板厚度 ④勾缝要求 ⑤混凝土强度等级 ⑥砂浆强度等级、配合比 ⑦防潮层材料种类	按设计图示数量计算 （计量单位：座）	①土方挖运 ②砂浆制作、运输 ③铺设垫层 ④底板混凝土制作、运输、浇筑、振捣、养护 ⑤砌砖 ⑥勾缝 ⑦井池底、壁抹灰 ⑧抹防潮层 ⑨回填 ⑩材料运输
砖水池、化粪池	①池截面 ②垫层材料种类、厚度 ③底板厚度 ④勾缝要求 ⑤混凝土强度等级 ⑥砂浆强度等级、配合比		

4. 砌块砌体工程

砌块砌体工程工程量清单项目设置及工程量计算规则，应按表4－46的规定执行。

表4－46　　　　　　　　　　砌块砌体（编码：010304）

项目名称	项目特征	工程量计算规则	工程内容
空心砖墙、砌块墙	①墙体类型 ②墙体厚度 ③空心砖、砌块品种、规格、强度等级 ④勾缝要求 ⑤砂浆强度等级、配合比	按设计图示尺寸以体积计算。扣除门窗洞口、过人洞、空圈、嵌入墙内的钢筋混凝土柱、梁、圈梁、挑梁、过梁及凹进墙内的壁龛、管槽、暖气槽、消火栓箱所占体积，不扣除梁头、板头、檩头、垫木、木楞头、沿缘木、木砖、门窗走头、砖墙内加固钢筋、木筋、铁件、钢管及单个面积 0.3m² 以内的孔洞所占体积，凸出墙面的腰线、挑檐、压顶、窗台线、虎头砖、门窗套的体积不增加，凸出墙面的砖垛并入墙体体积内 　　(1) 墙长度：外墙按中心线，内墙按净长计算 　　(2) 墙高度： 　　①外墙：斜（坡）屋面无檐口天棚者算至屋面板底；有屋架且室内外均有天棚者算至屋架下弦底另加 200mm；无天棚者算至屋架下弦底另加 300mm，出檐宽度超过 600mm 时按实砌高度计算；平屋面算至钢筋混凝土板底 　　②内墙：位于屋架下弦者，算至屋架下弦底；无屋架者算至天棚底另加 100mm；有钢筋混凝土楼板隔层者算至楼板顶；有框架梁时算至梁底 　　③女儿墙：从屋面板上表面算至女儿墙顶面（如有压顶时算至压顶下表面） 　　④内、外山墙：按其平均高度计算 　　(3) 围墙：高度算至压顶上表面（如有混凝土压顶时算至压顶下表面），围墙柱并入围墙体积内 　　（计量单位：m³）	①砂浆制作、运输 ②砌砖、砌块 ③勾缝 ④材料运输

项目名称	项目特征	工程量计算规则	工程内容
空心砖柱、砌块柱	①柱高度 ②柱截面 ③空心砖、砌块品种、规格、强度等级 ④勾缝要求 ⑤砂浆强度等级、配合比	按设计图示尺寸以体积计算。扣除混凝土及钢筋混凝土梁垫、梁头、板头所占体积（计量单位：m³）	①砂浆制作、运输 ②砌砖、砌块 ③勾缝 ④材料运输

5. 石砌体工程

石砌体工程工程量清单项目设置及工程量计算规则，应按表 4-47 的规定执行。

表 4-47　　　　　　　　　石砌体（编码：010305）

项目名称	项目特征	工程量计算规则	工程内容
石基础	①石料种类、规格 ②基础深度 ③基础类型 ④砂浆强度等级、配合比 ⑤垫层材料种类、厚度	按设计图示尺寸以体积计算。包括附墙垛基础宽出部分体积，不扣除基础砂浆防潮层及单个面积 0.3m² 以内的孔洞所占体积，靠墙暖气沟的挑檐不增加体积。基础长度：外墙按中心线，内墙按净长计算（计量单位：m³）	①砂浆制作、运输 ②砌石 ③石表面加工 ④勾缝 ⑤材料运输
石勒脚	①石料种类、规格 ②石表面加工要求 ③勾缝要求 ④砂浆强度等级、配合比		
石墙	①石料种类、规格 ②墙厚 ③石表面加工要求 ④勾缝要求 ⑤砂浆强度等级、配合比	按设计图示尺寸以体积计算。扣除门窗洞口、过人洞、空圈、嵌入墙内的钢筋混凝土柱、梁、圈梁、挑梁、过梁及凹进墙内的壁龛、管槽、暖气槽、消火栓箱所占体积，不扣除梁头、板头、檩头、垫木、木楞头、沿缘木、木砖、门窗走头、砖墙内加固钢筋、木筋、铁件、钢管及单个面积 0.3m² 以内的孔洞所占的体积，凸出墙面的腰线、挑檐、压顶、窗台线、虎头砖、门窗套不增加体积，凸出墙面的砖垛并入墙体体积内 （1）墙长度：外墙按中心线，内墙按净长计算	①砂浆制作、运输 ②砌石 ③压顶抹灰 ④勾缝 ⑤材料运输

项目 名称	项目特征	工程量计算规则	工程内容
石墙		（2）墙高度： ①外墙：斜（坡）屋面无檐口天棚者算至屋面板底；有屋架且室内外均有天棚者算至屋架下弦底另加 200mm；无天棚者算至屋架下弦底另加 300mm，出檐宽度超过 600mm 时按实砌高度计算；平屋面算至钢筋混凝土板底 ②内墙：位于屋架下弦者，算至屋架下弦底；无屋架者算至天棚底另加 100mm；有钢筋混凝土楼板隔层者算至楼板顶；有框架梁时算至梁底 ③女儿墙：从屋面板上表面算至女儿墙顶面（如有压顶时算至压顶下表面） ④内、外山墙：按其平均高度计算 （3）围墙：高度算至压顶上表面（如有混凝土压顶时算至压顶下表面），围墙柱、砖压顶并入围墙体积内 （计量单位：m³）	
石挡土墙	①石料种类、规格 ②墙厚 ③石表面加工要求 ④勾缝要求 ⑤砂浆强度等级、配合比	按设计图示尺寸以体积计算（计量单位：m³）	①砂浆制作、运输 ②砌石 ③压顶抹灰 ④勾缝 ⑤材料运输
石柱	①石料种类、规格 ②柱截面 ③石表面加工要求 ④勾缝要求 ⑤砂浆强度等级、配合比		①砂浆制作、运输 ②砌石 ③石表面加工 ④勾缝 ⑤材料运输
石栏杆	①石料种类、规格 ②柱截面 ③石表面加工要求 ④勾缝要求 ⑤砂浆强度等级、配合比	按设计图示以长度计算（计量单位：m）	①砂浆制作、运输 ②砌石 ③石表面加工 ④勾缝 ⑤材料运输

项目名称	项目特征	工程量计算规则	工程内容
石护坡	①垫层材料种类、厚度 ②石料种类、规格 ③护坡厚度、高度 ④石表面加工要求 ⑤勾缝要求 ⑥砂浆强度等级、配合比	按设计图示尺寸以体积计算（计量单位：m³）	①砂浆制作、运输 ②砌石 ③石表面加工 ④勾缝 ⑤材料运输
石台阶 石坡道	①垫层材料种类、厚度 ②石料种类、规格 ③护坡厚度、高度 ④石表面加工要求 ⑤勾缝要求 ⑥砂浆强度等级、配合比	按设计图示尺寸以水平投影面积计算（计量单位：m³）	①铺设垫层 ②石料加工 ③砂浆制作、运输 ④砌石 ⑤石表面加工 ⑥勾缝 ⑦材料运输
石地沟、石明沟	①沟截面尺寸 ②垫层种类、厚度 ③石料种类、规格 ④石表面加工要求 ⑤勾缝要求 ⑥砂浆强度等级、配合比	按设计图示以中心线长度计算（计量单位：m）	①土石挖运 ②砂浆制作、运输 ③铺设垫层 ④砌石 ⑤石表面加工 ⑥勾缝 ⑦回填 ⑧材料运输

6. 砖散水、地坪、地沟

工程量清单项目设置及工程量计算规则，应按表 4-48 的规定执行。

表 4-48　　　　砖散水、地坪、地沟（编码：010306）

项目名称	项目特征	工程量计算规则	工程内容
砖散水、地坪	①垫层材料种类、厚度 ②散水、地坪厚度 ③面层种类、厚度 ④砂浆强度等级、配合比	按设计图示尺寸以面积计算（计量单位：m²）	①地基找平、夯实 ②铺设垫层 ③砌砖散水、地坪 ④抹砂浆面层

项目名称	项目特征	工程量计算规则	工程内容
砖地沟、明沟	①沟截面尺寸 ②垫层材料种类、厚度 ③混凝土强度等级 ④砂浆强度等级、配合比	按设计图示以中心线长度计算（计量单位:m）	①挖运土石 ②铺设垫层 ③底板混凝土制作、运输、浇筑、振捣、养护 ④砌砖 ⑤勾缝、抹灰 ⑥材料运输

7. 工程量清单编制相关问题的处理

（1）基础垫层包括在基础项目内。

（2）标准砖尺寸应为 240mm×115mm×53mm。标准砖墙厚度应按表 4-41 中的内容计算。

（3）砖基础与砖墙（身）划分应以设计室内地坪为界（有地下室的按地下室室内设计地坪为界），以下为基础，以上为墙（柱）身。基础与墙身使用不同材料，位于设计室内地坪±300mm 以内时以不同材料为界，超过±300mm，应以设计室内地坪为界。砖围墙应以设计室外地坪为界，以下为基础，以上为墙身。

（4）框架外表面的镶贴砖部分，应单独按砖砌体工程工程量清单项目设置及工程量计算规则中相关零星项目编码列项。

（5）附墙烟囱、通风道、垃圾道，应按设计图示尺寸以体积（扣除孔洞所占体积）计算，并入所依附的墙体体积内。当设计规定孔洞内需抹灰时，应按装饰装修工程工程量清单项目及计算规则中墙、柱面工程中相关项目编码列项。

（6）空斗墙的窗间墙、窗台下、楼板下等的实砌部分，应按砖砌体工程工程量清单项目设置及工程量计算规则中零星砌砖项目编码列项。

（7）台阶、台阶挡墙、梯带、锅台、炉灶、蹲台、池槽、池槽腿、花台、花池、楼梯栏板、阳台栏板、地垄墙、屋面隔热板下的砖墩、0.3m² 孔洞填塞等，应按零星砌砖项目编码列项。砖砌锅台与炉灶可按外形尺寸以个计算，砖砌台阶可按水平投影面积以平方米计算，小便槽、地垄墙可按长度计算，其他工程量按立方米计算。

（8）砖烟囱应按设计室外地坪为界，以下为基础，以上为筒身。

（9）砖烟囱体积可按下式分段计算。

$$V = \sum H \times C \times \pi D$$

式中 V——烟囱筒身体积（m³）；

H——每段筒身垂直高度（m）；

C——每段筒壁厚度（m）；

D——每段筒壁中心线的平均直径（m）。

（10）砖烟道与炉体的划分应按第一遭闸门为界。

（11）水塔基础与塔身划分应以砖砌体的扩大部分顶面为界，以上为塔身，以下为基础。

（12）石基础、石勒脚、石墙身的划分：基础与勒脚应以设计室外地坪为界，勒脚与墙身应以设计室内地坪为界。石围墙内外地坪标高不同时，应以较低地坪标高为界，以下为基础；内外标高之差为挡土墙时，挡土墙以上为墙身。

（13）石梯带工程量应计算在石台阶工程量内。

（14）石梯膀应按石砌体工程工程量清单设置及工程量计算规则石挡土墙项目编码列项。

（15）砌体内加筋的制作、安装，应按混凝土及钢筋混凝土工程工程量清单项目及计算规则中相关项目编码列项。

四、砌筑工程工程量计算示例

【例 4-9】 设一砖墙基础，长 120m，厚 365mm$\left(1\frac{1}{2}砖\right)$，每隔 10m 设有附墙砖垛，墙垛断面尺寸为：突出墙面 250mm，宽 490mm，砖基础高度 1.85m，墙基础等高放脚 5 层，最底层放脚高度二皮砖，试计算砖墙基础工程量。

解：（1）条形墙基础工程量：

按公式及查表，放大脚增加断面面积为 0.2363m^2，则：

$$墙基体积 = 120 \times (0.365 \times 1.85 + 0.2363) = 109.386 \text{（m}^3\text{）}$$

（2）垛基工程量：

按题意，垛数 $n = 13$ 个，$d = 0.25$，由公式：

$$垛基体积 = (0.49 \times 1.85 + 0.2363) \times 0.25 \times 13 = 3.714 \text{（m}^3\text{）}$$

或查表计算垛基工程量：$(0.1225 \times 1.85 + 0.059) \times 13 = 3.713$（m^3）

（3）砖墙基础工程量：

$$V = 109.386 + 3.714 = 113.1 \text{（m}^3\text{）}$$

【例 4-10】（1）基础长度：某外墙基础按外墙中心线计算，内墙墙基按内墙净长度计算。基础大放脚、T 形接头处的重叠部分、嵌入基础的钢筋、铁件、管道、基础防潮层、0.3m^2 以内孔洞所占体积不予扣除，但靠墙暖气沟挑檐也不增加，附墙垛基础宽出体积并入基础工程量中。

实例 1：如图 4-36 和图 4-37 所示。求砖基础工程量。

解：V = 砖基础断面面积 × （外墙中心线长度 + 内墙净长度）

$= (0.7 \times 0.4 + 0.5 \times 0.4 + 0.24 \times 0.4) \times [(15+6) \times 2 + 5.76 \times 2]$

$= 30.83$（m^3）

实例 2：如图 4-37 和图 4-38 所示，求毛石基础工程量。

解：V = 毛石基础断面面积 × （外墙中心线长度 + 内墙净长度）

$= (0.7 \times 0.4 + 0.5 \times 0.4) \times 53.52 = 25.69$（m^3）

实例 3：如图 4-37 和图 4-39 所示。求毛面、砖基础工程量。

解：$V_石$ = 毛面基础断面面积 × （外墙中心线长度 + 内墙净长度）

$= (0.7 \times 0.4 + 0.5 \times 0.4) \times 53.52 = 25.69$（m^3）

$V_砖$ = 砖基础断面面积 × （外墙中心线长度 + 内墙净长度）

$= 0.24 \times 0.6 \times 53.52 = 7.71$（m^3）

（2）墙体工程量：

实例 4：如图 4-40 和图 4-41 所示。求砖墙体工程量。

解：外墙中心线长度：$L_外 = (3.6 \times 3 + 5.8) \times 2 = 33.2$（m）

外墙面积：$S_{外墙} = 33.2 \times (3.3 + 3 \times 2 + 0.9) - 门窗面积 = 284.1$（m^2）

内墙净长度：$L_内 = 5.56 \times 2 = 11.2$（m）

内墙面积：$S_{内墙} = 11.2 \times (9.3 - 0.13 \times 2) - (M-2) = 90.45$（m^2）

墙体体积：$V = (284.1 + 90.45) \times 0.24 - 圈梁体积 = 88.46$（m^3）

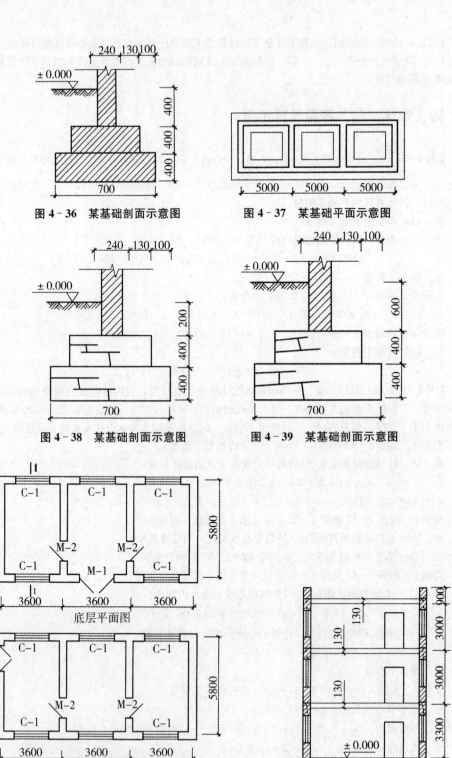

图 4‑36　某基础剖面示意图

图 4‑37　某基础平面示意图

图 4‑38　某基础剖面示意图

图 4‑39　某基础剖面示意图

底层平面图

二、三层平面图 (图中双开门为 M–1)

图 4‑40　某建筑平面示意图

图 4‑41　墙体计算简图

【例4-11】某单层建筑物如图4-42和图4-43所示，墙身为M5.0混合砂浆砌筑MU10标准黏土砖，内外墙厚均为240mm，外墙瓷砖贴面，GZ从基础圈梁到女儿墙顶，门窗洞口上全部采用预制钢筋混凝土过梁。M1，1500 mm×2700 mm；M2，1000mm×2700 mm；C1，1800mm×1800mm；C2，1500mm×1800mm. 试计算该工程砖砌体的工程量。

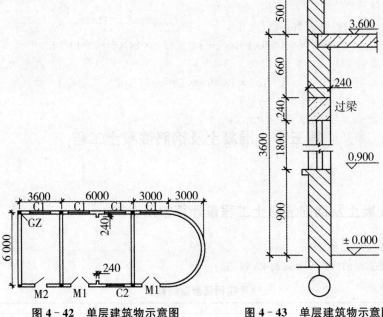

图4-42　单层建筑物示意图　　　　图4-43　单层建筑物示意图

解：实心砖墙的工程数量计算公式：

（1）外墙：$V_外 = (H_外 \times L_中 - F_洞) \times b + V_{增减}$。

（2）内墙：$V_内 = (H_内 \times L_净 - F_洞) \times b + V_{增减}$。

（3）女儿墙：$V_女 = H_女 \times L_中 \times b + V_{增减}$。

（4）砖围墙：高度算至压顶上表面（如有混凝土压顶时算至压顶下表面），围墙柱并入围墙体积内计算。

则实心砖墙的工程数量计算如下：

（1）240mm厚，3.6m高，M5.0混合砂浆砌筑MU10标准黏土砖，原浆勾缝外墙工程数量：

$$H_外 = 3.6 \text{ m}$$

$$L_中 = 6 + (3.6 + 9) \times 2 + \pi \times 3 - 0.24 \times 6 + 0.24 \times 2 = 39.66 \text{（m）}$$

扣门窗洞口：

$$F_洞 = 1.5 \times 2.7 \times 2 + 1 \times 2.7 \times 1 + 1.8 \times 1.8 \times 4 + 1.5 \times 1.8 \times 1 = 26.46 \text{（m}^2\text{）}$$

扣钢筋混凝土过梁体积：

$$V = [(1.5 + 0.5) \times 2 + (1.0 + 0.5) \times 1 + (1.8 + 0.5) \times 4 + (1.5 + 0.5) \times 1] \times 0.24 \times 0.24$$
$$= 0.96 \text{（m}^3\text{）}$$

工程量：

$$V = (3.6 \times 39.66 - 26.46) \times 0.24 - 0.96 = 26.96 \text{（m}^3\text{）}$$

其中弧形墙工程量：

$$3.6 \times \pi \times 3 \times 0.24 = 8.14 \ (\text{m}^3)$$

(2) 240mm 厚, 3.6m 高, M5.0 混合砂浆砌筑 MU10 标准黏土砖, 原浆勾缝内墙工程数量:

$$H_{内} = 3.6 \ (\text{m})$$
$$L_{净} = (6 - 0.24) \times 2 = 11.52 \ (\text{m})$$
$$V = 3.6 \times 11.52 \times 0.24 = 9.95 \ (\text{m}^3)$$

(3) 180mm 厚, 0.5m 高, M5.0 混合砂浆砌筑 MU10 标准黏土砖, 原浆勾缝女儿墙工程数量:

$$H = 0.5 \ (\text{m})$$
$$L_{中} = 6.06 + (3.63 + 9) \times 2 + \pi \times 3.03 - 0.24 \times 6 = 39.40 \ (\text{m})$$

工程量:

$$V = 0.5 \times 39.40 \times 0.18 = 3.55 \ (\text{m}^3)$$

第五节　混凝土及钢筋混凝土工程

一、混凝土及钢筋混凝土工程量计算常用资料

1. 冷拉钢筋重量换算

冷拉钢筋重量的换算可参见表 4-49 进行。

表 4-49　冷拉钢筋重量换算表

冷拉前直径 (mm)			5	6	8	9	10	12	14	15
冷拉前质量 (kg/m)			0.154	0.222	0.395	0.499	0.617	0.888	1.208	1.387
冷拉后质量 (kg/m)	钢筋伸长率 (%)	4	0.148	0.214	0.38	0.48	0.594	0.854	1.162	1.334
		5	0.147	0.211	0.376	0.475	0.588	0.846	1.152	1.324
		6	0.145	0.209	0.375	0.471	0.582	0.838	1.142	1.311
		7	0.144	0.208	0.369	0.466	0.577	0.83	1.132	1.299
		8	0.143	0.205	0.366	0.462	0.571	0.822	1.119	1.284
冷托后质量 (kg/m)	钢筋伸长率 (%)	4	1.518	1.992	2.14	2.372	2.871	3.414	3.705	4.648
		5	1.505	1.905	2.12	2.352	2.838	3.381	3.667	4.6
		6	1.491	1.887	2.104	2.33	2.811	3.349	3.632	4.557
		7	1.477	1.869	2.084	2.308	2.785	3.318	3.598	4.514
		8	1.441	1.85	2.061	2.214	2.763	3.288	3.568	4.476

2. 钢筋长度的计算

(1) 直筋: 直筋的长度的计算公式, 见表 4-50。

表 4−50						钢筋弯头、搭接长度计算表		

计算公式：

$$钢筋净长 = L - 2b + 12.5D$$

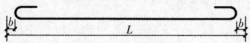

钢筋直径 D (mm)	保护层 b (cm)			钢筋直径 D (mm)	保护层 b (cm)		
	1.5	2.0	2.5		1.5	2.0	2.5
	按 L 增加长度（cm）				按 L 增加长度（cm）		
4	2.0	1.0	—	22	24.5	23.5	22.5
6	4.5	3.5	2.5	24	27.0	26.0	25.0
8	7.0	6.0	5.0	25	28.3	27.3	26.3
9	8.3	7.3	6.3	26	29.5	28.5	27.5
10	9.5	8.5	7.5	28	32.0	31.0	30.0
12	12.0	11.0	10.0	30	34.5	33.5	32.5
14	14.5	13.5	12.5	32	37.0	36.0	35.0
16	17.0	16.0	15.0	35	40.8	39.8	38.8
18	19.5	18.5	17.5	38	44.5	43.5	42.5
19	20.8	19.8	18.8	40	47.0	46.0	45.0
20	22.0	21.0	20.0				

（2）弯筋：计算弯筋斜长度的基本原理：如表 4−51 中的图形所示，D 为钢筋的直径，H' 为弯筋需要弯起的高度，A 为局部钢筋的斜长，B 为 A 向水平面的垂直投影长度。假使以起弯点 P 为圆心，以 A 长为半径作圆弧向 B 的延长线投影，则 $A = B + A'$，A' 就是 $A - B$ 的长度差。

θ 为弯筋在垂直平面中要求弯起的水平面所形成的角度（夹角）；在工程上一般以 30°、45° 和 60° 为最普遍，以 45° 尤为常见。

弯筋斜长度的计算，可按表 4−51 确定。

表 4−51		弯筋斜长度的计算表			

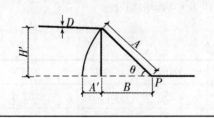

弯起角度 θ (°)		30	45	60
A' 的长 $= H'$ 乘 $\tan\dfrac{\theta}{2}$		0.268	0.414	0.577
弯起高度 H' 每 5cm 增加长度（cm）	一端	1.34	2.07	2.885
	两端	2.68	4.14	5.77

（3）弯勾增加长度：根据规范要求，绑扎骨架中的受力钢筋，应在末端做弯钩。HPB235 级钢筋末端做 180° 弯钩，其圆弧弯曲直径不应小于钢筋直径的 2.5 倍，平直部分长度不宜小于钢筋

311

直径的 3 倍；HRB335、HRB400 级钢筋末端需作 90°或 135°弯折时，HRB335 级钢筋的弯曲直径不宜小于钢筋直径的 4 倍；HRB400 级钢筋不宜小于钢筋直径的 5 倍。

钢筋弯钩增加长度按下列简图所示计算（弯曲直径为 2.5d，平直部分为 3d），其计算值如下：

如图 4-44 (a) 所示，其计算值为：

$$半圆弯钩 = (2.5d+1d) \times \pi \times \frac{180}{360} - 2.5d \div 2 - 1d + (平直) 3d = 6.25d$$

如图 4-44 (b) 所示，其计算值为：

$$直弯钩 = (2.5d+1d) \times \pi \times \frac{180-90}{360} - 2.5d \div 2 - 1d + (平直) 3d = 3.5d$$

如图 4-44 (c) 所示，其计算值为：

$$斜弯钩 = (2.5d+1d) \times \pi \times \frac{180-45}{360} - 2.5d \div 2 - 1d + (平直) 3d = 4.9d$$

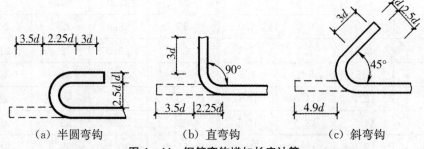

(a) 半圆弯钩   (b) 直弯钩   (c) 斜弯钩

图 4-44　钢筋弯钩增加长度计算

如果弯曲直径为 4d，其计算值则为：

$$直弯钩 = (4d+1d) \times \pi \times \frac{180-90}{360} - 4d \div 2 - 1d + 3d = 3.9d$$

$$斜弯钩 = (4d+1d) \times \pi \times \frac{180-45}{360} - 4d \div 2 - 1d + 3d = 5.9d$$

如果弯曲直径为 5d，其计算值则为：

$$直弯钩 = (5d+1d) \times \pi \times \frac{180-90}{360} - 5d \div 2 - 1d + 3d = 4.2d$$

$$斜弯钩 = (5d+1d) \times \pi \times \frac{180-45}{360} - 5d \div 2 - 1d + 3d = 6.6d$$

注：钢筋的下料长度是钢筋的中心线长度。

(4) 箍筋：

①计算方法：包围箍 [图 4-45 (a)] 的长度 = 2 ($A+B$) + 弯钩增加长度。

开口箍 [图 4-45 (b)] 的长度 = 2$A+B$ + 弯钩增加长度。

箍筋弯钩增加长度，见表 4-52。

表 4-52　　　　　　　　　　　　　钢筋弯钩长度

弯钩形式		180°	90°	135°
弯钩增加值	一般结构	8.25d	5.5d	6.87d
	有抗震要求结构	13.25d	10.5d	11.87d

②用于圆柱的螺旋箍（图 4-46）的长度计算公式如下：

$$L = N\sqrt{p^2 + (D-2a-d)^2\pi^2}$$

式中　N——螺旋箍圈数；

D——圆柱直径（m）；

P——螺距。

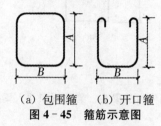

（a）包围箍　　（b）开口箍

图 4 - 45　箍筋示意图

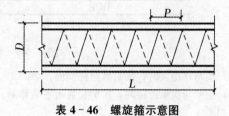

表 4 - 46　螺旋箍示意图

3. 钢筋混凝土柱计算高度的确定

（1）有梁板的柱高，自柱基上表面（或楼板上表面）至上一层楼板上表面之间的高度计算，如图 4 - 47（a）所示。

（2）无梁板的柱高，自柱基上表面（或楼板上表面）至柱帽下表面之间的高度计算，如图 4 - 47（b）所示。

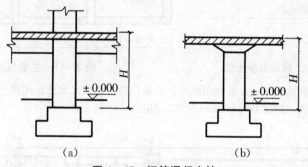

（a）　　　　　　　　　　　（b）

图 4 - 47　钢筋混凝土柱

（3）框架柱的柱高，自柱基上表面至柱顶高度计算，如图 4 - 48 所示。

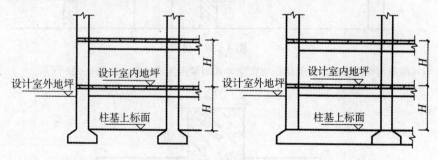

图 4 - 48　框架柱

（4）构造柱按设计高度计算，与墙嵌接部分的体积并入柱身体积内计算，如图 4 - 49（a）所示。

（5）依附柱上的牛腿，并入柱体积内计算，如图 4 - 49（b）所示。

4. 钢筋混凝土梁分界线的确定

313

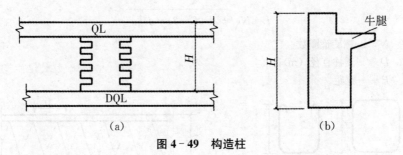

图 4‑49　构造柱

（1）梁与柱连接时，梁长算至柱侧面，如图 4‑50 所示。

（2）主梁与次梁连接时，次梁长算至主梁侧面。伸入墙体内的梁头、梁垫体积并入梁体积内计算，如图 4‑51 所示。

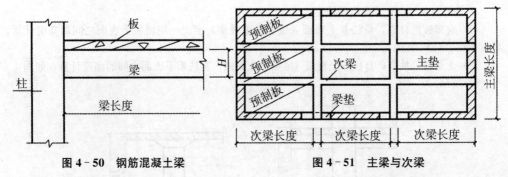

图 4‑50　钢筋混凝土梁　　　　　　　图 4‑51　主梁与次梁

（3）圈梁与过梁连接时，分别套用圈梁、过梁项目。过梁长度按设计规定计算，设计无规定时，按门窗洞口宽度，两端各加 250mm 计算，如图 4‑52 所示。

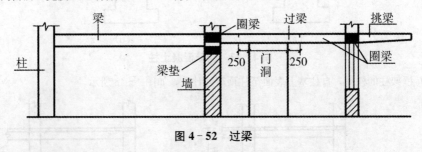

图 4‑52　过梁

（4）圈梁与梁连接时，圈梁体积应扣除伸入圈梁内的梁体积，如图 4‑53 所示。

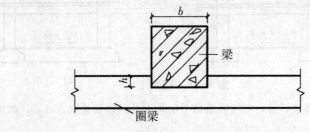

图 4‑53　圈梁

（5）在圈梁部位挑出外墙的混凝土梁，以外墙外边线为界限，挑出部分按图示尺寸以"m³"

计算，如图 4-52 所示。

（6）梁（单梁、框架梁、圈梁、过梁）与板整体现浇时，梁高计算至板底（图 4-50）。

5. 现浇挑檐与现浇板及圈梁分界线的确定

现浇挑檐与板（包括屋面板）连接时，以外墙外边线为界限，如图 4-54（a）所示。与圈梁（包括其他梁）连接时，以梁外边线为界限。外边线以外为挑檐，如图 4-54（b）所示。

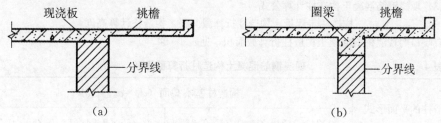

图 4-54　现浇挑檐与圈梁

6. 阳台板与栏板及现浇楼板的分界线确定

阳台板与栏板的分界以阳台板顶面为界；阳台板与现浇楼板的分界以墙外皮为界，其嵌入墙内的梁应按梁有关规定单独计算，如图 4-55 所示。伸入墙内的栏板，合并计算。

7. 钢筋绑扎接头的搭接长度

受拉钢筋绑扎接头的搭接长度，按表 4-53 计算；受压钢筋绑扎接头的搭接长受拉钢筋的 0.7 倍计算。

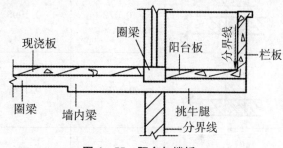

图 4-55　阳台与楼板

表 4-53　　　　　　　　　　受拉钢筋绑扎接头的搭接长度

钢筋类型	混凝土强度等级		
	C20	C25	C25 以上
HRB235 级钢筋	35d	30d	25d
HRB335 级钢筋	45d	40d	35d
HRB400 级钢筋	55d	50d	45d
冷拔低碳钢丝	300mm		

注：①当 HRB335、HRB400 级钢筋直径 d 大于 25mm 时，其受拉钢筋的搭接长度应按表中数值增加 $5d$ 采用。

②当螺纹钢筋直径 d 不大于 25mm 时，其受拉钢筋的搭接长度应按表中值减少 $5d$ 采用。

③当混凝土在凝固过程中受力钢筋易受扰动时，其搭接长度宜适当增加。

④在任何情况下，纵向受拉钢筋的搭接长度不应小于 300mm；受压钢筋的搭接长度不应小于 200mm。

⑤轻骨料混凝土的钢筋绑扎接头搭接长度应按普通混凝土搭接长度增加 $5d$，对冷拔低碳钢丝增加 50mm。

⑥当混凝土强度等级低于 C20 时，HRB235、HRB335 级钢筋的搭接长度应按表中 C20 的数值相应增加 $10d$，HRB335 级钢筋不宜采用。

⑦对有抗震要求的受力钢筋的搭接长度，对一、二级抗震等级应增加 $5d$。

⑧两根直径不同钢筋的搭接长度，以较细钢筋的直径计算。

8. 现浇钢筋混凝土构件工程量计算

(1) 现浇钢筋混凝土带形基础计算公式：

带形基础工程量＝外墙中心线长度×设计断面＋设计内墙基础图示长度×设计断面

(2) 现浇钢筋混凝土柱计算公式：

$$柱工程量＝图示断面面积×柱计算高度$$

(3) 现浇钢筋混凝土构造柱计算公式：

$$构造柱工程量＝构造柱折算截面积×构造柱计算高度$$

有咬口的现浇钢筋混凝土构造柱折算截面积，见表4-54。

表4-54　　　　　　　　　　现浇钢筋混凝土构造柱折算截面积　　　　　　　　　　（m²）

构造柱的平面形式	构造柱基本截面（$d_1 \times d_2$）（m）			
	0.24×0.24	0.24×0.365	0.365×0.24	0.365×0.365
	0.072	0.1095	0.1020	0.1551
	0.0792	0.1167	0.1130	0.1661
	0.072	0.1058	0.1058	0.1551
	0.0864	0.1239	0.1239	0.1770

(4) 钢筋混凝土梁计算公式：

$$单梁工程量＝图示断面面积×梁长＋梁垫体积$$

(5) 钢筋混凝土板计算公式：

$$有梁板工程量＝图示长度×图示宽度×板厚＋主梁及次梁肋体积$$
$$主梁及次梁肋体积＝主梁长度×主梁宽度×肋高＋次梁净长度×次梁宽度×肋高$$
$$无梁板工程量＝图示长度×图示宽度×板厚＋柱帽体积$$
$$平板工程量＝图示长度×图示宽度×板厚＋边沿的翻檐体积$$
$$斜屋面板工程量＝图示板长度×斜坡长度×板厚＋板下梁体积$$

(6) 钢筋混凝土墙计算公式：

墙工程量＝（外墙中心线长度×设计高度－门窗洞口面积）×外墙厚＋（内墙净长度×
设计高度－门窗洞口面积）×内墙厚

316

（7）钢筋混凝土楼梯工程量计算（图4-56）：

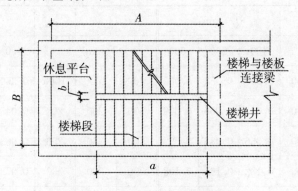

图4-56 钢筋混凝土楼梯平面图

当$b{\leqslant}500$mm时，$S=A{\times}B$

当$b>500$mm时，$S=A{\times}B-a{\times}b$

（8）预制钢筋混凝土构件计算公式：

$$预制混凝土构件工程量＝图示断面面积\times构件长度$$

（9）预制钢筋混凝土桩计算公式：

$$预制混凝土桩工程量＝图示断面面积\times桩总长度$$

（10）混凝土柱牛腿单个体积计算表：

混凝土柱牛腿体积可参见表4-55计算。

表4-55　　　　　　　　　　　混凝土柱牛腿每个体积表　　　　　　　　　　　（m³）

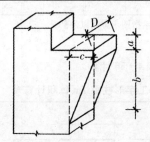

a	b	c	D (mm)			a	b	c	D (mm)		
(mm)			400	500	600	(mm)			400	500	600
250	300	300	0.048	0.060	0.072	400	600	600	0.168	0.210	0.252
300	300	300	0.054	0.084	0.081	400	800	800	0.256	0.320	0.384
300	400	400	0.080	0.100	0.120	400	650	650	0.189	0.236	0.283
300	500	600	0.132	0.165	0.198	400	700	700	0.210	0.263	0.315
300	500	700	0.154	0.193	0.231	400	950	950	0.285	0.356	0.425

317

续表

a	b	c	D (mm)			a	b	c	D (mm)		
(mm)			400	500	600	(mm)			400	500	600
400	200	200	0.040	0.050	0.060	400	1000	1000	0.360	0.450	0.540
400	250	250	0.052	0.066	0.079	500	200	200	0.045	0.060	0.072
400	300	300	0.066	0.082	0.099	500	250	250	0.063	0.078	0.094
400	300	600	0.132	0.165	0.198	500	300	300	0.078	0.098	0.117
400	350	350	0.081	0.101	0.121	500	400	400	0.112	0.140	0.168
400	400	400	0.096	0.120	0.144	500	500	500	0.150	0.189	0.225
400	400	700	0.168	0.210	0.252	500	600	600	0.192	0.240	0.288
400	450	450	0.113	0.141	0.169	500	700	700	0.238	0.298	0.357
400	500	500	0.130	0.163	0.195	500	1000	1000	0.400	0.500	0.600
400	500	700	0.182	0.223	0.273	500	1100	1100	0.462	0.578	0.693
400	550	550	0.149	0.186	0.223	500	300	700	0.266	0.333	0.399

注：表中每个混凝土柱牛腿的体积系指图示虚线以外部分。

9. 工字形柱每 1m 体积计算表

工字形柱每 1m 体积，可参见表 4-56 计算。

表 4-56　　　　　　　　工字形柱每 1m 体积计算表

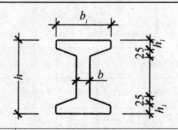

柱断面规格（mm）				断面面积（m²）	工字形柱高度（m）								
宽度 b_i	高度 h	翼高 h_i	腹板厚 b		1	2	3	4	5	6	7	8	9
300	500	80	60	0.0744	0.074	0.149	0.223	0.298	0.372	0.446	0.521	0.595	0.670
300	550	80	60	0.0774	0.077	0.155	0.234	0.310	0.387	0.464	0.542	0.619	0.697

续表

柱断面规格（mm）				断面面积（m²）	工字形柱高度（m）								
宽度 b_i	高度 h	翼高 h_i	腹板厚 b		1	2	3	4	5	6	7	8	9
300	600	80	60	0.0804	0.080	0.161	0.241	0.322	0.402	0.482	0.563	0.643	0.724
350	600	80	60	0.0897	0.090	0.179	0.269	0.359	0.449	0.538	0.628	0.718	0.807
350	650	80	60	0.0927	0.093	0.185	0.278	0.371	0.464	0.556	0.649	0.742	0.834
350	600	80	80	0.0980	0.098	0.196	0.294	0.392	0.490	0.588	0.686	0.784	0.882
350	650	80	80	0.1019	0.102	0.204	0.306	0.408	0.510	0.611	0.713	0.815	0.917
400	700	80	60	0.1049	0.105	0.210	0.315	0.420	0.525	0.629	0.734	0.839	0.944
350	700	100	80	0.1167	0.117	0.233	0.350	0.467	0.584	0.700	0.817	0.934	1.050
350	800	100	80	0.1247	0.125	0.249	0.374	0.499	0.624	0.748	0.873	0.998	1.122
400	600	100	100	0.1275	0.128	0.255	0.383	0.510	0.638	0.765	0.893	1.020	1.148
400	700	100	100	0.1375	0.138	0.275	0.413	0.550	0.688	0.825	0.963	1.100	1.238
400	800	150	100	0.1775	0.178	0.355	0.533	0.710	0.888	1.065	1.243	1.420	1.598
400	900	150	100	0.1875	0.188	0.375	0.563	0.750	0.938	1.125	1.313	1.500	1.688
400	1000	150	100	0.1975	0.198	0.395	0.593	0.790	0.988	1.185	1.383	1.580	1.778
400	1100	150	120	0.2230	0.223	0.446	0.669	0.892	1.115	1.338	1.561	1.784	2.007
500	1000	200	120	0.2815	0.282	0.563	0.845	1.126	1.408	1.689	1.971	2.252	2.534
500	1100	200	120	0.2935	0.294	0.587	0.881	1.174	1.468	1.761	2.055	2.343	2.642
500	1200	200	120	0.3055	0.306	0.611	0.917	1.222	1.528	1.833	2.139	2.444	2.750
500	1300	200	120	0.3175	0.318	0.635	0.953	1.270	1.588	1.905	2.223	2.540	2.858
500	1400	200	120	0.3295	0.330	0.659	0.989	1.318	1.648	1.977	2.307	2.636	2.966
500	1500	200	120	0.3415	0.342	0.683	1.025	1.366	1.708	2.049	2.391	2.732	3.074

10. 锥形独立基础工程量计算

一般情况下，锥形独立基础（图 4-57）的下部为矩形，上部为截头锥体，可分别计算相加后得其体积，即：

$$V = A \times B \times h_1 + \frac{h - h_1}{b} \left[A \times B + a \times b + (A+a)(B+b) \right]$$

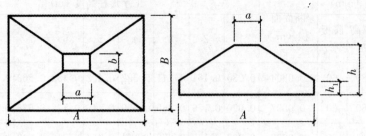

图 4 - 57　锥形独立基础

11. 杯形基础工程量计算

杯形基础的体积可参见表 4 - 57 计算。

表 4 - 57　　　　　　　　　　　杯形基础的体积表

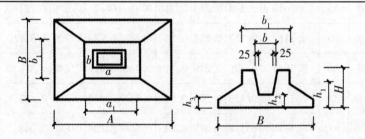

$$V = A \times B h_3 + \frac{h_1 - h_3}{6} \left[A \times B + (A+a_1)(B+b_1) + a_1 b_1 \right] + a_1 \times b_1 (H-h_1) - (H-h_2)$$

$$(a-0.025)(b-0.025)$$

柱断面 （mm）	杯形柱基规格尺寸（mm）										基础混凝土用 量（m³/个）
	A	B	a	a_1	b	b_1	H	h_1	h_2	h_3	
	1300	1300	550	1000	550	1000	600	300	200	200	0.66
	1400	1400	550	1000	550	1000	600	300	200	200	0.73
	1500	1500	550	1000	550	1000	600	300	200	200	0.80
	1600	1600	550	1000	550	1000	600	300	250	200	0.87
	1700	1700	550	1000	550	1000	700	300	250	200	1.04
400×400	1800	1800	550	1000	550	1000	700	300	250	200	1.13
	1900	1900	550	1000	550	1000	700	300	250	200	1.22
	2000	2000	550	1100	550	1100	800	400	250	200	1.63
	2100	2100	550	1100	550	1100	800	400	250	200	1.74
	2200	2200	550	1100	550	1100	800	400	250	200	1.86
	2300	2300	550	1200	550	1200	800	400	250	200	2.12

柱断面 （mm）	杯形柱基规格尺寸（mm）										基础混凝土用量（m³/个）
	A	B	a	a_1	b	b_1	H	h_1	h_2	h_3	
400×600	2300	1900	750	1400	550	1200	800	400	250	200	1.92
	2300	2100	750	1450	550	1250	800	400	250	200	2.13
	2400	2200	750	1450	550	1250	800	400	250	200	2.26
	2500	2300	750	1450	550	1250	800	400	250	200	2.40
	2600	2400	750	1550	550	1350	800	400	250	200	2.68
	3000	2700	750	1550	550	1350	1000	500	300	200	2.83
	3300	3900	750	1550	550	1350	1000	600	300	200	4.63
400×700	2500	2300	850	1550	550	1350	900	500	250	200	2.76
	2700	2500	850	1550	550	1350	900	500	250	200	3.16
	3000	2700	850	1550	550	1350	1000	500	300	200	3.89
	3300	2900	850	1550	550	1350	1000	600	300	200	4.60
	4000	2800	850	1750	550	1350	1000	700	300	200	6.02
400×800	3000	2700	950	1700	550	1350	1000	500	300	200	3.90
	3300	2900	950	1750	550	1350	1000	600	300	200	4.65
	4000	2800	950	1750	550	1350	1000	700	300	250	5.98
	4500	3000	950	1850	550	1350	1000	800	300	250	7.93
500×800	3000	2700	950	1700	650	1450	1000	500	300	200	3.96
	3300	2900	950	1750	650	1450	1000	600	300	200	4.70
	4000	2800	950	1750	650	1450	1000	700	300	250	6.02
	4500	3000	950	1850	650	1450	1200	800	300	250	7.99
500×1000	4000	4000	2800	1150	1950	650	1450	1200	800	300	6.90
	4500	4500	3000	1150	1950	650	1450	1200	800	300	8.00

12. 现浇无筋倒圆台基础工程量计算

倒圆台基础体积计算公式（图4-57）：

$$V = \frac{\pi h_1}{3} \times (R^2 + r^2 + Rr) + \pi R^2 h_2 + \frac{\pi h_3}{3} \times \left[R^2 + \left(\frac{a_1}{2}\right)^2 + R \times \frac{a_1}{2} \right] + a_1 b_1 h_4 - \frac{h_5}{3} \times \left[(a + 0.1 + 0.025 \times 2) \times (b + 0.1 + 0.025 \times 2) + a \times b + \sqrt{(a + 0.1 + 0.025 \times 2) \times (b + 0.1 + 0.025 \times 2) \times a \times b} \right]$$

式中 a——柱长边尺寸（m）；

a_1——杯口外包长边尺寸（m）；

R——底最大半径（m）；

r——底面半径（m）；

b——柱短边尺寸（m）；

b_1——杯口外包短边尺寸（m）；

h、$h_{1\sim5}$——断面高度（m）；

π——3.1416。

13. 现浇钢筋混凝土倒圆锥形薄壳基础工程计算

现浇钢筋混凝土倒圆锥形薄壳基础体积计算公式（图4-59）为：

$$V\ (m^3)=V_1+V_2+V_3$$

式中　V_1——薄壳部分体积，$V_1=\pi\times(R_1+R_2)\times\delta h_1\times\cos\theta$

　　　　V_2——截头圆锥体部分体积，$V_2=\dfrac{\pi\times h_2}{3}\ (R_3^2+R_2\times R_4+R_4^2)$

　　　　V_3——圆体部分体积，$V_3=\pi\times R_2^2\times h_2$

（公式中半径、高度、厚度均用"m"为计算单位）

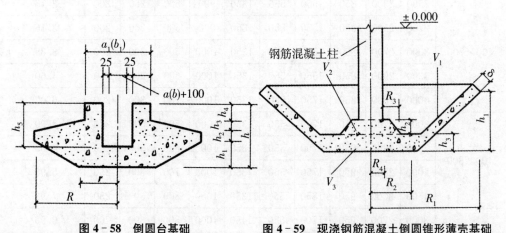

图4-58　倒圆台基础　　　　图4-59　现浇钢筋混凝土倒圆锥形薄壳基础

二、基础定额工程量计算规定与内容

1. 定额一般规定

定额一般规定，见表4-58。

表4-58　　　　　　　　　　　　　　定额一般规定

定额项目	定　额　一　般　规　定
模板	①现浇混凝土模板按不同构件，分别以组合钢模板、钢支撑、木支撑，复合木模板、钢支撑、木支撑，木模板、木支撑配制，模板不同时，可以编制补充定额 ②预制钢筋混凝土模板，按不同构件分别以组合钢模板、复合木模板、木模板、定型钢模、长线台钢拉模，并配制相应的砖地模，砖胎模，长线台混凝土地模编制的，使用其他模板时，可以换算 ③本定额中框架轻板项目，只适用于全装配式定型框架轻板住宅工程

定额项目	定 额 一 般 规 定
模 板	④模板工作内容包括：清理、场内运输、安装、刷隔离剂、浇灌混凝土时模板维护、拆模、集中堆放、场外运输。木模板包括制作（预制包括刨光，现浇不刨光），组合钢模板、复合木模板包括装箱 ⑤现浇混凝土梁、板、柱、墙是按支模高度（地面至板底）3.6m 编制的，超过 3.6m 时按超过部分工程量另按超高的项目计算 ⑥用钢滑升模板施工的烟囱、水塔及贮仓是按无井架施工计算的，并综合了操作平台。不再计算脚手架及竖井架 ⑦用钢滑升模板施工的烟囱、水塔、提升模板使用的钢爬杆用量是按 100％摊销计算的，贮仓是按 50％摊销计算的。设计要求不同时，另行换算 ⑧倒锥壳水塔塔身钢滑升模板项目，也适用于一般水塔塔身滑升模板工程 ⑨烟囱钢滑升模板项目均已包括烟囱筒身、牛腿、烟道口；水塔钢滑升模板均已包括直筒、门窗洞口等模板用量 ⑩组合钢模板、复合木模板项目，未包括回库维修费用。应按定额项目中所列摊销量的模板、零星夹具材料价格的 8％计入模板预算价格之内。回库维修费的内容包括：模板的运输费、维修的人工、机械、材料费用等
钢 筋	①钢筋工程按钢筋的不同品种、不同规格，按现浇构件钢筋、预制构件钢筋、预应力钢筋及箍筋分别列项 ②预应力构件中的非预应力钢筋按预制钢筋相应项目计算 ③设计图纸未注明钢筋接头和施工损耗的，已综合在定额项目内 ④绑扎铁丝、成型点焊和接头焊接用的电焊条已综合在定额项目内 ⑤钢筋工程内容包括：制作、绑扎、安装以及浇灌混凝土时维护钢筋用工 ⑥现浇构件钢筋以手工绑扎，预制构件钢筋以手工绑扎、点焊分别列项，实际施工与定额不同时，不再换算 ⑦非预应力钢筋不包括冷加工，如设计要求冷加工时，另行计算 ⑧预应力钢筋如设计要求人工时效处理时，应另行计算 ⑨预制构件钢筋，如用不同直径钢筋点焊在一起时，按直径最小的定额项目计算，如粗细筋直径比在两倍以上时，其人工乘以系数 1.25 ⑩后张法钢筋的锚固是按钢筋帮条焊、U 形插垫编制的，如采用其他方法锚固时，应另行计算 ⑪表 4－59 所列的构件，其钢筋可按表列系数调整人工、机械用量
混凝土	①混凝土的工作内容包括：筛砂子、筛洗石子、后台运输、搅拌，前台运输、清理、润湿模板、浇灌、捣固、养护 ②毛石混凝土，系按毛石占混凝土体积 20％计算的。如设计要求不同时，可以换算 ③小型混凝土构件，系指每件体积在 0.05m³ 以内的未列出定额项目的构件 ④预制构件厂生产的构件，在混凝土定额项目中考虑了预制厂内构件运输、堆放、码垛、装车运出等的工作内容 ⑤构筑物混凝土按构件选用相应的定额项目

续表 2

定额项目	定 额 一 般 规 定
混凝土	⑥轻板框架的混凝土梅花柱按预制异形柱；叠合梁按预制异型梁；楼梯段和整间大楼板按相应预制构件定额项目计算 ⑦现浇钢筋混凝土柱、墙定额项目，均按规范规定综合了底部灌注 1：2 水泥砂浆的用量 ⑧混凝土已按常用列出强度等级，如与设计要求不同时，可以换算

表 4−59   钢筋调整人工、机械系数表

项目	预制钢筋		现浇钢筋		构筑物			
系数范围	拱梯形屋架	托架梁	小型构件	小型池槽	烟囱	水塔	贮仓	
							矩形	圆形
人工、机械调整系数	1.16	1.05	2	2.52	1.7	1.7	1.25	1.50

2. 定额工作内容

定额工作内容，见表 4−60。

表 4−60   定额工作内容

定额项目		定 额 工 作 内 容
现浇混凝土模板		现浇混凝土模板工作内容包括： ①木模板制作 ②模板安装、拆除、整理堆放及场内外运输 ③清理模板黏结物及模内杂物、刷隔离剂等
预制混凝土模板		预制混凝土模板工作内容包括： ①工具式钢模板、复合木模板安装 ②木模板制作、安装 ③清理模板、刷隔离剂 ④拆除模板、整理堆放，装箱运输
构筑物混凝土模板	烟囱	烟囱工作内容包括：安装拆除平台、模板、液压、供电通信设备、中间改模、激光对中、设置安全网、滑模拆除后清洗、刷油、堆放及场内外运输
	水塔	水塔工作内容包括：制作、清理、刷隔离剂、拆除、整理及场内外运输
	倒锥壳水塔	倒锥壳水塔工作内容包括： ①安装拆除钢平台、模板及液压、供电、供水设备 ②制作、安装、清理、刷隔离剂，拆除、整理、堆放及场内外运输 ③水箱提升
	贮水（油）池	贮水（油）池工作内容包括： ①木模板制作 ②模板安装、拆除、整理堆放及场内外运输 ③清理模板黏结物及模内杂物、刷隔离剂等

续表

定额项目		定额工作内容
构筑物混凝土模板	贮仓	贮仓工作内容包括：制作、安装、清理、刷隔离剂，拆除、整理、堆放及场内外运输
	筒仓	筒仓工作内容包括：安装拆除平台、模板、液压、供电通信设备、中间改模、激光对中、设备安全网，滑模拆除后清洗、刷油、堆放及场内外运输
	钢筋	钢筋工作内容包括： ①现浇（预制）构件钢筋工作内容包括：钢筋制作、绑扎、安装 ②先（后）张法预应力钢筋工作内容包括：钢筋制作、张拉、放张、切断等 ③铁件及电渣压力焊接工作内容包括：安装埋设、焊接固定
	混凝土	混凝土工作内容包括： ①混凝土水平（垂直）运输 ②混凝土搅拌、捣固、养护 ③成品堆放
	集中搅拌、运输、泵输送混凝土	集中搅拌、运输、泵输送混凝土参考定额工作内容包括： ①混凝土搅拌站工作内容包括：筛洗石子，砂石运至搅拌点，混凝土搅拌，装运输车 ②混凝土搅拌输送车工作内容包括：将搅拌好的混凝土在运输中进行搅拌，并运送到施工现场、自动卸车 ③混凝土（搅拌站）输送泵工作内容包括：将搅拌好的混凝土输送浇灌点，进行捣固，养护 注：输送高度 30m 时，输送泵台班用量乘以 1.10，输送高度超过 50m 时，输送泵台班用量乘以 1.25

三、工程量清单项目计算规则

（一）工程量清单项目设置及计算规则

1. 现浇混凝土基础（编码：010501）

现浇混凝土基础工程工程量清单项目设置及工程量计算规则，见表 4-61。

表 4-61　　　　　　　　现浇混凝土基础（编码：010501）

项目名称	项目特征	工程量计算规则	工作内容
垫层			
带形基础	①混凝土种类 ②混凝土强度等级	按设计图示尺寸以体积计算。不扣除伸入承台基础的桩头所占体积（计量单位：m³）	①模板及支撑制作、安装、拆除、堆放、运输及清理模内杂物、刷隔离剂 ②混凝土制作、运输、浇筑、振捣、养护
独立基础			
满堂基础			
桩承台基础			
设备基础	①混凝土种类 ②混凝土强度等级 ③灌浆材料及其强度等级		

325

2. 现浇混凝土柱（编码：010502）

现浇混凝土柱工程工程量清单项目设置及工程量计算规则，见表4-62。

表4-62 现浇混凝土柱（编码：010502）

项目名称	项目特征	工程量计算规则	工作内容
矩形柱	①混凝土种类 ②混凝土强度等级	按设计图示尺寸以体积计算 柱高： ①有梁板的柱高，应自柱基上表面（或楼板上表面）至上一层楼板上表面之间的高度计算	①模板及支架（撑）制作、安装、拆除、堆放、运输及清理模内杂物、刷隔离剂等 ②混凝土制作、运输、浇筑、振捣、养护
构造柱		②无梁板的柱高，应自柱基上表面（或楼板上表面）至柱帽下表面之间的高度计算	
异形柱	①柱形状 ②混凝土种类 ③混凝土强度等级	③框架柱的柱高：应自柱基上表面至柱顶高度计算 ④构造柱按全高计算，嵌接墙体部分（马牙槎）并入柱身体积 ⑤依附柱上的牛腿和升板的柱帽，并入柱身体积计算 （计量单位：m³）	

3. 现浇混凝土梁（编码：010503）

现浇混凝土梁工程工程量清单项目设置及工程量计算规则，见表4-63。

表4-63 现浇混凝土梁（编码：010503）

项目名称	项目特征	工程量计算规则	工作内容
基础梁	混凝土种类混凝土强度等级	按设计图示尺寸以体积计算。伸入墙内的梁头、梁垫并入梁体积内梁长 ①梁与柱连接时，梁长算至柱侧面 ②主梁与次梁连接时，次梁长算至主梁侧面 （计量单位：m³）	①模板及支架（撑）制作、安装、拆除、堆放、运输及清理模内杂物、刷隔离剂等 ②混凝土制作、运输、浇筑、振捣、养护
矩形梁			
异形梁			
圈梁			
过梁			
弧形、拱形梁			

4. 现浇混凝土墙（编码：010504）

现浇混凝土墙工程工程量清单项目设置及工程量计算规则，见表4-64。

表4-64 现浇混凝土墙（编码：010504）

项目名称	项目特征	工程量计算规则	工作内容
直形墙	①混凝土种类 ②混凝土强度等级	按设计图示尺寸以体积计算。扣除门窗洞口及单个面积＞0.3m²的孔洞所占体积，墙垛及突出墙面部分并入墙体体积内计算（计量单位：m³）	①模板及支架（撑）制作、安装、拆除、堆放、运输及清理模内杂物、刷隔离剂等 ②混凝土制作、运输、浇筑、振捣、养护
弧形墙			
短肢剪力墙			
挡土墙			

5. 现浇混凝土板（编码：010505）

现浇混凝土板工程工程量清单项目设置及工程量计算规则，见表 4 - 65。

表 4 - 65　　　　　　　　现浇混凝土板（编码：010505）

项目名称	项目特征	工程量计算规则	工作内容
有梁板	①混凝土种类 ②混凝土强度等级	按设计图示尺寸以体积计算，不扣除单个面积≤0.3m² 的柱、垛以及孔洞所占体积 压形钢板混凝土楼板扣除构件内压形钢板所占体积 有梁板（包括主、次梁与板）按梁、板体积之和计算，无梁板按板和柱帽体积之和计算，各类板伸入墙内的板头并入板体积内，薄壳板的肋、基梁并入薄壳体积内计算（计量单位：m³）	①模板及支架（撑）制作、安装、拆除、堆放、运输及清理模内杂物、刷隔离剂等 ②混凝土制作、运输、浇筑、振捣、养护
无梁板			
平板			
拱板			
薄壳板			
栏板			
天沟（檐沟）、挑檐板	①混凝土种类 ②混凝土强度等级	按设计图示尺寸以体积计算（计量单位：m³）	①模板及支架（撑）制作、安装、拆除、堆放、运输及清理模内杂物、刷隔离剂等 ②混凝土制作、运输、浇筑、振捣、养护
雨篷、悬挑板、阳台板		按设计图示尺寸以墙外部分体积计算。包括伸出墙外的牛腿和雨篷反挑檐的体积（计量单位：m³）	
空心板		按设计图示尺寸以体积计算。空心板（GBF 高强薄壁蜂巢芯板等）应扣除空心部分体积（计量单位：m³）	
其他板		按设计图示尺寸以体积计算（计量单位：m³）	

6. 现浇混凝土楼梯（编码：010506）

现浇混凝土楼梯工程工程量清单项目设置及工程量计算规则，见表 4 - 66。

表 4 - 66　　　　　　　　现浇混凝土楼梯（编码：010506）

项目名称	项目特征	工程量计算规则	工作内容
直形楼梯	①混凝土种类 ②混凝土强度等级	①以平方米计量，按设计图示尺寸以水平投影面积计算。不扣除宽度≤500mm 的楼梯井，伸入墙内部分不计算 ②以立方米计量，按设计图示尺寸以体积计算 （计量单位：m²、m³）	①模板及支架（撑）制作、安装、拆除、堆放、运输及清理模内杂物、刷隔离剂等 ②混凝土制作、运输、浇筑、振捣、养护
弧形楼梯			

7. 现浇混凝土其他构件（编码：010507）

现浇混凝土其他构件工程量清单项目设置及工程量计算规则，见表 4-67。

表 4-67　　　　　现浇混凝土其他构件（编码：010507）

项目名称	项目特征	工程量计算规则	工作内容
散水、坡道	①垫层材料种类、厚度 ②面层厚度 ③混凝土种类 ④混凝土强度等级 ⑤变形缝填塞材料种类	按设计图示尺寸以水平投影面积计算。不扣除单个≤0.3m² 的孔洞所占面积（计量单位：m²）	①地基夯实 ②铺设垫层 ③模板及支撑制作、安装、拆除、堆放、运输及清理模内杂物、刷隔离剂等 ④混凝土制作、运输、浇筑、振捣、养护 ⑤变形缝填塞
室外地坪	①地坪厚度 ②混凝土强度等级		
电缆沟、地沟	①土壤类别 ②沟截面净空尺寸 ③垫层材料种类、厚度 ④混凝土种类 ⑤混凝土强度等级 ⑥防护材料种类	按设计图示以中心线长度计算（计量单位：m）	①挖填、运土石方 ②铺设垫层 ③模板及支撑制作、安装、拆除、堆放、运输及清理模内杂物、刷隔离剂等 ④混凝土制作、运输、浇筑、振捣、养护 ⑤刷防护材料
台阶	①踏步高、宽 ②混凝土种类 ③混凝土强度等级	①以平方米计量，按设计图示尺寸水平投影面积计算 ②以立方米计量，按设计图示尺寸以体积计算 （计量单位：m²、m³）	①模板及支撑制作、安装、拆除、堆放、运输及清理模内杂物、刷隔离剂等 ②混凝土制作、运输、浇筑、振捣、养护
扶手、压顶	①断面尺寸 ②混凝土种类 ③混凝土强度等级	①以米计量，按设计图示的中心线延长米计算 ②以立方米计量，按设计图示尺寸以体积计算 （计量单位：m、m³）	①模板及支架（撑）制作、安装、拆除、堆放、运输及清理模内杂物、刷隔离剂等 ②混凝土制作、运输、浇筑、振捣、养护
化粪池、检查井	①部位 ②混凝土强度等级 ③防水、抗渗要求	①按设计图示尺寸以体积计算 ②以座计量，按设计图示数量计算 （计量单位：座、m³）	
其他构件	①构件的类型 ②构件规格 ③部位 ④混凝土种类 ⑤混凝土强度等级		

8. 后浇带（编码：010508）

后浇带工程量清单项目设置及工程量计算规则，见表 4-68。

表 4-68　　　　　　　　　　**后浇带（编码：010508）**

项目名称	项目特征	工程量计算规则	工作内容
后浇带	①混凝土种类 ②混凝土强度等级	按设计图示尺寸以体积计算（计量单位：m³）	①模板及支架（撑）制作、安装、拆除、堆放、运输及清理模内杂物、刷隔离剂等 ②混凝土制作、运输、浇筑、振捣、养护及混凝土交接面、钢筋等的清理

9. 预制混凝土柱（编码：010509）

预制混凝土柱工程工程量清单项目设置及工程量计算规则，见表 4-69。

表 4-69　　　　　　　　　　**预制混凝土柱（编码：010509）**

项目名称	项目特征	工程量计算规则	工作内容
矩形柱 异形柱	①图代号 ②单件体积 ③安装高度 ④混凝土强度等级 ⑤砂浆（细石混凝土）强度等级、配合比	①以立方米计量，按设计图示尺寸以体积计算 ②以根计量，按设计图示尺寸以数量计算 （计量单位：m³、根）	①模板制作、安装、拆除、堆放、运输及清理模内杂物、刷隔离剂等 ②混凝土制作、运输、浇筑、振捣、养护 ③构件运输、安装 ④砂浆制作、运输 ⑤接头灌缝、养护

10. 预制混凝土梁（编码：010510）

预制混凝土梁工程工程量清单项目设置及工程量计算规则，见表 4-70。

表 4-70　　　　　　　　　　**预制混凝土梁（编码：010510）**

项目名称	项目特征	工程量计算规则	工作内容
矩形梁 异形梁 过梁 拱形梁 鱼腹式吊车梁 其他梁	①图代号 ②单件体积 ③安装高度 ④混凝土强度等级 ⑤砂浆（细石混凝土）强度等级、配合比	①以立方米计量，按设计图示尺寸以体积计算 ②以根计量，按设计图示尺寸以数量计算 （计量单位：m³、根）	①模板制作、安装、拆除、堆放、运输及清理模内杂物、刷隔离剂等 ②混凝土制作、运输、浇筑、振捣、养护 ③构件运输、安装 ④砂浆制作、运输 ⑤接头灌缝、养护

11. 预制混凝土屋架（编码：010511）

预制混凝土屋架工程工程量清单项目设置及工程量计算规则，见表 4-71。

表 4-71　　　　　　　　　　**预制混凝土屋架（编码：010511）**

项目名称	项目特征	工程量计算规则	工作内容
折线型	①图代号 ②单件体积 ③安装高度 ④混凝土强度等级 ⑤砂浆（细石混凝土）强度 等级、配合比	①以立方米计量，按设计图示尺寸以体积计算 ②以榀计量，按设计图示尺寸以数量计算 （计量单位：m³、榀）	①模板制作、安装、拆除、堆放、运输及清理模内杂物、刷隔离剂等 ②混凝土制作、运输、浇筑、振捣、养护 ③构件运输、安装 ④砂浆制作、运输 ⑤接头灌缝、养护
组合			
薄腹			
门式钢架			
天窗架			

12. 预制混凝土板（编码：010512）

预制混凝土板工程工程量清单项目设置及工程量计算规则，见表 4-72。

表 4-72　　　　　　　　　　**预制混凝土板（编码：010512）**

项目名称	项目特征	工程量计算规则	工作内容
平板	①图代号 ②单件体积 ③安装高度 ④混凝土强度等级 ⑤砂浆（细石混凝土）强度等级、配合比	①以立方米计量，按设计图示尺寸以体积计算。不扣除单个面积≤300mm×300mm 的孔洞所占体积，扣除空心板空洞体积 ②以块计量，按设计图示尺寸以数量计算 （计量单位：m³、块）	①模板制作、安装、拆除、堆放、运输及清理模内杂物、刷隔离剂等 ②混凝土制作、运输、浇筑、振捣、养护 ③构件运输、安装 ④砂浆制作、运输 ⑤接头灌缝、养护
空心板			
槽形板			
网架板			
折线板			
带肋板			
大型板			
沟盖板、井盖板、井圈	①单件体积 ②安装高度 ③混凝土强度等级 ④砂浆强度等级、配合比	①以立方米计量，按设计图示尺寸以体积计算。 ②以块计量，按设计图示尺寸以数量计算 [计量单位：m³、块（套）榀]	

13. 预制混凝土楼梯（编码：010513）

预制混凝土楼梯工程工程量清单项目设置及工程量计算规则，见表 4-73。

表 4-73　　　　　　　　　　**预制混凝土楼梯（编码：010513）**

项目名称	项目特征	工程量计算规则	工作内容
楼梯	①楼梯类型 ②单件体积 ③混凝土强度等级 ④砂浆（细石混凝土）强度等级	①以立方米计量，按设计图示尺寸以体积计算。扣除空心踏步板空洞体积 ②以段计量，按设计图示数量计算 （计量单位：m³、段）	①模板制作、安装、拆除、堆放、运输及清理模内杂物、刷隔离剂等 ②混凝土制作、运输、浇筑、振捣、养护 ③构件运输、安装 ④砂浆制作、运输 ⑤接头灌缝、养护

14. 其他预制构件（编码：010514）

其他预制构件工程量清单项目设置及工程量计算规则，见表4-74。

表4-74 其他预制构件（编码：010514）

项目名称	项目特征	工程量计算规则	工作内容
垃圾道、通风道、烟道	①单件体积 ②混凝土强度等级 ③砂浆强度等级	①以立方米计量，按设计图示尺寸以体积计算。不扣除单个面积≤300mm×300mm的孔洞所占体积，扣除烟道、垃圾道、通风道的孔洞所占体积 ②以平方米计量，按设计图示尺寸以面积计算。不扣除单个面积≤300mm×300mm的孔洞所占面积 ③以根计量，按设计图示尺寸以数量计算 ［计量单位：m^2、m^3、根（块、套）］	①模板制作、安装、拆除、堆放、运输及清理模内杂物、刷隔离剂等 ②混凝土制作、运输、浇筑、振捣、养护 ③构件运输、安装砂浆 ④制作、运输 ⑤接头灌缝、养护
其他构件	①单件体积 ②构件的类型 ③混凝土强度等级 ④砂浆强度等级		

15. 钢筋工程（编码：010515）

钢筋工程工程量清单项目设置及工程量计算规则，见表4-75。

表4-75 钢筋工程（编码：010515）

项目名称	项目特征	工程量计算规则	工作内容
现浇构件钢筋	钢筋种类、规格	按设计图示钢筋（网）长度（面积）乘以单位理论质量计算 （计量单位：t）	①钢筋制作、运输 ②钢筋安装 ③焊接（绑扎）
预制构件钢筋			
钢筋网片			①钢筋网制作、运输 ②钢筋网安装 ③焊接（绑扎）
钢筋笼			①钢筋笼制作、运输 ②钢筋笼安装 ③焊接（绑扎）
先张法预应力钢筋	①钢筋种类、规格 ②锚具种类	按设计图示钢筋长度乘单位理论质量计算（计量单位：t）	①钢筋制作、运输 ②钢筋张拉
后张法预应力钢筋	①钢筋种类、规格 ②钢丝种类、规格	按设计图示钢筋（丝束、绞线）长度乘以单位理论质量计算 ①低合金钢筋两端均采用螺杆锚具时，钢筋长度按孔道长度减0.35m计算，螺杆另行计算 ②低合金钢筋一端采用镦头插片，另一端采用螺杆锚具时，钢筋长度按孔道长度计算，螺杆行计算 （计量单位：t）	①钢筋、钢丝、钢绞线制作 ②钢筋、钢丝、钢绞线安装
预应力钢丝			

项目名称	项目特征	工程量计算规则	工作内容
预应力钢绞线	①钢绞线种类、规格 ②锚具种类 ③砂浆强度等级	①低合金钢筋一端采用镦头插片，另一端采用帮条锚具时，钢筋增加0.15m计算；两端均采用帮条锚具时，钢筋长度按孔道长度增加0.3m计算 ②低合金钢筋采用后张混凝土自锚时，钢筋长度按孔道长度增加0.35m计算 ③低合金钢筋（钢绞线）采用JM、XM、QM型锚具，孔道长度≤20m时，钢筋长度增加1m计算，孔道长度>20m时，钢筋长度增加1.8m计算 ④碳素钢丝采用锥形锚具，孔道长度≤20m时，钢丝束长度按孔道长度增加1m计算，孔道长度>20m时，钢丝束长度按孔道长度增加1.8m计算 ⑤碳素钢丝采用镦头锚具时，钢丝束长度按孔道长度增加0.35m计算 （计量单位：t）	③预埋管孔道铺设 ④锚具安装 ⑤砂浆制作、运输 ⑥孔道压浆、养护
支撑钢筋（铁马）	①钢筋种类 ②规格	按钢筋长度乘单位理论质量计算（计量单位：t）	钢筋制作、焊接、安装
声测管	①材质 ②规格型号	按设计图示尺寸以质量计算（计量单位：t）	①检测管截断、封头 ②套管制作、焊接 ③定位、固定

16. 螺栓、铁件（编码：010516）

螺栓、铁件工程量清单项目设置及工程量计算规则，见表4-76。

表4-76 螺栓、铁件（编码：010516）

项目名称	项目特征	工程量计算规则	工作内容
螺栓	①螺栓种类 ②规格	按设计图示尺寸以质量计算（计量单位：t）	①螺栓、铁件制作、运输 ②螺栓、铁件安装
预埋铁件	①钢材种类 ②规格 ③铁件尺寸		

续表

项目名称	项目特征	工程量计算规则	工作内容
机械连接	①连接方式 ②螺纹套筒种类 ③规格	按数量计算（计量单位：个）	①钢筋套丝 ②套筒连接

（二）工程量计算规则相关说明

混凝土工程量计算规则相关说明，见表4-77。

表4-77   程量计算规则相关说明

类 别	说 明
现浇混凝土基础	①有肋带形基础、无肋带形基础应按表4-60中相关项目列项，并注明肋高 ②箱式满堂基础中柱、梁、墙、板按表4-61～表4-64现浇混凝土柱、梁、墙、板相关项目分别编码列项；箱式满堂基础底板按表4-60的满堂基础项目列项 ③框架式设备基础中柱、梁、墙、板分别按表4-61～表4-64现浇混凝土柱、梁、墙、板相关项目编码列项；基础部分按表4-70相关项目编码列项 ④如为毛石混凝土基础，项目特征应描述毛石所占比例
现浇混凝土柱	混凝土种类：指清水混凝土、彩色混凝土等，如在同一地区既使用预拌（商品）混凝土，又允许现场搅拌混凝土时，也应注明
现浇混凝土墙	短肢剪力墙是指截面厚度不大于300mm、各肢截面高度与厚度之比的最大值大于4但不大于8的剪力墙，各肢截面高度与厚度之比的最大值不大于4的剪力墙按柱项目编码列项
现浇混凝土板	现浇挑檐、天沟板、雨篷、阳台与板（包括屋面板、楼板）连接时，以外墙外边线为分界线；与圈梁（包括其他梁）连接时，以梁外边线为分界线。外边线以外为挑檐、天沟、雨篷或阳台
现浇混凝土楼梯	整体楼梯（包括直形楼梯、弧形楼梯）水平投影面积包括休息平台、平台梁、斜梁和楼梯的连接梁。当整体楼梯与现浇楼板无梯梁连接时，以楼梯的最后一个踏步边缘加300mm为界
现浇混凝土其他构件	①现浇混凝土小型池槽、垫块、门框等，应按表4-66中其他构件项目编码 ②架空式混凝土台阶，按现浇楼梯计算
预制混凝土柱	以根计量，必须描述单件体积
预制混凝土梁	以根计量，必须描述单件体积
预制混凝土屋架	①以榀计量，必须描述单件体积 ②三角形屋架按表4-70中折线形屋架项目编码列项

类　别	说　明
预制混凝土板	①以块、套计量，必须描述单件体积 ②不带肋的预制遮阳板、雨篷板、挑檐板、拦板等，应按表4-71中平板项目编码列项 ③预制F形板、双T形板、单肋板和带反挑檐的雨篷板、挑檐板、遮阳板等，应按表4-71中带肋板项目编码列项 ④预制大型墙板、大型楼板、大型屋面板等，按表4-71中大型板项目编码列项
预制混凝土楼梯	以块计量，必须描述单件体积
其他预制构件	①以块、根计量，必须描述单件体积 ②预制钢筋混凝土小型池槽、压顶、扶手、垫块、隔热板、花格等，按表4-73中其他构件项目编码列项
钢筋工程	①现浇构件中伸出构件的锚固钢筋应并入钢筋工程量内。除设计（包括规范规定）标明的搭接外，其他施工搭接不计算工程量，在综合单价中综合考虑 ②现浇构件中固定位置的支撑钢筋、双层钢筋用的"铁马"在编制工程量清单时，如果设计未明确，其工程数量可为暂估量，结算时按现场签证数量计算
螺栓、铁件	编制工程量清单时，如果设计未明确，其工程数量可为暂估量，实际工程量按现场签证数量计算
其他相关说明	①预制混凝土构件或预制钢筋混凝土构件，如施工图设计标注做法见标准图集时，项目特征注明标准图集的编码、页号及节点大样即可 ②现浇或预制混凝土和钢筋混凝土构件，不扣除构件内钢筋、螺栓、预埋铁件、张拉孔道所占体积，但应扣除劲性骨架的型钢所占体积

四、混凝土及钢筋混凝土工程量计算示例

【例4-12】混凝土条形基础工程量计算。

如图4-60所示，求条形基础工程量。

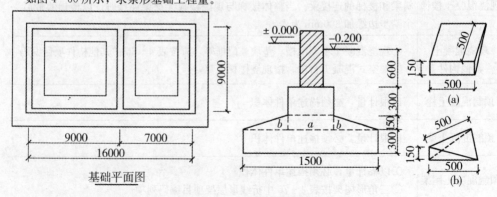

图4-60　某工程基础示意图

解：

混凝土条形基础工程量＝$[0.5×3×0.3+(1.5+0.5)×0.15÷2+0.5×0.3]×[16×2+9×2$
$$+(9-1.5)]=0.75×57.5=43.125 （m^3）$$

丁字角计算：a：$0.5×0.5×0.15÷2=0.019 （m^3）$

b：$0.15×0.5÷2×0.5÷3=0.0063 （m^3）$

$V_总=43.125+0.019×2+0.0063×2×2=43.1882 （m^3）$

【例 4-13】现浇混凝土井格基础工程量计算。

如图 4-61 所示。求基础工程量。

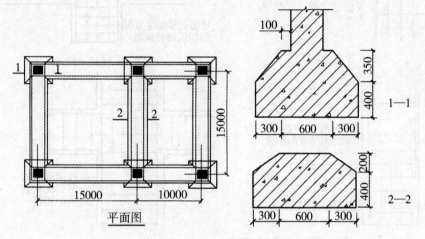

平面图

图 4-61 井格基础示意图

解：

混凝土独立基础＝$[1.2×1.2×0.4+(1.2×1.2+0.6×0.6+1.2×0.6)×0.35÷3]×6$
$$=5.22 （m^3）$$

混凝土条形基础＝$[1×0.4+(1+0.4)×0.2÷2]×[(15-1.2)×3+(15+10-1.2×2)×2]$
$$=46.76 （m^3）$$

丁字角计算：a：$0.171×0.4×0.2÷2=0.0068 （m^3）$

b：$0.2×0.3÷2×0.171÷3=0.0017 （m^3）$

$V_总=46.76+0.068×14+0.0017×14×2=46.9 （m^3）$

【例 4-14】带形基础工程量计算。

如图 4-62 和图 4-63 所示。求带形混凝土基础钢筋工程量。

解：

(1) $\phi 16＝[(13+0.6-0.035×2+0.2)×2+(5+0.6-0.035×2+0.2)+(7+0.6-0.035×2$
$$+0.2)×2+(4+0.6+0.2-0.035×2)]×4×1.58=337.36 （kg）$$

(2) $\phi 16＝337.36 （kg）$

(3) $\phi 8＝(2.1×2+6.25×0.008×2)×\{[(13.00-0.6-0.035×2)×2+(5.00-0.6-0.035$
$$×2)+(7.0-0.6-0.035×2)×2+(4.0-0.6-0.035×2)]÷0.20+6\}×0.395$$
$$=4.3×[(24.66+4.33+6.33×2+3.33)÷0.216]×0.395=4.3×231×0.395$$
$$=392.35 （kg）$$

角①、②、③、④、D处角筋：

335

$\phi 8 = (0.6 \times 3 - 0.035 + 6.25 \times 0.008 \times 2 + 0.3) \times [(0.6 \times 3 - 0.035 \times 2) \div 0.15 + 1] \times 0.395 \times$
　　 2（双向）$\times 4.5$（角）
　　 $= 92.36$（kg）

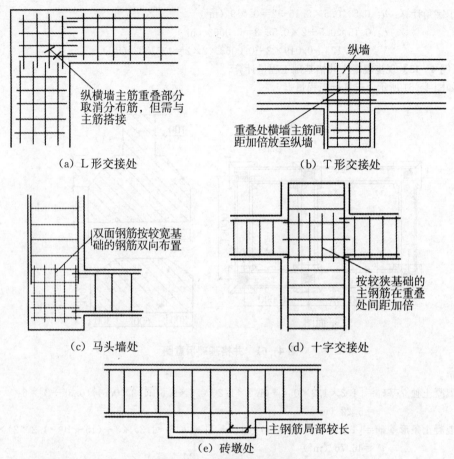

（a）L形交接处　　　　　　　　　　　　（b）T形交接处

（c）马头墙处　　　　　　　　　　　　（d）十字交接处

（e）砖墩处

图 4−62　配筋形式示意图

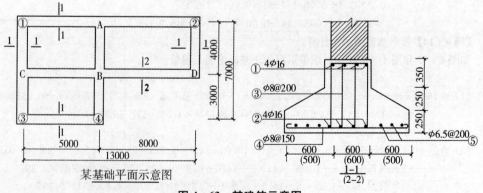

某基础平面示意图

图 4−63　某建筑示意图

(4)1—1剖面其他处主筋：

$\phi 8 = (0.6 \times 3 - 0.035 \times 2 + 6.25 \times 0.008 \times 2 + 0.3) \times [(13.00 - 0.9 \times 2) + (5.00 - 1.8) + 1]$

$\times 0.395 = 1.83 \times 186 \times 0.395 = 134.45 (kg)$

A 处丁字口加密主筋：

$\phi 8 = 1.83 \times (0.9 \div 0.075 + 1) \div 0.395 = 1.83 \times 13 \times 0.395 = 9.39 (kg)$

(5) H 剖面 B 处加密筋：

$\phi 8 = 1.83 \times (1.6 \div 0.15 + 1) \times 0.395 = 1.83 \times 12 \times 0.395 = 8.67 (kg)$

2—2 剖面其他处主筋：

$\phi 8 = 10.5 \times 2 + 0.6 - 0.035 \times 2 + 6.25 \times 0.008 \times 2 \times [(13.00 - 1.8) \div 0.15 + 1] \times 0.395$

$= 1.63 \times 76 \times 0.395$

$= 48.93 (kg)$

C、B 处 2—2 剖面主筋加密：

$\phi 8 = 1.63 \times (1.8 \div 0.15 + 1 + 0.9 \div 0.075 + 1) \times 0.395 = 16.74 (kg)$

D 处 2—2 角主筋：

$\phi 8 = (1.6 - 0.035 + 6.25 \times 0.008 \times 2 + 0.3) \times (1.8 \div 0.15 + 1) \times 0.395 = 10.09 (kg)$

H 剖面分布筋：

$\phi 6.5 = [(13.00 - 1.8 + 6.25 \times 0.0065 \times 2) + (5.0 - 1.8 + 6.25 \times 0.0065 \times 2) + (7.0 - 1.8 +$

$0.0813) + (7.0 - 1.8 + 0.0813 \times 2 + 0.3) + (4.0 - 1.7 + 0.0813)] \times 8 \times 0.26$

$= (11.28 + 3.28 + 5.28 + 5.66 + 2.38) \times 8 \times 0.26 = 57.99 (kg)$

2—2 剖面分布筋：

$\phi 6.5 = (13.00 - 1.8 + 0.0813 \times 2 + 0.3 \times 4) \times 6 \times 0.26 = 12.56 \times 6 + 0.26 = 19.59 (kg)$

【例 4 - 15】圈梁兼过梁工程量计算。

如图 4 - 64 和图 4 - 65 所示。求圈梁兼过梁时的工程量。

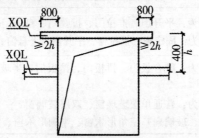

图 4 - 64　圈梁兼过梁示意图

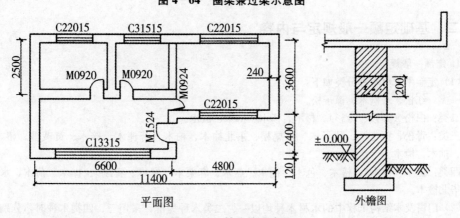

图 4 - 65　某建筑示意图

337

解：
过梁工程量＝[(3.3＋0.8×2)＋(2＋1.6)×3＋(1.5＋1.6)＋(0.9＋0.8×2)×3＋(1.5＋

　　　　　1.6)]×0.24×0.24

　　　　＝1.69（m³）

圈梁工程量＝[(11.4＋6.12)×2＋6.6＋3.6＋2.5－3.3－2×3－1.5－1.5－0.9×3]×0.24×

　　　　　0.24＝1.886（m³）

第六节　门窗及木结构工程

一、门窗的分类

门窗的一般分类方法，见表4-78。

表4-78　　　　　　　　　　　　门窗的一般分类方法

类　别	分　类　方　法
按制作材料划分	门窗可分为：木门窗、钢门窗、铝合金门窗、塑料（钢）门窗、彩板门窗等
按用途划分	门窗可分为：常用木门、门连窗、阁楼门、壁橱门、厕浴门、厂库房大门、防火门、隔声门、冷藏门、保温门、射线防护门、变电室门等
按开启方式划分	①门可分为：平开门、推拉门、折叠门、自由门、上翻门、转门等 ②窗可分为：固定窗、推拉窗、平开窗、上悬窗、中悬窗、下悬窗、中转窗等
按立面形式划分	①门可分为：胶合板门、拼板门、镶板门、半玻门、全玻门、百叶门、自由门等 ②窗可分为：普通单层玻璃窗、双层玻璃窗、一玻一纱木窗、三层木窗（百叶扇、纱扇、玻璃扇）三角形木窗、半圆形木窗、圆形木窗等

二、基础定额一般规定与内容

1. 定额一般规定

（1）定额中木材木种分类如下：

一类：红松、水桐木、樟子松。

二类：白松（方杉、冷杉）、杉木、杨木、柳木、椴木。

三类：青松、黄花松、秋子木、马尾松、东北榆木、柏木、苦楝木、梓木、黄菠萝、椿木、楠木、柚木、樟木。

四类：栎木（柞木）、檀木、色木、槐木、荔木、麻栗木（麻栎、青刚）、桦木、荷木、水曲柳、华北榆木。

（2）门窗及木结构工程中的木材木种均以一、二类木种为准，采用三、四类木种时，分别乘以下列系数：木门窗制作，按相应项目人工和机械乘系数1.3；木门窗安装，按相应项目的人工和

338

机械乘系数 1.16；其他项目按相应项目人工和机械乘系数 1.35。

（3）定额中木材以自然干燥条件下含水率为准编制的，需人工干燥时，其费用可列入木材价格内由各地区另行确定。

（4）定额中板材、方材规格，见表 4-79。

表 4-79　　　　　　　　　　　　板材、方材规格表

项目	按宽厚尺寸比例分类	按板材厚度、方材宽、厚乘积			
板材	宽≥3×厚	名称	薄板	中板	厚板	特厚板
		厚度（mm）	<18	19~35	36~65	≥66
方材	宽<3×厚	名称	小方	中方	大方	特大方
		宽×厚（cm²）	<54	55~100	101~225	≥225

（5）定额中所注明的木材断面或厚度均以毛料为准。设计图纸注明的断面或厚度为净料时，应增加刨光损耗；板、方材一面刨光增加 3mm；两面刨光增加 5mm；圆木每 1m³ 材积增加 0.05m³。

（6）定额中木门窗框、扇断面取定如下：

无纱镶板门框：60mm×100mm；有纱镶板门框：60mm×120mm；无纱窗框：60mm×90mm；有纱窗框：60mm×110mm；无纱镶板门扇：45mm×100mm；有纱镶板门扇：45mm×100mm＋35mm×100mm；无纱窗扇：45mm×60mm；有纱窗扇：45mm×60mm＋35mm×60mm；胶合板门窗：38mm×60mm。

定额取定的断面与设计规定不同时，应按比例换算。框断面以边框断面为准（框裁口如为钉条者加贴条的断面）；扇料以主挺断面为准。换算公式为：

$$\frac{设计断面（加刨光损耗）}{定额断面}×定额材积$$

（7）定额所附普通木门窗小五金表，仅作备料参考。

（8）弹簧门、厂库大门、钢木大门及其他特种门，定额所附五金铁件表均按标准图用量计算列出，仅作备料参考。

（9）保温门的填充料与定额不同时，可以换算，其他工料不变。

（10）厂库房大门及特种门的钢骨架制作，以钢材质量表示，已包括在定额项目中，不再另列项目计算。定额中不包括固定铁件的混凝土垫块及门槛或梁柱内的预埋铁件。

（11）木门窗不论现场或附属加工厂制作，均执行本规定，现场外制作点至安装地点的运输另行计算。

（12）定额中普通木门窗、天窗、按框制作、框安装、扇制作、扇安装分列项目；厂库房大门、钢木大门及其他特种门按扇制作、扇安装分列项目。

（13）定额中普通木窗、钢窗、铝合金窗、塑料窗、彩板组角钢窗等适用于平开式，推拉式，中转式，上、中、下悬式。双层玻璃窗小五金按普通木窗不带纱窗乘以 2 计算。

（14）铝合金门窗制作兼安装项目，是按施工企业附属加工厂制作编制的。加工厂至现场堆放点的运输，另行计算。木骨架枋材 40mm×45mm，设计与定额不符时可以换算。

（15）铝合金地弹门制作（框料）型材是按 101.6mm×44.5mm、厚 1.5mm 方管编制的；单扇平开门，双扇平开窗是按"38 系列"编制的；推拉按"90 系列"编制的。如型材断面尺寸及厚度与定额规定不同时，可按《全国统一建筑工程基础定额土建》中附表调整铝合金型材用量，附表中"（　）"内数量为定额取定量。地弹门、双扇全玻地弹门包括不锈钢上下帮地弹簧、玻璃门、

拉手、玻璃胶及安装所需的辅助材料。

（16）铝合金卷闸门（包括卷筒、导轨）、彩板组角钢门窗、塑料门窗、钢门窗安装以成品安装编制的。由供应地至现场的运杂费，应计入预算价格中。

（17）玻璃厚度、颜色、密封油膏、软填料，如设计与定额不同时可以调整。

（18）铝合金门窗、彩板组角钢门窗、塑料门窗和钢门窗成品安装，如每100m²门窗实际用量超过定额含量1%以上时，可以换算，但人工、机械用量不变。门窗成品包括五金配件在内。采用附框安装时，扣除门窗安装子目中的膨胀螺栓、密封膏用量及其他材料费。

（19）钢门，钢材含量与定额不同时，钢材用量可以换算，其他不变。

①钢门窗安装按成品件考虑（包括五金配件和铁脚在内）。

②钢天窗安装角铁横挡及连接件，设计与定额用量不同时，可以调正，损耗按6%。

③实腹式或空腹式钢门窗均执行《全国统一建筑工程基础定额土建》。

④组合窗、钢天窗为拼装缝需满刮油灰时，每100m²洞口面积增加人工5.54工日，油灰58.5kg。

⑤钢门窗安玻璃，如采用塑料、橡胶条，按门窗安装工程量每100m²计算压条736m。

（20）铝合金门窗制作、安装（7-259～7-283项）综合机械台班是以机械折旧费68.26元、大修理费5元、经常修理费12.83元、电力183.94kW·h组成。

"38系列"，外框0.408kg/m，中框0.676kg/m，压线0.176kg/m。

76.2×44.5×1.5方管0.975kg/m，压线15kg/m。

2. 基础定额工作内容

（1）门窗基础定额工作内容，见表4-80。

表4-80 门窗基础定额工作内容

基础定额	工作内容
普通木门	普通木门工作内容包括： ①制作安装门框、门扇及亮子，刷防腐油，装配门扇，亮子玻璃及小五金 ②制作安装纱门扇、纱亮子、钉铁纱
厂库房大门、特种门	厂库房大门、特种门工作内容包括： ①制作安装门扇、装配玻璃及五金零件、固定铁脚、制作安装便门扇 ②铺油毡和毛毡、安装密缝条 ③制作安装门樘框架和筒子板、刷防腐油 注：本定额不包括固定铁件的混凝土垫块及门樘或梁柱内的预埋铁件
普通木窗	普通木窗工作内容包括：制作安装窗框、窗扇、刷防腐油、堵塞麻刀石灰浆、装配玻璃、铁纱及小五金
铝合金门窗制作、安装	铝合金门窗制作、安装工作内容包括： ①制作：型材矫正、放样下料、切割断料、钻孔组装、制作搬运 ②安装：现场搬运、安装、校正框扇、裁安玻璃、五金配件、周边塞口清扫等 ③定位、弹线、安装骨架、钉木基层、粘贴不锈钢片面层、清扫等全部操作过程 注：木骨架枋材40×45，设计与定额不符时可以换算

基础定额	工作内容
铝合金、不锈钢门窗安装	铝合金、不锈钢门窗安装工作内容包括： ①现场搬运、安装框扇、校正、安装玻璃及配件、周边塞口、清扫等 注：地弹门、双扇全玻地弹门包括不锈钢上下帮地弹门、拉手、玻璃胶及安装所需辅助材料 ②卷闸门、支架、直轨、附件、门锁安装、试开等全部操作过程
彩板组角钢门窗安装	彩板组角钢门窗安装工作内容包括：校正框扇、安装玻璃、装配五金、焊接连接件、周边塞缝等 注：采用附框安装时，扣除门窗安装子目中的膨胀螺栓、密封膏用量及其他材料费
塑料门窗安装	塑料门窗安装工作内容包括：校正框扇、安装门窗、裁安玻璃、装配五金配件，周边塞缝等
钢门窗安装	钢门窗安装工作内容包括： （1）解捆、画线定位、调直、凿洞、吊正、埋铁件、塞缝、安纱门窗和纱门扇、拼装组合、钉胶条、小五金安装等全部操作过程 ①钢门窗安装按成品考虑（包括五金配件和铁脚在内） ②钢天窗安装角铁横挡及连接件，设计与定额用量不同时，可以调正，损耗按 60% ③实腹式或空腹式钢门窗均执行本定额 ④组合窗、钢天窗为拼装缝需满刮油灰时，每 100m² 洞口面积增加人工 5.54 工日，油灰 58.5kg ⑤钢门窗安玻璃，如采用塑料、橡胶条，按门窗安装工程量每 100m² 计算压条 736m （2）放样、画线、裁料、平直、钻孔、拼装、焊接、成品校正、刷防锈漆及成品堆放

（2）木结构基础定额工作内容，见表 4 - 81。

表 4 - 81　　　　　　　　　　木结构基础定额工作内容

基础定额	工作内容
木屋架木材部分	木屋架木材部分工作内容包括：屋架制作、拼装、安装、装配钢铁件、锚定、梁端刷防腐油
屋面木基层	屋面木基层工作内容包括： ①制作安装檩木、檩托木（或垫木），伸入墙内部分及垫木刷防腐油 ②屋面板制作 ③檩木上钉屋面板 ④檩木上钉椽板

基础定额	工作内容
木楼梯、木柱、木梁	木楼梯、木柱、木梁工作内容包括： ①制作：放样、选料、运料、錾剥、刨光、划绕、起线、凿眼、挖底拔灰、锯榫 ②安装：安装、吊线、校正、临时支撑、伸入墙内部分刷水柏油
其他工作	其他工作内容包括：门窗贴脸、披水条、盖口条、明式暖气罩、木搁板、木格踏板等项目均包括制作、安装

三、门窗及木结构工程工程量计算常用资料

1. 架杆件长度系数

木屋杆件的长度系数，可按表4－82选用。

表 4 - 82　　　　　　　　　　　屋架杆件长度系数表

杆件	坡　　度							
	30°	1/2	1/2.5	1/3	30°	1/2	1/2.5	1/3
1	1	1	1	1	1	1	1	1
2	0.577	0.559	0.539	0.527	0.577	0.559	0.539	0.527
3	0.289	0.250	0.200	0.167	0.289	0.250	0.200	0.167
4	0.289	0.280	0.270	0.264	—	0.236	0.213	0.200
5	0.144	0.125	0.100	0.083	0.192	0.167	0.133	0.111
6	—	—	—	—	0.192	0.186	0.180	0.176
7	—	—	—	—	0.095	0.083	0.067	0.056
8	—	—	—	—	—	—	—	—
9	—	—	—	—	—	—	—	—
10	—	—	—	—	—	—	—	—
11	—	—	—	—	—	—	—	—

续表

杆件	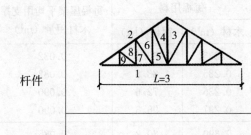 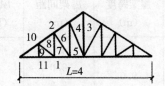							
	坡 度							
	30°	1/2	1/2.5	1/3	30°	1/2	1/2.5	1/3
1	1	1	1	1	1	1	1	
2	0.577	0.559	0.539	0.527	0.577	0.559	0.539	0.527
3	0.289	0.250	0.200	0.167	0.289	0.250	0.200	0.167
4	0.250	0.225	0.195	0.177	0.252	0.224	0.189	0.167
5	0.216	0.188	0.150	0.125	0.231	0.200	0.160	0.133
6	0.181	0.177	0.160	0.150	0.200	0.180	0.156	0.141
7	0.144	0.125	0.100	0.083	0.173	0.150	0.120	0.100
8	0.144	0.140	0.135	0.132	0.153	0.141	0.128	0.120
9	0.070	0.063	0.050	0.042	0.116	0.100	0.080	0.067
10	—	—	—	0.110	0.112	0.108	0.105	—
11	—	—	—	0.058	0.050	0.040	0.033	—

2. 屋面坡度与斜面长度系数

屋面坡度与斜面长度的系数，可按表 4-83 选用。

表 4-83　　　　　屋面坡度与斜面长度系数表

屋面坡度	高度系数	1.00	0.67	0.50	0.45	0.40	0.33	0.25	0.20	0.15	0.125	0.10	0.083	0.066
	坡度	1/1	1/1.5	1/2	—	1/2.5	1/3	1/4	1/5	—	1/8	1/10	1/12	1/15
	角度	45°	33°40′	26°34′	24°14′	21°48′	18°26′	14°02′	11°19′	8°32′	7°08′	5°42′	4°45′	3°49′
斜长系数		1.4142	1.2015	1.1180	1.0966	1.0770	1.0541	1.0380	1.0198	1.0112	1.0078	1.0050	1.0035	1.0022

3. 人字钢木屋架每榀材料参考用量

人字钢木屋架每榀材料的用料，可参见表 4-84 进行计算。

表 4-84 **人字钢木屋架每榀材料用料参考表**

类别	屋架跨度 （m）	屋架间距 （m）	屋面荷载 （N/m²）	每榀用料		每榀屋架平均用支撑 木材用量（m³）
				木材（m³）	钢材（kg）	
方木	9.0	3.0	1510	0.235	63.6	0.032
			2960	0.285	83.8	0.082
		3.3	1510	0.235	72.6	0.090
			2960	0.297	96.3	0.090
	10.0	3.0	1510	0.390	80.2	0.085
			2960	0.503	130.9	0.085
		3.3	1510	0.405	85.7	0.093
			2960	0.524	130.9	0.093
	12.0	3.0	1510	0.390	80.2	0.085
			2960	0.503	130.0	0.085
		3.3	1510	0.405	85.7	0.093
			2960	0.524	130	0.093
	15.0	3.0	1510	0.602	105.0	0.091
		3.3	1510	0.628	105.0	0.099
		4.0	1510	0.690	118.7	0.116
	18.0	3.0	1510	0.709	160.6	0.087
		3.3	1510	0.738	163.04	0.095
		4.0	1510	0.898	248.36	0.112
圆木	9.0	3.0	1510	0.259	63.6	0.080
			2960	0.269	83.8	0.080
		3.3	1510	0.259	72.6	0.089
			2960	0.272	96.3	0.089
	10.0	3.0	1510	0.290	70.5	0.081
			2960	0.304	101.7	0.081
		3.3	1510	0.290	74.5	0.090
			2960	0.304	101.7	0.090
	12.0	3.0	1510	0.463	80.2	0.083
			2960	0.416	130.9	0.083
		3.3	1510	0.463	85.7	0.092
			2960	0.447	130.9	0.092
	15.0	3.0	1510	0.766	105.0	0.089
		3.3	1510	0.776	105.0	0.097

4. 每 100m² 屋面檩条木材参考用量

每 100m² 屋面檩条木材参考用量，参照表 4-85 计算。

表 4 - 85　　　　　　　每 100m² 屋面檩条木材用量参考表

跨度(m)	每平方米屋面木基层荷载（N）									
	1000		1500		2000		2500		3000	
	方木	圆木	方木	圆木	方木	圆木	方木	圆木	方木	圆木
2.0	0.68	1.00	0.77	1.13	0.86	1.26	1.11	1.63	1.35	1.93
2.5	0.69	1.16	1.03	1.51	1.27	1.87	1.61	2.37	1.94	1.85
3.0	1.01	1.48	1.26	1.88	1.55	2.28	2.00	2.94	2.44	3.59
3.5	1.28	1.88	1.59	2.34	1.90	2.79	2.44	3.59	2.98	4.38
4.0	1.55	2.28	1.90	2.79	2.25	3.31	2.89	—	3.52	—
4.5	1.81	—	2.20	—	2.56	—	3.31	—	4.03	—
5.0	2.06	—	2.49	—	2.92	—	3.73	—	4.53	—
5.5	2.36	—	2.86	—	3.35	—	4.27	—	5.19	—
6.0	2.65	—	3.21	—	3.77	—	4.31	—	5.85	—

5. 每 100m² 屋面椽条木材参考用量

每 100m² 屋面椽条木材参考用量，可参见表 4 - 86 确定。

表 4 - 86　　　　　　　每 100m² 屋面椽条木材用量参考表

名称	椽条断面尺寸(cm)	断面面积(cm²)	椽条间距（cm）					
			25	30	35	40	45	50
方椽	4×6	24	1.10	0.91	0.78	0.69	—	—
	5×6	30	1.37	1.14	0.98	0.86	—	—
	6×6	36	1.66	1.38	1.18	1.03	—	—
	5×7	35	1.61	1.33	1.14	1.00	0.89	0.81
	6×7	42	1.92	1.60	1.47	1.20	1.06	0.96
	5×8	40	1.83	1.52	1.31	1.14	1.01	0.92
	6×8	48	2.19	1.82	1.56	1.37	1.22	1.10
	6×9	54	2.47	2.05	1.76	1.54	1.37	1.24
	6×10	60	2.74	2.28	1.96	1.72	1.52	1.37
圆椽	φ6		1.64	1.37	1.18	1.03	0.92	0.82
	φ7		2.16	1.82	1.56	1.37	1.32	1.08
	φ8	—	2.69	2.26	1.94	1.70	1.52	1.35
	φ9		3.38	2.84	2.44	2.14	1.90	1.69
	φ10		4.05	3.41	2.93	2.57	2.29	2.02

6. 屋面板材料

屋面板材料的用量，可参见表 4 - 87 确定。

表 4 - 87 **屋面板材料用量参照表**

檩椽条距离 （m）	屋面板厚度 （mm）	每 100m² 屋面板 锯材（m²）	当屋面板上钉挂瓦条时	
			100m² 需挂瓦条（m）	100m² 需顺水条（灰板条）（100）根
0.5	15	1.659		
0.7	16	1.770		
0.75	17	1.882		
0.8	18	1.992	0.19	1.76
0.85	19	2.104		
0.9	20	2.213		
0.95	21	2.325		
1.00	22	2.434		

7. 厂房大门、特种门五金铁件参考用量

厂房大门、特种门五金铁件参考用量，可参见表 4 - 88 确定。

表 4 - 88 **厂房大门、特种门五金铁件用量参考表**

项　目	单位	木板大门		平开钢 木大门	推拉钢 木大门	变电 室门	防火门	折叠门	保温隔声门
		平开	推拉						100m² 框 外围面积
		100m² 门扇面积							
铁件	kg	600	1080	590	1087	1595	1002	400	—
滑轮	个	—	48	—	48	—	—	—	—
单列圆锥子轴承 7360 号	套	—	—	2	—	—	—	—	—
单列向心球轴承（230 号）	套	—	48	—	40	—	—	—	—
单列向心球轴承（205 号）	套	—	—	—	9	—	—	—	—
折页（150mm）	个	—	—	—	—	—	—	—	110
折页（100mm）	个	24	24	—	22	58	—	—	—
拉手（125mm）	个	24	24	—	11	58	—	—	—
暗插销（300mm）	个	—	—	—	—	—	—	—	8
暗插销（150mm）	个	—	—	—	—	—	—	—	8
水螺栓	百个	3.60	3.60	—	0.22	2.70	6.99	—	7.58

注：厂库房平开大门五金数量内不包括地轨及滑轮。

四、基础定额工程量计算规则

门窗及木结构工程基础定额工程量计算规则如下：

（1）各类门、窗制作、安装工程量均按门、窗洞口面积计算。

①门、窗盖口条、贴脸、披水条，按图示尺寸以"延长米"计算，执行木装修项目。

②普通窗上部带有半圆窗的工程量应分别按半圆窗和普通窗计算。其分界线以普通窗和半圆窗之间的横框上裁口线为分界线。

③门窗扇包镀锌铁皮，按门、窗洞口面积以"m^2"计算；门窗框包镀锌铁皮，钉橡皮条、钉毛毡按图示门窗洞口尺寸以"延长米"计算。

（2）铝合金门窗制作、安装，铝合金、不锈钢门窗、彩板组角钢门窗、塑料门窗、钢门窗安装，均按设计门窗洞口面积计算。

（3）卷闸门安装按洞口高度增加 600mm 乘以门实际宽度，以"m^2"计算。电动装置安装以"套"计算，小门安装以"个"计算。

（4）不锈钢片包门框，按框外表面面积以"m^2"计算；彩板组角钢门窗附框安装，按"延长米"计算。

（5）木屋架的制作安装工程量，按以下规定计算：

①木屋架制作安装均按设计断面竣工木料以"m^3"计算，其后备长度及配制损耗均不另外计算。

②方木屋架一面刨光时增加 3mm，两面刨光时增加 5mm，圆木屋架按屋架刨光时木材体积每立方米增加 $0.05m^3$ 计算。附属于屋架的夹板、垫木等已并入相应的屋架制作项目中，不另计算；与屋架连接的挑檐木、支撑等，其工程量并入屋架竣工木料体积内计算。

③屋架的制作安装应区别不同跨度，其跨度应以屋架上下弦杆的中心线交点之间的长度为准。带气楼的屋架并入所依附屋架的体积内计算。

④屋架的马尾、折角和正交部分半屋架，应并入相连接屋架的体积内计算。

⑤钢木屋架区分圆、方木，按竣工木料以"m^3"计算。

⑥圆木屋架连接的挑檐木、支撑等如为方木时，其方木部分应乘以系数 1.7，折合成圆木并入屋架竣工木料内，单独的方木挑檐，按矩形檩木计算。

⑦檩木按竣工木料以"m^3"计算。简支檩条长度按设计规定计算，如设计无规定者，按屋架或山墙中距增加 200mm 计算，如两端出山，檩条长度算至博风板；连续檩条的长度按设计长度计算，其接头长度按全部连续檩木总体积的 5% 计算。檩条托木已计入相应的檩木制作项目中，不另计算。

五、工程量清单项目计算规则

（一）门窗工程

1. 木门工程（编码：010801）

工程量清单项目设置及工程量计算规则，见表 4-89。

表 4-89   木门（编码：010801）

项目名称	项目特征	工程量计算规则	工作内容
木质门	①门代号及洞口尺寸 ②镶嵌玻璃品种、厚度	①以樘计量，按设计图示数量计算 ②以平方米计量，按设计图示洞口尺寸以面积计算 （计量单位：樘、m^2）	①门安装 ②玻璃安装 ③五金安装
木质门带套			
木质连窗门			
木质防火门			

续表

项目名称	项目特征	工程量计算规则	工作内容
木门框	①门代号及洞口尺寸 ②框截面尺寸 ③防护材料种类	①以樘计量，按设计图示数量计算 ②以米计量，按设计图示框的中心线以延长米计算 （计量单位：樘、m）	①木门框制作、安装 ②运输 ③刷防护材料
门锁安装	①锁品种 ②锁规格	按设计图示数量计算 [计量单位：个、（套）]	安装

注：①木质门应区分镶板木门、企口木板门、实木装饰门、胶合板门、夹板装饰门、木纱门、全玻门（带木质扇框）、木质半玻门（带木质扇框）等项目，分别编码列项。

②木门五金应包括：折页、插销、门碰珠、弓背拉手、搭机、木螺丝、弹簧折页（自动门）、管子拉手（自由门、地弹门）、地弹簧（地弹门）、角铁、门轧头（地弹门、自由门）等。

③木质门带套计量按洞口尺寸以面积计算，不包括门套的面积，但门套应计算在综合单价中。

④以樘计量，项目特征必须描述洞口尺寸；以平方米计量，项目特征可不描述洞口尺寸。

⑤单独制作安装木门框按木门框项目编码列项。

2. 金属门工程（编码：0101802）

工程量清单项目设置及工程量计算规则，见表 4-90。

表 4-90 金属门（编码：010802）

项目名称	项目特征	工程量计算规则	工作内容
金属（塑料）门	①门代号及洞口尺寸 ②门框或扇外围尺寸 ③门框、扇材质 ④玻璃品种、厚度	①以樘计量，按设计图示数量计算 ②以平方米计量，按设计图示洞口尺寸以面积计算 （计量单位：樘、m²）	①门安装 ②五金安装 ③玻璃安装
彩板门	①门代号及洞口尺寸 ②门框或扇外围尺寸		
钢质防火门	①门代号及洞口尺寸 ②门框或扇外围尺寸 ③门框、扇材质		①门安装 ②五金安装
防盗门			

注：①金属门应区分金属平开门、金属推拉门、金属地弹门、全玻门（带金属扇框）、金属半玻门（带扇框）等项目，分别编码列项。

②铝合金门五金包括：地弹簧、门锁、拉手、门插、门铰、螺丝等。

③金属门五金包括 L 形执手插锁（双舌）、执手锁（单舌）、门轧头、地锁、防盗门机、门眼（猫眼）、门碰珠、电子锁（磁卡锁）、闭门器、装饰拉手等。

④以樘计量，项目特征必须描述洞口尺寸，没有洞口尺寸必须描述门框或扇外围尺寸，以平方米计量，项目特征可不描述洞口尺寸及框、扇的外围尺寸。

⑤以平方米计量，无设计图示洞口尺寸，按门框、扇外围以面积计算。

3. 金属卷帘（闸）门工程（编码：010803）

工程量清单项目设置及工程量计算规则，见表4-91。

表4-91 **金属卷帘（闸）门（编码：010803）**

项目名称	项目特征	工程量计算规则	工作内容
金属卷帘（闸）门	①门代号及洞口尺寸 ②门材质 ③启动装置品种、规格	①以樘计量，按设计图示数量计算 ②以平方米计量，按设计图示洞口尺寸以面积计算 （计量单位：樘、m²）	①门运输、安装 ②启动装置、活动小门、五金安装
防火卷帘（闸）门			

注：以樘计量，项目特征必须描述洞口尺寸；以平方米计量，项目特征可不描述洞口尺寸。

4. 厂库房大门、特种门工程（编码：010804）

工程量清单项目设置及工程量计算规则，见表4-92。

表4-92 **厂库房大门、特种门（编码：010804）**

项目名称	项目特征	工程量计算规则	工作内容
木板大门	①门代号及洞口尺寸 ②门框或扇外围尺寸 ③门框、扇材质 ④五金种类、规格 ⑤防护材料种类	①以樘计量，按设计图示数量计算 ②以平方米计量，按设计图示洞口尺寸以面积计算 （计量单位：樘、m²）	①门（骨架）制作、运输 ②门、五金配件安装 ③刷防护材料
钢木大门			
全钢板大门		①以樘计量，按设计图示数量计算 ②以平方米计量，按设计图示门框或扇以面积计算 （计量单位：樘、m²）	
防护铁丝门			
金属格栅门	①门代号及洞口尺寸 ②门框或扇外围尺寸 ③门框、扇材质 ④启动装置的品种、规格	①以樘计量，按设计图示数量计算 ②以平方米计量，按设计图示洞口尺寸以面积计算 （计量单位：樘、m²）	①门安装 ②启动装置、五金配件安装
钢制花饰大门	①门代号及洞口尺寸 ②门框或扇外围尺寸 ③门框、扇材质	①以樘计量，按设计图示数量计算 ②以平方米计量，按设计图示门框或扇以面积计算 （计量单位：樘、m²）	①门安装 ②五金配件安装
特种门		①以樘计量，按设计图示数量计算 ②以平方米计量，按设计图示洞口尺寸以面积计算 （计量单位：樘、m²）	

注：①特种门应区分冷藏门、冷冻间门、保温门、变电室门、隔音门、防射线门、人防门、金库门等项目，分别编码列项。

②以樘计量，项目特征必须描述洞口尺寸，没有洞口尺寸必须描述门框或扇外围尺寸；以平方米计量，项目特征可不描述洞口尺寸及框、扇的外围尺寸。

③以平方米计量，无设计图示洞口尺寸，按门框、扇外围以面积计算。

5. 其他门工程（编码：010805）

工程量清单项目设置及工程量计算规则，见表4-93。

表4-93   其他门（编码：010805）

项目名称	项目特征	工程量计算规则	工作内容
电子感应门	①门代号及洞口尺寸 ②门框或扇外围尺寸	①以樘计量，按设计图示数量计算 ②以平方米计量，按设计图示洞口尺寸以面积计算 （计量单位：樘、m²）	①门安装 ②启动装置、五金、电子配件安装
旋转门	③门框、扇材质 ④玻璃品种、厚度 ⑤启动装置的品种、规格 ⑥电子配件品种、规格		
电子对讲门	①门代号及洞口尺寸 ②门框或扇外围尺寸		
电动伸缩门	③门材质 ④玻璃品种、厚度 ⑤启动装置的品种、规格 ⑥电子配件品种、规格		
全玻自由门	①门代号及洞口尺寸 ②门框或扇外同尺寸 ③框材质 ④玻璃品种、厚度		①门安装 ②五金安装
镜面不锈钢饰面门	①门代号及洞口尺寸 ②门框或扇外围尺寸 ③框、扇材质 ④玻璃品种、厚度		
复合材料门			

注：①以樘计量，项目特征必须描述洞口尺寸，没有洞口尺寸必须描述门框或扇外围尺寸；以平方米计量，项目特征可不描述洞口尺寸及框、扇的外围尺寸。

②以平方米计量，无设计图示洞口尺寸，按门框、扇外围以面积计算。

6. 木窗工程（编码：010806）

工程量清单项目设置及工程量计算规则，见表4-94。

7. 金属窗工程（编码：010807）

工程量清单项目设置及工程量计算规则，见表4-95。

表 4‑94   木窗（编码：010806）

项目名称	项目特征	工程量计算规则	工作内容
木质窗 木飘（凸）窗	①窗代号及洞口尺寸 ②玻璃品种、厚度	①以樘计量，按设计图示数量计算 ②以平方米计量，按设计图示洞口尺寸以面积计算 （计量单位：樘、m²）	①窗安装 ②五金、玻璃安装
木橱窗	①窗代号 ②框截面及外围展开面积 ③玻璃品种、厚度 ④防护材料种类	①以樘计量，按设计图示数量计算 ②以平方米计量，按设计图示尺寸以框外围展开面积计算 （计量单位：樘、m²）	①窗制作、运输、安装 ②五金、玻璃安装 ③刷防护材料
木纱窗	①窗代号及框的外围尺寸 ②窗纱材料品种、规格	①以樘计量，按设计图示数量计算 ②以平方米计量，按框的外围尺寸以面积计算 （计量单位：樘、m²）	①窗安装 ②五金安装

注：①木质窗应区分木百叶窗、木组合窗、木天窗、木固定窗、木装饰空花窗等项目，分别编码列项。
　　②以樘计量，项目特征必须描述洞口尺寸，没有洞口尺寸必须描述窗框外围尺寸；以平方米计量，项目特征可不描述洞口尺寸及框的外围尺寸。
　　③以平方米计量，无设计图示洞口尺寸，按窗框外围以面积计算。
　　④木橱窗、木飘（凸）窗以樘计量，项目特征必须描述框截面及外围展开面积。
　　⑤木窗五金包括：折页、插销、风钩、木螺丝、滑轮滑轨（推拉窗）等。

表 4‑95   金属窗工程（编码：010807）

项目名称	项目特征	工程量计算规则	工作内容
金属（塑钢、断桥）窗 金属防火窗	①窗代号及洞口尺寸 ②框、扇材质 ③玻璃品种、厚度	①以樘计量，按设计图示数量计算 ②以平方米计量按设计图示洞口尺寸以面积计算 （计量单位：樘、m²）	①窗安装 ②五金、玻璃安装
金属百叶窗	①窗代号及洞口尺寸 ②框、扇材质 ③玻璃品种、厚度	①以樘计量，按设计图示数量计算 ②以平方米计量，按设计图示洞口尺寸以面积计算 （计量单位：樘、m²）	①窗安装 ②五金安装

续表

项目名称	项目特征	工程量计算规则	工作内容
金属纱窗	①窗代号及框的外围尺寸 ②框材质 ③窗纱材料品种、规格	①以樘计量，按设计图示数量计算 ②以平方米计量，按框的外围尺寸以面积计算 （计量单位：樘、m²）	①窗安装 ②五金安装
金属格栅窗	①窗代号及洞口尺寸 ②框外围尺寸 ③框、扇材质	①以樘计量，按设计图示数量计算 ②以平方米计量，按设计图示洞口尺寸以面积计算 （计量单位：樘、m²）	
金属（塑钢、断桥）橱窗	①窗代号 ②框外围展开面积 ③框、扇材质 ④玻璃品种、厚度 ⑤防护材料种类	①以樘计量，按设计图示数量计算 ②以平方米计量，按设计图示尺寸以框外围展开面积计算 （计量单位：樘、m²）	①窗制作、运输、安装 ②五金、玻璃安装 ③刷防护材料
金属（塑钢、断桥）飘（凸）窗	①窗代号 ②框外围展开面积 ③框、扇材质 ④玻璃品种、厚度		
彩板窗	①窗代号及洞口尺寸 ②框外围尺寸 ③框、扇材质 ④玻璃品种、厚度	①以樘计量，按设计图示数量计算 ②以平方米计量，按设计图示洞口尺寸或框外围以面积计算 （计量单位：樘、m²）	①窗安装 ②五金、玻璃安装
复合材料窗			

注：①金属窗应区分金属组合窗、防盗窗等项目，分别编码列项。

②以樘计量，项目特征必须描述洞口尺寸，没有洞口尺寸必须描述窗框外围尺寸；以平方米计量，项目特征可不描述洞口尺寸及框的外围尺寸。

③以平方米计量，无设计图示洞口尺寸，按窗框外围以面积计算。

④金属橱窗、飘（凸）窗以樘计量，项目特征必须描述框外围展开面积。

⑤金属窗五金包括：折页、螺丝、执手、卡锁、铰拉、风撑、滑轮、滑轨、拉把、拉手、角码、牛角制等。

8. 门窗套工程（编码：010808）

工程量清单项目设置及工程量计算规则，见表4-96。

表 4 - 96　　　　　　　　　门窗套工程（编码：010808）

项目名称	项目特征	工程量计算规则	工作内容
木门窗套	①窗代号及洞口尺寸 ②门窗套展开宽度 ③基层材料种类 ④面层材料品种、规格 ⑤线条品种、规格 ⑥防护材料种类	①以樘计量，按设计图示数量计算 ②以平方米计量，按设计图示尺寸以展开面积计算 ③以米计量，按设计图示中心以延长米计算 （计量单位：樘、m、m²）	①清理基层 ②立筋制作、安装 ③基层板安装 ④面层铺贴 ⑤线条安装 ⑥刷防护材料
木筒子板	①筒子板宽度 ②基层材料种类 ③面层材料品种、规格 ④线条品种、规格 ⑤防护材料种类		
饰面夹板筒子板			
金属门窗套	①窗代号及洞口尺寸 ②门窗套展开宽度 ③基层材料种类 ④面层材料品种、规格 ⑤防护材料种类		①清理基层 ②立筋制作、安装 ③基层板安装 ④面层铺贴刷防护材料
石材门窗套	①窗代号及洞口尺寸 ②门窗套展开宽度 ③黏结层厚度、砂浆配合比 ④面层材料品种、规格 ⑤线条品种、规格		①清理基层 ②立筋制作、安装 ③基层抹灰 ④面层铺贴 ⑤线条安装
门窗木贴脸	①门窗代号及洞口尺寸 ②贴脸板宽度 ③防护材料种类	①以樘计量，按设计图示数量计算 ②以米计量，按设计图示尺寸以延长米计算 （计量单位：樘、m）	安装
成品木门窗套	①门窗代号及洞口尺寸 ②门窗套展开宽度 ③门窗套材料品种、规格	①以樘计量，按设计图示数量计算 ②以平方米计量，按设计图示尺寸以展开面积计算 ③以米计量，按设计图示中心以延长米计算 （计量单位：樘、m、m²）	①清理基层 ②立筋制作、安装 ③板安装

注：①以樘计量，项目特征必须描述洞口尺寸、门窗套展开宽度。

②以平方米计量，项目特征可不描述洞口尺寸、门窗套展开宽度。

③以米计量，项目特征必须描述门窗套展开宽度、筒子板及贴脸宽度。

④木门窗套适用于单独门窗套的制作、安装。

9. 窗台板工程（编码：010809）

工程量清单项目设置及工程量计算规则，见表 4 - 97。

表 4 - 97　　　　　　　窗台板（编码：**010809**）

项目名称	项目特征	工程量计算规则	工作内容
木窗台板	①基层材料种类 ②窗台面板材质、规格、颜色 ③防护材料种类	按设计图示尺寸以展开面积计算 （计量单位：m²）	①基层清理 ②基层制作、安装 ③窗台板制作、安装 ④刷防护材料
铝塑窗台板			
金属窗台板			
石材窗台板	①黏结层厚度、砂浆配合比 ②窗台板材质、规格、颜色		①基层清理 ②抹找平层 ③窗台板制作、安装

10. 窗帘、窗帘盒、轨工程（编码：010810）

工程量清单项目设置及工程量计算规则，见表 4 - 98。

表 4 - 98　　　　　　窗帘、窗帘盒、轨（编码：**010810**）

项目名称	项目特征	工程量计算规则	工作内容
窗帘	①窗帘材质 ②窗帘高度、宽度 ③窗帘层数 ④带幔要求	①以米计量，按设计图示尺寸以成活后长度计算 ②以平方米计量，按图示尺寸以成活后展开面积计算 （计量单位：m、m²）	①制作、运输 ②安装
木窗帘盒	①窗帘盒材质、规格 ②防护材料种类	按设计图示尺寸以长度计算（计量单位：m）	①制作、运输、安装 ②刷防护材料
饰面夹板、塑料窗帘盒			
铝合金窗帘盒			
窗帘轨	①窗帘轨材质、规格 ②轨的数量 ③防护材料种类		

注：①窗帘若是双层，项目特征必须描述每层材质。
　　②窗帘以米计量，项目特征必须描述窗帘高度和宽。

（二）木结构工程

1. 木屋架工程（编码：010701）

工程量清单项目设置及工程量计算规则，见表 4 - 99。

表 4 - 99 **木屋架（编码：010701）**

项目名称	项目特征	工程量计算规则	工作内容
木屋架	①跨度 ②材料品种、规格 ③刨光要求 ④拉杆及夹板种类 ⑤防护材料种类	①以榀计量，按设计图示数量计算 ②以立方米计量，按设计图示的规格尺寸以体积计算 （计量单位：榀、m³）	①制作 ②运输 ③安装 ④刷防护材料
钢木屋架	①跨度 ②木材品种、规格 ③刨光要求 ④钢材品种、规格 ⑤防护材料种类	以榀计量，按设计图示数量计算 （计量单位：榀）	

注：①屋架的跨度应以上、下弦中心线两交点之间的距离计算。

②带气楼的屋架和马尾、折角以及正交部分的半屋架，按相关屋架项目编码列项。

③以榀计量，按标准图设计的应注明标准图代号，按非标准图设计的项目特征必须按上表要求予以描述。

2. 木构件工程（编码：010702）

工程量清单项目设置及工程量计算规则，见表 4 - 100。

表 4 - 100 **木构件（编码：010702）**

项目名称	项目特征	工程量计算规则	工作内容
木柱	①构件规格尺寸 ②木材种类 ③刨光要求 ④防护材料种类	按设计图示尺寸以体积计算 （计量单位：m³）	①制作 ②运输 ③安装 ④刷防护材料、油漆
木梁			
木檩		①以立方米计量，按设计图示尺寸以体积计算 ②以米计量，按设计图示尺寸以长度计算 （计量单位：m、m³）	
木楼梯	①楼梯形式 ②木材种类 ③刨光要求 ④防护材料种类	按设计图示尺寸以水平投影面积计算。不扣除宽度≤300mm的楼梯井，伸入墙内部分不计算（计量单位：m²）	
其他木构件	①构件名称 ②构件规格尺寸 ③木材种类 ④刨光要求 ⑤防护材料种类	①以立方米计量，按设计图示尺寸以体积计算 ②以米计量，按设计图示尺寸以长度计算 （计量单位：m、m³）	

注：①木楼梯的栏杆（栏板）、扶手，应按《房屋建筑与装饰工程工程量计算规范》（GB 50854—2013）中的相关项目编码列项。

②以米计量，项目特征必须描述构件规格尺寸。

3. 屋面木基层（编码：010703）

工程量清单项目设置及工程量计算规则，见表4-101。

表4-101 屋面木基层（编码：010703）

项目名称	项目特征	工程量计算规则	工作内容
屋面木基层	①椽子断面尺寸及椽距 ②望板材料种类、厚度 ③防护材料种类	按设计图示尺寸以斜面积计算。不扣除房上烟囱、风帽底座、风道、小气窗、斜沟等所占面积。小气窗的出檐部分不增加面积（计量单位：m²）	①椽子制作、安装 ②望板制作、安装 ③顺水条和挂瓦条制作、安装 ④刷防护材料

六、门窗及木结构工程工程量计算示例

【例4-16】圆木屋架计算。

有一仓库采用圆木木屋架，计8榀，如图4-66所示，屋架跨度为8m，坡度为1/2，四节间，试计算该仓库屋架工程量。

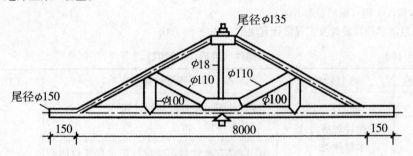

图4-66 木屋架示意图

解：（1）屋架杆件长度＝屋架跨度（m）×长度系数

①杆件1：下弦杆   8＋0.15×2＝8.3（m）；

②杆件2：上弦杆2根   8×0.559×2＝4.47m×2（根）；

③杆件4：斜杆2根   8×0.28×2＝2.24m×2（根）；

④杆件5：竖杆2根   8×0.125×2＝1m×2（根）。

（2）计算材积：

①杆件1，下弦材积，以尾径 ϕ 15.0cm 和 L＝8.3m代入，则：

$V_1 = 7.854×10^{-5}×[(0.026×8.3+1)×15^2+(0.37×8.3+1)×15+10×(8.3-3)]×8.3$

$=0.2527$（m³）

②杆件2，上弦杆，以尾径 ϕ 13.5cm 和 L＝4.47m代入，则：

$V_2 = 7.854×10^{-5}×4.47×[(0.026×4.47+1)×13.5^2+(0.37×4.47+1)×13.5+10×(4.47-3)]×2 = 0.1783$（m³）

③杆件4，斜杆2根，以尾径 ϕ 11.0cm 和 L＝2.24m代入，则：

$V_4 = 7.854×10^{-5}×2.24×[(0.026×2.24+1)×11^2+(0.37×2.24+1)×11+10×(2.24-3)]×2 = 0.0494$（m³）

356

④杆件 5，竖杆 2 根，以尾径 ϕ 10cm 和 $L=1$m 代入，则：

$V_5 = 7.854 \times 10^{-5} \times 1 \times 1 \times [(0.026 \times 1 + 1) \times 10^2 + (0.37 \times 1 + 1) \times 10 + 10 \times (1-3)] \times 2$
$\quad = 0.0151$（m^3）

一榀屋架的工程量为上述各杆件材积之和，即：

$V = V_1 + V_2 + V_4 + V_5 = 0.2527 + 0.1783 + 0.0494 + 0.0151 = 0.4955$（$m^3$）

仓库屋架工程量为：

竣工木料材积为：$0.4955 \times 8 = 3.96$（m^3）

铁件：依据钢木屋架铁件参考表，本例每榀屋架铁件用量 20kg，则铁件总量为：

$$20 \times 8 = 160 \text{（kg）}$$

【例 4-17】 檩木计算。

求图 4-67 所示圆木简枝檩（不刨光）工程量。

解：工程量＝圆木简支檩的竣工材积

每一开间的檩条根数 $= [(7 + 0.5 \times 2) \times 1.118 \text{（坡度系数）}] \times \dfrac{1}{0.56} + 1 = 17$（根）

每根檩条按规定增加长度计算：

ϕ 10，长 4.1m 时，檩条长度 $= 17 \times 2 \times 0.045 = 1.53$（$m^3$）

ϕ 10，长 3.7m 时，檩条长度 $= 17 \times 4 \times 0.040 = 2.72$（$m^3$）

0.045，0.040 均为每根杉圆木的材积。

工程量 $= 1.53 + 2.72 = 4.25$（m^3）

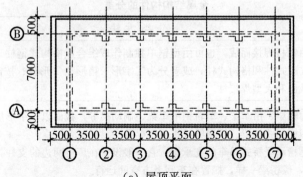

（a）屋顶平面

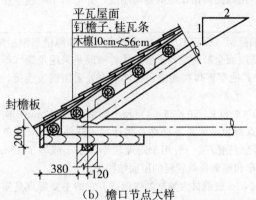

（b）檐口节点大样　　　　（c）封檐板

图 4-67　圆木简枝檩（不刨光）示意图

【例 4 - 18】封檐板计算实例。

求如图 4 - 67 所示瓦屋面钉封檐板工程量。

解：工程量的计算方法为：封檐板按檐口外围长度计算，博风板按斜长计算，每个大刀头增加长度 500mm（50cm）。

故封檐板工程量＝[(3.5×6+0.5×2)+(7+0.5×2)×1.18]×2+0.5×4（大刀头）
＝64.88（m）

第七节 金属结构工程

一、金属结构工程基本知识

（一）金属结构构件的分类

金属结构构件一般是在金属结构加工厂制作，经过运输、安装、刷漆，最后构成工程实体。它包括柱、梁、屋架、钢平台、钢梯子、钢栏杆等。

金属结构构件的分类方法见表 4 - 102。

表 4 - 102　金属结构构件的分类

类　型	分 类 方 法
钢柱	钢柱一般由钢板焊接而成，也可由型钢单独制作或组合成格构式钢柱。焊接钢柱按截面形式可分为实腹式柱和格构式柱，或者分为工字形、箱形和 T 形柱；按截面尺寸大小可分为一般组合截面和大型焊接柱
钢梁	钢梁有普通钢梁、吊车梁、单轨钢吊车梁、制动梁等，截面以工字形居多，或用钢板焊接，也可采用桁架式钢梁、箱形梁或贯通型梁等 钢吊车梁是指承受桥式吊车的支承梁，它一般设置在厂房两边的支柱托座上，吊车横跨厂房（车间），像桥梁一样，搁置在车间上方空间运行 制动梁是防止吊车梁产生侧向弯曲，用以提高吊车梁的侧向刚度，并与吊车梁连结在一起的一种构件
钢屋架	钢屋架按采用钢材规格不同分普通钢屋架（简称钢屋架）、轻型钢屋架和薄壁型钢屋架。钢屋架是指用钢材（型材）制作的承受屋面全部荷载的承重结构，一般是采用角钢（等于或大于∟ 45×4 和∟ 56×36×4）或其他型钢焊接而成，杆件节点处采用钢板连接，双角钢中间夹以垫板焊成杆件 轻型钢屋架是由小角钢（小于∟ 45×4 和∟ 56×36×4）和小圆钢（φ≥12mm）构成的钢屋架，杆件节点处一般不使用节点钢板，而是各杆件直接连接，杆件也可采用单角钢，下弦杆及拉杆常用小圆钢制作。轻型钢屋架一般用于跨度较小（小于或等于 18m），起质量不大于 5t 的轻、中级工作制吊车和屋面荷载较轻的屋面结构中 薄壁型钢屋架是指以薄壁型钢为主材，一般钢材为辅材制作而成。它的主要特点是质量小，常用于做轻型屋面的支承构件

续表

类 型	分 类 方 法
檩条	檩条是支承于屋架或天窗上的钢构件，通常分为实腹式和桁架式两种
钢支撑	钢支撑是指设置在屋架间山墙间的小梁，用以支承椽子或屋面板的钢构件。有屋盖支撑和柱间支撑两类。屋盖支撑包括： ①屋架纵向支撑 ②屋架和天窗架横向支撑 ③屋架和天窗架的垂直向支撑 ④屋架和天窗架水平系杆。钢支撑用单角钢或两个角钢组成十字形截面，一般采用十字交叉的形式
钢平台	钢平台一般以型钢作骨架，上铺钢板做成板式平台
钢梯子	工业建筑中的钢梯有平台钢梯、吊车钢梯、消防钢梯和屋面检修钢梯。按构造形式分为踏步式、爬式和螺旋式钢梯，爬式钢梯的踏步多为独根圆钢或角钢做成

（二）钢材理论质量计算

1. 钢材断面面积的计算方法

钢材断面面积的计算方法，见表 4 - 103。

表 4 - 103 　　　　　　　　　金属材料断面积的计算方法

钢材类型	断面面积（mm²）	说　明
方　钢	$F=a^2$	a——边宽
圆角方钢	$F=a^2-0.8584r^2$	a——边宽 r——圆角半径
钢板、扁钢、钢带	$F=at$	a——边宽 t——厚度
六角钢	$F=0.8666a^2=2.598s^2$	a——对边距离 s——边宽
八角钢	$F=0.8284a^2=4.8286s^2$	
钢管	$F=3.1416(D-t)$	D——外径 t——壁厚
等边角钢	$F=d(2b-d)+0.2146(r^2-2r_1^2)$	d——边厚 b——边宽 r——内面圆角半径 r_1——端边圆角半径
圆角扁钢	$F=at-0.8584r^2$	a——边宽 t——厚度 r——圆角半径

钢材类型	断面面积（mm²）	说　明
圆钢、圆盘条、钢丝	$F = 0.7854d^2$	d——外径
不等边角钢	$F = d(B+b-d)+0.2146(r^2-2r_1^2)$	d——边厚 B——长边长 b——短边长 r——内面圆角半径 r_1——端边圆角半径
工字钢	$F = hd+2t(b-d)+0.58(r^2-r_1^2)$	h——高度 b——腿宽 d——腰厚 t——平均腿厚 r——内面圆角半径 r_1——端边圆角半径
槽钢	$F = hd+2t(b-d)+0.34(r^2-r_1^2)$	

2. 钢材的规格表示及理论质量计算

钢材的规格表示及理论质量计算，见表4-104。

表4-104　　　　　钢材的规格表示及理论质量计算

钢材类型	横断面形状及标注方法	各部分名称及代号	规格表示方法（mm）	理论质量计算公式
圆钢、钢丝		d——直径	直径 例：ϕ25	$W = 0.00617 \times d^2$
方钢		a——边宽	边长 例：50^2 或 50×50	$W = 0.00785 \times a^2$
六角钢		a——对边距离	对边距离 例：25	$W = 0.0068 \times a^2$
六角中空钢		d——芯孔直径 D——内切圆直径	内切圆直径 例：25	$W = 0.0068 \times D^2 - 0.00617 \times d^2$
扁钢		δ——厚度 b——宽度	厚度×宽度 例：6×20	$W = 0.00785 \times b \times \delta$
钢板		δ——厚度 b——宽度	厚度或厚度×宽度×长度 例：9 或 $9 \times 1400 \times 1800$	$W = 7.85 \times \delta$

续表

钢材类型	横断面形状及标注方法	各部分名称及代号	规格表示方法（mm）	理论质量计算公式
工字钢		h——高度 b——腿宽 d——腰厚 N——型号	高度×腿宽×腰厚 或以型号表示 例：$100×68×4.5$ 或 10 钢	①$W=0.00785×d$ $[h+3.34(b-d)]$ ②$W=0.00785×d$ $[h+2.65(b-d)]$ ③$W=0.00785×d$ $[h+2.26(b-d)]$
槽钢		h——高度 b——腿宽 d——腰厚 N——型号	高度×腿宽×腰厚 或以型号表示 例：$100×48×5.3$ 或 10 钢	①$W=0.00785×a$ $[h+3.26(b-d)]$ ②$W=0.00785×d$ $[h+2.44(b-d)]$ ③$W=0.00785×d$ $[h+2.24(b-d)]$
等边角钢		b——边宽 d——边厚	边宽^2×边厚 例：$75^2×10$ 或 $75×75×10$	$W=0.00795×d(2b-d)$
不等边角钢		B——长边宽度 b——短边宽度 d——边厚	长边宽度×短边宽度×边厚 例：$100×75×10$	$W=0.00795×d(B+b-d)$
无缝钢管		D——外径 t——壁厚	外径×壁厚×长度－钢号 或外径×壁厚 例：$102×4×700-20$ 号 或 $102×4$	$W=0.02466×t×(D-t)$

注：①钢的密度为 $7.85g/cm^2$。

②W 为每米长度（钢板公式中指每平方米）的理论质量（kg）。

③螺纹钢筋的规格以计算直径表示，预应力混凝土用钢绞线以公称直径表示，水、煤气输送钢管及电线套管以公称口径或英寸表示。

二、金属结构工程量计算主要技术资料

1. 钢屋架每榀参考质量

钢屋架每榀参考质量，见表 4‑105。

表 4‑105   **钢屋架每榀质量参考表**

荷重 (N/m²)		屋架跨度 (m)											
		6	7	8	9	12	15	18	21	24	27	30	36
		角钢组成每榀质量 (t/榀)											
多边形	1000	—	—	—		0.418	0.648	0.918	1.260	1.656	2.122	2.682	—
	2000					0.518	0.810	1.166	1.460	1.776	2.090	2.768	3.603
	3000					0.677	1.035	1.459	1.662	2.203	2.615	3.830	5.000
	4000					0.872	1.260	1.459	1.903	2.614	3.472	3.949	5.955
三角形	1000	—	—	—		0.217	0.367	0.522	0.619	0.920	1.195		
	2000					0.297	0.461	0.720	1.037	1.386	1.800		
	3000					0.324	0.598	0.936	1.307	1.840	2.390		
		轻型角钢组成每榀质量 (t/榀)											
三角形	96	0.046	0.063	0.076									
	170					0.169	0.254	0.41	—	—	—	—	—

2. 钢檩条每 1m² 屋盖水平投影面积参考质量

每 1m² 屋盖水平投影面积钢檩条的参考质量，见表 4‑106。

表 4‑106   **钢檩条每 1m² 屋盖水平投影面积质量参考表**

屋架间 (m)	屋面荷重（N/m²）					附注：
	1000	2000	3000	4000	5000	①檩条间距为 1.8～2.5m
	每 1m² 屋盖檩条质量（kg）					②本表不包括檩条间支撑量，如有
4.5	5.63	8.70	10.50	12.50	14.70	支撑，每 1m² 增加：圆钢制成为
6.0	7.10	12.50	14.70	17.00	22.00	1.0kg，角钢制成为 1.8kg
7.0	8.70	14.70	17.00	22.20	25.00	③如有组合断面构成之屋檐时，则
8.0	10.50	17.00	22.20	25.00	28.00	檩条之质量应增加 $\frac{36}{L}$（L 为屋架跨
9.0	12.59	19.50	22.20	28.00	28.00	度）

3. 钢屋架每 1m² 屋盖水平投影面积参考质量

每 1m² 屋盖水平投影面积钢屋架的参考质量，见表 4 - 107。

表 4 - 107　　　　**钢屋架每 1m² 屋盖水平投影面积质量参考表**

屋架间距 (m)	跨度 (m)	屋面荷重（N/m²）					附　注
		1000	2000	3000	4000	5000	
		每 1m² 屋盖钢架质量（kg）					
三角形	9	6.0	6.92	7.50	9.53	11.32	1. 本表屋架间距按 6m 计算，如间距为 a 时，则屋面荷重乘以系数 $\frac{a}{6}$，由此得知屋面新荷重，再从表中查出质量
	12	6.41	8.00	10.33	12.67	15.13	
	15	7.20	10.00	13.00	16.30	19.20	
	18	8.00	12.00	15.13	19.20	22.90	
	21	9.10	13.80	18.20	22.30	26.70	
	24	10.33	15.67	20.80	25.80	30.50	
多角形	12	6.8	8.3	11.0	13.7	15.8	2. 本表质量中包括屋架支座垫板及上弦连接檩条之角钢
	15	8.5	10.6	13.5	16.5	19.8	3. 本表系铆接。如采用电焊时，三角形屋架乘系数 0.85，多角形乘系数 0.87
	18	10	12.7	16.1	19.7	23.5	
	21	11.9	15.1	19.5	23.5	27	
	24	13.5	17.6	22.6	27	31	
	27	15.4	20.5	26.1	30	34	
	30	17.5	23.4	29.5	33	37	

4. 钢屋架上弦支撑每 1m² 屋盖水平投影面积参考质量

每 1m² 屋盖水平投影面积钢屋架上弦支撑的参考质量，见表 4 - 108。

表 4 - 108　　　**钢屋架上弦支撑每 1m² 屋盖水平投影面积质量参考表**

屋架间距 (m)	屋架跨度（m）					
	12	15	18	21	24	30
	每 1m² 屋盖上弦支撑质量（kg）					
4.5	7.26	6.21	5.64	5.50	5.32	5.33
6.0	8.90	8.15	7.42	7.24	7.10	7.00
7.5	10.85	8.93	7.78	7.77	7.75	7.70

注：表中屋架上弦支撑质量已包括屋架间的垂直支撑钢材用量。

5. 钢屋架下弦支撑每 1m² 屋盖水平投影面积参考质量

每 1m² 屋盖水平投影面积钢屋架下弦支撑的参考质量，见表 4 - 109。

表 4 - 109 **钢屋架下弦支撑每1m²屋盖水平投影面积参考质量**

建筑物高度 (m)	屋架间距 (m)	屋面风荷载（kg/m²）		
		30	50	80
		每1m²屋盖下弦支撑质量（kg）		
12	4.5	2.50	2.90	3.65
	6.0	3.60	4.00	4.60
	7.5	5.60	5.85	6.25
18	4.5	2.80	3.40	4.12
	6.0	3.90	4.40	5.20
	7.5	5.70	6.15	6.80
24	4.5	3.00	3.80	4.66
	6.0	4.18	4.80	5.87
	7.5	5.90	6.48	6.20

6. 轻型钢屋架每榀参考重量

每榀轻型钢屋架参考重量，见表 4 - 110。

表 4 - 110 **轻型钢屋架每榀质量表**

类　别		屋架跨度（m）			
		8	9	12	15
		每榀质量（t）			
梭形	下弦 16Mn	0.135～0.187	0.17～0.22	0.286～0.42	0.49～0.581
	下弦 A₃	0.151～0.702	0.17～0.25	0.306～0.45	0.519～0.625

7. 轻钢檩条每根参考质量

每根轻钢檩条的参考质量，见表 4 - 111。

表 4 - 111 **轻型钢檩条每根质量参考表**

檩长 (m)	钢材规格		质量 (kg/根)	檩长 (m)	钢材规格		质量 (kg/根)
	下弦	上弦			下弦	上弦	
2.4	1φ8	2φ10	9.0	4.0	1φ10	1φ12	20.0
3.0	1φ16	∟45×4	16.4	5.0	1φ12	1φ14	25.6
3.3	1φ10	2φ12	14.5	5.3	1φ12	1φ14	27.0
3.6	1φ10	2φ12	15.8	5.7	1φ12	1φ14	32.0
3.75	1φ10	∟50×5	18.8	6.0	1φ14	2∟25×2	31.6
4.00	1φ16	∟50×5	23.5	6.0	1φ14	2φ16	38.5

8. 钢平台（带栏杆）每 1m 参考质量

每 1m 钢平台（带栏杆）的参考质量，见表 4－112。

表 4－112　　　　　　　　**钢平台（带栏杆）每 1m 质量参考表**

平台宽度（m）	3m 长平台	4m 长平台	5m 长平台
	每 1m 质量（kg）		
0.6	54	60	65
0.8	67	74	81
1.0	78	84	97
1.2	87	100	107

注：表中栏杆为单面，如两面均有，每 1m 平台增 10.2kg。

9. 钢栏杆及扶手每 1m 参考质量

每 1m 钢栏杆及扶手的参考质量，见表 4－113。

表 4－113　　　　　　　　**钢栏杆及扶手每 1m 质量参考表**

项　目	钢　栏　杆			钢　扶　手		
	角钢	圆钢	扁钢	角钢	圆钢	扁钢
	每米质量（kg）					
栏杆及扶手制作	15	12	10	14	9.5	7.7

10. 扶梯每 1m 参考质量

每 1m 扶梯的参考质量，见表 4－114。

表 4－114　　　　　　　　**扶梯每 1m（垂直投影）质量参考表**

项　目	扶梯 （垂直投影长）			
	圆钢	扁钢	圆钢	扁钢
	每米质量（kg）踏步式		每米质量（kg）爬式	
扶梯制作	35	42	7.8	28.2

11. 箅式平台每 1m² 参考质量

每 1m² 箅式平台的参考质量，见表 4－115。

表 4－115　　　　　　　　**箅式平台（圆钢为主）每 1m² 质量参考表**

项　目	单　位	箅式（圆钢为主）
箅式平台制作	kg/m²	160

12. 钢车挡每个参考质量

每个钢车挡的参考质量，见表 4－116。

表 4-116 钢车挡每个质量参考表

项　目	吊车吨位（t）						
	3	5	10	15	20	30	50
	每个重量（kg）						
车挡制作	38	57	102	138	138	232	239

三、金属结构制作工程基础定额规定、内容与工程量计算规则

1. 基础定额一般规定

（1）定额适用于现场加工制作，亦适用于企业附属加工厂制作的构件；定额的制作，均是按焊接编制的。

（2）构件制作，包括分段制作和整体预装配的人工、材料及机械台班用量，整体预装配用的螺栓及锚固杆件用的螺栓，已包括在定额内。

（3）定额除注明者外，均包括现场内（工厂内）的材料运输、号料、加工、组装及成品堆放、装车出厂等全部工序。

（4）定额未包括加工点至安装点的构件运输，应另按构件运输定额相应项目计算。

（5）定额构件制作项目中，均已包括刷一遍防锈漆工料。

（6）钢筋混凝土组合屋架钢拉杆，按屋架钢支撑计算。

2. 定额工作内容

（1）钢柱、钢屋架、钢托架、钢吊车梁、钢制动梁、钢吊车轨道、钢支撑、钢檩条、钢墙架、钢平台、钢梯子、钢栏杆、钢漏斗、H 形钢等制作项目均包括放样、划线、截料、平直、钻孔、拼装、焊接、成品矫正、除锈、刷防锈漆一遍及成品编号堆放。H 形型钢项目未包括超声波探伤及 X 射线拍片。

（2）球节点钢网架制作包括定位、放样、放线、搬运材料、制作拼装、油漆等。

3. 工程量计算规则

（1）金属结构制作按图示钢材尺寸以吨（t）计算，不扣除孔眼、切边的质量。焊条、铆钉、螺栓等质量，已包括在定额内不另计算。在计算不规则或多边形钢板质量时，均以其最大对角线乘最大宽度的矩形面积计算。

（2）实腹柱、吊车梁、H 形钢按图示尺寸计算，其中腹板及翼板宽度按每边增加 25mm 计算。

（3）制动梁的制作工程量包括制动梁、制动桁架、制动板质量；墙架的制作工程量包括墙架柱、墙架梁及连接柱杆质量；钢柱制作工程量包括依附于柱上的牛腿及悬臂梁质量。

（4）轨道制作工程量，只计算轨道本身质量，不包括轨道垫板、压板、斜垫、夹板及连接角钢等质量。

（5）铁栏杆制作，仅适用于工业厂房中平台、操作台的钢栏杆。民用建筑中铁栏杆等按本定额其他章节有关项目计算。

（6）钢漏斗制作工程量，矩形按图示分片，圆形按图示展开尺寸，并依钢板宽度分段计算，每段均以其上口长度（圆形以分段展开上口长度）与钢板宽度，按矩形计算，依附漏斗的型钢并入漏斗质量内计算。

四、工程量清单项目计算规则

1. 钢网架（编码：010601）

工程量清单项目设置及工程量计算规则，见表 4 - 117。

表 4 - 117　　　　　　　　　钢网架（编码：010601）

项目名称	项目特征	工程量计算规则	工作内容
钢网架	①钢材品种、规格 ②网架节点形式、连接方式 ③网架跨度、安装高度 ④探伤要求 ⑤防火要求	按设计图示尺寸以质量计算，不扣除孔眼的质量，焊条、铆钉、螺栓等不另增加质量（计量单位：t）	①拼装 ②安装 ③探伤 ④补刷油漆

2. 钢屋架、钢托架、钢桁架、钢桥架（编码：010602）

工程量清单项目设置及工程量计算规则，见表 4 - 118。

表 4 - 118　　　　　钢屋架、钢托架、钢桁架、钢桥架（编码：010602）

项目名称	项目特征	工程量计算规则	工作内容
钢屋架	①钢材品种、规格 ②单榀质量 ③屋架跨度、安装高度 ④螺栓种类 ⑤探伤要求 ⑥防火要求	①以"榀"计量，按设计图示数量计算 ②以"t"计量，按设计图示尺寸以质量计算。不扣除孔眼的质量，焊条、铆钉、螺栓等不另增加质量（计量单位：t）	①拼装 ②安装 ③探伤 ④补刷油漆
钢托架	①钢材品种、规格 ②单榀质量 ③安装高度 ④螺栓种类 ⑤探伤要求 ⑥防火要求	按设计图示尺寸以质量计算 不扣除孔眼的质量，焊条、铆钉、螺栓等不另增加质量 （计量单位：t）	①拼装 ②安装 ③探伤 ④补刷油漆
钢桁架			
钢桥架	①桥架类型 ②钢材品种、规格 ③单榀质量 ④安装高度 ⑤螺栓种类 ⑥探伤要求		

注：①螺栓种类指普通螺栓或高强螺栓。

②以榀计量，按标准图设计的应注明标准图代号，按非标准图设计的项目特征必须描述单榀屋架的质量。

3. 钢柱（编码：010603）

工程量清单项目设置及工程量计算规则，见表4-119。

表4-119 **钢柱（编码：010603）**

项目名称	项目特征	工程量计算规则	工作内容
实腹钢柱	①柱类型 ②钢材品种、规格 ③单根柱质量 ④螺栓种类 ⑤探伤要求 ⑥防火要求	按设计图示尺寸以质量计算，不扣除孔眼的质量，焊条、铆钉、螺栓等不另增加质量，依附在钢柱上的牛腿及悬臂梁等并入钢柱工程量内（计量单位：t）	①拼装 ②安装 ③探伤 ④补刷油漆
空腹钢柱			
钢管柱	①钢材品种、规格 ②单根柱质量 ③探伤要求 ④防火要求	按设计图示尺寸以质量计算，不扣除孔眼的质量，焊条、铆钉、螺栓等不另增加质量，钢管柱上的节点板、加强环、内衬管、牛腿等并入钢管柱工程量内（计量单位：t）	①拼装 ②安装 ③探伤 ④补刷油漆

注：①螺栓种类指普通螺栓或高强螺栓。
②实腹钢柱类型指十字、T、L、H形等。
③空腹钢柱类型指箱形、格构式等。
④型钢混凝土柱浇筑钢筋混凝土，其混凝土中的钢筋应按本规范附录E混凝土及钢筋混凝土工程中相关项目编码列项。

4. 钢梁（编码：010604）

工程量清单项目设置及工程量计算规则，见表4-120。

表4-120 **钢梁（编码：010604）**

项目名称	项目特征	工程量计算规则	工作内容
钢梁	①梁类型 ②钢材品种、规格 ③单根质量 ④螺栓种类 ⑤安装高度 ⑥探伤要求 ⑦防火要求	按设计图示尺寸以质量计算，不扣除孔眼的质量，焊条、铆钉、螺栓等不另增加质量，制动梁、制动板、制动桁架、车挡并入钢吊车梁工程量内（计量单位：t）	①拼装 ②安装 ③探伤 ④补刷油漆
钢吊车梁			

注：①螺栓种类指普通螺栓或高强螺栓。
②梁类型指H、L、T形、箱形、格构式等。
③型钢混凝土梁浇筑钢筋混凝土，其混凝土和钢筋应按本规范附录E混凝土及钢筋混凝土工程中相关项目编码列项。

5. 钢板楼板、墙板（编码：010605）

工程量清单项目设置及工程量计算规则，见表4-121。

表 4-121　　　　　　　　　　**钢板楼板、墙板（编码：010605）**

项目名称	项目特征	工程量计算规则	工作内容
钢板楼板	①钢材品种、规格 ②钢板厚度 ③螺栓种类 ④防火要求	按设计图示尺寸以铺设水平投影面积计算。不扣除单个面积≤0.3m² 柱、垛及孔洞所占面积（计量单位：m²）	①拼装 ②安装 ③探伤 ④补刷油漆
钢板墙板	①钢材品种、规格 ②钢板厚度、复合板厚度 ③螺栓种类 ④复合板夹芯材料种类、层数、型号、规格 ⑤防火要求	按设计图示尺寸以铺挂展开面积计算。不扣除单个面积≤0.3m² 的梁、孔洞所占面积，包角、包边、窗台泛水等不另加面积（计量单位：m²）	

注：①螺栓种类指普通螺栓或高强螺栓。
　　②钢板楼板上浇筑钢筋混凝土，其混凝土和钢筋应按本规范附录 E 混凝土及钢筋混凝土工程中相关项目编码列项。
　　③压型钢楼板按钢板楼板项目编码列项。

6. 钢构件（编码：010606）

工程量清单项目设置及工程量计算规则，见表 4-122。

表 4-122　　　　　　　　　　**钢构件（编码：010606）**

项目名称	项目特征	工程量计算规则	工作内容
钢支撑 钢拉条	①钢材品种、规格 ②构件类型 ③安装高度 ④螺栓种类 ⑤探伤要求 ⑥防火要求		
钢檩条	①钢材品种、规格 ②构件类型 ③单根质量 ④安装高度 ⑤螺栓种类 ⑥探伤要求 ⑦防火要求	按设计图示尺寸以质量计算。不扣除孔眼的质量，焊条、铆钉、螺栓等不另增加质量（计量单位：t）	①拼装 ②安装 ③探伤 ④补刷油漆
钢天窗架	①钢材品种、规格 ②单榀质量 ③安装高度 ④螺栓种类 ⑤探伤要求 ⑥防火要求		

续表

项目名称	项目特征	工程量计算规则	工作内容
钢挡风架	①钢材品种、规格 ②单榀质量 ③螺栓种类 ④探伤要求 ⑤防火要求	按设计图示尺寸以质量计算。不扣除孔眼的质量，焊条、铆钉、螺栓等不另增加质量（计量单位：t）	①拼装 ②安装 ③探伤 ④补刷油漆
钢墙架			
钢平台	①钢材品种、规格 ②螺栓种类 ③防火要求		
钢走道			
钢梯	①钢材品种、规格 ②钢梯形式 ③螺栓种类 ④防火要求		
钢护栏	①钢材品种、规格 ②防火要求		
钢漏斗	①钢材品种、规格 ②漏斗、天沟形式 ③安装高度 ④探伤要求	按设计图示尺寸以质量计算，不扣除孔眼的质量，焊条、铆钉、螺栓等不另增加质量，依附漏斗或天沟的型钢并入漏斗或天沟工程量内（计量单位：t）	
钢板天沟			
钢支架	①钢材品种、规格 ②单副质量 ③防火要求	按设计图示尺寸以质量计算。不扣除孔眼的质量，焊条、铆钉、螺栓等不另增加质量（计量单位：t）	
零星钢构件	①构件名称 ②钢材品种、规格		

注：①螺栓种类指普通螺栓或高强螺栓。

②钢墙架项目包括墙架柱、墙架梁和连接杆件。

③钢支撑、钢拉条类型指单式、复式；钢檩条类型指型钢式、格构式；钢漏斗形式指方形、圆形；天沟形式指矩形沟或半圆形沟。

④加工铁件等小型构件，应按零星钢构件项目编码列项。

7. 金属制品（编码：010607）

工程量清单项目设置及工程量计算规则，见表 4-123。

表 4-123　　　　　　　　金属网（编码：010607）

项目名称	项目特征	工程量计算规则	工作内容
成品空调金属百叶护栏	①材料品种、规格 ②边框材质	按设计图示尺寸以框外围展开面积计算（计量单位：m²）	①安装 ②校正 ③预埋铁件及安螺栓

项目名称	项目特征	工程量计算规则	工作内容
成品栅栏	①材料品种、规格 ②边框及立柱型钢品种、规格	按设计图示尺寸以框外围展开面积计算（计量单位：m²）	①安装 ②校正 ③预埋铁件 ④安螺栓及金属立柱
成品雨篷	①材料品种、规格 ②雨篷宽度 ③晾衣杆品种、规格	①以"m"计量，按设计图示接触边以米计算 ②以"m²"计量，按设计图示尺寸以展开面积计算 （计量单位：m、m²）	①安装 ②校正 ③预埋铁件及安螺栓
金属网栏	①材料品种、规格 ②边框及立柱型钢品种、规格	按设计图示尺寸以框外围展开面积计算（计量单位：m²）	①安装 ②校正 ③安螺栓及金属立柱
砌块墙钢丝网加固 后浇带金属网	①材料品种、规格 ②加固方式	按设计图示尺寸以面积计算（计量单位：m²）	①铺贴 ②铆固

注：其他相关问题按下列规定处理：
①金属构件的切边，不规则及多边形钢板发生的损耗在综合单价中考虑。
②防火要求指耐火极限。

五、金属结构制作工程工程量计算示例

【例4-19】计算如图4-68所示的钢屋架间水平支撑的制作工程量。

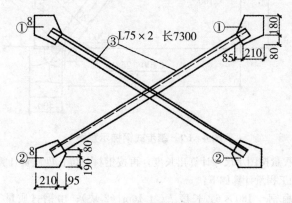

图4-68 钢屋架水平支撑

解：清单工程量同定额工程量：

—8钢板质量=①号钢板面积×每平方米钢板质量（62.8 kg/m²）×块数＋
②号钢板面积×每平方米钢板质量×块数

$$=(0.085+0.21)\times(0.08+0.18)\times62.8\times2+(0.21+0.095)\times(0.19+0.08)$$
$$\times62.8\times2\ (kg)$$
$$=19.98\ (kg)$$

∟ 75×5 角钢质量＝角钢长度×每米质量（5.82 kg/m）×根数
$$=7.3\times5.82\times2kg$$
$$=84.97\ (kg)$$

水平支撑工程量＝钢板质量＋角钢质量
$$=19.98+84.97$$
$$=104.95\ (kg)$$

【例 4-20】试计算如图 4-69 所示踏步式钢梯工程量和人工钢材用量。

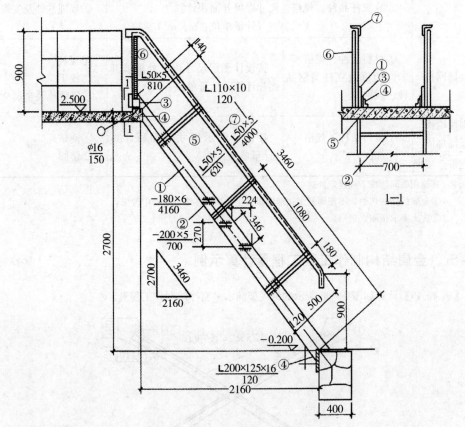

图 4-69 踏步式钢梯示意图

解：钢梯制作工程量按图示尺寸计算出长度，再按钢材单位长度质量计算钢梯钢材质量，以吨（t）为单位计算。工程量计算如下：

(1) 钢梯边梁，扁钢－180×6，长度 $l=4.16m$（2 块）；由钢材质量表得单位长度质量 8.48kg/m。

$$8.48\times4.16\times2=70.554\ (kg)$$

(2) 钢踏步，－200×5，$l=0.7m$，9 块，7.85kg/m。

$$7.85\times0.7\times9=49.455\ (kg)$$

372

(3) └ 110×10, l=0.12 m, 2根, 16.69 kg/m。

16.69×0.12×2＝4.006（kg）

(4) └ 200×125×16, l=0.12, 4根, 39.045 kg/m。

39.045×0.12×4＝18.742（kg）

(5) └ 50×5, l=0.62m, 6根, 3.77 kg/m。

3.77×0.62×6＝14.024（kg）

(6) └ 56×5, l=0.81m, 2根, 4.251 kg/m。

4.251×0.81×2＝6.887（kg）

(7) └ 50×5, l=4.0m, 2根, 3.77 kg/m。

3.77×4×2＝30.16（kg）

钢材总质量 70.554＋49.455＋4.006＋18.742＋14.024＋6.887＋30.16＝193.828（kg）

【例 4－21】某工程钢屋架如图 4－70 所示，计算钢屋架工程量。

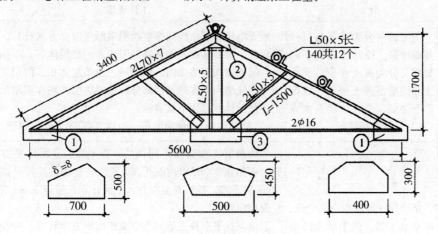

图 4－70　钢屋架示意图

解：钢屋架工程量计算如下：

计算公式：杆件质量＝杆件设计图示长度×单位理论质量

多边形钢板质量＝最大对角线长度×最大宽度×面密度

上弦质量＝3.40×2×2×7.398＝100.61（kg）

下弦质量＝5.60×2×1.58＝17.70（kg）

立杆质量＝1.70×3.77＝6.41（kg）

斜撑质量＝1.50×2×2×3.77＝22.62（kg）

①号连接板质量＝0.7×0.5×2×62.80＝43.96（kg）

②号连接板质量＝0.5×0.45×62.80＝14.13（kg）

③号连接板质量＝0.4×0.3×62.80＝7.54（kg）

檩托质量＝0.14×12×3.77＝6.33（kg）

钢屋架工程量＝100.61＋17.70＋6.41＋22.62＋43.96＋14.13＋7.54＋6.33

＝219.30（kg）＝0.219（t）

第八节　楼地面工程

一、楼地面工程的分类及计算规则

楼地面工程主要包括垫层、结合层及平层三部分工程项目，其具体分类及其计算规则，见表4－124。

表 4－124　　　　　　　　　　　　楼地面工程的分类及其计算规则

类别	分　类	计算规则
垫层	垫层通常分为地面垫层和基础垫层。按其使用的不同材料又分为灰土垫层、混凝土及钢筋混凝土垫层、级配砂石垫层、毛石垫层及水泥（石灰）焦渣垫层等	地面垫层，按主墙间净空面积乘厚度以立方米计算。应扣除沟道、设备基础及构筑物外围所占的垫层体积，不扣除柱垛、间壁墙和附墙烟囱、风道所占的垫层体积。门洞口、空圈、暖气槽和壁龛的开口部分所占的垫层体积亦不增加。其工程量的计算可用下式表示： 垫层体积＝（地面面积－沟道等面积）×垫层厚度
结合层	结合层一般是指冷底子油、刷素水泥浆、找平层及防潮层等	①防潮层工程量按不同做法，分平面、立面以平方米计算。不扣除 $0.3m^2$ 以内的孔洞。平面与立面的连接处高差在50cm 以下者，按展开面积并入平面计算；超过 50cm 时，套立面相应定额 ②地面找平层按主墙间净空面积以平方米计算。应扣除沟道、设备基础及构筑物所占面积，不扣除柱垛、间壁墙和附墙烟囱、风道所占面积；门洞口、空圈和暖气槽、壁龛的开口部分所占的面积亦不增加 ③冷底子油、刷素水泥浆工程量按图示尺寸以平方米计算
面层	楼地面面层按所用材料和使用要求，分为整体面层、块料面层和防腐防酸面层等 ①整体面层。整体面层一般包括水泥砂浆地面、水磨石地面、剁斧石地面、混凝土地面、钢筋混凝土地面、豆石混凝土楼面、107 胶水泥地面等	①整体面层。整体面层的计算规则如下： a. 水泥及 107 胶彩色地面，按主墙间的净空面积以平方米计算。不扣除垛、柱、间壁墙及 $0.3m^2$ 以内孔洞所占面积；但门口线、暖气槽的面积亦不增加 b. 现制水磨石楼地面、剁斧石地面、按实铺面积以平方米计算 c. 楼梯各种面层、按水平投影面积以平方米计算。楼梯井宽在 50cm 以内者不扣除，超过 50cm 者应扣除其面积。其工程量计算可用下式表示： 每层楼梯投影面积＝$L×b$－楼梯井面积（宽度大于 50cm） 式中　L——平台内墙面至楼梯与楼板相连梁外皮长度 　　　　b——楼梯间净宽

374

类别	分 类	计算规则
面层	②块料面层。块料面层一般包括红机砖、缸砖、锦砖、预制水磨石、大理石、水泥花砖、面砖、塑料板及橡胶板地面等 ③防腐耐酸面层。防腐耐酸面层根据所使用的材料和作用划分为水玻璃耐酸砂浆、铁屑砂浆、沥青混凝土耐碱水泥砂浆、不发火水泥地面、玻璃钢地面、水玻璃耐酸混凝土地面等	d. 混凝土及钢筋混凝土整体面层，按不同用料及厚度以平方米计算 ②块料面层。块料面层的计算规则如下： a. 块料面层按实铺面积以平方米计算 b. 楼梯的块料面层按其水平投影面积计算，楼梯井宽超过 50cm 者应扣除其面积 ③防腐耐酸面层。防腐耐酸面层的计算规则如下： a. 防腐耐酸的结合层和面层按实铺面积以平方米计算 b. 由于防腐耐酸面层专业性较强，大部分用于生产车间和厂房，而定额划分的范围，项目中所含的内容等都一致。因此，对于不同部门颁发的定额不能混用
踢脚	踢脚分块料、木踢脚、水泥、现制磨石踢脚线	①块料、木踢脚线按实际长度以延长米计算 ②水泥、现制磨石踢脚线，按净空周长以延长米计算。不扣除门洞所占长度，但门及墙垛侧边亦不增加
台阶、散水	（a）台阶 （b）坡道 台阶、坡道面层计算示意图	①台阶及礓礤坡道面层均按水平投影面积以平方米计算。如左图所示 定额仅包括面层的工料消耗量。各种垫层、结构层按不同做法分别计算工程量，套相应定额子目。台阶及礓礤坡道面层工程量计算可用下式表示： 台阶（坡道）面层面积＝$l \times b$ 式中　l——台阶（坡道）长度 　　　b——台阶（坡道）宽度 ②散水按图示尺寸以平方米计算

二、基础定额一般规定与工作内容

1. 定额一般规定

（1）水泥砂浆、水泥石子浆、混凝土等的配合比，如设计规定与定额不同时，可以换算。

（2）整体面层、块料面层中的楼地面项目，均不包括踢脚板工料；楼梯不包括踢脚板、侧面及板底抹灰，另按相应定额项目计算。

（3）踢脚板高度是按 150mm 编制的。超过时材料用量可以调整，人工、机械用量不变。

（4）菱苦土地面、现浇水磨石定额项目已包括酸洗打蜡工料，其余项目均不包括酸洗打蜡。

（5）扶手、栏杆、栏板适用于楼梯、走廊、回廊及其他装饰性栏杆、栏板。扶手不包括弯头制安，另按弯头单项定额计算。

（6）台阶不包括牵边、侧面装饰。

（7）定额中的"零星装饰"项目，适用于小便池、蹲位、池槽等。本定额未列的项目，可按墙、柱面中相应项目计算。

（8）木地板中的硬、衫、松木板，是按毛料厚度 25mm 编制的，设计厚度与定额厚度不同时，可以换算。

（9）地面伸缩缝按《全国统一建筑工程基础定额　土建》第九章相应项目及规定计算。

（10）碎石、砾石灌沥青垫层按《全国统一建筑工程基础定额　土建》第十章相应项目计算。

（11）钢筋混凝土垫层按混凝土垫层项目执行，其钢筋部分按《基础定额》第五章相应项目及规定计算。

（12）各种明沟平均净空断面（深×宽），均按 190mm×260mm 计算，断面不同时允许换算。

2. 定额工作内容

楼地面工程基础定额工作内容，见表 4－125。

表 4－125　　　　　　　　　　　　楼地面工程基础定额工作内容

项　目	定额工作内容
垫　层	垫层工作内容包括： ①拌和、铺设、找平、夯实 ②调制砂浆、灌缝 ③混凝土搅拌、捣固、养护 注：混凝土垫层按不分格考虑，分格者另行处理
找平层	找平层工作内容包括： ①清理基层、调运砂浆、抹平、压实 ②清理基层、混凝土搅拌、捣平、压实 ③刷素水泥浆
整体面层	整体面层工作内容包括： ①清理基层、调运砂浆、刷素水泥浆、抹面、压光、养护 注：水泥砂浆楼地面面层厚度每增减 5mm，按水泥砂浆找平层每增减 5mm 项目执行 ②清扫基层、调制石子浆、刷素水泥浆、找平抹面、磨光、补砂眼、理光、上草酸、打蜡、擦光、嵌条、调色，彩色镜面水磨石还包括油石抛光 注：彩色镜面磨石系指高级水磨石，除质量要求达到规范要求外，其操作工序一般应按"五浆五磨"研磨，七道"抛光"工序施工 ③清理基层、调制石子浆、刷素水泥浆、找平抹面、磨光、补砂眼、理光、上草酸打蜡、擦光、调色 ④清理基层、调运砂浆、刷素水泥浆、抹面 ⑤明沟包括支方、混凝土垫层、砌砖或浇捣混凝土、水泥砂浆面层 ⑥清理基层、浇捣混凝土、面层抹灰压实。菱苦土地面包括调制菱苦土砂浆、打蜡等 ⑦金属嵌条包括画线、定位；金属防滑条包括钻眼、打木楔、安装；金刚砂、缸砖包括搅拌砂浆、敷设

项　目	定额工作内容
块料面层	①一般块料面层工作内容包括： a. 清理基层、锯板磨边、贴块料、拼花、勾缝、擦缝、清理净面 b. 调制水泥砂浆或黏结剂、刷素水泥浆及成品保护 ②镭射玻璃、块料面酸洗打蜡工作内容包括：清理基层、调制水泥砂浆、刷素水泥浆、贴面层、净面。清理表面、上草酸、打蜡、磨光及成品保护 ③塑料、橡胶板工作内容包括： a. 清理基层、刮腻子、涂刷黏结剂、贴面层、净面 b. 制作及预埋木砖、安装卡具及踏脚板 ④地毯及附件工作内容包括： a. 清扫基层、拼缝、铺设、修边、净面、刷胶、钉压条 b. 清扫基层、拼接、铺平、钉压条、修边、净面、钻眼、套管、安装 ⑤木地板工作内容包括： a. 木楼板、龙骨、横撑、垫木制作、安装、打磨、净面、涂防腐油、填炉渣、埋铁件等 　注：毛地板按一等松板计算，如为杉板者，其用量不变 b. 清理基层、刷胶、铺设、打磨净面。龙骨、毛地板制作、涂防腐剂，踢脚线埋木砖等 ⑥防静电活动地板工作内容包括：清理基层、定位、安支架、横梁、地板、净面等
栏杆、扶手	①铝合金、不锈钢管扶手工作内容包括：放样、下料、铆接、玻璃安装、打磨抛光 ②塑料、钢管扶手工作内容包括：焊接、安装，弯头制作、安装 ③靠墙扶手工作内容包括：制作、安装、支托煨弯、打洞堵混凝土

三、楼地面工程工程量计算主要技术资料

1. 建筑面积折算楼地面面积

建筑面积折算楼地面面积计算，见表 4 - 126。

表 4 - 126　　　　　　　建筑面积折算楼地面面积

建筑类别	每 100m² 建筑面积折算	
	地面（m²）	楼面（m²）
工业主厂房、食堂、体育建筑及大型仓库	94	—
一般性辅助仓库	90	—
民用住宅	83	83×楼层数
民用宿舍	84	83×楼层数
办公、教学、病房、化验室	86	83×楼层数

2. 钢筋混凝土肋形楼板折算厚度

钢筋混凝土肋形楼板折算厚度，见表 4-127。

表 4-127　　　　　　　　　　钢筋混凝土肋形楼板折算厚度　　　　　　　　　（cm/m²）

梁距 （m）	梁 高（mm）											
	400				500				600			
	板 厚（mm）											
	60	80	100	120	60	80	100	120	60	80	100	120
1.50	12.20	14.30	16.40	—	14.20	16.40	18.80	—	18.80	20.30	23.80	—
2.00	10.90	13.00	15.00	—	13.50	15.10	17.50	—	16.50	18.90	21.70	—
2.50	—	12.00	14.30	16.40	—	13.20	15.80	18.30	—	17.00	19.10	20.10

3. 钢筋混凝土平板按楼层建筑面积折算材料量（每 100m² 楼层建筑面积）

钢筋混凝土平板按楼层建筑面积折算材料量，见表 4-128。

表 4-128　　　钢筋混凝土平板按楼层建筑面积折算材料量（每 100m² 楼层建筑面积）

板厚（mm）	混凝土量（m³）	材料消耗		
		钢材（kg）	水泥（kg）	木材（m³）
60	5.35	414	2260	0.698
70	6.24	482	2637	0.814
80	7.14	552	3017	0.931
90	8.03	621	3393	1.047
100	8.92	690	3769	1.163
120	10.71	828	4525	1.397
140	12.49	965	5277	1.629
160	14.27	1103	6029	1.861

注：折成楼层建筑面积系数为 0.892。

4. 钢筋混凝土无梁楼板按楼层建筑面积折算材料量

钢筋混凝土无梁楼板按楼层建筑面积折算材料量，见表 4-129。

表 4-129　　钢筋混凝土无梁楼板按楼层建筑面积折算材料量（每 100m² 楼层建筑面积）

板厚（mm）	混凝土量（m³）	材料消耗		
		钢材（kg）	水泥（kg）	木材（m³）
150	18.54	1433	6748	1.381
160	19.52	1509	7104	1.454
170	20.50	1585	7461	1.527

板厚（mm）	混凝土量（m³）	材料消耗		
		钢材（kg）	水泥（kg）	木材（m³）
180	21.48	1660	7818	1.600
190	22.46	1736	8175	1.673
200	23.44	1812	8331	1.743
210	24.42	1888	8888	1.819
220	25.40	1963	9245	1.892
230	36.38	2039	9601	1.965
240	27.36	2115	9958	2.038
250	28.34	2119	10315	2.111
270	30.30	2342	11028	2.251
300	33.24	2569	12098	2.476

注：本表无梁楼板包括柱帽在内。

5. 材料用量计算

楼地面工程材料包括：水泥砂浆材料、垫层材料及块材面层材料，其材料用量计算方法，见表 4 - 130。

表 4 - 130　　　　　　　　　楼地面工程材料用量计算

项目	工程材料用量计算
水泥砂浆材料用量计算	单位体积水泥砂浆中各材料用量分别由下列各式确定： 砂子用量：　$q_c = \dfrac{c}{\sum f - c \times C_p}$　（m³） 水泥用量：　$q_a = \dfrac{a \times \gamma_a}{c} \times q_c$　（kg） 式中　a、c 分别为水泥、砂之比，即 $a : c =$ 水泥：砂 　　　$\sum f$——配合比之和； 　　　C_p——砂空隙率（%），$C_P = \left(1 - \dfrac{\gamma_0}{\gamma_c}\right) \times 100\%$ 　　　γ_a——水泥表观密度（kg/m³），可按 1200kg/m³ 计 　　　γ_0——砂比重按 2650kg/m³ 计 　　　γ_c——砂表观密度按 1550kg/m³ 计 　　　则 $C_p = \left(1 - \dfrac{1550}{2650}\right) \times 100\% = 41\%$ 当砂用量超过 1m³ 时，因其空隙容积已大于灰浆数量，均按 1m³ 计算

项目	工程材料用量计算
垫层材料用量计算	①质量比计算方法（配合比以质量比计算）： $$压实系数=\frac{虚铺厚度}{压实厚度}$$ $$混合物质量=\frac{1000}{\dfrac{甲材料占百分率}{甲材料容量}+\dfrac{乙材料占百分率}{乙材料容量}+\cdots\cdots}$$ 材料用量＝混合物质量×压实系数×材料占百分率×(1＋损耗率) 例如：黏土炉渣混合物，其配合比(质量比)为 1：0.8(黏土：炉渣)，黏土为 1400kg/m³，炉渣为 800kg/m³，其虚铺厚度为 25cm，压实厚度为 17cm. 求每 1m³ 的材料用量 $$黏土占百分率=\frac{1}{1+0.8}\times100\%=55.6\%$$ $$炉渣占百分率=\frac{0.8}{1+0.8}\times100\%=44.4\%$$ $$压实系数=\frac{25}{17}=1.47$$ $$每为1m^3 1：0.8 黏土炉渣混合物质量=\frac{1000}{\dfrac{0.556}{1.4}+\dfrac{0.444}{0.8}}=1050（kg）$$ 则每 1m³ 黏土炉渣的材料用量为： $$黏土=1050\times1.47\times0.556\times1.025（加损耗）=880（kg）$$ $$折合成体积=\frac{880}{1400}=0.629（m^3）$$ $$炉渣=1050\times1.47\times0.444\times1.015（加损耗）=696（kg）$$ $$折合成体积=\frac{696}{800}=0.87（m^3）$$ ②体积比计算方法（配合比以体积比计算） 每 1m³ 材料用量＝每 1m³ 的虚体积×材料占配合比百分率 每 1m³ 的虚体积＝1×压实系数 $$材料占配合比百分率=\frac{甲（乙\cdots）材料之配比}{甲材料之配比+乙材料配比+\cdots}$$ 材料实体积＝材料占配合比百分率×(1－材料孔隙率) $$材料孔隙率=\left(1-\frac{材料容量}{材料密度}\right)\times100\%$$ 例如：水泥、石灰、炉渣混合物，其配合比为 1：1：9(水泥：石灰：炉渣)，其虚铺厚度为 23cm，压实厚度为 16cm，求每 1m³ 的材料用量 $$压实系数=\frac{23}{16}=1.438$$ $$水泥占配合比百分率=\frac{1}{1+1+9}\times100\%=9.1\%$$ $$石灰占配合比百分率=\frac{1}{1+1+9}\times100\%=9.1\%$$ $$炉渣占配合比百分率=\frac{9}{1+1+9}\times100\%=81.8\%$$

续表2

项目	工程材料用量计算
垫层材料用量计算	则每 $1m^3$ 水泥、石灰、炉渣的材料用量为： 水泥＝$1.438 \times 0.091 \times 1200 kg/m^3$（水泥密度）$\times 1.01$（损耗）＝159（kg） 石灰＝$1.438 \times 0.091 \times 600 kg/m^3 \times 1.02$（损耗）＝80（kg） 炉渣＝$1.438 \times 0.818 \times 1.015$（损耗）＝1.19（$m^3$） ③灰土体积比计算公式 每 $1m^3$ 灰土的石灰或黄土的用量＝$\dfrac{虚铺厚度}{压实厚度} \times \dfrac{石灰或黄土的配比}{石灰、黄土配比之和}$ 每 $1m^3$ 灰土所需生石灰（kg）＝石灰的用量（m^3）$\times$每 $1m^3$ 粉化灰需用生石灰数量（取石灰成分：块末＝2∶8） 例如，计算 3∶7 灰土的材料用量为： $$黄土＝\dfrac{18}{11} \times \dfrac{7}{3+7} \times 1.025（损耗）＝1.174（m^3）$$ $$石灰＝\dfrac{18}{11} \times \dfrac{8}{3+7} \times 1.02（损耗）\times 600\ kg/m^3＝300（kg）$$ ④砂、碎（砾）石等单一材料的垫层用量计算公式 $$定额用量＝定额单位 \times 压实系数 \times（1+损耗率）$$ $$压实系数＝\dfrac{压实厚度}{虚铺厚度}$$ 对于砂垫层材料用量的计算，按上列公式计算得出干砂后，需另加中粗砂的含水膨胀系数 21%。 ⑤碎（砾）石、毛石或碎砖灌浆垫层材料用量的计算 碎（砾）石、毛石或碎砖的用量与干铺垫层用量计算相同，其灌浆用的砂浆用量则按下列公式计算： 砂浆用量＝$\dfrac{碎（砾）石、毛石或碎砖相对密度－碎（砾）石、毛石或碎砖容量 \times 压实系数}{碎（砾）石、毛石或碎砖的相对密度 \times 填充密度（80\%）(1+损耗率)}$ 例如碎石灌浆：碎石密度：$2650 kg/m^3$，相对密度 $1550 kg/m^3$，碎石压实系数 1.08，砂浆填充密度 75%。 $$砂浆＝\dfrac{2650-1550 \times 1.08}{2650} \times 75\% \times 1.02＝0.282（m^3）$$ 碎石：　　　　　　　$1 \times 1.08 \times 1.03＝1.112（m^3）$
块材面层材料用量计算	块料饰面工程中的主要材料就是指表面装饰块料，一般都有特定规格，因此可以根据装饰面积和规格块料的单块面积，计算出块料数量 当缺少某种块料的定额资料时，它的用量确定可以按照实物计算法计算。即根据设计图纸计算出装饰面的面积，除以一块规格块料（包括拼缝）的面积，求得块料净用量，再考虑一定的损耗量，即可得出该种装饰料的总用量。每 $100m^2$ 块料面层的材料用量按下式计算 $$Q_t＝q(1+\eta)＝\dfrac{100}{(l+\delta)(b+\delta)} \times (1+\eta)$$ 式中　　l——规格块料长度（m） 　　　　b——规格块料宽度（m） 　　　　δ——拼缝宽（m）

续表 3

项目	工程材料用量计算
块材面层材料用量计算	结合层用料量＝100m²×结合层厚度×(1＋损耗率) 找平层用料量同上 灰缝材料用量＝(100m²－块料长×块料宽×100m²块料净用量)×灰缝深×(1＋损耗率) 如为木板面层时，则按下列公式计算： 每100m²面层用木板体积＝$\dfrac{板材毛宽}{板材有效宽度}$×板材厚度（毛板）×100×(1＋损耗率)

6. 块料面层结合层和底层找平层参考厚度

块料面层结合层和底层找平层参考厚度见表 4-131。

表 4-131　　　　　　　块料面层结合层和底层找平层参考厚度

项　目			块料规格	灰缝		结合层厚	底层找平层
				宽	深		
方整石	砂缝砂结合层		200×300×120	5	120	20	—
	砂浆缝砂浆结合层		200×300×120	5	120	15	—
红（青）砖	砂缝砂结合层	平铺	240×115×53	5	53	15	—
		侧铺	240×115×53	5	115	15	—
缸砖	砂浆结合层		150×150×15	2	15	5	20
	沥青结合层		150×150×15	2	15	4	20
水泥砂浆结合层	陶瓷锦砖（马赛克）		—	—	—	5	20
	混凝土板		400×400×60	—	—	5	20
	水泥砖		200×200×25	—	—	5	20
	大理石板		500×500×20	1	20	5	20
	菱苦土板		250×250×20	3	20	5	20
	水磨石板	地　面	305×305×20	2	20	5	20
		楼梯面	—	—	—	3	20
		踢脚板	—	—	—	3	20

7. 防潮层卷材刷油面积计算

卷材刷油面积是按满铺面积加搭接缝面积计算，搭接缝铺油一般按搭接宽度 40mm 计算。刷油厚度计算参考，见表 4-132。

表 4-132　　　　　　　　　　　　　刷油厚度计算　　　　　　　　　　　　（mm）

项　目	卷材防潮层						刷热沥青		刷玛碲脂		冷底子油	
	沥青			玛碲脂			每一遍	每增一遍	每一遍	每增一遍	每一遍	每增一遍
	底层	中层	面层	底层	中层	面层						
平面	1.7	1.3	1.2	1.9	1.5	1.4	1.6	1.3	1.7	1.4	0.13	0.16
立面 砖墙面	—	—	—	—	—	—	1.9	1.6	2.0	1.7	—	—
立面 抹灰及混凝土面	1.8	1.4	1.3	2.0	1.6	1.5	1.7	1.4	1.8	1.5	0.13	0.16

注：冷底子油第一遍按沥青∶汽油＝30∶70，第二遍按沥青∶汽油＝50∶50。

8. 楼梯块料面层工程量计算

其工程量分层按其水平投影面积计算（包括踏步、平台、小于 500mm 宽的楼梯井以及最上一层踏步沿 300mm），如图 4-71 所示。即：

当 $b>500mm$ 时　$S=\sum L\times B-\sum l\times b$

当 $b\leqslant500mm$ 时　$S=\sum L\times B$

式中　S——楼梯面层的工程量（m²）；

　　　L——楼梯的水平投影长度（m）；

　　　B——楼梯的水平投影宽度（m）；

　　　l——楼梯井的水平投影长度（m）；

　　　b——楼梯井的水平投影宽度（m）。

9. 台阶块料面层工程量计算

其工程量按台阶水平投影面积计算，但不包括翼墙、侧面装饰；当台阶与平台相连时，台阶与平台的分界线，应以最上层踏步外沿另加 300mm 计算。如图 4-72 所示台阶工程量可按下式计算。

$$S=L\times B$$

式中　S——台阶块料面层工程量（m²）；

　　　L——台阶计算长度（m）；

　　　B——台阶计算宽度（m）。

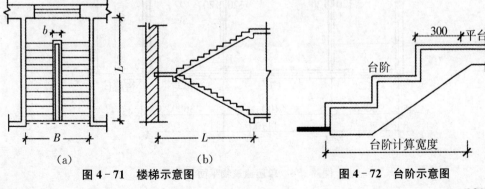

（a）　　　　　　　　　　（b）

图 4-71　楼梯示意图　　　　　　　　　图 4-72　台阶示意图

四、工程量计算示例

【例4-22】如图4-73所示，其具体做法为：1:2.2水泥砂浆面层厚25mm，素水泥浆一道，C20细石混凝土找平层厚40mm，水泥砂浆脚线高为150mm。求某建筑标准层房间（不包括卫生间）及走廊地面整体面层工程量。

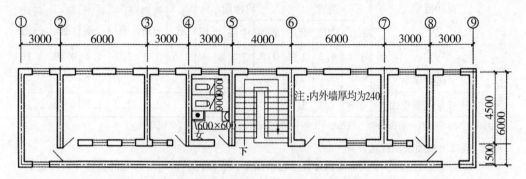

图4-73 某建筑标准层平面示意图

解：按轴线序号排列进行计算。

工程量＝(3-0.12×2)×(6-0.12×2)+(6-0.12×2)×(4.5-0.12×2)+(3-0.12×2)×(4.5-0.12×2)+(6-0.12×2)×(4.5-0.12×2)+(3-0.12×2)×(4.5-0.12×2)+(3-0.12×2)×(6-0.12×2)+(6+3+3+4+6+3-0.12×2)×(1.5-0.12×2)

＝135.58（m²）

【例4-23】计算图4-74所示的地面工程量，其地面工程做法如下：

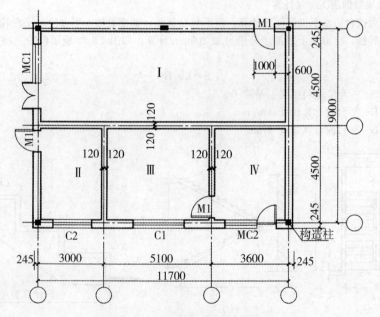

图4-74 单层建筑物平面示意图

384

①铺 25mm 厚预制水磨石地面，稀水泥浆擦缝。

②撒素水泥面（撒适量清水）。

③30mm 厚 1∶4 干硬性水泥砂浆结合层。

④60mm 厚 C15 混凝土。

⑤150mm 厚 3∶7 灰土垫层。

解：（1）关于工程预算列项问题：

①因灰土及混凝土垫层，定额项目都单独存在，故分别列项计算。

②以某预算定额为例，其楼地面预制水磨石面层定额的工作内容及材料消耗量，见表 4-133。

表 4-133   预制水磨石面层定额

定额编号	项目名称	人工	材料				
		综合工日（工日）	水磨石板（300×300）（m²）	素水泥浆（m³）	水泥砂浆1∶4（m³）	工程用水（m³）	其他材料（略）
8-63	预制水磨石	28.4	101.50	0.13	3.03	2.6	

注：工作内容为清理基层、锯板磨边、调制水泥砂浆、贴预制水磨石板，擦缝、清理净面、表面打蜡、磨光养护。

表 4-133 中，材料消耗量栏内，素水泥浆为 0.13m³，即为工序 2 的施工用量；水泥砂浆 1∶4 为 3.03m³，考虑 30mm 厚，100m² 面积，其体积为 $0.03 \times 100 = 3$（m³），加上损耗即为 3.03m³，即工序 3 的施工用量。

故工序 1、2、3 应合并为预制水磨石面层项目来列项计算。

（2）工程量计算：

①预制水磨石面层工程量：

$$S = 主墙间净空面积 + 开口部分面积$$

主墙间净空面积 $= S_1$（该层建筑面积）－墙体水平面面积

$$= (3+5.1+3.6+0.245 \times 2) \times (4.5+4.5+0.245 \times 2) - [41.9 \times 0.365 +$$
$$19.98 \times 0.4]$$
$$= 92.39 （m²）$$

式中，41.9m，19.98m 分别为 $L_中$、$L_内$ 的数据。

开口部分面积 $= (1.2+1.0+0.9+1.0) \times 0.365 + 1.0 \times 0.24 = 1.74$（m²）

预制水磨石面层工程量：$S = 92.39 + 1.74 = 94.13$（m²）

②60mm 厚 C15 混凝土垫层工程量：

$$V = 主墙间净空面积 \times 垫层厚 = 92.39 \times 0.06 = 5.54 （m³）$$

③150mm 厚 3∶7 灰土垫层工程量：

$$V = 92.39 \times 0.15 = 13.86 （m³）$$

第九节　屋面及防水工程

一、屋面分类

屋面的分类见表 4 - 134。

表 4 - 134　　　　　　　　　　　　　　屋面的分类

类　型	分　类
按形式划分	①平屋面 ②斜坡屋面
按防水层位置划分	①正置式屋面 ②倒置式屋面
按屋面使用功能划分	①非上人屋面 ②上人屋面 ③绿化种植屋面 ④蓄水屋面 ⑤停车、停机屋面
按采用的防水材料划分	①卷材防水屋面 ②涂膜防水屋面 ③瓦屋面 ④金属板材屋面 ⑤刚性混凝土防水屋面

二、屋面及防水工程量计算主要技术资料

1. 瓦屋面材料用量计算

各种瓦屋面的瓦及砂浆用量计算方法如下：

(1) 每 100m² 屋面瓦耗用量 $= \dfrac{100}{瓦有效长度 \times 瓦有效宽度} \times (1 + 损耗率)$。

(2) 每 100m² 屋面脊瓦耗用量 $= \dfrac{11\ (9)}{脊瓦长度 - 搭接长度} \times (1 + 损耗率)$。

每 100m² 屋面面积屋脊摊入长度：水强瓦、黏土瓦为 11m，石棉瓦为 9m。

(3) 每 100m² 屋面瓦出线抹灰量（m³）$=$ 抹灰宽 $\times$ 抹灰厚 $\times$ 每 100m² 屋面摊入抹灰长度 $\times (1 + 损耗率)$

每 100m² 屋面面积摊入长度为 4m。

(4) 脊瓦填缝砂浆用量 $\left(m^3 \right) = \dfrac{脊瓦内圆面积 \times 70\%}{2} \times$ 每 100m² 瓦屋面取定的屋脊长 $\times (1 -$

砂浆孔隙率)×(1+损耗率)。

脊瓦用的砂浆量按脊瓦半圆体积的70%计算；梢头抹灰宽度按120mm，砂浆厚度按30mm计算；铺瓦条间距300mm。

瓦的选用规格、搭接长度及综合脊瓦，梢头抹灰长度，见表4-135。

表4-135　　　　瓦的选用规格、搭接长度及综合脊瓦，梢头抹灰长度

项　目	规　格（mm）		搭　接（mm）		有效尺寸（mm）		每100m²屋面摊入	
	长	宽	长向	宽向	长	宽	脊长	稍头长
黏土瓦	380	240	80	33	300	207	7690	5860
小青瓦	200	145	133	182	67	190	11000	9600
小波石棉瓦	1820	720	150	62.5	1670	657.5	9000	—
大波石棉瓦	2800	994	150	165.7	2650	828.3	9000	—
黏土脊瓦	455	195	55	—	—	—	11000	—
小波石棉脊瓦	780	180	200	1.5波	—	—	11000	—
大波石棉脊瓦	850	460	200	1.5波	—	—	11000	—

2. 卷材屋面材料用量计算

$$每100m^2屋面卷材用量（m^2）=\frac{100}{（卷材宽-横向搭接宽）×（卷材长-顺向搭接宽）}×每卷卷材面积×(1+损耗率)$$

(1) 卷材屋面的油毡搭接长度，见表4-136。

表4-136　　　　　　　卷材屋面的油毡搭接长度

项　目		单位	规范规定		定额取定	备　注
			平顶	坡顶		
隔气层	长向	mm	50	50	70	油毡规格为21.86m×0.915m
	短向		50	50	100	（每卷卷材按2个接头）
防水层	长向		70	70	70	
	短向		100	150	100	(100×0.7+150×0.3) 按2个接头

注：定额取定为搭接长向70mm，短向100mm，附加层计算10.30m²。

(2) 一般各部位附加层，见表4-137。

表4-137　　　　　　　每100m²卷材屋面附加层含量

部　位		单位	平檐口	檐口沟	天沟	檐口天沟	屋脊	大板端缝	过屋脊	沿墙
附加层	长度	mm	780	5340	730	6640	2850	6670	2850	6000
	宽度		450	450	800	500	450	300	200	650

(3) 卷材铺油厚度，见表4-138。

表 4‑138		屋面卷材铺油厚度		
项　目	底　层	中　层	面　层	
			面　层	带　砂
规范规定	1～1.5 不大于 2mm		2～4	
定额取定	1.4	1.3	2.5	3

3. 屋面保温找坡层的平均折算厚度

屋面保温找坡层的平均折算厚度，见表 4‑139。

表 4‑139　　　　　屋面保温找坡层的平均厚度折算表　　　　　（m）

跨　度	双　坡					单　坡				
	坡　度									
	$\frac{1}{10}$	$\frac{1}{12}$	$\frac{1}{33.3}$	$\frac{1}{40}$	$\frac{1}{50}$	$\frac{1}{10}$	$\frac{1}{12}$	$\frac{1}{33.3}$	$\frac{1}{40}$	$\frac{1}{50}$
	10%	8.3%	3.0%	2.5%	2%	10%	8.3%	3.0%	2.5%	2%
4	0.100	0.083	0.030	0.25	0.020	0.200	0.167	0.060	0.050	0.040
5	0.125	0.104	0.038	0.31	0.025	0.250	0.208	0.075	0.063	0.050
6	0.150	0.125	0.045	0.038	0.030	0.300	0.250	0.090	0.075	0.060
7	0.175	0.146	0.053	0.044	0.035	0.350	0.292	0.105	0.088	0.070
8	0.200	0.167	0.060	0.050	0.040	0.400	0.333	0.120	0.100	0.080
9	0.225	0.188	0.068	0.056	0.045	0.450	0.375	0.135	0.113	0.090
10	0.250	0.208	0.075	0.063	0.050	0.500	0.416	0.150	0.125	0.100
11	0.275	0.229	0.083	0.069	0.055	0.550	0.458	0.165	0.138	0.110
12	0.300	0.250	0.090	0.075	0.060	0.600	0.500	0.180	0.150	0.120
13	—	0.271	0.098	0.081	0.065	—	0.195	0.163	0.130	—
14	—	0.292	0.105	0.088	0.070	—	0.210	0.175	0.140	—
15	—	0.312	0.113	0.094	0.075	—	0.225	0.188	0.150	—
18	—	0.375	0.135	0.113	0.090	—	0.270	0.225	0.180	—
21	—	0.437	0.158	0.131	0.105	—	0.315	0.263	0.210	—
24	—	0.500	0.180	0.150	0.120	—	0.360	0.30	0.240	—

4. 铁皮屋面单双咬口长度

铁皮屋面单双咬口长度，见表 4‑140。

表 4 - 140　　　　　　　　　　铁皮屋面的单双咬口长度

项　目	单　位	立　咬	平　咬	铁皮规格	每张铁皮有效面积
单咬口	mm	55	30	1800×900	1.496m²
双咬口		110	30	1800×900	1.382m²

铁皮单立咬口、双立咬口、单平咬口、双平咬口示意图，如图4-75所示。

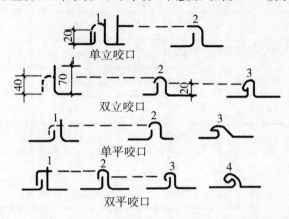

图 4 - 75　铁皮单立咬口、双立咬口、单平咬口、双平咬口示意图

注：瓦垄铁皮规格为1800mm×600mm，上下搭接长度为100mm，短向搭接按左右压1.5个波。

5. 屋面坡度系数表

屋面坡度系数表，见表4-141。

表 4 - 141　　　　　　　　　　屋面坡度系数表

坡度 B/A	坡度 $B/2A$	坡度角度 α	延尺系数 C ($A=1$)	隔延尺系数 D ($A=1$)
1	1/2	45°	1.4142	1.7321
0.75	—	36°52′	1.25	1.6008
0.7		35°	1.2207	1.5779
0.666	1/3	33°40′	1.2015	1.562
0.65		33°01′	1.1926	1.5564
0.6		30°58′	1.1662	1.5362
0.577		30°	1.1547	1.527
0.55	—	28°49′	1.1413	1.517
0.5	1/4	26°34′	1.118	1.5

续表

坡度 B/A	坡度 B/2A	坡度角度 α	延尺系数 C (A=1)	隅延尺系数 D (A=1)
0.45	—	24°14′	1.0966	1.4839
0.4	1/5	21°48′	1.077	1.4697
0.35	—	19°17′	1.0594	1.4569
0.3	—	16°42′	1.044	1.4457
0.25	—	14°02′	1.0308	1.4362
0.2	1/10	11°19′	1.0198	1.4283
0.15	—	8°32′	1.0112	1.4221
0.125	—	7°8′	1.0078	1.4191
0.1	1/20	5°42′	1.005	1.4177
0.083	—	4°45′	1.0035	1.4166
0.066	1/30	3°49′	1.0022	1.4157

三、基础定额一般规定与工作内容

1. 工程量定额一般规定

(1) 水泥瓦、黏土瓦、小青瓦、石棉瓦规格与定额不同时，瓦材数量可以换算，其他不变。

(2) 高分子卷材厚度，再生橡胶卷材按 1.5mm；其他均按 1.2mm 取定。

(3) 防水工程也适用于楼地面、墙基、墙身、构筑物、水池、水塔及室内厕所、浴室等防水，建筑物±0.00 下的防水、防潮工程按防水工程相应项目计算。

(4) 三元乙丙丁基橡胶卷材屋面防水，按相应三元丙橡胶卷材屋面防水项目计算。

(5) 本定额中沥青、玛碲脂均指石油沥青、石油沥青玛碲脂。

(6) 瓦屋面、金属压型板（包括挑檐部分）均按表 4-141 中尺寸的水平投影面积乘以屋面坡度系数（表 4-141），以平方米计算。不扣除房上烟囱、风帽底座、风道、屋面小气窗、斜沟等所占面积，屋面小气窗的出檐部分亦不增加。

(7) 卷材屋面按图示尺寸的水平投影面积乘以规定的坡度系数，以平方米计算，但不扣除房上烟囱、风帽底座、风道、屋面小气窗和斜沟所占的面积。屋面的女儿墙、伸缩缝和天窗等处的弯起部分，按图示尺寸并入屋面工程量计算。如图纸无规定时，伸缩缝、女儿墙的弯起部分可按 250mm 计算，天窗弯起部分可按 500mm 计算。卷材屋面的附加层、接缝、收头、找平层的嵌缝、冷底子油已计入定额内，不另计算。涂膜屋面的工程量计算同卷材屋面。涂膜屋面的油膏嵌缝玻璃布盖缝，屋面分格缝，以延长米计算。

(8) 屋面排水中镀锌薄钢板排水按图示尺寸以展开面积计算，如图纸没有注明尺寸时，可按

表 4-142 计算。咬口和搭接等已计入定额项目中，不另计算。

表 4-142　　　　　　　　　　镀锌薄钢板排水单体零件折算

名　称		单位	水落管（m）	檐沟（m）	水斗（个）	漏斗（个）	下水口（个）	—	—
铁皮排水	水落管、檐沟、水斗、漏斗、下水	m²	0.32	0.3	0.4	0.16	0.45	—	—
	天沟、斜沟、天窗、窗台泛水、天窗侧面泛水、烟囱泛水、通气管泛水、滴水檐头泛水、滴水	m²	天沟（m）	斜沟天窗窗台泛水（m）	天窗侧面泛水（m）	烟囱泛水（m）	通气管泛水（m）	滴水檐头泛水（m）	滴水（m）
			1.3	0.5	0.7	0.8	0.22	0.24	0.11

铸铁、玻璃钢水落管区别不同直径按图示尺寸以延长米计算，雨水口、水斗、弯头、短管以个计算。

（9）建筑物地面防水、防潮层，按主墙间净空面积计算，扣除凸出地面的构筑物、设备基础等所占的面积，不扣除柱、垛、间壁墙、烟囱及 0.3m² 以内孔洞所占面积。与墙面连接处高度在 500mm 以内者按展开面积计算，并入平面工程量内，超过 500mm 时，按立面防水层计算。

（10）建筑物墙基防水、防潮层、外墙长度按中心线，内墙按净长乘以宽度以平方米计算。构筑物及建筑物地下室防水层，按实铺面积计算，但不扣除 0.3m² 以内的孔洞面积。平面与立面交换处的防水层，其上卷高度超过 500mm 时，按立面防水层计算。防水卷材的附加层、接缝、收头、冷底子油等人工材料均已计入定额内，不另计算。变形缝按延长米计算。氯丁橡胶"二布三涂"项目，其"三涂"是指涂料构成防水层数并非指涂刷遍数；每一层"涂层"刷二遍至数遍不等。变形缝填缝：建筑油膏聚氯乙烯胶泥断面取定 3cm×2cm；油浸木丝板取定为 2.5cm×15cm；紫铜板止水带系 2mm 厚，展开宽 45cm；氯丁橡胶宽 30cm，涂刷式氯丁胶贴玻璃止水片宽 35cm，其余均为 15cm×3cm。如设计断面不同时，用料可以换算，人工不变。木板盖缝断面为 20cm×2.5cm，如设计断面不同时，用料可以换算，人工不变。屋面砂浆找平层，面层按楼地面相应定额项目计算。

（11）屋面找坡一般采用轻质混凝土和保温隔热材料。找平层的平均厚度需根据图示尺寸计算加权平均厚度，乘以屋面找坡面积以立方米计算。屋面找坡平均厚度计算公式：

$$找坡平均厚度 = 坡度（b）× 坡度系数（i）× 1/2 + 最薄处厚度$$

（12）屋面砂浆找平层，面层按楼地面相应定额项目计算。

2. 定额工作内容

屋面及防水工程工程量基础定额工作内容，见表 4-143。

表 4-143　　　　　　　　　　定额工作内容

定额项目	工作内容
屋面	①瓦屋面项目包括了铺瓦、调制砂浆、安脊瓦、檐口梢头坐灰。水泥瓦或黏土瓦如果穿铁丝、钉铁钉，每 100m 檐瓦增加 2.2 工日，20 号铁丝 0.7kg，铁钉 0.49kg ②小波、大波石棉瓦项目包括了檩条上铺钉石棉瓦、安脊瓦 ③金属压型板屋面项目包括了构件变形修理、临时加固、吊装、就位、找正、螺栓固定

定额项目	工 作 内 容
屋 面	④油毡卷材屋面项目包括了熬制沥青玛碲脂、配制冷底子油、贴附加层、铺贴卷材收头 ⑤三元乙丙橡胶卷材冷贴、再生橡胶卷材冷贴、氯丁橡胶卷材冷贴、氯化聚乙烯-橡胶共混卷材冷贴、氯磺化聚乙烯卷材冷贴等高分子卷材屋面项目，均包括了清理基层、找平层分格缝嵌油膏、防水薄弱处刷涂膜附加层；刷底胶、铺贴卷材、接缝嵌油膏、做收头；涂刷着色剂保护层二遍 ⑥热贴满铺防水柔毡项目包括了清理基层、熔化黏胶、涂刷黏胶、铺贴柔毡、做收头、铺撒白石子保护层 ⑦聚氯乙烯防水卷材铝合金压条项目包括了清理基层、铺卷材、钉压条及射钉、嵌密封膏、收头 ⑧冷贴满铺 SBC120 复合卷材项目包括了找平层嵌缝、刷聚氨酯涂膜附加层；用掺胶水泥浆贴卷材、聚氨酯胶接缝搭接 ⑨屋面满涂塑料油膏项目包括了油膏加热、屋面满涂油膏 ⑩屋面板塑料油膏嵌缝项目包括了油膏加热、板缝嵌油膏。嵌缝取定纵缝断面；空心板 $7.5cm^2$，大形屋面板 $9cm^2$；如果断面不同于定额取定断面，以纵缝断面比例调整人工、材料数量 ⑪塑料油膏玻璃纤维布屋面项目包括了刷冷底子油、找平层分格缝嵌油膏、贴防水附加层、铺贴玻璃纤维布、表面撒粒砂保护层 ⑫屋面分格缝项目包括了支座处干铺油毡一层、清理缝、熬制油膏、油膏灌缝、沿缝上做二毡三油一砂 ⑬塑料油膏贴玻璃布盖缝项目包括了熬制油膏、油膏灌缝、缝上铺贴玻璃纤维布 ⑭聚氨酯涂膜防水屋面项目包括了涂刷聚氨酯底胶、刷聚氨酯防水层两遍、撒石渣做保护层（或刚性连接层）。聚氨酯如果掺缓凝剂，应增加磷酸 0.30kg，如果掺促凝剂，应增加二月桂酸二丁基锡 0.25kg ⑮防水砂浆、镇水粉隔离层等项目包括了清理基层、调制砂浆、铺抹砂浆养护、筛铺镇水粉、铺隔离纸 ⑯氯丁橡胶涂膜防水屋面项目包括了涂刷底胶、做一布一涂附加层于防水薄弱处、冷胶贴聚酯布防水层、最表层撒细砂保护层 ⑰铁皮排水项目包括了铁皮截料、制作安装 ⑱铸铁落水管项目包括了切管、埋管卡、安水管、合灰捻口 ⑲铸铁雨水口、铸铁水斗（或称接水口）、铸铁弯头（含算子板）等项目均包括了就位、安装 ⑳单屋面玻璃钢排水管系统项目包括了埋设管卡箍、截管、涂胶、接口 ㉑屋面阳台玻璃钢排水管系统项目包括了埋设管卡箍、截管、涂胶、安三通、伸缩节、管等 ㉒玻璃钢水斗（带罩）项目包括了细石混凝土填缝、涂胶、接口 ㉓玻璃钢弯头（90°）、短管项目包括了涂胶、接口

续表 2

定额项目	工作内容
防水	①玛碲脂卷材防水项目包括了配制、涂刷冷底子油、熬制玛碲脂、防水薄弱处贴附加层、铺贴玛碲脂卷材 ②玛碲脂（或沥青）玻璃纤维布防水等项目包括了基层清理、配制、涂刷冷底子油、熬制玛碲脂、防水薄弱处贴附加层、铺贴玛碲脂（或沥青）玻璃纤维布 ③高分子卷材项目包括了涂刷基层处理剂、防水薄弱处涂聚氨酯涂膜加强、铺贴卷材、卷材接缝贴卷材条加强、收头 ④苯乙烯涂料、刷冷底子油等涂膜防水项目包括了基层清理、刷涂料 ⑤焦油玛碲脂、塑料油膏等涂膜防水项目包括了配制、涂刷冷底子油、熬制玛碲脂或油膏、涂刷油膏或玛碲脂 ⑥氯偏共聚乳胶涂膜防水项目包括了成品涂刷 ⑦聚氨酯涂膜防水项目包括了涂刷底胶及附加层、刷聚氨酯两遍、盖石渣保护层（或刚性连接层）。聚氨酯如果掺缓凝剂，应增加磷酸 0.30kg；如果掺促凝剂，应增加二月桂酸二丁基锡 0.25kg ⑧石油沥青（或石油沥青玛碲脂）涂膜防水等项目包括了熬制石油沥青（或石油沥青玛碲脂）、配制、涂刷冷底子油、涂刷沥青（或石油沥青玛碲脂） ⑨防水砂浆涂膜防水项目包括了基层清理、调制砂浆、抹水泥砂浆 ⑩水乳型普通乳化沥青涂料、水乳型水性石棉质沥青、水乳型再生胶沥青聚酯布、水乳型阴离子合成胶乳化沥青聚酯布、水乳型阳离子氯丁胶乳化沥青聚酯布、溶剂型再生胶沥青聚酯布涂膜防水等项目，均包括了基层清理、调配涂料、铺贴附加层、贴布（聚酯布或玻璃纤维布）刷涂料（最后两遍掺水泥作保护层）
变形缝	①油浸麻丝填变形缝项目包括了熬制沥青、配制沥青麻丝、填塞沥青麻丝 ②油浸木丝板填变形缝项目包括了熬制沥青、浸木丝板、油浸木丝板嵌缝 ③石灰麻刀填变形缝项目包括了调制石灰麻刀、石灰麻刀嵌缝、缝上贴二毡二油条一层 ④建筑油膏、沥青砂浆填变形缝等项目包括了熬制油膏、沥青、拌合沥青砂浆、沥青砂浆或建筑油膏嵌缝 ⑤氯丁橡胶片止水带项目包括了清理用乙酸乙酯洗缝、隔纸、用氯丁胶粘剂贴氯丁橡胶片，最后在氯丁橡胶片上涂胶铺砂 ⑥预埋式紫铜板止水带项目包括了铜板剪裁、焊接成形、铺设 ⑦聚氯乙烯胶泥变形缝项目包括了清缝、水泥砂浆勾缝、垫牛皮纸、熬灌聚氯乙烯胶泥 ⑧涂刷式一布二涂氯丁胶贴玻璃纤维布止水片项目包括了基层清理、刷质胶、缝上粘贴 350mm 宽一布二涂氯丁胶贴玻璃纤维布、在缝中心 150mm 宽布二涂氯丁胶贴玻璃纤维布、止水片干后表面涂胶并黏粒砂 ⑨预埋式橡胶、塑料止水带项目包括了止水带制作、接头及安装 ⑩木板盖缝板项目包括了平面板材加工、板缝一侧涂胶黏、立面埋木砖、钉木盖板 ⑪铁皮盖缝板项目包括了平面（屋面）埋木砖、钉木条、条上钉铁皮；立面埋木砖、木砖上钉铁皮

四、工程量清单项目计算规则

1. 瓦、型材及其他屋面（编码：010901）

瓦、型材及其他屋面工程工程量清单项目设置及工程量计算规则，见表 4-144。

表 4-144　　　　　　　　　瓦、型材及其他屋面（编码：010901）

项目名称	项目特征	工程量计算规则	工作内容
瓦屋面	①瓦品种、规格 ②黏结层砂浆的配合比	按设计图示尺寸以斜面积计算。不扣除房上烟囱、风帽底座、风道、小气窗、斜沟等所占面积。小气窗的出檐部分不增加面积（计量单位：m²）	①砂浆制作、运输、摊铺、养护 ②安瓦、作瓦脊
型材屋面	①型材品种、规格 ②金属檩条材料品种、规格 ③接缝、嵌缝材料种类		①檩条制作、运输、安装 ②屋面型材安装 ③接缝、嵌缝
阳光板屋面	①阳光板品种、规格 ②骨架材料品种、规格 ③接缝、嵌缝材料种类 ④油漆品种、刷漆遍数	按设计图示尺寸以斜面积计算。不扣除屋面面积 ≤ 0.3m² 孔洞所占面积（计量单位：m²）	①骨架制作、运输、安装、刷防护材料、油漆 ②阳光板安装 ③接缝、嵌缝
玻璃钢屋面	①玻璃钢品种、规格 ②骨架材料品种、规格 ③玻璃钢固定方式 ④接缝、嵌缝材料种类 ⑤油漆品种、刷漆遍数		①骨架制作、运输、安装、刷防护材料、油漆 ②玻璃钢制作、安装 ③接缝、嵌缝
膜结构屋面	①膜布品种、规格 ②支柱（网架）钢材品种、规格 ③钢丝绳品种、规格 ④锚固基座做法 ⑤油漆品种、刷漆遍数	按设计图示尺寸以需要覆盖的水平投影面积计算（计量单位：m²）	①膜布热压胶接 ②支柱（网架）制作、安装 ③膜布安装 ④穿钢丝绳、锚头锚固 ⑤锚固基座、挖土、回填 ⑥刷防护材料，油漆

注：①瓦屋面若是在木基层上铺瓦，项目特征不必描述黏结层砂浆的配合比，瓦屋面铺防水层，按屋面防水及其他相关项目编码列项。

②型材屋面、阳光板屋面、玻璃钢屋面的柱、梁、屋架，按《房屋建筑与装饰工程工程量计算规范》（GB 50854—2013）附录 F 金属结构工程、附录 G 木结构工程中相关项目编码列项。

2. 屋面防水及其他（编码：010902）

屋面防水及其他工程工程量清单项目设置及工程量计算规则，见表 4-145。

表 4 - 145　　　　屋面防水及其他（编码：010902）

项目名称	项目特征	工程量计算规则	工作内容
屋面卷材防水	①卷材品种、规格、厚度 ②防水层数 ③防水层做法	按设计图示尺寸以面积计算 ①斜屋顶（不包括平屋顶找坡）按斜面积计算，平屋顶按水平投影面积计算 ②不扣除房上烟囱、风帽底座、风道、屋面小气窗和斜沟所占面积	①基层处理 ②刷底油 ③铺油毡卷材、接缝
屋面涂膜防水	①防水膜品种 ②涂膜厚度、遍数 ③增强材料种类	③屋面的女儿墙、伸缩缝和天窗等处的弯起部分，并入屋面工程量内 （计量单位：m²）	①基层处理 ②刷基层处理剂 ③铺布、喷涂防水层
屋面刚性层	①刚性层厚度 ②混凝土种类 ③混凝土强度等级 ④嵌缝材料种类 ⑤钢筋规格、型号	按设计图示尺寸以面积计算。不扣除房上烟囱、风帽底座、风道等所占面积（计量单位：m²）	①基层处理 ②混凝土制作、运输、铺筑、养护 ③钢筋制安
屋面排水管	①排水管品种、规格 ②雨水斗、山墙出水口品种、规格 ③接缝、嵌缝材料种类 ④油漆品种、刷漆遍数	按设计图示尺寸以长度计算。如设计未标注尺寸，以檐口至设计室外散水上表面垂直距离计算（计量单位：m）	①排水管及配件安装、固定 ②雨水斗、山墙出水口、雨水箅子安装 ③接缝、嵌缝 ④刷漆
屋面排（透）气管	①排（透）气管品种、规格 ②接缝、嵌缝材料种类 ③油漆品种、刷漆遍数	按设计图示尺寸以长度计算（计量单位：m）	①排（透）气管及配件安装、固定 ②铁件制作、安装 ③接缝、嵌缝 ④刷漆
屋面（廊、阳台）泄（吐）水管	①吐水管品种、规格 ②接缝、嵌缝材料种类 ③吐水管长度 ④油漆品种、刷漆遍数	按设计图示数量计算（计量单位：根或个）	①水管及配件安装、固定 ②接缝、嵌缝 ③刷漆
屋面天沟、檐沟	①材料品种、规格 ②接缝、嵌缝材料种类	按设计图示尺寸以展开面积计算（计量单位：m²）	①天沟材料铺设 ②天沟配件安装 ③接缝、嵌缝 ④刷防护材料

项目名称	项目特征	工程量计算规则	工作内容
屋面变形缝	①嵌缝材料种类 ②止水带材料种类 ③盖缝材料 ④防护材料种类	按设计图示以长度计算（计量单位：m）	①清缝 ②填塞防水材料 ③止水带安装 ④盖缝制作、安装 ⑤刷防护材料

注：①屋面刚性层无钢筋，其钢筋项目特征不必描述。
②屋面找平层按《房屋建筑与装饰工程工程量计算规范》（GB 50854—2013）附录 L 楼地面装饰工程"平面砂浆找平层"项目编码列项。
③屋面防水搭接及附加层用量不另行计算，在综合单价中考虑。
④屋面保温找坡层按《房屋建筑与装饰工程工程量计算规范》（GB 50854—2013）附录 K 保温、隔热、防腐工程"保温隔热屋面"项目编码列项。

3. 墙面防水、防潮（编码：010903）

墙面防水、防潮工程工程量清单项目设置及工程量计算规则，见表 4 - 146。

表 4 - 146　　　　　墙面防水、防潮（编码：010903）

项目名称	项目特征	工程量计算规则	工作内容
墙面卷材防水	①卷材品种、规格、厚度 ②防水层数 ③防水层做法	按设计图示尺寸以面积计算（计量单位：m²）	①基层处理 ②刷粘结剂 ③铺防水卷材 ④接缝、嵌缝
墙面涂膜防水	①防水膜品种 ②涂膜厚度、遍数 ③增强材料种类		①基层处理 ②刷基层处理剂 ③铺布、喷涂防水层
墙面砂浆防水（防潮）	①防水层做法 ②砂浆厚度、配合比 ③钢丝网规格	按设计图示尺寸以面积计算（计量单位：m²）	①基层处理 ②挂钢丝网片 ③设置分格缝 ④砂浆制作、运输、摊铺、养护
墙面变形缝	①嵌缝材料种类 ②止水带材料种类 ③盖缝材料 ④防护材料种类	按设计图示以长度计算（计量单位：m）	①清缝 ②填塞防水材料 ③止水带安装 ④盖缝制作、安装 ⑤刷防护材料

注：①墙面防水搭接及附加层用量不另行计算，在综合单价中考虑。
②墙面变形缝，若做双面，工程量乘系数 2。
③墙面找平层按《房屋建筑与装饰工程工程量计算规范》（GB 50854—2013）附录 M 墙、柱面装饰与隔断、幕墙工程"立面砂浆找平层"项目编码列项。

4. 楼（地）面防水、防潮（编码：010904）

楼（地）面防水、防潮工程工程量清单项目设置及工程量计算规则，见表 4 – 147。

表 4 – 147　　　　　　　　楼（地）面防水、防潮（编码：**010904**）

项目名称	项目特征	工程量计算规则	工作内容
楼（地）面卷材防水	①卷材品种、规格、厚度 ②防水层数 ③防水层做法 ④反边高度	按设计图示尺寸以面积计算 ①楼（地）面防水：按主墙间净空面积计算，扣除凸出地面的构筑物、设备基础等所占面积，不扣除间壁墙及单个面积$\leqslant 0.3m^2$柱、垛、烟囱和孔洞所占面积 ②楼（地）面防水反边高度$\leqslant 300mm$算作地面防水，反边高度$> 300mm$按墙面防水计算（计量单位：m^2）	①基层处理 ②刷粘结剂 ③铺防水卷材 ④接缝、嵌缝
楼（地）面涂膜防水	①防水膜品种 ②涂膜厚度、遍数 ③增强材料种类 ④反边高度		①基层处理 ②刷基层处理剂 ③铺布、喷涂防水层
楼（地）面砂浆防水（防潮）	①防水层做法 ②砂浆厚度、配合比 ③反边高度		①基层处理 ②砂浆制作、运输、摊铺、养护
楼（地）面变形缝	①嵌缝材料种类 ②止水带材料种类 ③盖缝材料 ④防护材料种类	按设计图示以长度计算（计量单位：m）	①清缝 ②填塞防水材料 ③止水带安装 ④盖缝制作、安装 ⑤刷防护材料

注：①楼（地）面防水找平层按《房屋建筑与装饰工程工程量计算规范》（CB50854—2013）附录 L 楼地面装饰工程"平面砂浆找平层"项目编码列项。

　　②楼（地）面防水搭接及附加层用量不另行计算，在综合单价中考虑。

五、工程量计算示例

【例 4 – 24】根据如图 4 – 76 所示尺寸，计算六坡水（正六边形）屋面的斜面面积工程量。

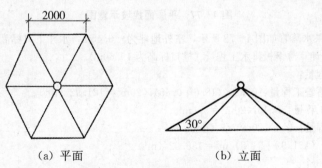

（a）平面　　　　　　　　　　（b）立面

图 4 – 76　六坡水屋面示意图

解：$S =$ 水平面积×延尺系数 c

$$=3/2\times\sqrt{3}\times2^2\times1.118\ (查表4-141)$$
$$=11.62\ (m^2)$$

【例4-25】 如图4-77所示尺寸和条件,计算屋面找坡工程量。

解:(1)计算加权平均厚度:

A区:面积 $15\times4=60\ (m^2)$

平均厚度 $4\times2\%\times1/2+0.03=0.07\ (m)$

B区:面积 $12\times5=60\ (m^2)$

平均厚度 $5\times2\%\times1/2+0.03=0.08\ (m)$

C区:面积 $8\times(5+2)=56\ (m^2)$

平均厚度 $7\times2\%\times1/2+0.03=0.1\ (m)$

D区:面积 $6\times(5+2-4)=18\ (m^2)$

平均厚度 $3\times2\%\times1/2+0.03=0.06\ (m)$

E区:面积 $11\times(4+4)=88\ (m^2)$

平均厚度 $8\times2\%\times1/2+0.03=0.11\ (m)$

加权平均厚度 $=(60\times0.07+60\times0.08+56\times0.1+18\times0.06+88\times0.11)\div(60+60+56+18+88)$
$$=0.09\ (m)$$

(2)屋面找坡工程量:
$$V=屋面面积\times加权平均厚度=282\times0.09=25.38m^3$$

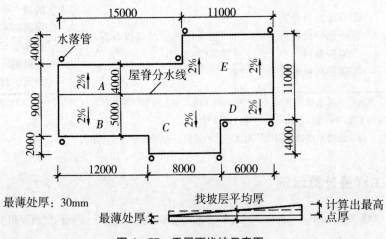

图4-77 平屋面找坡示意图

【例4-26】 某水落管如图4-78所示,室外地坪为$-0.45m$,水斗下口标高为$18.60m$,设计水落管共20根,计算薄钢板排水工程量(檐口标高为$19.60m$)。

解:定额工程量:

(1)铁皮水落管工程量:$0.32\times(18.6+0.45)\times20m^2=121.92\ (m^2)$。

(2)雨水口工程量:$0.45\times20m^2=9\ (m^2)$。

(3)水斗工程量:$0.4\times20m^2=8\ (m^2)$。

工程量合计:$(121.92+9+8)\ m^2=138.92\ (m^2)$。

(4)弯头:20个。

清单工程量铁皮水落管工程量$(19.6+0.45)=24.1\ (m)$。

$24.1m/根\times20$根$=482\ (m)$。

【例 4-27】已知图 4-79 所示，建筑物平面尺寸为 45m×20m，女儿墙厚 240mm，外墙厚 370mm，屋面排水坡度 2%，试计算其卷材平屋面工程量。

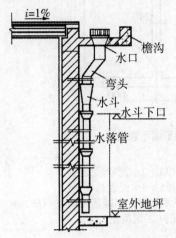
图 4-78　水落管示意图

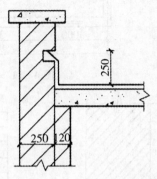
图 4-79　女儿墙弯起部分示意图

解：定额工程量

卷材平屋面工程量＝顶层建筑面积－女儿墙所占面积＋女儿墙弯起部分面积

$$＝\{45×20-0.24×[(45+20)×2-4×0.24]+0.25×[(45+20)×2-8×0.24]\}\ m^2$$

$$＝901.05\ （m^2）$$

清单工程量同定额工程量：卷材平屋面工程量为 901.05m²。

【例 4-28】屋面排水工程计算实例。

(1) 某屋面设计有铸铁管雨水口 8 个，塑料水斗 8 个，配套的塑料水落管直径 100mm，每根长度 16m，计算塑料水落管工程量。

解：计算公式：屋面排水管工程量＝设计图示长度。

水落管工程量＝16×8＝128（m）

(2) 假设某仓库屋面为 12m 长的铁皮排水天沟（图 4-80），求天沟工程量。

解：工程量＝12×（0.035×2＋0.045×2＋0.12×2＋0.08）＝5.76（m²）

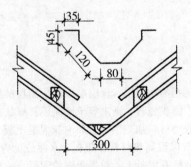
图 4-80　某仓库屋面铁皮排水天沟

【例 4-29】防水工程计算实例。

试计算如图 4-80 所示地面防潮层工程量，其防潮层做法如图 4-81 所示。

399

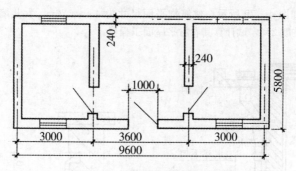

图 4-81 某建筑物平面示意图

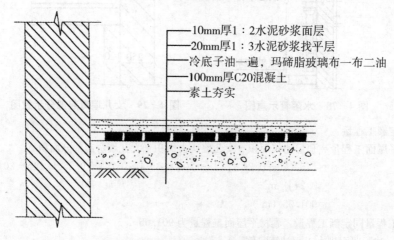

10mm厚1:2水泥砂浆面层
20mm厚1:3水泥砂浆找平层
冷底子油一遍,玛碲脂玻璃布一布二油
100mm厚C20混凝土
素土夯实

图 4-82 地面防潮层构造层次示意图

解:工程量按主墙间净空面积计算,即:

地面防潮层工程量=(9.6-0.24×3)×(5.8-0.24)=49.37 (m²)

第十节　防腐、保温、隔热工程

一、概述

保温、隔热层是指隔绝热传播的构造层。保温层一般采用松散材料、板状或整体材料做保温层。松散材料保温层是用炉渣、膨胀蛭石、锯末等干铺而成;板状材料保温层是用松散保温隔热材料或化学合成聚酯与合成橡胶类材料加工制成,如泡沫混凝土板、矿棉板、软木板及有机纤维板等;整体式保温材料是用松散保温隔热材料做集料,水泥或沥青做胶结材料经搅拌浇筑而成,如膨胀珍珠岩混凝土、水泥膨胀蛭石混凝土、粉煤灰陶粒混凝土、沥青膨胀珍珠岩、沥青膨胀蛭石等。隔热层可采用架空隔热层、蓄水隔热层、种植隔热层等。

二、工程量计算主要技术资料

1. 沥青胶泥的施工配合比

沥青胶泥的施工配合比，见表 4-148。

表 4-148　　　　　　　　　　沥青胶泥施工配合比

沥青软化点（℃）	配合比（质量计）			胶泥软化点（℃）	适用部位
	沥青	粉料	石棉		
75	100	30	5	75	隔离层用
90～110	100	30	5	95～110	
75	100	80	5	95	灌缝用
90～110	100	80	5	110～115	
75	100	100	5	95	铺砌平面板块材用
90～110	100	100	10～15	120	
65～75	100	150	5	105～110	铺砌立面板块材用
90～110	100	150	10～5	125～135	
65～75	100	200	5	120～145	灌缝法铺砌平面结合层用
90～110	100	200	10～5	＞145	
75	100		25	70～90	铺贴卷材

注：①配制耐热稳定性大于70℃的沥青胶泥，可采用掺加沥青用量5%左右的硫黄提高沥青软化点。
　　②沥青胶泥的相对密度为1.35～1.48。

2. 沥青砂浆和沥青混凝土的施工配合比

沥青砂浆和沥青混凝土的施工配合比，见表 4-149。

表 4-149　　　　　　　沥青砂浆和沥青混凝土的施工配合比

种类	配合比（质量计）								适用部位
	石油沥青			粉料	石棉	砂子	碎石（mm）		
	30号	10号	55号				5～20	20～40	
沥青砂浆	100	—	—	166		466	—	—	砌筑用
	100	—	—	100	5～8	100～200	—	—	涂抹用
	—	100	—	150		583	—	—	砌筑用
	—	50	50	142		567	—	—	面层用
				100		400			砌筑用
沥青混凝土	100	—	—	90		360	140	310	作面层用
	100	—	—	67		244	266	—	
	—	100	—	100		500	300	—	
	—	50	50	84		333	417	—	
				33		400	300	—	

注：涂抹立面的沥青砂浆，抗压强度可不受限制。

401

3. 改性水玻璃混凝土的配合比

改性水玻璃混凝土的配合比，见表4-150。

表4-150　　　　　　　　改性水玻璃混凝土的配合比（质量比）

改性水玻璃溶液					氟硅酸钠	辉绿岩粉	石英砂	石英碎石
水玻璃	糠醇	六羟树脂	NNO	木钙				
100	3～5	—	—	—	15	180	250	320
100	—	7～8	—	—	15	190	270	345
100	—	—	10	—	15	190	270	345
100	—	—	—	2	15	210	230	320

注：①糠醇为淡黄色或微棕色液体，要求纯度95%以上，相对密度1.287～1.296；六羟树脂为微黄色透明液体，要求固体含量40%，游离醛不大于2%～3%，NNO呈粉状，要求硫酸钠含量小于3%，pH值7～9；木钙为黄棕色粉末，密度1.055，碱木素含量大于55%，pH值为4～6。

②糠醇改性水玻璃溶液另加糖醇用量3%～5%的催化剂盐酸苯胺，盐酸苯胺要求纯度98%以上，细度通过0.25mm筛孔。NNO配成1∶1水溶液使用；木钙加9份水配成溶液使用，表中为溶液掺量。氟硅酸钠纯度按100%计。

4. 各种胶泥、砂浆、混凝土、玻璃钢用料计算

各种胶泥、砂浆、混凝土、玻璃钢用料按下列公式计算（均按质量比计算）。

(1) 统一计算公式：设甲、乙、丙三种材料密度分别为 A、B、C，配合比分别为 a、b、c，则单位用量：

$$G=\frac{1}{a+b+c}$$

甲材料用量（质量）＝$G×a$ 乙材料用量（质量）

＝$G×b$ 丙材料用量（质量）

＝$G×c$

$$配合后1m^3 砂浆（胶泥）质量＝\frac{1}{\frac{G×a}{A}+\frac{G×b}{B}+\frac{G×c}{C}}kg$$

$1m^3$ 砂浆（胶泥）需要各种材料质量分别为：

甲材料（kg）＝$1m^3$ 砂浆（胶泥）质量×$G×a$

乙材料（kg）＝$1m^3$ 砂浆（胶泥）质量×$G×b$

丙材料（kg）＝$1m^3$ 砂浆（胶泥）质量×$G×c$

(2) 例如：耐酸沥青砂浆（铺设压实）用配合比（重量比）1.3∶2.6∶7.4即沥青∶石英粉∶石英砂：

$$单位用量 G=\frac{1}{1.3+2.6+7.4}=0.0885(kg)$$

$$沥青=1.3×0.0885=0.115(kg)$$

$$石英粉=2.6×0.0885=0.23(kg)$$

$$石英砂=7.4×0.0885=0.655(kg)$$

$$1m^3 \text{ 砂浆质量} = \frac{100}{\dfrac{0.115}{1.1} + \dfrac{0.23}{2.7} + \dfrac{0.655}{2.7}} = 2326(\text{kg})$$

每 $1m^3$ 砂浆材料用量：

沥青 $= 2326 \times 0.115 = 267(\text{kg})$（另加损耗）。

石英粉 $= 2326 \times 0.23 = 535(\text{kg})$（另加损耗）。

石英砂 $= 2326 \times 0.655 = 1524(\text{kg})$（另加损耗）。

注：树脂胶泥中的稀释剂：如丙酮、乙醇、二甲苯等在配合比计算中未有比例成分，而是按取定值见表 4-151 直接算入的。

表 4-151 树脂胶泥中的稀释剂参考取定值

材料名 / 种类	环氧胶泥	酚醛胶泥	环氧酚醛胶泥	环氧呋喃胶泥	环氧煤焦油胶泥	环氧打底材料
丙 酮	0.1	—	0.06	0.06	0.04	1
乙 醇	—	0.06	—	—	—	—
乙二胺苯磺酰氯	0.08	—	0.05	0.05	0.04	0.07
二甲苯	—	0.08	—	—	0.10	—

5. 块料面层用料计算

（1）块料：

$$\text{每 } 100m^2 \text{ 块料用量} = \frac{100}{(\text{块料长} + \text{灰缝宽}) \times (\text{块料宽} + \text{灰缝宽})}$$
$$= \text{块数}（\text{另加损耗}）$$

（2）胶料（各种胶泥或砂浆）：

$$\text{计算量} = \text{结合层数量} + \text{灰缝胶料计算量} = \text{用量}（\text{另加损耗}）$$

其中：每 $100m^2$ 灰缝胶料计算量 $=(100 - \text{块料长} \times \text{块料宽} \times \text{块数}) \times \text{灰缝深度}$。

（3）水玻璃胶料基层涂稀胶泥用量为 $0.2m^3/100m^2$。

（4）表面擦拭用的丙酮，按 0.1kg/m^2 计算。

（5）其他材料费按每 $100m^2$ 用棉纱 2.4kg 计算。

6. 保温隔热材料计算

（1）胶结料的消耗量按隔热层不同部件、缝厚的要求按实计算。

（2）熬制沥青损耗用木柴为 0.46kg/kg 沥青。

（3）关于稻壳损耗率问题，只包括了施工损耗 2%，晾晒损耗 5%，共计 7%。施工后墙体、屋面松散稻壳的自然沉陷损耗，未包括在定额内。露天堆放损耗约 4%（包括运输损耗），应计算在稻壳的预算价格内。

7. 每 $100m^2$ 胶结料（沥青）参考消耗量

每 $100m^2$ 胶结料（沥青）的参考消耗量，见表 4-152。

每100m² 胶结料（沥青）参考消耗量　　　　　　（kg）

隔热材料名称	缝厚(mm)	墙体、柱子、吊顶				楼地面	
		独立墙体		附墙、柱子、吊顶		基本层厚	
		基本层厚100	基本层厚200	基本层厚100	基本层厚200	100	200
软木板	4	47.41	—	—	—	—	—
软木板	5	—	—	93.50	—	115.50	—
聚苯乙烯泡沫塑料	4	47.41	—	—	—	—	—
聚苯乙烯泡沫塑料	5	—	—	93.50	—	115.50	—
加气混凝土块	5	—	34.0	—	60.50	—	—
膨胀珍珠岩板	4	—	—	93.50	—	—	60.50
稻壳板	4	—	—	93.50	—	—	—

注：①表内所列沥青用量未加损耗。

②独立板材墙体、吊顶的木框架及龙骨所占体积已按设计扣除。

三、基础定额一般规定与工作内容

（一）基础定额一般规定

1. 防腐工程

（1）整体面层、隔离层适用于平面、立面的防腐耐酸工程，包括沟、坑、槽。

（2）块料面层以平面砌为准，砌立面者按平面砌相应项目，人工乘以系数 1.38，踢脚板人工乘以系数 1.56，其他不变。

（3）各种砂浆、胶泥、混凝土材料的种类，配合比及各种整体面层的厚度，如设计与定额不同时，可以换算，但各种块料面层的结合层砂浆或胶泥厚度不变。

（4）花岗岩板以六面剁斧的板材为准。如底面为毛面者，水玻璃砂浆增加 0.38m³，耐酸沥青砂浆增加 0.44m³。

（5）防腐工程的各种面层，除软聚氯乙烯塑料地面外，均不包括踢脚板。

2. 保温隔热工程

（1）保温隔热工程定额适用于中低温及恒温的工业厂（库）房隔热工程，以及一般保温工程。

（2）本定额只包括保温隔热材料的铺贴，不包括隔气防潮、保护层或衬墙等。

（3）隔热层铺贴，除松散稻壳、玻璃棉、矿渣棉为散装外，其他保温材料均以石油沥青（30号）作胶结材料。

（4）稻壳已包括装前的筛选、除尘工序，稻壳中如需增加药物防虫时，材料另行计算，人工不变。

（5）玻璃棉、矿渣棉包装材料和人工均已包括在定额内。

（6）墙体铺贴块体材料包括基层涂沥青一遍。

（二）定额工作内容

1. 耐酸防腐

（1）水玻璃耐酸混凝土、耐酸沥青砂浆整体防腐面层项目包括了清扫基层、底层或施工缝刷稀胶泥、调运砂浆胶泥、混凝土、浇灌混凝土。

（2）耐酸沥青混凝土、碎土灌沥青整体防腐面层项目包括了清扫基层、熬沥青、填充料加热、调运胶泥、刷胶泥、搅拌沥青混凝土、摊铺并压实沥青混凝土。

（3）硫黄混凝土、环氧砂浆整体防腐面层项目包括了清扫基层、熬制硫黄、烘干粉骨料，调运混凝土、砂浆、胶泥。

（4）环氧稀胶泥、环氧煤焦油砂浆整体防腐面层项目包括了清扫基层、调运胶泥、刷稀胶泥。

（5）环氧呋喃砂浆、邻苯型不饱和聚酯砂浆、双酚A型不饱和聚酯砂浆、邻苯型聚酯稀胶泥、铁屑砂浆等整体防腐面层项目包括了清扫基层、打底料、调运砂浆、摊铺砂浆。

（6）不发火沥青砂浆、重晶石混凝土、重晶石砂浆、酸化处理等整体防腐面层项目包括了清扫基层、调运砂浆、摊铺砂浆。

（7）玻璃钢防腐面层底漆、刮腻子项目包括了材料运输、填料干燥、过筛、胶浆配制、涂刷、配制腻子及嵌刮。

（8）玻璃钢防腐面层项目包括了清扫基层、调运胶泥、胶浆配制、涂刷、贴布一层。

（9）软聚氯乙烯塑料防腐地面项目包括了清扫基层、配料、下料、涂胶、铺贴、滚压、养护、焊接缝、整平、安装压条、铺贴踢脚板。

（10）耐酸沥青胶泥卷材、耐酸沥青胶泥玻璃布等隔离层项目包括了清扫基层、熬沥青、填充料加热、调运胶泥、基层涂冷底子油、铺设油毡。

（11）沥青胶泥、一道冷底子油二道热沥青等隔离层项目包括了清扫基层、熬沥青胶泥、铺设沥青胶泥。

（12）树脂类胶泥平面砌块料面层项目包括了清扫基层、运料、清洗块料、调制胶泥、砌块料。

（13）水玻璃胶泥平面砌块料面层项目包括了清扫基层、运料、清洗块料、调制胶泥、砌块料。

（14）硫黄胶泥平面砌块料面层项目包括了清扫基层、运料、清洗块料、调制胶泥、砌块料。

（15）耐酸沥青胶泥平面砌块料面层项目包括了清扫基层、运料、清洗块料、调制胶泥、砌块料。

（16）水玻璃胶泥结合层、树脂胶泥勾缝平面砌块料面层项目，包括了清扫基层、运料、清洗块料、调制胶泥、砌块料、树脂胶泥勾缝。

（17）耐酸沥青胶泥结合层、树脂胶泥勾缝平面砌块料面层项目，包括了清扫基层、运料、清洗块料、调制胶泥、砌块料、树脂胶泥勾缝。

（18）树脂类胶泥池、沟、槽砌块料面层项目包括了清扫基层、洗运块料、调制胶泥、打底料、砌块料。

（19）水玻璃胶泥、耐酸沥青胶泥等池、沟、槽砌块料面层项目包括了清扫基层、洗运块料、调制胶泥、砌块料。

（20）过氯乙烯漆、沥青漆、漆酚树脂漆、酚醛树脂漆、氯磺化聚乙烯漆、聚氨酯漆等耐酸防腐涂料项目包括了清扫基层、配制油漆、油漆涂刷。

2. 保温隔热

（1）泡沫混凝土块、沥青玻璃棉毡、沥青矿渣棉毡、沥青珍珠岩块等屋面保温项目均包括了清扫基层、拍实、平整、找坡、铺砌。

(2) 水泥蛭石块、现浇水泥珍珠岩、现浇水泥蛭石、干铺蛭石、干铺珍珠岩、铺细砂等屋面保温项目均包括了清扫基层、铺砌保温层。

(3) 混凝土板下铺贴聚苯乙烯塑料板、沥青贴软木等天棚保温（带木龙骨）项目均包括了熬制沥青、铺贴隔热层、清理现场。

(4) 聚苯乙烯塑料板、沥青贴软木等墙体保温项目均包括了木框架制作安装、熬制沥青、铺贴隔热层、清理现场。

(5) 加气混凝土砌块、沥青珍珠岩板墙、水泥珍珠岩板墙等墙体保温项目均包括了搬运材料、熬制沥青、加气混凝土块锯制铺砌、铺贴隔热层。

(6) 沥青玻璃棉、沥青矿渣棉、松散稻壳等墙体保温项目均包括了搬运材料、玻璃棉袋装、填装玻璃棉、矿渣棉、清理现场。

(7) 聚苯乙烯塑料板、沥青贴软木、沥青铺加气混凝土块等楼地面隔热项目均包括了场内搬运材料、熬制沥青、铺贴隔热层、清理现场。

(8) 聚苯乙烯塑料板、沥青贴软木等柱子保温及沥青稻壳板铺贴墙或柱子保温项目均包括了熬制沥青、铺贴隔热层、清理现场。

（三）基础定额工程量计算规则

1. 防腐工程

(1) 防腐工程项目应区分不同防腐材料种类及其厚度，按设计实铺面积以平方米计算。应扣除凸出地面的构筑物、设备基础等所占的面积，砖垛等突出墙面部分按展开面积计算并入墙面防腐工程量之内。

(2) 踢脚板按实铺长度乘以高度以"m^2"计算，应扣除门洞所占面积并相应增加侧壁展开面积。

(3) 平面砌筑双层耐酸块料时，按单层面积乘以系数 2 计算。

(4) 防腐卷材接缝、附加层、收头等人工材料，已计入在定额中，不再另行计算。

2. 保温隔热工程

(1) 保温隔热层应区别不同保温隔热材料，除另有规定者外，均按设计实铺厚度以"m^3"计算。

(2) 保温隔热层的厚度按隔热材料（不包括胶结材料）净厚度计算。

(3) 地面隔热层按围护结构墙体间净面积乘以设计厚度以"m^3"计算，不扣除柱、垛所占的体积。

(4) 墙体隔热层，外墙按隔热层中心线、内墙按隔热层净长乘以图示尺寸的高度及厚度以"m^3"计算。应扣除冷藏门洞口和管道穿墙洞口所占的体积。

(5) 柱包隔热层，按图示柱的隔热层中心线的展开长度乘以图示尺寸高度及厚度以"m^3"计算。

(6) 其他保温隔热：

①池槽隔热层按图示池槽保温隔热层的长、宽及其厚度以"m^3"计算。其中池壁按墙面计算，池底按地面计算。

②门洞口侧壁周围的隔热部分，按图示隔热层尺寸以"m^3"计算，并入墙面的保温隔热工程量内。

③柱帽保温隔热层按图示保温隔热层体积并入顶棚保温隔热层工程量内。

四、工程量清单项目计算规则

1. 隔热、保温工程（编码：011001）

工程量清单项目设置及工程量计算规则，见表4-153。

表4-153 隔热、保温（编码：011001）

项目名称	项目特征	工程量计算规则	工作内容
保温隔热屋面	①保温隔热材料品种、规格、厚度 ②隔气层材料品种、厚度 ③黏结材料种类、做法 ④防护材料种类、做法	按设计图示尺寸以面积计算。扣除面积>0.3m²孔洞及占位面积（计量单位：m²）	①基层清理 ②刷黏结材料 ③铺黏保温层 ④铺、刷（喷）防护材料
保温隔热天棚	①保温隔热面层材料品种、规格、性能 ②保温隔热材料品种、规格及厚度 ③黏结材料种类及做法 ④防护材料种类及做法	按设计图示尺寸以面积计算。扣除面积>0.3m²上柱、垛、孔洞所占面积（计量单位：m²），与天棚相连的梁按展开面积，计算并入天棚工程量内	
保温隔热墙面	①保温隔热部位 ②保温隔热方式 ③踢脚线、勒脚线保温做法 ④龙骨材料品种、规格 ⑤保温隔热面层材料品种、规格、性能 ⑥保温隔热材料品种、规格及厚度 ⑦增强网及抗裂防水砂浆种类 ⑧黏结材料种类及做法 ⑨防护材料种类及做法	按设计图示尺寸以面积计算。 扣除门窗洞口以及面积>0.3m²梁、孔洞所占面积；门窗洞口侧壁需做保温时，并入保温墙体工程量内（计量单位：m²）	①基层清理 ②刷界面剂 ③安装龙骨 ④填贴保温材料 ⑤保温板安装 ⑥黏贴面层 ⑦铺设增强格网、抹抗裂、防水砂浆面层 ⑧嵌缝 ⑨铺、刷（喷）防护材料
保温柱、梁		按设计图示尺寸以面积计算 ①柱按设计图示柱断面保温层中心线展开长度乘保温层高度以面积计算，扣除面积>0.3m²梁所占面积 ②梁按设计图示梁断面保温层中心线展开长度乘保温层长度以面积计算（计量单位：m²）	
保温隔热楼地面	①保温隔热部位 ②保温隔热材料品种、规格、厚度 ③隔气层材料品种、厚度 ④黏结材料种类、做法 ⑤防护材料种类、做法	按设计图示尺寸以面积计算。扣除面积>0.3m²柱、垛、孔洞所占面积（计量单位：m²）	①基层清理 ②刷黏结材料 ③铺黏保温层 ④铺、刷（喷）防护材料

续表

项目名称	项目特征	工程量计算规则	工作内容
其他保温隔热	①保温隔热部位 ②保温隔热方式 ③隔气层材料品种、厚度 ④保温隔热面层材料品种、规格、性能 ⑤保温隔热材料品种、规格及厚度 ⑥黏结材料种类及做法 ⑦增强网及抗裂防水砂浆种类 ⑧防护材料种类及做法	按设计图示尺寸以展开面积计算。扣除面积＞0.3m²孔洞及占位面积（计量单位：m²）	①基层清理 ②刷界面剂 ③安装龙骨 ④填贴保温材料 ⑤保温板安装 ⑥粘贴面层 ⑦铺设增强格网、抹抗裂防水砂浆面层 ⑧嵌缝 ⑨铺、刷（喷）防护材料

注：①保温隔热装饰面层，按本规范附录K、L、M、N、O中相关项目编码列项；仅做找平层按本规范附录K中"平面砂浆找平层"或附录L"立面砂浆找平层"项目编码列项。
②柱帽保温隔热应并入天棚保温隔热工程量内。
③池槽保温隔热应按其他保温隔热项目编码列项。
④保温隔热方式：指内保温、外保温、夹心保温。
⑤保温隔热墙的装饰面层，应按装饰装修工程工程量清单项目及计算规则中墙、柱面工程中相关项目编码列项。
⑥柱帽保温隔热应并入顶棚保温隔热工程量内。
⑦池槽保温隔热，池壁、池底应分别编码列项，池壁应并入墙面保温隔热工程量内，池底应并入地面保温隔热工程量内。

2. 防腐面层（编码：011002）

工程量清单项目设置及工程量计算规则，见表4-154。

表4-154　　　　　　　　　　　防腐面层（编码：011002）

项目名称	项目特征	工程量计算规则	工作内容
防腐混凝土面层	①防腐部位 ②面层厚度 ③混凝土种类 ④胶泥种类、配合比	按设计图示尺寸以面积计算 ①平面防腐：扣除凸出地面的构筑物、设备基础等以及面积＞0.3m²孔洞、柱、垛所占面积 ②立面防腐：扣除门、窗、洞口以及面积＞0.3m²孔洞、梁所占面积 门、窗、洞口侧壁、垛突出部分按展开面积并入墙面积内 （计量单位：m²）	①基层清理 ②基层刷稀胶泥 ③混凝土制作、运输、摊铺、养护

续表

项目名称	项目特征	工程量计算规则	工作内容
防腐砂浆面	①防腐部位 ②面层厚度 ③砂浆、胶泥种类、配合比	按设计图示尺寸以面积计算 ①平面防腐：扣除凸出地面的构筑物、设备基础等以及面积＞0.3m²孔洞、柱、垛所占面积 ②立面防腐：扣除门、窗、洞口以及面积＞0.3m²孔洞、梁所占面积 门、窗、洞口侧壁、垛突出部分按展开面积并入墙面积内 （计量单位：m²）	①基层清理 ②基层刷稀胶泥 ③砂浆制作、运输、摊铺、养护
防腐胶泥面	①防腐部位 ②面层厚度 ③胶泥种类、配合比		①基层清理 ②胶泥调制、摊铺
玻璃钢防腐面层	①防腐部位 ②玻璃钢种类 ③贴布材料的种类、层数 ④面层材料品种		①基层清理 ②刷底漆、刮腻子 ③胶浆配制、涂刷 ④黏布、涂刷面层
聚氯乙烯板面层	①防腐部位 ②面层材料品种、厚度 ③黏结材料种类		①基层清理 ②配料、涂胶 ③聚氯乙烯板铺设
块料防腐面	①防腐部位 ②块料品种、规格 ③黏结材料种类 ④勾缝材料种类		①基层清理 ②铺贴块料 ③胶泥调制、勾缝
池、槽块料防腐面层	①防腐池、槽名称、代号 ②块料品种、规格 ③黏结材料种类 ④勾缝材料种类	按设计图示尺寸以展开面积计算 （计量单位：m²）	①基层清理 ②铺贴块料 ③胶泥调制、勾缝

注：防腐踢脚线应按本规范附录K中"踢脚线"项目编码列项。

3. 其他防腐（编码：011003）

工程量清单项目设置及工程量计算规则，见表4-155。

表4-155 **其他防腐（编码：011003）**

项目名称	项目特征	工程量计算规则	工作内容
隔离层	①隔离层部位 ②隔离层材料品种 ③隔离层做法 ④粘贴材料种类	按设计图示尺寸以面积计算 ①平面防腐：扣除凸出地面的构筑物、设备基础等以及面积＞0.3m²孔洞、柱、垛所占面积 ②立面防腐：扣除门、窗洞口以及面积＞0.3m²孔洞、梁所占面积，门、窗洞口侧壁、垛突出部分按展开面积并入墙面积内 （计量单位：m²）	①基层清理、刷油 ②煮沥青 ③胶泥调制 ④隔离层铺设

项目名称	项目特征	工程量计算规则	工作内容
砌筑沥青浸渍砖	①砌筑部位 ②浸渍砖规格 ③胶泥种类 ④浸渍砖砌法	按设计图示尺寸以体积计算（计量单位：m^3）	①基层清理 ②胶泥调制 ③浸渍砖铺砌
防腐涂料	①涂刷部位 ②基层材料类型 ③刮腻子的种类、遍数 ④涂料品种、刷漆遍数	按设计图示尺寸以面积计算 ①平面防腐：扣除凸出地面的构筑物、设备基础以及面积＞$0.3m^2$孔洞、柱、垛所占面积 ②立面防腐：扣除门、窗洞口以及面积＞$0.3m^2$孔洞、梁所占面积，门窗洞口侧壁、垛突出部分按展开面积并入墙面积内 （计量单位：m^2）	①基层清理 ②刮腻子 ③刷涂料

注：浸渍砖砌法指平砌、立砌。

五、工程量计算示例

【例 4 - 30】如图 4 - 83 所示是冷库平面图，设计采用软木保温层，厚度 0.01m，顶棚做带木龙骨保温层，试计算该冷库室内软木保温隔热层工程量。

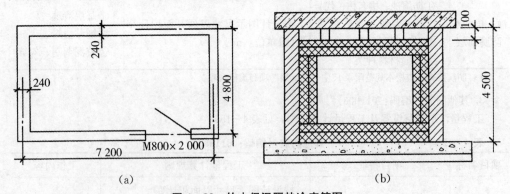

图 4 - 83 软本保温隔热冷库简图

解：（1）地面保温隔热层工程量为：

$$[(7.2-0.24)\times(4.8-0.24)+0.8\times0.24]\times0.1=3.19（m^3）$$

（2）钢筋混凝土板下软木保温层工程量为：

$$(7.2-0.24)\times(4.8-0.24)\times0.1=3.17（m^3）=0.317\times10（m^3）$$

（3）墙体按附墙铺贴软木考虑，工程量为：

$$[(7.2-0.24-0.1+4.8-0.24-0.1)\times2\times(4.5-0.3)-0.8\times2]\times0.1=9.34（m^3）$$

$$=0.934\times10（m^3）$$

【例 4-31】某仓库防腐地面、踢脚线抹铁屑砂浆，厚度 20mm，尺寸如图 4-84 所示，计算地面、踢脚线抹铁屑砂浆工程量。

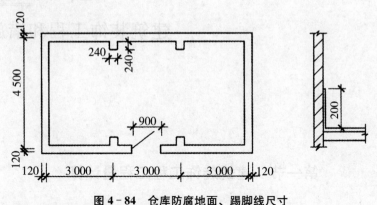

图 4-84 仓库防腐地面、踢脚线尺寸

解：(1) 防腐砂浆面层工程量计算如下：

计算公式：耐酸防腐地面工程量＝设计图示净长×净宽－应扣面积

耐酸防腐地面工程量＝(9－0.24)×(4.5－0.24)＝37.32（m²）

(2) 防腐砂浆面层工程量计算如下：

计算公式：耐酸防腐踢脚线工程量＝(踢脚线净长＋门、垛侧面宽度－门宽)×净高

踢脚线工程量＝[(9－0.24＋0.24×4＋4.5－0.24)×2－0.9＋0.12×2]×0.2＝5.46（m²）

第五章

建筑装饰工程和措施项目

第一节　建筑装饰工程工程量计算

一、常用技术资料

1. 一般抹灰的砂浆配合比

一般抹灰的砂浆配合比，见表5-1。

表5-1　　　　　　　　　　　　　一般抹灰的砂浆配合比

组成材料	配合比（体积比）	应用范围
石灰：砂	1：2～1：3	用于砖石墙（檐口、勒脚、女儿墙及潮湿房间的墙除外）面层
水泥：石灰：砂	1：0.3：3～1：1：6	墙面混合砂浆打底
水泥：石灰：砂	1：0.5：2～1：1：4	混凝土顶棚抹混合砂浆打底
水泥：石灰：砂	1：0.5：4～1：3：9	板条顶棚抹灰
水泥：石灰：砂	1：0.5：4.5～1：1：6	用于檐口、勒脚、女儿墙外角以及比较潮湿处墙面抹混合砂浆打底
水泥：砂	1：3～1：2.5	用于砖石、潮湿车间等墙裙、勒脚，或地面基层抹水泥砂浆打底
水泥：砂	1：2～2：1.5	用于地面、顶棚或墙面面层
水泥：砂	1：0.5～1：1	用于混凝土地面压光
水泥：石灰：砂：锯末	1：1：3.5	用于吸声粉刷
白灰：麻筋	100：2.5（质量比）	用于木板条顶棚底层
石灰膏：麻筋	100：1.3（质量比）	用于木板条顶棚底层（或100kg石膏加3.8kg纸筋）
纸筋：白灰膏	灰膏0.1m³，纸筋3.6kg	用于较高级墙面或顶棚

2. 喷涂抹灰砂浆配合比

喷涂抹灰砂浆配合比，见表 5-2。

表 5-2 　　　　　　　　　**喷涂抹灰砂浆配合比**

	砂浆配合比	稠度（cm）
第一层	水泥：石灰膏：砂＝1：1：6	10～12
第二层	水泥：石灰膏：砂＝1：0.5：4	8～10

3. 弹涂砂浆配合比

弹涂砂浆配合比，见表 5-3。

表 5-3 　　　　　　　　　**弹涂砂浆配合比（质量比）**

项 目	水 泥	颜料	水	108 胶
刷底色浆	普通硅酸盐水泥 100	适量	90	20
刷底色浆	白水泥 100	适量	80	13
弹花点	普通硅酸盐水泥 100	适量	55	14
弹花点	白水泥 100	适量	45	10

4. 常用其他灰浆参考配合比

常用其他灰浆参考配合比，见表 5-4。

表 5-4 　　　　　　　　　**常用其他灰浆参考配合比**

项 目		素水泥浆	麻刀灰浆	麻刀混合灰浆	纸筋灰浆
名称	单位	每 1m³ 用料数量			
42.5 级水泥		1888	—	60	—
生石灰		—	634	639	554
纸筋	kg	—	—	—	153
麻刀		—	10.23	10.23	—
水		390	700	700	610

5. 抹灰水泥砂浆掺粉煤灰配合比

抹灰水泥砂浆掺粉煤灰的配合比，见表 5-5。

表 5-5 抹灰水泥砂浆掺粉煤灰的配合比

| 抹灰项目 | 原配比（体积比） | | 现配比（体积比） | | | 节约效果 |
	水泥	砂子	水泥	粉煤灰	砂子	水泥（kg/m³）
内墙抹底层	1 (395)	3 (1450)	1 (200)	1 (100)	6 (1450)	195
内墙抹面层	1 (452)	2.5 (1450)	1 (240)	1 (120)	5 (1450)	212
外墙抹底层	1 (395)	3 (1450)	1 (200)	1 (100)	6 (1450)	195

注：括号内为每 1m³ 砂浆水泥、砂子、粉煤灰用量，水泥强度等级为 32.5。

6. 石灰膏用灰量表

石灰膏用灰量表，见表 5-6。

表 5-6 每 1m³ 石灰膏用灰量表

块：粉	10：0	9：1	8：2	7：3	6：4	5：5	4：6	3：7	2：8	1：0	0：10
用灰量（kg）	554.6	572.4	589.9	608.0	625.8	643.6	661.4	679.2	697.1	714.9	732.7
系数	0.88	0.91	0.94	0.97	1.00	1.02	1.05	1.08	1.11	1.14	1.17

7. 钢筋混凝土构件抹灰面积

钢筋混凝土构件抹灰面，见表 5-7。

表 5-7 钢筋混凝土构件抹灰面积

工程项目	抹灰面积（m²）	工程项目	抹灰面积（m²）
捣制钢筋混凝土	10.28	矩形梁	13.50
矩形柱、异形柱	20.00	T形吊车梁	10.79
直形墙 10cm 以内	11.45	鱼腹式吊车梁	10.63
直形墙 10cm 以外	4.50	组合式吊车梁	14.33
电梯壁	12.83	托架梁	13.20
单梁、连续梁、框架梁、悬臂梁、井字梁	13.00	过梁	6.25
拱形架，L、T、十、工字形梁	6.24	平板	12.50
圈梁、过梁	9.13	空心板	14.00
有梁板	8.62	拱形屋架、梯形屋架	25.00
平板	5.56	混合屋架	37.00
无梁板	18.50	预应力钢筋混凝土	—

工程项目	抹灰面积（m²）	工程项目	抹灰面积（m²）
挑檐、天沟	19.60	三角形屋架	24.00
压顶	6.74	锯齿形屋架	24.50
暖气沟、电缆沟	15.00	薄腹屋架	14.70
门式刚架	38.00	拱形屋架、平板屋架	10.00
天窗架	19.00	空腹式矩形梁	16.20
天窗端壁	35.60	实腹式矩形梁	13.50
槽形板、肋形板	39.88	行架式吊车梁	10.40
檐瓦板	33.35	折板	20.00
挂瓦板、檩条板	—	檩条、支撑、天窗上下挡	15.00
预制钢筋混凝土	18.53	天沟、挑檐板	13.30
工形柱	10.63	大形屋面板、双 T 形板	29.30
双肢柱、空格柱	21.28	槽长板、肋形板	40.00
管柱	—		

注：①密肋板、井字（密）天棚抹灰或喷浆面积，应按有梁板抹灰面积乘以 2.2。

②捣制、预制、预应力钢筋混凝土工程项目相同者，其所占面积抹灰应互相参照。

8. 一般砖外墙粉饰比例参考值

一般砖外墙粉饰比例参考值，见表 5-8。

表 5-8 一般砖外墙粉饰比例参考值

项目	外墙面勾缝	外墙面抹水泥砂浆	项目	外墙面勾缝	外墙面抹水泥砂浆
	每平方米外墙面粉饰比例（%）			每平方米外墙面粉饰比例（%）	
墙面	0.75	—	窗台	—	0.022
勒脚	—	0.125	檐口	—	0.050
腰线	—	0.015	合计	0.75	0.25
窗套	—	0.038			

9. 外窗台抹灰面积

外窗台抹灰面积参考值，见表 5-9。

表 5-9

外窗台抹灰面积

窗宽（m）	墙厚（mm）		
	240	365	490
	抹灰面积（m²）		
0.90	0.396	0.528	0.660
1.00	0.432	0.576	0.720
1.20	0.504	0.672	0.840
1.42	0.583	0.778	0.972
1.50	0.612	0.816	1.020
1.74	0.698	0.931	1.164
1.80	0.720	0.960	1.200
2.40	0.936	1.248	1.560
3.00	1.152	1.536	1.920
3.60	1.368	1.824	2.280
4.80	1.800	2.400	3.000
6.00	2.232	2.976	3.720

10. 预制混凝土构件粉刷工程量折算参考

预制混凝土构件粉刷工程量折算参考，见表 5-10。

表 5-10   预制混凝土构件粉刷工程量折算参考

项　目	单位	粉刷面积（m²）	备　注
矩形柱	m³	9.5	每立方米构件粉刷面积
工字形柱		19.0	
双肢柱		10.0	
矩形梁		12.0	
吊车梁	m³	1.9/8.1	金属屑刷白
T形梁		19	每立方米构件粉刷面积
大型屋面板		44	底面
密肋形屋面板		24	底面
平板		11.5	底面
薄腹屋面梁	m³	12.0	每立方米构件粉刷面积
桁架		20.0	
三角形屋架		25.0	
檩条		28.0	
天窗端壁	m³	30.0	双面粉刷

项　目	单位	粉刷面积（m²）	备　注
天窗支架	m³	30.0	每立方米构件粉刷面积
挑檐板		25.0	
楼梯段	m³	14/12	面层/底层
压顶		28.0	每立方米构件粉刷面积
地沟盖板		24.0	（单面）
厕所隔板		66.0	双面粉刷
大型墙板		30.0	双面粉刷
间壁		25.0	双面粉刷
支撑、支架	m³	25.0	每立方米构件粉刷面积
皮带走廊框架		10.0	
皮带走廊箱子	m³	7.8	单面粉刷

11. 现浇混凝土构件粉刷工程量折算参考值

现浇混凝土构件粉刷工程量折算参考值，见表5-11。

表 5-11　　　　　　　　现浇混凝土构件粉刷工程量折算参考值

项　目	单位	粉刷面积（m²）	备　注
无筋混凝土柱		10.5	每立方米构件的粉刷面积
钢筋混凝土柱		10.0	每立方米构件的粉刷面积
钢筋混凝土圆柱		9.5	每立方米构件的粉刷面积
钢筋混凝土单梁、连续梁		12.0	每立方米构件的粉刷面积
钢筋混凝土吊车梁		1.9/8.1	金属屑/刷白（每立方米构件）
钢筋混凝土异形梁		8.7	每立方米构件的粉刷面积
钢筋混凝土墙		8.3	单面（外面与内面同）
无筋混凝土墙		8.0	单面（外面与内面同）
无筋混凝土挡土墙、地下室墙		5.5	单面（外面与内面同）
毛石挡土墙及地下室墙	m²，m³	5.0	单面（外面与内面同）
钢筋混凝土挡土墙、地下室墙		5.8	单面（外面与内面同）
钢筋混凝土压顶		0.67	每延长米粉刷面积
钢筋混凝土暖气沟、电缆沟		14.0/9.6	内面/外面
钢筋混凝土贮仓料斗		7.5/7.5	内面/外面
无筋混凝土台阶		20.0	—
钢筋混凝土雨篷		1.6	每水平投影面积
钢筋混凝土阳台		1.8	每水平投影面积
钢筋混凝土拦板		2.1	每垂直投影面积
钢筋平板		10.8	每立方米粉刷面积
钢筋肋形板		13.5	每立方米粉刷面积

12. 胶合板的标定规格

胶合板的标定规格，见表5-12。

表 5-12 胶合板的标定规格

种类	厚度（mm）	宽度（mm）		长度（mm）			
阔叶树材胶合板	2.5，2.7，3，3.5，4，5，…自4mm起，按每毫米递增	915 1220 1225	915 —	— 1220	— — 1525	1830 1830 1830	2135 2135	— 2440
针叶树材胶合板	3，3.5，4，5，6，…自4mm起，按每毫米递增						

13. 常用不锈钢薄板的参考规格

常用不锈钢薄板的参考规格，见表5-13。

表 5-13 常用不锈钢薄板的参考规格

板材	钢板厚度（mm）	钢板宽度（mm）								
		500	600	710	750	800	850	900	950	1000
		钢板长度（mm）								
热轧钢板	0.35，0.4，0.45，0.5 0.55，0.6，0.7，0.75	— 1000 1500 2000	1200 1500 1800 2000	— 1000 1420 2000	1000 1500 1800 2000	— 1500 1600 2000	— — 1700 2000	1500 1500 1800 2000	1500 1900 1900 2000	— — 1500 2000
	0.8，0.9	— 1000 1500	— 1200 1420	— 1400 2000	1500 1800 2000	1500 1600 2000	1500 1700 2000	1500 1800 2000	1500 1900 2000	— 1500 2000
	1.0，1.1，1.2，1.25， 1.4，1.5，1.6，1.8	— 1000 1500 2000	— 1200 1420 2000	— 1000 1420 2000	1000 1500 1800 2000	1500 1500 1600 2000	1600 1600 1700 2000	1000 1500 1800 2000	1500 1500 1900 2000	— — 1500 2000
冷轧钢板	0.2，0.25，0.3，0.4	— 1000 1500	1200 1800 2000	1420 1800 2000	1500 1800 2000	1500 1800 2000	1500 1800 2000	— 1500 1800	— 	1500 2000
	0.5，0.55，0.6	— 1000 1500	1200 1800 2000	1420 1800 2000	1500 1800 2000	1500 1800 2000	1500 1800 2000	— 1500 1800	— 	1500 2000
	0.7，0.75	— 1000 1500	1200 1800 2000	1420 1800 2000	1500 1800 2000	1500 1800 2000	1500 1800 2000	— 1500 1800		— 1500 2000

418

续表

板材	钢板厚度（mm）	钢板宽度（mm）								
		500	600	710	750	800	850	900	950	1000
		钢板长度（mm）								
冷轧钢板	0.8、0.9	— 1000 1500	1200 1800 2000	1420 1800 2000	1500 1800 2000	1500 1800 2000	1500 1800 2000	— 1500 1800	—	— 1500 2000
	1.0、1.1、1.2、1.4、 1.5、1.6、1.8、2.0	1000 1500 2000	1200 1800 2000	1420 1800 2000	1500 1800 2000	1500 1800 2000	1500 1800 2000	— 1800 2000	—	— — 2000

14. 常见隔墙筋规格及中距计算参考表

常见隔墙筋规格及中距计算参考表，见表 5-14。

表 5-14　　　　　常见几种隔墙墙筋规格及中距计算参考表

项目名称	墙筋规格（cm）			墙筋中距		面　层
	立筋	横筋	靠墙边的 立、横筋	主筋	横筋	
单面板条墙方木	4×8	4×8	4×8	50	100	板条规格：100×3.8×0.75
单面板条墙圆木	φ10 对开	φ8 对开	φ12 对开	50	100	空隙 0.8
双面板条墙方木	5×10	4×7	4×10	50	100	—
双面板条墙圆木	φ10 对开	φ8 对开	φ12 对开	50	100	
单面苇箔墙方木	4×7	4×7	3×7	40	50	
双面苇箔墙方木	4×7	4×7	3×7	40	50	
单面钢丝网墙方木	4×8	4×8	4×8	50	100	钢丝网内稀铺板条
双面钢丝网墙方木	5×10	5×10	4×10	50	100	
单面纤维板间壁墙方木	5×8	5×8		90	90	5×8 及 3×8
双面纤维板间壁墙方木	φ3×8	φ3×8		90	90	相间隔设置
单面薄板间壁墙方木	4×9	4×9	4×9	80	80	错口板厚 2cm
双面薄板间壁墙方木	4×9	4×9	4×9	80	80	

注：表中均以毛料计算。

15. 常用轻质板隔墙用料参考表

常用轻质板隔墙用料参考表，见表 5-15。

表 5‑15　　　　　　　　　　　常用轻质板隔墙用料参考表　　　　　　　　　(100m²)

材料名称	规格（mm）	单位	数量	备注
木 方	40×70	m³	1.65	—
木 方	25×25	m³	0.05	拐角压口条
木 方	15×35	m³	0.02	板间压口条
轻质板材	—	m³	216	—
钉 子	—	kg	18.2	—

16. 金属结构构件折算面积参考

金属结构构件折算面积参考，见表 5‑16。

表 5‑16　　　　　　　　　　　金属结构构件折算面积参考

构件名称	每吨折算面积（m²）	构件名称	每吨折算面积（m²）
柱 3t	23	屋架（30m）5t	25
柱 7t	22	屋架（36m）8t	24
柱 11t	21	天窗架、挡风架、支架	35
柱 16t	20	支撑、檩条，墙架 0.2t	40
柱 20～25t	19	支撑、檩条，墙架 0.5t	37
吊车梁 15t	19	支撑、檩条，墙架 1t	35
吊车梁 20t	18	支撑、檩条，墙架 3t	30
吊车梁 3t	22	操作台、走台、制动梁	27
吊车梁 5t	21	扶梯	35
吊车梁 10t	20	栏杆	40
单轨吊车梁	22	车挡	24
悬臂吊车梁	30	间壁	34
屋架梁 5t	26	算子板平台	53
屋架梁 10t	24	钢门	35
屋架（18m）2t	27	钢窗	40
屋架（24m）3t	26	钢门窗	38.4

17. 常用建筑涂料品种及用量参考

常用建筑涂料品种及用量参考，见表5-17。

表5-17 常用建筑涂料品种及用量参考

产品名称	适用范围	用量（m²/kg）
苯-丙彩砂涂料	用于内、外墙装饰涂料	2～3.3
浮雕涂料	用于内、外墙装饰涂料	0.6～1.25
封底漆	用于内、外墙基体面	10～13
封固底漆	用于内、外墙增加结合力	10～13
各色乙酸乙烯无光乳胶漆	用于室内水泥墙面、天花	5
ST内墙涂料	水泥砂浆，石灰砂浆等内墙面，贮存期为6个月	3～6
106内墙涂料	水泥砂浆，新旧石灰墙面，贮存期为2个月	2.5～3.0
JQ-83耐洗擦内墙涂料	混凝土，水泥砂浆，石棉水泥板，纸面石膏板，贮存期3个月	3～4
KFT-831建筑内墙涂料	室内装饰，贮存期6个月	3
LT-31型Ⅱ型内墙涂料	混凝土，水泥砂浆，石灰砂浆等墙面	6～7
各种苯丙建筑涂料	内外墙、顶	1.5～3.0
高耐磨内墙涂料	内墙面，贮存期一年	5～6
各色丙烯酸有光、无光乳胶漆	混凝土、水泥砂浆等基面，贮存期8个月	4～5
各色丙烯酸凹凸乳胶底漆	水泥砂浆，混凝土基层（尤其适用于未干透者）贮存期一年	1.0
8201-4苯丙内墙乳胶漆	水泥砂浆，石灰砂浆等内墙面，贮存期6个月	5～7
B840水溶性丙烯醇封底漆	内外墙面，贮存期6个月	6～10
高级喷磁型外墙涂料	混凝土，水泥砂浆，石棉瓦楞板等基层	2～3
SB-2型复合凹凸墙面涂料	内、外墙面	4～5
LT苯丙厚浆乳胶涂料	外墙面	6～7
石头漆（材料）	内、外墙面	0.25
石头漆底漆	内、外墙面	3.3
石头漆、面漆	内、外墙面	3.3

18. 常见油漆材料单位面积参考用量

常见油漆材料单位面积参考用量，见表 5‑18。

表 5‑18　　　　　　　　常用油漆材料单位面积参考用量表

漆种	用　途	材料项目	用量（kg/m²）	
			普通油漆处理	精细油漆饰面
酚醛清漆	普通木饰面	酚醛清漆	0.12	—
		松节油	0.02	
硝基清漆	木天棚、木墙裙、木造型、木线条及木家具的饰面	虫胶片	0.023	0.03
		工业酒精	0.14	0.2
		硝基清漆	0.15	0.22
		香蕉水	0.8	1.4
聚氨酯清漆	木天棚、木墙裙、木造型、木线条及木家具的饰面	虫胶片	0.023	0.03
		酒精	0.14	0.25
		聚氨酯清漆	0.12	0.15
硝基喷漆（手扫漆）	木造型、木线条、钢木家具	硝基磁漆	0.11	0.15
		天那水	1.2	1.8
硝基磁漆	木造型、木线条、钢木家具	硝基磁漆	0.11	0.15
		天那水或香蕉水	1.1	1.6
酚醛磁漆	普通木饰面	酚醛磁漆	0.14	
		松节油	0.05	
各色酚醛地板漆	木质地板或水泥地面	—	0.3	0.35

19. 常用腻子参考用量

常用腻子参考用量，见表 5‑19。

表 5‑19　　　　　　　　常用腻子用量参考表

腻子种类	用　途	材料项目	用量（kg/m²）
石膏油腻子	墙面、柱面、地面、普通家具的不透木纹嵌底	石膏粉	0.22
		熟桐油	0.06
		松节油	0.02
血料腻子	中、高档家具的不透木纹嵌底	熟猪血	0.11
		老粉（富粉）	0.23
		木胶粉	0.03
石膏清漆腻子	墙面、地面、家具面的露木纹嵌底	石膏粉	0.18
		清漆	0.08

续表

腻子种类	用　　途	材料项目	用量（kg/m²）
虫胶腻子	墙面、地面、家具面的露木纹嵌底	虫胶漆 老粉	0.11 0.15
硝基腻子	常用于木器透明涂饰的局部填嵌	硝基清漆 老粉	0.08 0.16

二、基础定额一般规定与工作内容

（一）定额一般规定

建筑装饰工程定额一般规定，见表 5-20。

表 5-20　　　　　　　　　　建筑装饰工程定额一般规定

项目	定　额　一　般　规　定
墙、柱面装饰	（1）墙、柱面装饰定额凡注明砂浆种类、配合比、饰面材料型号规格的（含型材），如与设计规定不同时，可按设计规定调整，但人工数量不变 （2）墙面抹石灰砂浆分二遍、三遍、四遍，其标准如下： ①二遍：一遍底层，一遍面层 ②三遍：一遍底层，一遍中层，一遍面层 ③四遍：一遍底层，一遍中层，两遍面层 （3）抹灰等级与抹灰遍数、工序、外观质量的对应关系见表 5-21 （4）抹灰厚度，如设计与定额取定不同时，除定额项目有注明可以换算外，其他一律不作调整；抹灰厚度按不同的砂浆分别列在定额项目中，同类砂浆列总厚度，不同砂浆分别列出厚度，如定额项目中（18＋6）mm，即表示两种不同砂浆的各自厚度 （5）圆弧形、锯齿形、不规则墙面抹灰、镶贴块料、饰面，按相应项目人工乘以系数 1.15 （6）外墙贴块料釉面砖、劈离砖和金属面砖项目灰缝宽分密缝、10mm 以内和 20mm 以内列项，其人工、材料已综合考虑。如灰缝超过 20mm 以上者，其块料及灰缝材料用量允许调整，其他不变 （7）定额木材种类除注明者外，均以一两类木种为准，如采用三四类木种，其人工及木工机械乘以系数 1.3 （8）面层、隔墙（间壁）、隔断定额内，除注明者外均未包括压条、收边、装饰线（板），设计要求时应按装饰工程的相应定额计算 （9）面层、木基层均未包括刷防火涂料，设计要求时另按相应定额计算 （10）幕墙、隔墙（间壁）、隔断所用的轻钢、铝合金龙骨，设计要求与定额规定不同时允许按设计调整，但人工不变 （11）块料镶贴和装饰抹灰的"零星项目"适用于挑檐、天沟、腰线、窗台线、门窗套、压顶、栏板、扶手、遮阳板、雨篷周边等。一般抹灰的"零星项目"适用于各种壁柜、碗柜、过人洞、暖气壁龛、池槽、花台以及 1m² 以内的抹灰。抹灰的"装饰线条"适

项目	定 额 一 般 规 定
墙、柱面装饰	用于门窗套、挑檐腰线、压顶、遮阳板、楼梯边梁、宣传栏边框等凸出墙面或灰面展开宽度小于 300mm 以内的竖、横线条抹灰。超过 300mm 的线条抹灰按"零星项目"执行 （12）压条、装饰条以成品安装为准。如在现场制作木压条者，每 10m 增加 0.25 个工日。木材按净断面加刨光损耗计算。如在木基层天棚面上钉压条、装饰条者，其人工乘以系数 1.34；在轻钢龙骨天棚板面钉压装饰条者，其人工乘以系数 1.68；木装饰条做图案者，人工乘以系数 1.8 （13）木龙骨基层是按双向计算的，设计为单向时，材料、人工用量乘以系数 0.55；木龙骨基层用于隔断、隔墙时每 100m² 木砖改按木材 0.07m³ 计算 （14）玻璃幕墙、隔墙如设计有平、推拉窗者，扣除平、推拉窗面积另按门窗工程相应定额执行 （15）木龙骨如采用膨胀螺栓固定者，均按定额执行 （16）墙柱面积灰，装饰项目均包括 3.6m 以下简易脚手架的搭设及拆除
天棚面装饰	（1）定额中凡注明了砂浆种类和配合比、饰面材料型号规格的，与设计不同时，可按设计规定调整 （2）装饰工程中的龙骨是按常用材料及规格组合编制的，与设计规定不同时，可以换算，人工不变 （3）定额中木龙骨规格，大龙骨为 50mm×70mm，中、小龙骨为 50mm×50mm，吊木筋为 50mm×50mm，设计规格不同时，允许换算，人工及其他材料不变 （4）天棚面层在同一标高者为一级天棚；天棚面层不在同一标高者，且高差在 200mm 以上者为二级或三级天棚 （5）天棚骨架、天棚面层分别列项，按相应项目配套使用。对于二级或三级以上造型的天棚，其面层人工乘以系数 1.3 （6）吊筋安装，如在混凝土板上钻孔、挂筋者，按相应项目每 100m² 增加人工 3.4 工日；如在砖墙上打洞搁放骨架者，按相应天棚项目 100m² 增加人工 1.4 工日。上人形天棚骨架吊筋为射钉者，每 100m² 减少人工 0.25 工日，吊筋 3.8kg。增加钢板 27.6kg，射钉 585 个 （7）装饰天棚顶项目已包括 3.6m 以下简易脚手架搭设及拆除
油漆、喷涂、裱糊	（1）定额中刷涂、刷油采用手工操作，喷塑、喷涂、喷油采用机械操作，操作方法不同时不另调整 （2）油漆浅、中、深各种颜色已综合在定额内，颜色不同，不另调整 （3）定额在同一平面上的分色及门窗内外分色已综合考虑，如需做美术图案者另行计算 （4）定额规定的喷、涂、刷遍数，与设计要求不同时，可按每增加一遍定额项目进行调整 （5）喷塑（一塑三油）：底油、装饰漆、面油，其规格划分如下： ①大压花：喷点压平，喷点面积在 1.2cm² 以上 ②中压花：喷点压平，喷点面积在 1～1.2cm² ③喷中点、幼点：喷点面积在 1cm² 以下

表 5‑21　　　　　　　　抹灰等级与抹灰遍数、工序、外观质量的对应关系

名称	普通抹灰	中级抹灰	高级抹灰
遍数	二遍	三遍	四遍
主要工序	分层找平、修整、表面压光	阳角找方、设置标筋、分层找平、修整、表面压光	阳角找方、设置标筋、分层找平、修整、表面压光
外观质量	表面光滑、洁净、接槎平整	表面光滑、洁净、接槎平整、压线、清晰、顺直	表面光滑、洁净、颜色均匀、无抹纹压线、平直方正、清晰美观

（二）基础定额工作内容

建筑装饰工程基础定额工作内容，见表 5‑22。

表 5‑22　　　　　　　　　　定额工作内容

项目	定额工作内容
墙柱面装饰工程	（1）石灰砂浆、水泥砂浆、混合砂浆及其他砂浆的抹类包括清理、修补、湿润基层表面、堵墙眼、调运砂浆、清扫落地灰、分层抹灰找平、刷浆、洒水湿润、罩面压光（包括门窗洞口侧壁及护角线抹灰） （2）砖石墙面勾缝、假面砖项目包括清扫墙面、修补湿润、堵墙眼、调运砂浆、翻脚手架、清扫落地灰、刻瞎缝、勾缝、墙角修补等全过程；分层抹灰找平、洒水湿润、弹线、饰面砖。假饰面砖中的红土粉，如用矿物颜料者品种可以调整，用量不变 （3）装饰抹灰中的水刷石、干黏石、斩假石、水磨石及拉条灰、甩毛灰包括清理、修补、湿润基层表面、堵墙眼、调运砂浆、清扫落地灰、翻移脚手架 水刷石还包括分层抹灰、找平、刷浆、起线、拍平、压实、刷面（包括门窗洞口侧壁抹灰）；干黏石还包括分层抹灰、找平、刷浆、起线、黏石、拍平、压实（包括门窗洞口侧壁抹灰）；斩假石还包括分层抹灰、找平、刷浆、起线、压平、压实、刷面（包括门窗洞口侧壁抹灰）；水磨石还包括分层抹灰、找平、刷浆、配色抹面、起线、压平、压实、磨光（包括门窗洞口侧壁抹灰）；拉条灰、甩毛灰还包括分层抹灰、找平、刷浆、罩面、分格、甩毛、拉条（包括门窗洞口侧壁抹灰） （4）分格嵌缝项目包括玻璃条制作安装、画线分格、清扫基层、涂刷素水泥浆 （5）挂贴大理石、花岗岩、汉白玉均包括清理修补基层表面、刷浆、预埋铁件、制作安装钢筋网、电焊固定；选料湿水、钻孔成槽、镶贴面层及阴阳角、穿丝固定；调运砂浆、磨光打蜡、擦缝、养护 （6）拼碎大理石、花岗岩均包括清理基层、调运砂浆、打底刷浆；镶贴块料面层、砂浆勾缝（灌缝）；磨光、擦缝、打蜡、养护 （7）粘贴大理石、花岗岩、汉白玉均包括清理基层、调运砂浆、打底刷浆；镶贴块料面层、刷黏结剂、切割面料；磨光、擦缝、打蜡、养护 （8）干挂大理石、花岗岩均包括清理基层、清洗大理石或花岗岩、钻孔成槽、安铁件（螺栓）、挂大理石或花岗岩；刷胶、打蜡、清洁面层

项目	定 额 工 作 内 容
墙柱面装饰工程	（9）挂贴预制水磨石包括清理基层、清洗水磨石、钻孔成槽、安铁件（螺栓）、挂水磨石；刷胶、打蜡、清洁面层 （10）粘贴预制水磨石包括清理基层、调运砂浆、打底刷浆；镶贴块料面层、刷黏结剂、砂浆勾缝；磨光、擦缝、打蜡、养护 （11）粘贴凸凹假麻石包括清理基层、调运砂浆、砂浆找平；选料、抹结合层砂浆、贴凸凹面、擦缝 （12）粘贴陶瓷锦砖、玻璃马赛克、瓷板、釉面砖、劈离砖、金属面砖均包括了清理修补基层表面、打底抹灰、砂浆找平；选料、抹结合层砂浆、贴块料、擦缝、清洁面层 （13）墙、柱面木龙骨基层包括定位、下料、打眼剔洞、埋木砖、安装龙骨、刷防腐油等 （14）墙、柱面轻钢、铝合金、型钢、石膏等龙骨均包括了定位、弹线、安装龙骨 （15）墙、柱面镜面玻璃、镭射玻璃面层包括安装玻璃面层、玻璃磨砂打边、钉压条 （16）墙、柱面贴或钉人造革、丝绒、塑料板、胶合板、硬木板条、石膏板及竹片等均包括了贴或钉面层、钉压条、清理等全部操作过程；人造革、胶合板、硬木板条还包括踢脚线部分 （17）电化铝板、铝合金装饰板、镀锌铁皮、纤维板、刨花板、松木薄板及木丝板墙面、墙裙均包括贴或钉面层、钉压条、清理等全部操作过程。如采用乳胶粘贴者，减去定额中铁钉用量，增加乳胶 30kg （18）石棉板、柚木皮墙面均包括贴或钉面层、清理等 （19）不锈钢柱饰面包括定位、弹线、截割龙骨、安装龙骨、铺装夹板、面层材料、清扫等全部操作过程；定位下料、木骨架安装、钉夹板、安装面板、清扫、预埋木砖等 （20）铝合金茶色玻璃幕墙、铝合金玻璃隔墙均包括型材矫正、放样下料、切割断料、钻孔、安装框架、玻璃配件、周边塞扣、清扫；水泥砂浆找平、清理基层、调运砂浆、清理残灰落地灰、定位、弹线、选料、下料、打孔剔洞、安装龙骨 （21）木骨架玻璃隔墙、铝合金装饰隔断均包括定位、弹线、选料、下料、打孔剔洞、木骨架制作安装、装玻璃、钉面板 （22）柱面包镁铝曲板、浴厕木隔断均包括定位、钉木基层、封夹板、贴面层；选料、下料、钉木楞、钉面板、刷防腐油、安装小五金配件 （23）玻璃砖隔断、活动塑料隔断均包括定位画线、安装预埋铁件、铁架、搅拌运浆、运玻璃砖、砌玻璃砖墙、勾缝、钢筋绑扎、玻璃砖砌体面清理；截割路轨、安装路槽、塑料隔断 （24）压条、金属装饰条、木装饰条、木装饰压角条均包括定位、弹线、下料、钻孔、加榫、刷胶、安装、固定等 （25）硬塑料线条、石膏条、镜面玻璃条、镁铝曲板条均包括定位、弹线、下料、刷胶、安装、固定等。软塑料线条者，其人工乘以系数 0.5 （26）硬木窗台板、硬木筒子板均包括选料、制作、安装、剔砖打洞、下木砖、立木筋、起缝、对缝、钉压条等全部操作过程 （27）塑料、硬木窗帘盒均包括制作、安装、剔砖打洞、铁件制作、固定盖板、组装塑料窗帘盒等全部操作过程 （28）明装式铝合金窗帘轨、钢筋窗帘杆均包括组配铝合金窗帘轨、安装支撑及校正清理；铁件制作、安装、钢筋下料、套丝、试配螺母、安装校正等

项目	定额工作内容
天棚装饰工程	（1）混凝土面天棚、钢板网天棚、板条及其他木质面天棚、装饰线等抹灰项目包括清扫修补基层表面、堵眼、调运砂浆、清扫落地灰；抹灰、找平、罩面、压光，包括小圆角抹光 （2）混凝土面天棚砂浆拉毛项目包括清扫修补基层表面、堵眼、调运砂浆、清扫落地灰；抹灰、找平、罩面、拉毛 （3）天棚对剖圆木楞包括了定位、弹线、选料、下料、制作安装、吊装及刷防腐油等 （4）方木楞天棚龙骨吊在人字屋架或砖墙上的项目包括制作、安装木楞（包括检查孔）；搁在砖墙及吊在屋架上的楞头、木砖刷防腐油等 （5）方木楞天棚龙骨吊在混凝土板下或梁下的项目包括制作、安装木楞（包括检查孔）；混凝土板下、梁下的木楞刷防腐油等 （6）天棚轻钢龙骨项目包括吊件加工、安装；定位、弹线、射钉；选料、下料、定位杆控制高度、平整、安装龙骨及横撑附件、孔洞预留等；临时加固、调整、校正；灯箱风口封边、龙骨设置；预留位置、整体调整 （7）天棚铝合金龙骨项目包括定位、弹线、射钉、膨胀螺栓及吊筋安装；选料、下料组装、吊装；安装龙骨及横撑、临时固定支撑；孔洞预留，安、封边龙骨；调整、校正 （8）天棚各种面层项目均包括安装天棚面层、玻璃磨砂打边 （9）铝栅假天棚、雨篷底吊铝骨架铝条天棚、铝合金扣板雨篷龙骨及饰面项目均包括了定位、弹线、选料、下料、安装龙骨、拼装或安装面层等 （10）铝结构、钢结构中空玻璃及钢化玻璃采光天棚项目均包括定位、弹线、选料、下料、安装龙骨、放胶垫、装玻璃、上螺栓 （11）柚木、铝合金送（回）风口项目包括对口、号眼、安装木框条、过滤网及风口校正、上螺栓、固定等 （12）木方格吊顶天棚项目包括截料、弹线、拼装搁栅、钉铁钉、安装铁钩及不锈钢管等
油漆、涂料、裱糊工程	（1）木材面油漆包括清扫、磨砂纸、点漆片、润油粉、刮腻子、刷底油、油色、刷理漆片、调和漆、磁漆、磨退出亮、磁漆罩面、硝基清漆、补嵌腻子、刷广（生）漆、醇酸清漆、丙烯酸清漆、过氯乙烯底漆、防火漆、聚氨酯漆、色聚氨酯漆、酚醛清漆、碾颜料、过筛、调色、刷地板漆、烫硬蜡、擦蜡、刷臭油水，其中调和漆、清漆、醇酸磁漆、醇酸清漆、丙烯酸清漆、过氯乙烯底漆、防火漆、聚氨酯漆、色聚氨酯漆、酚醛清漆、刷广（生）漆等可根据设计要求遍数，进行增减调整 （2）金属油漆包括清扫、除锈、清除油污、磨光、补缝、刮腻子、喷漆、刷臭油水、磷化底漆、锌黄底漆、刷调和漆、醇酸清漆、过氯乙烯底漆、红丹防锈漆、银粉漆、防火漆，其中刷调和漆、醇酸清漆、过氯乙烯底漆、红丹防锈漆、银粉漆、防火漆等可根据设计要求遍数，进行增减调整 （3）抹灰面油漆包括清扫、刮腻子、磨砂纸、刷底油、磨光、做花纹、调和漆、乳胶漆、刷熟桐油，其中刷调和漆、乳胶漆、刷熟桐油等可根据设计要求遍数，进行增减调整

项目	定额工作内容
油漆、涂料、裱糊工程	（4）墙、柱、梁及天棚面一塑三油包括清扫、清铲、补墙面、门窗框贴黏合带、遮盖门窗口、调制、刷底油、喷塑、胶辘、压平、刷面油等 （5）外墙 JH801 涂料、彩砂喷涂、砂胶涂料均包括基层清理、补小孔洞、调料、遮盖不应喷处、喷涂料、压平、清铲、清理被喷污的位置等 （6）仿瓷涂料包括基层清理、补小孔洞、配料、刮腻子、磨砂纸、仿瓷涂料二遍 （7）抹灰面多彩涂料包括清扫灰土、刮腻子、磨砂纸、刷底涂一遍、喷多彩面涂一遍、遮盖不应喷涂部位等 （8）抹灰面 106、803 涂料、刷普通水泥浆、刮腻子、刷可赛银浆均包括清扫、配浆、刮腻子、磨砂纸、刷浆等 （9）108 胶水泥彩色地面、777 涂料席纹地面、177 涂料乳液罩面均包括清理、找平、配浆、刮腻子、磨砂纸、刷浆、打蜡、擦光、养护等 （10）刷白水泥、刷石灰油浆、刷红土子浆均包括清扫、配浆、刷涂料等 （11）抹灰面喷刷石灰浆、刷石灰大白浆、刮腻子刷大白浆均包括清扫、刮腻子、磨砂纸、刷涂料等 （11）墙面贴装饰纸包括清扫、执补、刷底油、刮腻子、磨砂纸、配制贴面材料、裱糊刷胶、裁墙纸（布）、贴装饰面等

三、基础定额工程量计算规则

1. 墙、柱面装饰工程工程量计算规则

墙、柱面装饰工程工程量计算规则，见表 5－23。

表 5－23 　　　　　　　墙、柱面装饰工程工程量计算规则

项　目	工　程　量　计　算　规　则
内墙抹灰	①内墙抹灰面积，应扣除门窗洞口和空圈所占的面积，不扣除踢脚板、挂镜线，0.3m² 以下的孔洞和墙与构件交接处的面积，洞口侧壁和顶面也不增加。墙垛和附墙烟囱侧壁面积与内墙抹灰工程量合并计算 ②内墙面抹灰的长度，以主墙间的图示净长尺寸计算。其高度确定方法如下： 　a. 无墙裙的，其高度按室内地面或楼面至顶棚底面之间距离计算 　b. 有墙裙的，其高度按墙裙顶至顶棚底面之间距离计算 　c. 钉板条顶棚的内墙面抹灰，其高度按室内地面或楼面至顶棚底面另加 100mm 计算 ③内墙裙抹灰面积按内墙净长乘以高度计算，应扣除门窗洞口和空圈所占的面积，门窗洞口和空圈的侧壁面积不另增加，墙垛、附墙烟囱侧壁面积并入墙裙抹灰面积内计算
外墙抹灰	①外墙抹灰面积，按外墙面的垂直投影面积以"m²"计算，应扣除门窗洞口、外墙裙和大于 0.3m² 孔洞所占面积，洞口侧壁面积不另增加，附墙垛、梁、柱侧面抹灰面积并入外墙面抹灰工程量内计算。栏板、栏杆、窗台线、门窗套、扶

续表 1

项目	定 额 工 作 内 容
外墙抹灰	手、压顶、挑檐、遮阳板、突出墙外的腰线等，另按相应规定计算 ②外墙裙抹灰面积按其长度乘高度计算，扣除门窗洞口和大于 0.3m² 孔洞所占的面积，门窗洞口及孔洞的侧壁不增加 ③窗台线、门窗套、挑檐、腰线、遮阳板等展开宽度在 300mm 以内者，按装饰线以延长米计算。如展开宽度超过 300mm 以上时，按图示尺寸以展开面积计算，套零星抹灰定额项目 ④栏板、栏杆（包括立柱、扶手或压顶等）抹灰按立面垂直投影面积乘以系数 2.2 以 "m²" 计算 ⑤阳台底面抹灰按水平投影面积以 "m²" 计算，并入相应顶棚抹灰面积内。阳台如带悬臂梁者，其工程量乘系数 1.30 ⑥雨篷底面或顶面抹灰分别按水平投影面积以 "m² 计算，并入相应顶棚抹灰面积内。雨篷顶面带反沿或反梁者，其工程量乘系数 1.20，底面带悬臂梁者，其工程量乘以系数 1.20。雨篷外边线按相应装饰或零星项目执行 ⑦墙面勾缝按垂直投影面积计算，应扣除墙裙和墙面抹灰的面积，不扣除门窗洞口、门窗套、腰线等零星抹灰所占的面积，附墙柱和门窗洞口侧面的勾缝面积也不增加。独立柱、房上烟囱勾缝，按图示尺寸以 "m²" 计算
外墙装饰抹灰	①外墙各种装饰抹灰均按图示尺寸以实抹面积计算，应扣除门窗洞口空圈的面积，其侧壁面积不另增加 ②挑檐、天沟、腰线、栏杆、栏板、门窗套、窗台线、压顶等均按图示尺寸展开面积以 "m³" 计算，并入相应的外墙面积内
块料面层	①墙面贴块料面层均按图示尺寸以实贴面积计算 ②墙裙以高度在 1500mm 以内为准，超过 1500mm 时按墙面计算，高度低于 300mm 时，按踢脚板计算
木隔墙、墙裙、护壁板	木隔墙、墙裙、护壁板均按图示尺寸长度乘高度按实铺面积以 "m²" 计算
玻璃隔墙	玻璃隔墙按上横档顶面至下横档底面之间的高度乘宽度（两边立梃外边线之间）以 "m²" 计算
浴厕木隔断	浴厕木隔断按下横挡底面至上横挡顶面高度乘图示长度以 "m²" 计算，门扇面积并入隔断面积内计算
铝合金、轻钢隔墙、幕墙	铝合金、轻钢隔墙、幕墙按四周框外围面积计算
独立柱	①一般抹灰、装饰抹灰、镶贴块料按结构断面周长乘柱的高度以 "m²" 计算 ②柱面装饰按柱外围饰面尺寸乘柱的高以 "m²" 计算
各种"零星项目"	"零星项目"均按图示尺寸以展开面积计算

2. 天棚装饰工程工程量计算规则

天棚装饰工程工程量计算规则，见表5－24。

表5－24 天棚装饰工程工程量计算规则

项　目	工 程 量 计 算 规 则
天棚抹灰	①天棚抹灰面积，按主墙间的净面积计算，不扣除间壁墙、垛、柱、附墙烟囱、检查口和管道所占的面积。带梁天棚，梁两侧抹灰面积，并入天棚抹灰工程量内计算 ②密肋梁和井字梁天棚抹灰面积，按展开面积计算 ③天棚抹灰如带有装饰线时，区别按三道线以内或五道线以内按"延长米"计算，线角的道数以一个突出的棱角为一道线 ④檐口天棚的抹灰面积，并入相同的天棚抹灰工程量内计算 ⑤天棚中的折线、灯槽线、圆弧形线、拱形线等艺术形式的抹灰，按展开面积计算
各种吊顶天棚龙骨	按主墙间净空面积计算，不扣除间壁墙、检查口、附墙烟囱、柱、垛和管道所占面积，但天棚中的折线、跌落等圆弧形，高低吊灯槽等面积也不展开计算
天棚面装饰工程量计算规定	①天棚装饰面积，按主墙间实铺面积以"m²"计算，不扣除间壁墙、检查口、附墙烟囱、附墙垛和管道所占面积，应扣除独立柱及与天棚相连的窗帘盒所占的面积 ②天棚中的折线、跌落等圆弧形、拱形、高低灯槽及其他艺术形式的天棚面层均按展开面积计算

3. 油漆、涂料、裱糊工程工程量计算规则

（1）楼地面、天棚面、墙、柱、梁面的喷（刷）涂料、抹灰面、油漆及裱糊工程，均按楼地面、天棚面、墙、柱、梁面装饰工程相应的工程量计算规则规定计算。

（2）木材面、金属面油漆的工程量，分别按表5－25～表5－33规定计算，并乘以表列系数以"m²"计算。

①木材面油漆（表5－25～表5－29）。

表5－25 单层木门工程量系数表

项目名称	系　数	工程量计算方法
单层木门	1.00	按单面洞口面积
双层（一玻一纱）木门	1.36	按单面洞口面积
双层（单裁口）门	2.00	按单面洞口面积
单层全玻门	0.83	按单面洞口面积
木百叶门	1.25	按单面洞口面积
长库大门	1.10	按单面洞口面积

表 5‑26   单层木窗工程量系数表

项目名称	系　数	工程量计算方法
单层玻璃窗	1.00	按单面洞口面积
双层（一玻一纱）窗	1.36	按单面洞口面积
双层（单裁口）窗	2.00	按单面洞口面积
三层（二玻一纱）窗	2.60	按单面洞口面积
单层组合窗	0.83	按单面洞口面积
双层组合窗	1.13	按单面洞口面积
木百叶窗	1.50	按单面洞口面积

表 5‑27   木扶手（不带托板）工程量系数表

项目名称	系　数	工程量计算方法
木扶手（不带托板）	1.00	按单面洞口面积
木扶手（带托板）	2.60	按单面洞口面积
窗帘盒	2.04	按单面洞口面积
封檐板、顺水板	1.74	按单面洞口面积
挂衣板、黑板框	0.52	按单面洞口面积
生活园地框、挂镜线、窗帘棍	0.35	按单面洞口面积

表 5‑28   其他木材面工程量系数表

项目名称	系　数	工程量计算方法
木板、纤维板、胶合板天棚、檐口	1.00	长×宽
清水板条天棚、檐口	1.07	
木方格吊顶天棚	1.20	
吸声板墙面、天棚面	0.87	
鱼鳞板墙	2.48	
木护墙、墙裙	0.91	
窗台板、筒子板、盖板	0.82	
暖气罩	1.28	
屋面板（带檩条）	1.11	斜长×宽
木间壁、木隔断	1.90	单面外围面积
玻璃间壁露明墙筋	1.65	
木栅栏、木栏杆（带扶手）	1.82	
木屋架	1.79	跨度（长）×中高×1/2
衣柜、壁柜	0.91	投影面积（不展开）
零星木装修	0.87	展开面积

表 5–29　　　　　　　　　　　　　木地板工程量系数表

项目名称	系　数	工程量计算方法
木地板、木踢脚线	1.00	长×宽
木楼梯（不包括底面）	2.30	水平投影面积

②金属面油漆（表 5–30、表 5–31）。

表 5–30　　　　　　　　　　　单层钢门窗工程量系数表

项目名称	系　数	工程量计算方法
单层钢门窗	1.00	洞口面积
双层（一玻一纱）钢门窗	1.48	
钢百叶钢门	2.27	
半截百叶钢门	2.22	
满钢门或包铁皮门	1.63	
钢折叠门	2.30	
射线防护门	2.96	
厂库房平开、推拉门	1.70	框（扇）外围面积
钢丝网大门	0.81	
间壁	1.85	长×宽
平板屋面	0.74	斜长×斜宽
瓦垄板屋面	0.89	斜长×斜宽
排水、伸缩缝盖板	0.78	展开面积
吸气罩	1.63	水平投影面积

表 5–31　　　　　　　　　　　其他金属面工程量系数表

项目名称	系　数	工程量计算方法
钢屋架、天窗架、挡风架、屋架梁、支撑、檩条	1.00	质量（t）
墙架（空腹式）	0.50	质量（t）
墙架（格板式）	0.82	质量（t）
钢柱、吊车梁、花式梁柱、空花构件	0.63	质量（t）
操作台、走台、制动梁、钢梁车挡	0.71	质量（t）
钢栅栏门、栏杆、窗栅	1.71	质量（t）
钢爬梯	1.18	质量（t）
轻型屋架	1.42	质量（t）
踏步式钢扶梯	1.05	质量（t）
零星铁件	1.32	质量（t）

③抹灰面油漆、涂料（表5-32、表5-33）。

表5-32   平板屋面涂刷磷化、锌黄底漆工程量系数表

项目名称	系　数	工程量计算方法
平板屋面	1.00	斜长×宽
瓦垄板屋面	1.20	
排水、伸缩缝盖板	1.05	展开面积
吸气罩	2.20	水平投影面积
包镀锌薄钢板门	2.20	洞口面积

表5-33   抹灰面工程量系数表

项目名称	系　数	工程量计算方法
槽形底板、混凝土折板	1.30	长×宽
有梁底板	1.10	
密肋、井字梁底板	1.50	
混凝土平板式楼梯底	1.30	水平投影面积

四、装饰工程常用计算公式

1. 楼地面工程量计算方法

(1) 找平层和整体面层工程量计算公式：

楼地面找平层和整体面层工程量＝主墙间净长度×主墙间净宽度－构筑物等所占面积

楼地面块料面层工程量＝净长度×净宽度－不做面层面积＋增加其他面积

(2) 楼梯工程量计算公式：

楼梯工程量＝楼梯间净宽×（休息平台宽＋踏步宽×步数）×（楼层数－1）

如图5-1所示，当楼梯井宽度＞500mm时：

楼梯工程量＝[楼梯间净宽×（休息平台宽＋踏步宽×步数)－（楼梯井宽－0.5）×楼梯井长]×
（楼层数－1）

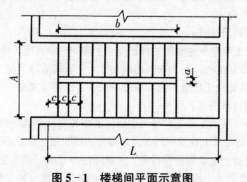

图5-1　楼梯间平面示意图

即：当 $a \leqslant 500\text{mm}$ 时，楼梯面层工程量＝$L \times A \times (n-1)$（n 为楼层数）

当 $a > 500\text{mm}$ 时，楼梯面层工程量＝$[L \times A - (a-0.5) \times b] \times (n-1)$

注意：楼梯最后一跑只能增加最后一级踏步宽乘楼梯间宽度一半的面积，如扣减楼梯井宽度时，宽度按扣减后的一半计算。

（3）台阶工程量计算公式：

台阶工程量＝台阶长×踏步宽×步数

台阶如图 5-2 所示，台阶工程量＝$L \times B \times 4$

（4）踢脚板工程量计算公式：

踢脚板工程量＝踢脚板净长度×高度

或：踢脚线工程量＝踢脚线净长度

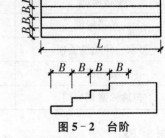

图 5-2 台阶

2. 墙柱面工程量计算方法

（1）内墙抹灰工程量计算公式：

内墙抹灰工程量＝墙间净长度×墙面高度－门窗等面积＋垛的侧面抹灰面积

内墙裙抹灰工程量＝主墙间净长度×墙裙高度－门窗所占面积＋垛的侧面抹灰面积

柱抹灰工程量＝柱结构断面周长×设计柱抹灰高度

（2）外墙抹灰工程量计算公式：

外墙抹灰工程量＝外墙面长度×墙面高度－门窗等面积＋垛梁柱的侧面抹灰面积

外墙裙抹灰工程量＝外墙面长度×墙裙高度－门窗所占面积＋垛梁柱侧面抹灰面积

其他抹灰工程量＝展开宽度在 300mm 以内的实际长度

或：其他抹灰工程量＝展开宽度在 300mm 以上的实际面积

栏板、栏杆工程量＝栏板、栏杆长度×栏板、栏杆抹灰高度

墙面勾缝工程量＝墙面长度×墙面高度

外墙装饰抹灰工程量＝外墙面长度×抹灰高度－门窗等面积＋垛梁柱的侧面抹灰面积

柱装饰抹灰工程量＝柱结构断面周长×设计柱抹灰高度

（3）墙柱面贴块料工程量计算公式：

墙面贴块料工程量＝图示长度×装饰高度

柱面贴块料工程量＝柱装饰块料外围周长×装饰高度

（4）墙、柱饰面工程量计算公式：

墙、柱饰面龙骨工程量＝图示长度×高度×系数

墙、柱饰面基层面层工程量＝图示长度×高度

木间壁、隔断工程量＝图示长度×高度－门窗面积

铝合金（轻钢）间壁、隔断、幕墙＝净长度×净高度－门窗面积

3. 顶棚工程量计算方法

（1）顶棚抹灰工程量计算公式：

顶棚抹灰工程量＝主墙间的净长度×主墙间的净宽度＋梁测面面积

井字梁顶棚抹灰工程量＝主墙间的净长度×主墙间的净宽度＋梁测面面积

装饰线工程量＝$\sum$（房间净长度＋房间净宽度）×2

（2）顶棚吊顶工程量计算公式：

一级吊顶顶棚龙骨工程量＝主墙间的净长度×主墙间的净宽度

"二至三级"顶棚龙骨工程量＝跌级高差最外边线长度×跌级高差最外边线宽度

一级吊顶顶棚龙骨工程量＝主墙间的净长度×主墙间的净宽度－"二至三级"顶棚龙骨工程量

顶棚饰面工程量＝主墙间的净长度×主墙间的净宽度－独立柱等所占面积

跌落等艺术形式顶棚饰面工程量=∑（展开长度×展开宽度）

(3) 顶棚龙骨工程量计算公式：

$$每间房子用量=大龙骨每根长度×（分布宽度/龙骨间距+1）×断面×（1+损耗率）$$

小龙骨通常是方格结构，如 400mm×400mm，500mm×500mm 等。

$$每间房内小龙骨的用量=[房间长×（房间宽/龙骨间距+1）+房间宽×（房间长/龙骨间距+1）]×龙骨断面×（1+损耗率）$$

轻钢龙骨分为大、中、小三种。

$$轻钢龙骨质量=龙骨长度×（宽度/间距+1）×（1+损耗率）×每米质量$$

$$铝合金主、次龙骨用量=龙骨纵长×（宽度/间距-1）×（1+损耗率）$$

(4) 顶棚块料面层计算公式：

$$10m^2用量=10×（1+损耗率）$$

或：

$$10m^2 用量=\frac{10}{块长×块宽}×（1+损耗率）$$

4. 涂刷、裱糊、油漆工程量计算方法

(1) 涂刷、裱糊、油漆工程量计算公式：

$$涂刷工程量=抹灰面工程量$$

$$裱糊工程量=设计裱糊（实贴）面积$$

$$油漆工程量=代表项工程量×各项相应系数$$

(2) 基层处理工程量计算公式：

$$基层处理工程量=面层工程量$$

$$木材面刷防火涂料工程量=板方框外围投影面积$$

第二节 措施项目

一、一般措施项目设置内容及包含范围

一般措施项目设置内容及包含范围，应按表 5-34 的规定执行。

表 5-34　　　　　　　　　　　一般措施项目设置内容及包含范围

项目设置	工作内容及包含范围
安全文明施工（含环境保护、文明施工、安全施工、临时设施）	①环境保护包含范围：现场施工机械设备降低噪声、防扰民措施费用；水泥和其他易飞扬细颗粒建筑材料密闭存放或采取覆盖措施等费用；工程防扬尘洒水费用；土石方、建渣外运车辆冲洗、防洒漏等费用；现场污染源的控制、生活垃圾清理外运、场地排水排污措施的费用；其他环境保护措施费用 ②文明施工包含范围"五牌一图"的费用；现场围挡的墙面美化（包括内外粉刷、刷白、标语等）、压顶装饰费用；现场厕所便槽刷白、贴面砖，水泥砂浆地面或地砖费用，建筑物内临时便溺设施费用；其他施工现场临时设施的装饰装修、美化措施费用；现场生活卫生设施费用；符合卫生要求的饮水设备、淋浴、消毒等设施费用；生活用洁净燃料费用；防煤气中毒、防蚊虫叮咬等措施费用；

项目设置	工作内容及包含范围
安全文明施工（含环境保护、文明施工、安全施工、临时设施）	施工现场操作场地的硬化费用；现场绿化费用、治安综合治理费用；现场配备医药保健器材、物品费用和急救人员培训费用；用于现场工人的防暑降温费、电风扇、空调等设备及用电费用；其他文明施工措施费用 ③安全施工包含范围：安全资料、特殊作业专项方案的编制，安全施工标志的购置及安全宣传的费用；"三宝"（安全帽、安全带、安全网）、"四口"（楼梯口、电梯井口、通道口、预留洞口），"五临边"（阳台围边、楼板围边、屋面围边、槽坑围边、卸料平台两侧），水平防护架、垂直防护架、外架封闭等防护的费用；施工安全用电的费用，包括配电箱三级配电、两级保护装置要求、外电防护措施；起重机、塔式起重机等起重设备（含井架、门架）及外用电梯的安全防护措施（含警示标志）费用及卸料平台的临边防护、层间安全门、防护棚等设施费用；建筑工地起重机械的检验检测费用；施工机具防护棚及其围栏的安全保护设施费用；施工安全防护通道的费用；工人的安全防护用品、用具购置费用；消防设施与消防器材的配置费用；电气保护、安全照明设施费；其他安全防护措施费用 ④临时设施包含范围：施工现场采用彩色、定型钢板，砖、混凝土砌块等围挡的安砌、维修、拆除费或摊销费；施工现场临时建筑物、构筑物的搭设、维修、拆除或摊销的费用，如临时宿舍、办公室、食堂、厨房、厕所、诊疗所、临时文化福利用房、临时仓库、加工场、搅拌台、临时简易水塔、水池等；施工现场临时设施的搭设、维修、拆除或摊销的费用，如临时供水管道、临时供电管线、小型临时设施等；施工现场规定范围内临时简易道路铺设、临时排水沟、排水设施安砌、维修、拆除的费用；其他临时设施费搭设、维修、拆除或摊销的费用
夜间施工	①夜间固定照明灯具和临时可移动照明灯具的设置、拆除 ②夜间施工时，施工现场交通标志、安全标牌、警示灯等的设置、移动、拆除 ③包括夜间照明设备摊销及照明用电、施工人员夜班补助、夜间施工劳动效率降低等费用
非夜间施工照明	为保证工程施工正常进行，在如地下室等特殊施工部位施工时所采用的照明设备的安拆、维护、摊销及照明用电等费用
二次搬运	包括由于施工场地条件限制而发生的材料、成品、半成品等一次运输不能到达堆放地点必须进行二次或多次搬运的费用
冬雨季施工	①冬雨（风）期施工时增加的临时设施（防寒保温、防雨、防风设施）的搭设、拆除 ②冬雨（风）期施工时，对砌体、混凝土等采用的特殊加温、保温和养护措施 ③冬雨（风）期施工时，施工现场的防滑处理、对影响施工的雨雪的清除 ④包括冬雨（风）期施工时增加的临时设施的摊销、施工人员的劳动保护用品、冬雨（风）期施工劳动效率降低等费用

续表 2

项目设置	工作内容及包含范围
大型机械设备进出场及安拆	①大型机械设备进出场包括施工机械整体或分体自停放场地运至施工现场，或由一个施工地点运至另一个施工地点，所发生的施工机械进出场运输及转移费用，由机械设备的装卸、运输及辅助材料费等构成 ②大型机械设备安拆费包括施工机械在施工现场进行安装、拆卸所需的人工费、材料费、机械费、试运转费和安装所需的辅助设施的费用
施工排水	包括排水沟槽开挖、砌筑、维修，排水管道的铺设、维修，排水的费用以及专人值守的费用等
施工降水	包括成井、井管安装、排水管道安拆及摊销、降水设备的安拆及维护的费用，抽水的费用以及专人值守的费用等
地上、地下设施、建筑物的临时保护设施	在工程施工过程中，对已建成的地上、地下设施和建筑物进行的遮盖、封闭、隔离等必要保护措施所发生的费用
已完工程及设备保护	对已完工程及设备采取的覆盖、包裹、封闭、隔离等必要保护措施所发生的费用

注：①安全文明施工费是指工程施工期间按照国家现行的环境保护、建筑施工安全、施工现场环境与卫生标准和有关规定，购置和更新施工安全防护用具及设施、改善安全生产条件和作业环境所需要的费用。

②施工排水是指为保证工程在正常条件下施工，所采取的排水措施所发生的费用。

③施工降水是指为保证工程在正常条件下施工，所采取的降低地下水位的措施所发生的费用。

二、模板工程

1. 模板工程基础定额的工程量计算规则

模板工程基础定额的工程量计算规则，见表 5 - 35。

表 5 - 35 模板工程基础定额的工程量计算规则

项 目	工 程 量 计 算 规 则
现浇混凝土及钢筋混凝土模板	①现浇混凝土及钢筋混凝土模板工程量，除另有规定者外，均应区别模板的不同材质，按混凝土与模板的接触面积，以 m² 计算 ②现浇钢筋混凝土柱、梁、板、墙的支模高度（即室外地坪至板底或板至板底之间的高度）以 3.6m 以内为准，超过 3.6m 以上部分，另按超过部分计算增加支撑工程量 ③现浇钢筋混凝土墙、板上单孔面积在 0.3m² 以内的孔洞，不予扣除，洞侧壁模板亦不增加；单孔面积在 0.3m² 以外时，应予扣除，洞侧壁模板面积并入墙、板模板工程量之内计算

项　目	工程量计算规则
现浇混凝土及钢筋混凝土模板	④现浇钢筋混凝土框架分别按梁、板、柱、墙有关规定计算，附墙柱并入墙内工程量计算 ⑤杯形基础杯口高度大于杯口大边长度的，套高杯基础定额项目 ⑥柱与梁、柱与墙、梁与梁等连接的重叠部分以及伸入墙内的梁头、板头部分，均不计算模板面积 ⑦构造柱外露面均应按图示外露部分计算模板面积，构造柱与墙接触面不计算模板面积 ⑧现浇钢筋混凝土悬挑板（雨篷、阳台）按图示外挑部分尺寸的水平投影面积计算。挑出墙外的牛腿梁及板边模板不另计算 ⑨现浇钢筋混凝土楼梯，以图示露明面尺寸的水平投影面积计算，不扣除小于500mm楼梯井所占面积。楼梯的踏步、踏步板、平台梁等侧面模板，不另计算 ⑩混凝土台阶不包括梯带，按图示台阶尺寸的水平投影面积计算，台阶端头两侧不另计算模板面积 ⑪现浇混凝土小型池槽按构件外围体积计算，池槽内、外侧及底部的模板不应另计算
预制钢筋混凝土构件模板工程量计算	①预制钢筋混凝土构件模板工程量，除另有规定者外均按混凝土实体体积以 m^3 计算 ②小型池槽按外形体积以"m^3"计算 ③预制桩尖按虚体积（不扣除桩尖虚体积部分）计算
构筑物钢筋混凝土模板工程量计算	①构筑物工程的模板工程量，除另有规定者外，区别现浇、预制和构件类别，分别按现浇、预制混凝土和钢筋混凝土模板工程量计算规定中的有关规定计算 ②大型池槽等分别按基础、墙、板、梁、柱等有关规定计算套相应定额项目 ③液压滑升钢模板施工的烟囱、水塔塔身、贮仓等，均按混凝土体积，以"m^3"计算 ④预制倒圆锥形水塔罐壳模板按混凝土体积，以"m^3"计算。预制倒圆锥形水塔罐壳组装、提升、就位，按不同容积以座计算

2. 模板工程基础定额的相关规定

(1) 现浇钢筋混凝土模板按不同构件，分别以组合钢模板、钢支撑、木支撑、复合木模板、钢支撑、木支撑、木模板、木支撑配制的，模板不同时，可以编制补充定额。

(2) 现浇混凝土梁、板、柱、墙是按支模高度（地面至板底）3.6m编制的，超过3.6m时按超过部分工程量另按超高的项目计算。现浇混凝土中的斜梁、斜板、斜柱的模板，按相应定额人工乘以系数1.05。

(3) 用钢滑升模板施工的烟囱、水塔及贮仓是按无井架施工计算的，并综合了操作平台，不再计算脚手架及竖井架。

(4) 用钢滑升模板施工的烟囱、水塔、提升模板使用的钢爬杆是按100％摊销计算的，贮仓是按50％摊销计算的，设计要求不同时，另行换算。

(5) 烟囱钢滑升模板项目均已包括烟囱筒身、牛腿、烟道口；水塔钢滑升模板均已包括直筒、门窗洞口等模板用量。

（6）组合钢模板、复合木模板项目，未包括回库维修费用，应按定额项目中所列摊销量的模板、零星夹具材料价格的8%计入模板预算价格之内。回库维修费的内容包括：模板的运输费、维修的人工、机械、材料费用等。

（7）倒锥壳水塔塔身钢滑升模板项目，也适用于一般水塔塔身滑升模板工程。

3. 混凝土模板及支架（撑）工程量清单计算规则

工程量清单项目设置及工程量计算规则，见表5-36。

表5-36　　　　　　　混凝土模板及支架（撑）（编码：011703）

项目名称	项目特征	工程量计算规则	工作内容
垫层	基础形状	按模板与现浇混凝土构件的接触面积计算 ①现浇钢筋混凝土墙、板单孔面积≤0.3m² 的孔洞不予扣除，洞侧壁模板亦不增加；单孔面积＞0.3m² 时应予扣除，洞侧壁模板面积并入墙、板工程量内计算 ②现浇框架分别按梁、板、柱有关规定计算；附墙柱、暗梁、暗柱并入墙内工程量内计算 ③柱、梁、墙、板相互连接的重叠部分，均不计算模板面积 ④构造柱按图示外露部分计算模板面积	①模板制作 ②模板安装、拆除、整理堆放及场内外运输 ③清理模板黏结物及模内杂物、刷隔离剂等
带形基础			
独立基础			
满堂基础			
设备基础			
桩承台基础			
矩形柱	柱截面尺寸		
构造柱			
异形柱	柱截面形状、尺寸		
基础梁	梁截面		
矩形梁			
异形梁			
圈梁			
弧形、拱形梁			
直形墙	墙厚度		
弧形墙			
短肢剪力墙、电梯井壁			
有梁板	板厚度		
无梁板			
平板			
拱板			
薄壳板			
栏板			
其他板			

项目名称	项目特征	工程量计算规则	工作内容
天沟、檐沟	构件类型	按模板与现浇混凝土构件的接触面积计算	①模板制作 ②模板安装、拆除、整理堆放及场内外运输 ③清理模板黏结物及模内杂物、刷隔离剂等
雨篷、悬挑板、阳台板	①构件类型 ②板厚度	按图示外挑部分尺寸的水平投影面积计算，挑出墙外的悬臂梁及板边不另计算	
直形楼梯	形状	按楼梯（包括休息平台、平台梁、斜梁和楼层板的连接梁）的水平投影面积计算，不扣除宽度≤500mm的楼梯井所占面积，楼梯踏步、踏步板、平台梁等侧面模板不另计算，伸入墙内部分亦不增加	
弧形楼梯			
其他现浇构件	构件类型	按模板与现浇混凝土构件的接触面积计算	
电缆沟、地沟	①沟类型 ②沟截面	按模板与电缆沟、地沟接触的面积计算	
台阶	形状	按图示台阶水平投影面积计算，台阶端头两侧不另计算模板面积。架空式混凝土台阶，按现浇楼梯计算	
扶手	扶手断面尺寸	按模板与扶手的接触面积计算	
散水	坡度	按模板与散水的接触面积计算	
后浇带	后浇带部位	按模板与后浇带的接触面积计算	
化粪池底	化粪池规格	按模板与混凝土接触面积	
化粪池壁			
化粪池顶			
检查井底	检查井规格		
检查井壁			
检查井顶			

注：①原槽浇灌的混凝土基础、垫层，不计算模板。
　　②此混凝土模板及支撑（架）项目，只适用于以 m^2 计量，按模板与混凝土构件的接触面积计算，以 m^3 计量，模板及支撑（支架）不再单列，按混凝土及钢筋混凝土实体项目执行，综合单价中应包含模板及支架。
　　③采用清水模板时，应在特征中注明。

三、脚手架工程

1. 脚手架的分类

脚手架是建筑安装工程施工中不可缺少的临时设施，是为施工作业需要所搭设的架子，供工人操作、堆置建筑材料以及作为建筑材料的运输通道等之用。在建筑安装工程的施工现场，工人们习惯上将用于支撑、固定结构构件或结构构件模板的支撑固定系统也称之为脚手架。脚手架的种类较多，同时也有多种分类方法。脚手架的分类见表 5-37。

表 5-37　　　　　　　　　　　　　　脚手架的分类

项　　目	分　　类
按使用材料不同分类	可分为木脚手架、竹脚手架和钢管或金属脚手架
按用途不同分类	可分为砌筑脚手架、现浇钢筋混凝土结构脚手架、装饰脚手架、安装脚手架及防护脚手架
按搭设位置不同分类	可分为外脚手架、里脚手架、挑脚手架、电梯井脚手架、上料平台、单独斜道、悬空脚手架和悬空吊篮脚手架
按设置形式不同分类	可分为单排脚手架、双排脚手架、多排脚手架、满堂脚手架和特形脚手架

2. 脚手架工程工程量计算

在编制工程造价时，脚手架工程分为以建筑面积为计算基数的综合脚手架和按垂直（水平）投影面积、长度等计算的单项脚手架等两大类。

凡能按"建筑面积计算规则"计算建筑面积的建筑工程，均按综合脚手架定额计算；凡不能按"建筑面积计算规则"计算建筑面积，施工时又必须搭设脚手架时，按单项脚手架计算其费用。

（1）综合脚手架：

①综合脚手架工程量计算：综合脚手架工程量，按建筑物的总建筑面积以"m^2"计算。

②综合脚手架定额相关规定：综合脚手架定额中已综合考虑了砌筑、浇筑、吊装、抹灰、油漆涂料等各种因素。

（2）单项脚手架：单项脚手架包括里脚手架、外脚手架、悬空脚手架、挑脚手架、满堂脚手架、水平防护架、垂直防护架及建筑物的垂直封闭架网，其具体工程量计算说明，见表 5-38。

表 5-38　　　　　　　　　　　　　　单项脚手架工程量计算

项　　目	工　程　量　计　算
单项脚手架适用范围	①适用于不能计算建筑面积而必须搭设脚手架或专业分包工程所搭设的脚手架 ②预制混凝土构件及金属构件安装工程中所需搭设的临时脚手架

项目		工 程 量 计 算
单项脚手架工程量计算	单项脚手架	单项脚手架定额工程量计算的一般规则如下： ①建筑物外墙砌筑脚手架，凡设计室外地坪至檐口（或女儿墙上表面）的砌筑高度在 15m 以下的按单排脚手架计算；砌筑高度在 15m 以上的或砌筑高度虽不足 15m，但外墙门窗及装饰面积超过外墙表面积 60％以上时，均按双排脚手架计算。采用竹制脚手架时，按双排计算 ②建筑物内墙砌筑脚手架，凡设计室内地坪至顶板下表面（或山墙高度的 1/2 处）的砌筑高度在 3.6m 以下的，按里脚手架计算，砌筑高度在 3.6m 以上的，按单排脚手架计算 ③石砌墙体，凡砌筑高度超过 1.0m 以上时，按外脚手架计算 ④计算内、外墙脚手架时，均不扣除门窗洞口、空圈洞口等所占面积。同一建筑物高度不同时，应按不同高度分别计算 ⑤现浇钢筋混凝土框架柱、梁按双排脚手架计算 ⑥围墙脚手架，凡室外自然地坪至围墙顶面的砌筑高度在 3.6m 以下的，按里脚手架计算；砌筑高度超过 3.6m 以上时，按单排脚手架计算 ⑦室内顶棚装饰面距设计室内地坪在 3.6m 以上时，应计算满堂脚手架，计算满堂脚手架后，墙面装饰工程则不再计算脚手架 ⑧滑升模板施工的钢筋混凝土烟囱、筒仓，不另计算脚手架。砌筑贮仓，按双排外脚手架计算 ⑨贮水（油）池、大型设备基础，凡距地坪高度超过 1.2m 以上的，均按双排脚手架计算 ⑩整体满堂钢筋混凝土基础，凡其宽度超过 3m 以上时，按其底板面积计算满脚手架
	砌筑脚手架	砌筑脚手架工程量计算的一般规则如下： ①外脚手架按外墙外边线长度乘以外墙砌筑高度以"m²"计算，突出墙外宽度在 24cm 以内的墙垛、附墙烟囱等不计算脚手架；宽度超过 24cm 以外时按图示尺寸展开计算，并入外脚手架工程量之内 ②里脚手架按墙面垂直投影面积计算 ③独立砖柱按图示柱结构外围周长另加 3.6m，乘以柱高以"m²"计算，套相应外脚手架定额
	现浇钢筋混凝土框架脚手架	现浇钢筋混凝土框架脚手架工程量计算一般规则如下： ①现浇钢筋混凝土柱，按柱图示周长尺寸另加 3.6m，乘以柱高以"m²"计算，套相应外脚手架定额 ②现浇钢筋混凝土墙、梁，按设计室外地坪或楼板上表面至楼板底之间的高度乘以梁、墙净长以"m²"计算，套用相应双排外脚手架定额
	装饰工程脚手架	装饰工程脚手架工程量计算的一般规则如下： ①满堂脚手架，按室内净面积计算，其高度在 3.6~5.2m 时，计算基本层；超过 5.2m 时，每增加 1.2m 按增加一层计算；不足 0.6m 的不计。满堂脚手架增加层按下式计算：

续表 1

项目		工 程 量 计 算
单项脚手架工程量计算	装饰工程脚手架	满堂脚手架增加层 $=\dfrac{室内净高-5.2}{1.2}$ ②挑脚手架,按搭设长度和层数,以延长米计算 ③悬空脚手架,按搭设水平投影面积以"m²"计算 ④高度超过 3.6m 墙面装饰不能利用原砌筑脚手架时,可以计算装饰脚手架。装饰脚手架按双排脚手架乘以 0.3 计算
	其他脚手架	其他脚手架工程量计算的一般规则如下: ①水平防护架,按实际铺板的水平投影面积,以"m²"计算 ②垂直防护架,按自然地坪至最上一层横杆之间的搭设高度,乘以实际搭设长度,以 m² 计算 ③架空运输脚手架,按搭设长度以延长米计算 ④烟囱、水塔脚手架,区别不同搭设高度,以座计算 ⑤电梯井脚手架,按单孔以座计算 ⑥斜道按不同高度以座计算 ⑦砌筑贮仓脚手架,不分单筒或贮仓组均按单筒外边线周长乘以设计室外地坪至贮仓上口之间高度,以"m²"计算 ⑧贮水(油)池脚手架,按其外形周长乘以地坪至外形顶面边线之间高度,以"m²"计算 ⑨大型设备基础脚手架,按其外形周长乘以地坪至外形顶面边线之间高度,以"m²"计算 ⑩建筑物垂直封闭工程量按封闭面的垂直投影面积计算
	安全网	安全网工程量计算一般规则如下: ①立挂式安全网按架网部分的实挂长度乘以实挂高度计算 ②挑出式安全网按挑出的水平投影面积计算

3. 脚手架工程工程量清单计算规则

脚手架工程量清单项目设置及工程量计算规则,见表 5－39。

表 5－39　　　　　　　　脚手架工程(编码:011702)

项目名称	项目特征	工程量计算规则	工作内容
综合脚手架	①建筑结构形式 ②檐口高度	按建筑面积计算	①场内、场外材料搬运 ②搭、拆脚手架、斜道、上料平台 ③安全网的铺设 ④选择附墙点与主体连接 ⑤测试电动装置、安全锁等 ⑥拆除脚手架后材料的堆放

443

项目名称	项目特征	工程量计算规则	工作内容
外脚手架	①搭设方式 ②搭设高度 ③脚手架材质	按所服务对象的垂直投影面积计算	①场内、场外材料搬运 ②搭、拆脚手架、斜道、上料平台 ③安全网的铺设 ④拆除脚手架后材料的堆放
里脚手架			
悬空脚手架	①搭设方式 ②悬挑宽度 ③脚手架材质	按搭设的水平投影面积计算	
挑脚手架		按搭设长度乘以搭设层数以延长米计算	
满堂脚手架	①搭设方式 ②搭设高度 ③脚手架材质	按搭设的水平投影面积计算	
整体提升架	①搭设方式及启动装置 ②搭设高度	按所服务对象的垂直投影面积计算	①场内、场外材料搬运 ②选择附墙点与主体连接 ③搭、拆脚手架、斜道、上料平台 ④安全网的铺设 ⑤测试电动装置、安全锁等 ⑥拆除脚手架后材料的堆放
外装饰吊篮	①升降方式及启动装置 ②搭设高度及吊篮型号	按所服务对象的垂直投影面积计算	①场内、场外材料搬运 ②吊篮的安装 ③测试电动装置、安全锁、平衡控制器等 ④吊篮的拆卸

注：①使用综合脚手架时，不再使用外脚手架、里脚手架等单项脚手架；综合脚手架适用于能够按"建筑面积计算规则"计算建筑面积的建筑工程脚手架，不适用于房屋加层、构筑物及附属工程脚手架。

②同一建筑物有不同檐高时，按建筑物竖向切面分别按不同檐高编列清单项目。

③整体提升架已包括高 2m 的防护架体设施。

④建筑面积计算按《建筑面积计算规范》（GB/T 50353）。

⑤脚手架材质可以不描述，但应注明由投标人根据工程实际情况按照《建筑施工扣件式钢管脚手架安全技术规范》、《建筑施工附着升降脚手架管理规定》等规范自行确定。

四、垂直运输机械

工程起重机械是各种工程建设广泛应用的重要起重设备。它适用于工业与民用建筑和工业设备安装等工程中结构与设备安装工作，以及建筑材料、建筑构件的垂直运输、短距离水平运输和装卸工作。它对减轻劳动强度、节省人力、提高劳动生产率、实现工程施工机械化起着十分重要的作用。

起重机械分为塔式起重机、汽车式起重机、轮胎式起重机、履带式起重机、桅杆式起重机、缆索起重机、施工升降机、建筑卷扬机等。

1. 建筑工程垂直运输定额工作内容

建筑工程垂直运输定额包括单位工程在合理工期内完成全部工程项目所需的垂直运输机械台班，不包括机械的场外往返运输、一次安拆及路基铺垫和轨道铺拆等的费用。

2. 建筑工程垂直运输定额相关规定

（1）建筑物垂直运输：

①檐高是指设计室外地坪至檐口的高度，突出主体建筑屋顶的电梯间、水箱间、女儿墙等不计入檐口的高度之内。

②檐高 3.6m 以内的单层建筑物，不计算垂直运输机械台班。

③同一建筑物多种用途（或多种结构），按不同用途或结构分布计算。分别计算后的建筑物檐高均应以该建筑物总檐高为准。

④定额项目划分是以建筑物檐高及层数两个指标同时界定的，凡檐高达到上限而层数未达到时，以檐高为准；如层数达到上限而檐高未达到时，以层数为准。

（2）构筑物垂直运输：构筑物的高度以设计室外地坪至构筑物的顶面高度为准。

3. 建筑工程垂直运输定额工程量计算规则

（1）建筑物垂直运输机械台班用量，区分不同建筑物的结构类型及高度按建筑面积以"m^2"计算。建筑面积按建筑面积计算规则规定计算。

（2）构筑物垂直运输机械台班以座计算。超过规定高度时，再按每增高 1m 定额项目计算，其高度不足 1m 时，亦按 1m 计算。

4. 建筑物超高增加人工、机械定额

建筑物超过一定高度后会引起人工和机械施工效率的降低，进而会增加人工和机械消耗及需使用加压水泵的台班数。

人工、机械降效，定额中用降效率（即降效系数或定额系数）表示。定额降效率按建筑物檐高（层高）划分档次。

（1）建筑物超高增加人工、机械定额的相关规定：

①建筑物超高增加人工、机械定额适用于建筑物檐高 20m（层数 6 层）以上的工程。

②檐高是指设计室外地坪至檐口的高度。突出主体建筑屋顶的电梯间、水箱间等不计入檐高。

③同一建筑物高度不同时，按不同高度的建筑面积，分别按相应项目计算。

（2）建筑物超高增加人工、机械定额工程量计算规则：

①各项降效系数中包括的内容指建筑物基础以上的全部工程项目，但不包括垂直运输、各类构件的水平运输及各项脚手架。

②人工降效按规定内容中的全部人工费乘以人工降效系数计算。

③吊装机械降效按吊装项目的全部机械费乘以吊装机械降效系数计算。

④其他机械（不包括吊装机械）降效按规定内容中的全部机械费乘以其他机械降效系数计算。

⑤建筑物施工用水加压增加的水泵台班，按建筑面积以"m^2"计算。

5. 工程量清单计算规则

（1）垂直运输：工程量清单项目设置及工程量计算规则，见表 5-40。

表 5－40   **垂直运输 (011704)**

项目名称	项目特征	工程量计算规则	工作内容
垂直运输	①建筑物建筑类型及结构形式 ②地下室建筑面积 ③建筑物檐口高度、层数	①按《建筑工程建筑面积计算规范》GB/T 50353 的规定计算建筑物的建筑面积 ②按施工工期日历天数	①垂直运输机械的固定装置、基础制作、安装 ②行走式垂直运输机轨道的铺设、拆除、摊销

注：①建筑物的檐口高度是指设计室外地坪至檐口滴水的高度（平屋顶系指屋面板底高度），突出主体建
筑物屋顶的电梯机房、楼梯出口间、水箱间、瞭望塔、排烟机房等不计入檐口高度。
②垂直运输机械指施工工程在合理工期内所需垂直运输机械。
③同一建筑物有不同檐高时，按建筑物的不同檐高做纵向分割，分别计算建筑面积，以不同檐高分别
编码列项。

（2）超高施工增加：工程量清单项目设置及工程量计算规则，见表 5－41。

表 5－41   **超高施工增加 (011705)**

项目名称	项目特征	工程量计算规则	工作内容
超高施工增加	①建筑物建筑类型及结构形式 ②建筑物檐口高度、层数 ③单层建筑物檐口高度超过 20m，多层建筑物超过 6 层部分的建筑面积	按《建筑工程建筑面积计算规范》GB/T 50353 的规定计算建筑物超高部分的建筑面积	①建筑物超高引起的人工工效降低以及由于人工工效降低引起的机械降效 ②高层施工用水加压水泵的安装、拆除及工作台班 ③通信联络设备的使用及摊销

注：①单层建筑物檐口高度超过 20m，多层建筑物超过 6 层时，可按超高部分的建筑面积计算超高施工增
加。计算层数时，地下室不计入层数。
②同一建筑物有不同檐高时，可按不同高度的建筑面积分别计算建筑面积，以不同檐高分别编码
列项。

第六章

建筑工程结算与决算

第一节　工程价款的结算方式及工程结算编制

一、工程价款的主要结算方式

我国现行工程价款结算根据不同情况，可采取多种方式。

1. 按月结算

实行旬末或月中预支，月终结算，竣工后清算的方法。跨年度竣工的工程，在年终进行工程盘点，办理年度结算。我国现行建筑安装工程价款结算中，相当一部分是实行这种按月结算。

2. 竣工后一次结算

建设项目或单项工程全部建筑安装工程建设期在 12 个月以内，或者工程承包合同价值在 100 万元以下的，可以实行工程价款每月月中预支，竣工后一次结算。

3. 分段结算

即当年开工，当年不能竣工的单项工程或单位工程按照工程形象进度，划分不同阶段进行结算。分段结算可以按月预支工程款。分段的划分标准，由各部门、自治区、直辖市、计划单列市规定。

4. 目标结款方式

即在工程合同中，将承包工程的内容分解成不同的控制界面，以业主验收控制界面作为支付工程价款的前提条件。也就是说，将合同中的工程内容分解成不同的验收单元，当承包商完成单元工程内容并经业主（或其委托人）验收后，业主支付构成单元工程内容的工程价款。

目标结款方式下，承包商要想获得工程价款，必须按照合同约定的质量标准完成界面内的工程内容；要想尽早获得工程价款，承包商必须充分发挥自己组织实施能力，在保证质量前提下，加快施工进度。这意味着承包商拖延工期时，则业主推迟付款，增加承包商的财务费用、运营成本，降低承包商的收益，客观上使承包商因延迟工期而遭受损失。同样，当承包商积极组织施工，提前完成控制界面内的工程内容，则承包商可提前获得工程价款，增加承包收益，客观上承包商因提前工期而增加了有效利润。同时，因承包商在界面内质量达不到合同约定的标准而业主不予验收，承包商也会因此而遭受损失。可见，目标结款方式实质上是运用合同手段、财务手段对工程的完成进行主动控制。

目标结款方式中，对控制界面的设定应明确描述，便于量化和质量控制，同时要适应项目资金的供应周期和支付频率。

5. 结算双方约定的其他结算方式

施工企业在采用按月结算工程价款方式时，要先取得各月实际完成的工程数量，并计算出已完工程造价。实际完成的工程数量，由施工单位根据有关资料计算，并编制"已完工程月报表"，然后按照发包单位编制"已完工程月报表"，将各个发包单位的本月已完工程造价汇总反映。再根据"已完工程月报表"编制"工程价款结算账单"，与"已完工程月报表"一起，分送发包单位和经办银行，据以办理结算。

施工企业在采用分段结算工程价款方式时，要在合同中规定工程部位完工的月份，根据已完工程部位的工程数量计算已完工程造价，按发包单位编制"已完工程月报表"和"工程价款结算账单"。

对于工期较短、能在年度内竣工的单项工程或小型建设项目，可在工程竣工后编制"工程价款结算账单"，按合同中工程造价一次结算。

"工程价款结算账单"是办理工程价款结算的依据。工程价款结算账单中所列应收工程款应与随同附送的"已完工程月报表"中的工程造价相符，"工程价款结算账单"除了列明应收工程款外，还应列明应扣预收工程款、预收备料款、发包单位供给材料价款等应扣款项，算出本月实收工程款。

为了保证工程按期收尾竣工，工程在施工期间，不论工程长短，其结算工程款，一般不得超过承包工程价值的95%，结算双方可以在5%的幅度内协商确定尾款比例，并在工程承包合同中订明。施工企业如已向发包单位出具履约保函或有其他保证的，可以不留工程尾款。

二、工程结算的编制

1. 工程结算编制依据

工程结算的编制依据主要有以下内容：

（1）国家有关法律、法规、规章制度和相关的司法解释。

（2）国务院建设行政主管部门以及各省、自治区、直辖市和有关部门发布的工程造价计价标准、计价办法、有关规定及相关解释。

（3）施工发承包合同、专业分包合同及补充合同，有关材料、设备采购合同。

（4）招投标文件，包括招标答疑文件、投标承诺、中标报价书及其组成内容。

（5）工程竣工图或施工图、施工图会审记录，经批准的施工组织设计，以及设计变更、工程洽商和相关会议纪要。

（6）经批准的开、竣工报告或停、复工报告。

（7）建设工程工程量清单计价规范或工程预算定额、费用定额及价格信息、调价规定等。

（8）工程预算书。

（9）影响工程造价的相关资料。

（10）结算编制委托合同。

2. 工程结算编制要求

（1）工程结算一般经过发包人或有关单位验收合格且点交后方可进行。

（2）工程结算应以施工发承包合同为基础，按合同约定的工程价款调整方式对原合同价款进行调整。

（3）工程结算应核查设计变更、工程洽商等工程资料的合法性、有效性、真实性和完整性。对有疑义的工程实体项目，应视现场条件和实际需要核查隐蔽工程。

（4）建设项目由多个单项工程或单位工程构成的，应按建设项目划分标准的规定，将各单项工程或单位工程竣工结算汇总，编制相应的工程结算书，并撰写编制说明。

（5）实行分阶段结算的工程，应将各阶段工程结算汇总，编制工程结算书，并撰写编制说明。

（6）实行专业分包结算的工程，应将各专业分包结算汇总在相应的单位工程或单项工程结算内，并撰写编制说明。

（7）工程结算编制应采用书面形式，有电子文本要求的应一并报送与书面形式内容一致的电子版本。

（8）工程结算应严格按工程结算编制程序进行编制，做到程序化、规范化，结算资料必须完整。

3. 工程结算编制程序

（1）工程结算应按准备、编制和定稿三个工作阶段进行，并实行编制人、校对人和审核人分别署名盖章确认的内部审核制度。

（2）结算编制准备阶段。

①收集与工程结算编制相关的原始资料；

②熟悉工程结算资料内容，进行分类、归纳、整理；

③召集相关单位或部门的有关人员参加工程结算预备会议，对结算内容和结算资料进行核对与充实完善；

④收集建设期内影响合同价格的法律和政策性文件。

（3）结算编制阶段。

①根据竣工图及施工图以及施工组织设计进行现场踏勘，对需要调整的工程项目进行观察、对照、必要的现场实测和计算，做好书面或影像记录；

②按既定的工程量计算规则计算需调整的分部分项、施工措施或其他项目工程量；

③按招投标文件、施工发承包合同规定的计价原则和计价办法对分部分项、施工措施或其他项目进行计价；

④对于工程量清单或定额缺项以及采用新材料、新设备、新工艺的，应根据施工过程中的合理消耗和市场价格，编制综合单价或单位估价分析表；

⑤工程索赔应按合同约定的索赔处理原则、程序和计算方法，提出索赔费用，经发包人确认后作为结算依据；

⑥汇总计算工程费用，包括编制分部分项工程费、施工措施项目费、其他项目费、零星工作项目费等表格，初步确定工程结算价格；

⑦编写编制说明；

⑧计算主要技术经济指标；

⑨提交结算编制的初步成果文件待校对、审核。

（4）结算编制定稿阶段。

①由结算编制受托人单位的部门负责人对初步成果文件进行检查、校对；

②由结算编制受托人单位的主管负责人审核批准；

③在合同约定的期限内，向委托人提交经编制人、校对人、审核人和受托人单位盖章确认的正式的结算编制文件。

4. 工程结算编制方法

（1）工程结算的编制应区分施工发承包合同类型，采用相应的编制方法。

①采用总价合同的，应在合同价基础上对设计变更、工程洽商以及工程索赔等合同约定可以调整的内容进行调整；

②采用单价合同的，应计算或核定竣工图或施工图以内的各个分部分项工程量，依据合同约

定的方式确定分部分项工程项目价格，并对设计变更、工程洽商、施工措施以及工程索赔等内容进行调整；

③采用成本加酬金合同的，应依据合同约定的方法计算各个分部分项工程以及设计变更、工程洽商、施工措施等内容的工程成本，并计算酬金及有关税费。

(2) 工程结算中涉及工程单价调整时，应当遵循以下原则：

①合同中已有适用于变更工程、新增工程单价的，按已有的单价结算；

②合同中有类似变更工程、新增工程单价的，可以参照类似单价作为结算依据；

③合同中没有适用或类似变更工程、新增工程单价的，结算编制受托人可商洽承包人或发包人提出适当的价格，经对方确认后作为结算依据。

(3) 工程结算编制中涉及的工程单价应按合同要求分别采用综合单价或工料单价。工程量清单计价的工程项目应采用综合单价；定额计价的工程项目可采用工料单价。

5. 工程结算编制内容

(1) 工程结算采用工程量清单计价的应包括：

①工程项目的所有分部分项工程量，以及实施工程项目采用的措施项目工程量；为完成所有工程量并按规定计算的人工费、材料费和设备费、施工机具使用费、企业管理费、利润、规费和税金；

②分部分项和措施项目以外的其他项目所需计算的各项费用。

(2) 工程结算采用定额计价的应包括：套用定额的分部分项工程量、措施项目工程量和其他项目，以及为完成所有工程量和其他项目并按规定计算的人工费、材料费和设备费、施工机具使用费、企业管理费、利润、规费和税金。

(3) 采用工程量清单或定额计价的工程结算还应包括：

①设计变更和工程变更费用；

②索赔费用；

③合同约定的其他费用。

第二节　工程结算的审查

一、工程结算审查依据与要求

1. 工程结算审查依据

工程结算审查的依据主要有：

(1) 工程结算审查委托合同和完整、有效的工程结算文件。

(2) 国家有关法律、法规、规章制度和相关的司法解释。

(3) 国务院建设行政主管部门以及各省、自治区、直辖市和有关部门发布的工程造价计价标准、计价办法、有关规定及相关解释。

(4) 施工发承包合同、专业分包合同及补充合同，有关材料、设备采购合同；招投标文件，包括招标答疑文件、投标承诺、中标报价书及其组成内容。

(5) 工程竣工图或施工图、施工图会审记录，经批准的施工组织设计，以及设计变更、工程洽商和相关会议纪要。

（6）经批准的开、竣工报告或停、复工报告。

（7）建设工程工程量清单计价规范或工程预算定额、费用定额及价格信息、调价规定等。

（8）工程结算审查的其他专项规定。

（9）影响工程造价的其他相关资料。

2. 工程结算审查要求

（1）严禁采取抽样审查、重点审查、分析对比审查和经验审查的方法，避免审查疏漏现象发生。

（2）应审查结算文件和与结算有关的资料的完整性和符合性。

（3）按施工发承包合同约定的计价标准或计价方法进行审查。

（4）对合同未作约定或约定不明的，可参照签订合同时当地建设行政主管部门发布的计价标准进行审查。

（5）对工程结算内多计、重列的项目应予以扣减；对少计、漏项的项目应予以调增。

（6）对工程结算与设计图纸或事实不符的内容，应在掌握工程事实和真实情况的基础上进行调整。工程造价咨询单位在工程结算审查时发现的工程结算与设计图纸或与事实不符的内容应约请各方履行完善的确认手续。

（7）对由总承包人分包的工程结算，其内容与总承包合同主要条款不相符的，应按总承包合同约定的原则进行审查。

（8）工程结算审查文件应采用书面形式，有电子文本要求的应采用与书面形式内容一致的电子版本。

（9）结算审查的编制人、校对人和审核人不得由同一人担任。

（10）结算审查受托人与被审查项目的发承包双方有利害关系，可能影响公正的，应予以回避。

二、工程结算审查程序

工程结算审查应按准备、审查和审定三个工作阶段进行，并实行编制人、校对人和审核人分别署名盖章确认的内部审核制度。

1. 结算审查准备阶段

（1）审查工程结算手续的完备性、资料内容的完整性，对不符合要求的应退回限时补正；

（2）审查计价依据及资料与工程结算的相关性、有效性；

（3）熟悉招投标文件、工程发承包合同、主要材料设备采购合同及相关文件；

（4）熟悉竣工图纸或施工图纸、施工组织设计、工程状况，以及设计变更、工程洽商和工程索赔情况等。

2. 结算审查阶段

（1）审查结算项目范围、内容与合同约定的项目范围、内容的一致性。

（2）审查工程量计算准确性、工程量计算规则与计价规范或定额保持一致性。

（3）审查结算单价时应严格执行合同约定或现行的计价原则、方法。对于清单或定额缺项以及采用新材料、新工艺的，应根据施工过程中的合理消耗和市场价格审核结算单价。

（4）审查变更身份证凭据的真实性、合法性、有效性，核准变更工程费用。

（5）审查索赔是否依据合同约定的索赔处理原则、程序和计算方法以及索赔费用的真实性、合法性、准确性。

（6）审查取费标准时，应严格执行合同约定的费用定额标准及有关规定，并审查取费依据的时效性、相符性。

（7）编制与结算相对应的结算审查对比表。

3. 结算审定阶段

（1）工程结算审查初稿编制完成后，应召开由结算编制人、结算审查委托人及结算审查受托人共同参加的会议，听取意见，并进行合理的调整；

（2）由结算审查受托人单位的部门负责人对结算审查的初步成果文件进行检查、校对；

（3）由结算审查受托人单位的主管负责人审核批准；

（4）发承包双方代表人和审查人应分别在"结算审定签署表"上签认并加盖公章；

（5）对结算审查结论有分歧的，应在出具结算审查报告前，至少组织两次协调会；凡不能共同签认的，审查受托人可适时结束审查工作，并做出必要说明；

（6）在合同约定的期限内，向委托人提交经结算审查编制人、校对人、审核人和受托人单位盖章确认的正式的结算审查报告。

三、工程结算审查方法与内容

1. 工程结算审查方法

工程结算审查方法主要有：

（1）工程结算的审查应依据施工发承包合同约定的结算方法进行，根据施工发承包合同类型，采用不同的审查方法。

①采用总价合同的，应在合同价的基础上对设计变更、工程洽商以及工程索赔等合同约定可以调整的内容进行审查；

②采用单价合同的，应审查施工图以内的各个分部分项工程量，依据合同约定的方式审查分部分项工程价格，并对设计变更、工程洽商、工程索赔等调整内容进行审查；

③采用成本加酬金合同的，应依据合同约定的方法审查各个分部分项工程以及设计变更、工程洽商等内容的工程成本，并审查酬金及有关税费的取定。

（2）结算审查中涉及工程单价调整时，参照前述结算编制单价调整的方法实行。

（3）除非已有约定，对已被列入审查范围的内容，结算应采用全面审查的方法。

（4）对法院、仲裁或承发包双方合意共同委托的未确定计价方法的工程结算审查或鉴定，结算审查受托人可根据事实和国家法律、法规和建设行政主管部门的有关规定，独立选择鉴定或审查适用的计价方法。

2. 工程结算审查内容

（1）审查结算的递交程序和资料的完备性。

①审查结算资料递交手续、程序的合法性，以及结算资料具有的法律效力；

②审查结算资料的完整性、真实性和相符性。

（2）审查与结算有关的各项内容。

①建设工程发承包合同及其补充合同的合法性和有效性；

②施工发承包合同范围以外调整的工程价款；

③分部分项、措施项目、其他项目工程量及单价；

④发包人单独分包工程项目的界面划分和总包人的配合费用；

⑤工程变更、索赔、奖励及违约费用；

⑥取费、税金、政策性高速以及材料价差计算；

⑦实际施工工期与合同工期发生差异的原因和责任，以及对工程造价的影响程度；

⑧其他涉及工程造价的内容。

第三节　工程竣工结算与决算

一、工程竣工结算

工程竣工结算是指承包单位按照合同约定全部完成所承包的工程内容，并经质量验收合格，符合合同约定要求，由承包方提供完整的结算资料，包括施工图及在施工过程中的变更记录，监理验收签单及工程变更签证、必要的分包合同及采购凭证，工程结算书等交由发包单位，进行审核后的工程最终工程款的结算。

工程完工后，发、承包双方应在合同约定时间内办理工程竣工结算。竣工结算应该按照合同有关条款和价款结算办法的有关规定进行，合同通用条款中有关条款的内容与价款结算办法的有关规定有出入时，以价款结算办法的规定为准。

1. 工程竣工结算的分类

工程竣工结算分为单位工程竣工结算、单项工程竣工结算和建设项目竣工总结算。

2. 工程竣工结算的依据

（1）办理竣工结算价款的依据资料：

①建设工程工程量清单计价规范；

②施工合同；

③工程竣工图纸及资料；

④双方确认的工程量；

⑤双方确认追加（减）的工程价款；

⑥双方确认的索赔、现场签证事项及价款；

⑦投标文件；

⑧招标文件；

⑨其他依据。

（2）办理竣工结算时，分部分项工程费中工程量应依据发、承包双方确认的工程量，综合单价应依据合同约定的单价计算。如发生了调整的，以发、承包双方确认调整后的综合单价计算。

（3）措施项目费应依据合同约定的项目和金额计算；如发生调整的，以发、承包双方确认调整的金额计算，其中安全文明施工费应按"计价规范"第4.1.5条的规定计算。

①明确采用综合单价计价的措施项目，应依据发、承包双方确认的工程量和综合单价计算。

②明确采用"项"计价的措施项目，应依据合同约定的措施项目和金额或发、承包双方确认调整后的措施项目费金额计算。

③措施项目费中的安全文明施工费应按照国家或省级、行业建设主管部门的规定计算。施工过程中，国家或省级、行业建设主管部门对安全文明施工费进行了调整的，措施项目费中的安全文明施工费应作相应调整。

（4）其他项目费在办理竣工结算时的要求。其他项目费用应按下列规定计算：

①计日工应按发包人实际签证确认的事项计算，即计日工的费用应按发包人实际签证确认的数量和合同约定的相应单价计算。

②暂估价中的材料单价应按发、承包双方最终确认价在综合单价中调整；专业工程暂估价应

按中标价或发包人、承包人与分包人最终确认价计算。

当暂估价中的材料是招标采购的，其单价按中标价在综合单价中调整。当暂估价中的材料为非招标采购的，其单价按发、承包双方最终确认的单价在综合单价中调整。

当暂估价中的专业工程是招标采购的，其金额按中标价计算。当暂估价中的专业工程为非招标采购的，其金额按发、承包双方与分包人最终确认的金额计算。

③总承包服务费应依据合同约定金额计算，如发生调整的，以发、承包双方确认调整的金额计算，即发、承包双方依据合同约定对总承包服务费进行了调整，应按调整后的金额计算。

④索赔事件产生的费用在办理竣工结算时应在其他项目费中反映。索赔费用的金额应依据发、承包双方确认的索赔项目和金额计算。

⑤现场签证费用应依据发、承包双方签证资料确认的金额计算。现场签证发生的费用在办理竣工结算时应在其他项目费中反映。

⑥暂列金额应减去工程价款调整与索赔、现场签证金额计算，如有余额归发包人。合同价款中的暂列金额在用于各项价款调整、索赔与现场签证后，若有余额，则余额归发包人，若出现差额，则由发包人补足并反映在相应的工程价款中。

（5）规费和税金的计取依据。规费和税金应按"计价规范"第4.1.8条的规定计算。竣工结算中应按照国家或省级、行业建设主管部门对规费和税金的计取标准计算。

3. 竣工结算的编制方法

在工程进度款结算的基础上，根据所收集的各种设计变更资料和修改图纸，以及现场签证、工程最核定单、索赔等资料进行合同价款的增、减调整计算，最后汇总为竣工结算造价。

4. 工程竣工结算编审

工程竣工结算由承包人或受其委托具有相应资质的工程造价咨询人编制，由发包人或受其委托具有相应资质的工程造价咨询人核对。

竣工结算由承包人编制，发包人核对。实行总承包的工程，由总承包人对竣工结算的编制负总责。根据《工程造价咨询企业管理办法》（建设部令第149号）的规定，承、发包人均可委托具有工程造价咨询资质的工程造价咨询企业编制或核对竣工结算。

5. 竣工结算报告的递交时限要求及违约责任

（1）承包人应在合同约定的时间内完成竣工结算编制工作，并在提交竣工验收报告的同时递交给发包人。承包人未在合同约定时间内递交竣工结算书，经发包人催促后仍未提供或没有明确答复的，发包人可以根据已有资料办理结算。

承包人无正当理由在约定时间内未递交竣工结算书，造成工程结算价款延期支付的，责任由承包人承担。

（2）发包人在收到承包人递交的竣工结算书后，应按合同约定时间核对。同一工程竣工结算核对完成，发、承包双方签字确认后，禁止发包人又要求承包人与另一个或多个工程造价咨询人重复核对竣工结算。

竣工结算的核对是工程造价计价中发、承包双方应共同完成的重要工作。按照交易的一般原则，任何交易结束，都应做到钱、货两清，工程建设也不例外。工程施工的发、承包活动作为期货交易行为，当工程竣工验收合格后，承包人将工程移交给发包人时，发、承包双方应将工程价款结算清楚，即竣工结算办理完毕。规范按照交易结束时钱、货两清的原则，规定了发、承包双方在竣工结算核对过程中的权、责。主要体现在以下方面：

①竣工结算的核对时间应按发、承包双方合同约定的时间完成。

《最高人民法院关于审理建设工程施工合同纠纷案件适用法律问题的解释》（法释〔2004〕14号）第二十条规定："当事人约定，发包人收到竣工结算文件后，在约定期限内不予答复，视为认可竣工结算文件的,按照约定处理。承包人请求按照竣工结算文件结算工程价款的,应予支持"。根据这一规定,要求发、承包双方不仅应在合同中约定竣工结算的核对时间,并应约定发包人在约定时间内对竣工结算不予答复,视为认可承包人递交的竣工结算。

合同中对核对竣工结算时间没有约定或约定不明的,按表 6-1 规定时间进行核对并提出核对意见。

表 6-1   竣工结算核对时间规定

序号	工程竣工结算书金额	核对时间
1	500 万元以下	从接到竣工结算书之日起 20d
2	500 万~2000 万元	从接到竣工结算书之日起 30d
3	2000 万~5000 万元	从接到竣工结算书之日起 45d
4	5000 万元以上	从接到竣工结算书之日起 60d

建设项目竣工总结算在最后一个单项工程竣工结算核对确认后 15 天内汇总,送发包人后 30 天内核对完成。

合同约定或"计价规范"规定的结算核对时间含发包人委托工程造价咨询人核对的时间。

②竣工结算核对完成的标志是发、承包双方签字确认。此后,禁止发包人又要求承包人与另一个或多个工程造价咨询人重复核对竣工结算。

(3) 发包人或受其委托的工程造价咨询人收到承包人递交的竣工结算书后,在合同约定时间内,不核对竣工结算或未提出核对意见的,视为承包人递交的竣工结算书已经认可,发包人应向承包人支付工程结算价款。

承包人在接到发包人提出的核对意见后,在合同约定时间内,不确认也未提出异议的,视为发包人提出的核对意见已经认可,竣工结算办理完毕。

(4) 发、承包双方在竣工结算中的责任。发包人应对承包人递交的竣工结算书签收,拒不签收的,承包人可以不交付竣工工程。承包人未在合同约定时间内递交竣工结算书的,发包人要求交付竣工工程,承包人应当交付。

上述条款规定了当发包人拒不签收承包人报送的竣工结算书时,承包人的权利,以及承包人未按合同约定递交竣工结算书时,发包人的权利。

(5) 竣工结算办理完毕,发包人应将竣工结算书报送工程所在地工程造价管理机构备案。竣工结算书作为工程竣工验收备案、交付使用的必备文件。

竣工结算是反映工程造价计价规定执行情况的最终文件。根据《中华人民共和国建筑法》第六十一条:"交付竣工验收的建筑工程,必须符合规定的建筑工程质量标准,有完整的工程技术经济资料和经签署的工程保修书,并具备国家规定的其他竣工条件"的规定,本条规定了将工程竣工结算书作为工程竣工验收备案、交付使用的必备条件。同时要求发、承包双方竣工结算办理完毕后应由发包人向工程造价管理机构备案,以便工程造价管理机构对"计价规范"的执行情况进行监督和检查。

6. 索赔价款结算

(1) 发、承包人未能按合同约定履行自己的各项义务或发生错误,给另一方造成经济损失的,由受损方按合同约定提出索赔,索赔金额按合同约定支付。

(2) 发包人和承包人要加强施工现场的造价控制,及时对工程合同外的事项如实纪录并履行书面手续。凡由发、承包双方授权的现场代表签字的现场签证以及发、承包双方协商确定的索赔等费用，应在工程竣工结算中如实办理，不得因发、承包双方现场代表的中途变更改变其有效性。

（3）工程竣工结算以合同工期为准，实际施工工期比合同工期提前或延后，发、承包双方应按合同约定的奖惩办法执行。

7. 合同以外零星项目工程价款结算

发包人要求承包人完成合同以外零星项目，承包人应在接受发包人要求的 7 天内就用工数量和单价、机械台班数量和单价、使用材料和金额等向发包人提出施工签证，发包人签证后施工，如发包人未签证，承包人施工后发生争议的，责任由承包人自负。

8. 材料价款的支付与结算

（1）由承包人自行采购建筑材料的，业主可以在双方签订工程承包合同后按年度工作量的一定比例向承包人预付备料款，并应在合同约定时间内付清。

（2）按工程承包合同约定，由业主供应的材料，视招标文件的规定处理。如果招标文件规定业主供应的材料不计入投标报价内，则这一部分材料只办理交接手续。如果招标文件规定按照某一价格计入投标报价内，则应该在进度款中或合同约定的办法扣除其这一部分材料的价款。

9. 竣工结算价款的支付及违约责任

（1）竣工结算办理完毕，发包人应根据确认的竣工结算书在合同约定时间内向承包人支付工程竣工结算价款。若合同中没有约定或约定不明的，发包人应在竣工结算书确认后 15 天内向承包人支付工程结算价款。

（2）发包人未在合同约定时间内向承包人支付工程结算价款的，承包人可催告发包人支付结算价款。如达成延期支付协议，发包人应按同期银行同类贷款利率支付拖欠工程价款的利息。如未达成延期支付协议，承包人可以与发包人协商将该工程折价，或申请人民法院将该工程依法拍卖，承包人就该工程折价或者拍卖的价款优先受偿。

规范规定了承包人未按合同约定得到工程结算价款时应采取的措施。竣工结算办理完毕后，发包人应按合同约定向承包人支付工程价款。发包人按合同约定应向承包人支付而未支付的工程款视为拖欠工程款。根据《最高人民法院关于审理建设工程施工合同纠纷案件适用法律问题的解释》（法释〔2004〕14 号）第十七条规定："当事人对欠付工程价款利息计付标准有约定的，按照约定处理；没有约定的，按照中国人民银行发布的同期同类贷款利率计息。发包人应向承包人支付拖欠工程款的利息，并承担违约责任。"根据《中华人民共和国合同法》第二百八十六条规定："发包人未按照合同约定支付价款的，承包人可以催告发包人在合理期限内支付价款。发包人逾期不支付，除按照建设工程的性质不宜折价、拍卖的以外，承包人可以与发包人协议将该工程折价，也可以申请人民法院将该工程依法拍卖。建设工程的价款就该工程折价或者拍卖的价款优先受偿。"

10. 工程质量保证（保修）金的预留

发包人根据确认的竣工结算报告向承包人支付工程竣工结算价款时，按照有关合同约定保留质量保证（保修）金，待工程项目保修期满后拨付；合同没有约定时，保留 5% 左右的质量保证（保修）金，待工程交付使用质保期到期后清算，质保期内如有返修，发生费用应在质量保证（保修）金内扣除。

11. 工程价款结算管理

（1）工程竣工后，发、承包双方应及时办理工程竣工结算，否则，工程不得交付使用，有关部门不予办理权属登记。

（2）发包人与中标的承包人不按照招标文件和中标的承包人的投标文件订立合同的，或者发包人、中标的承包人背离合同实质性内容另行订立协议，造成工程价款结算纠纷的，另行订立的协议无效，由建设行政主管部门责令改正，并按《中华人民共和国招标投标法》第五十九条进行处罚。

（3）接受委托承接有关工程结算咨询业务的工程造价咨询机构应具有工程造价咨询单位资质，其出具的办理拨付工程价款和工程结算的文件，应当由造价工程师签字，并应加盖执业专用章和单位公章。

二、工程竣工决算

建设项目竣工决算是指所有建设项目竣工后，建设单位按照国家有关规定在新建、改建和扩建工程建设项目竣工验收阶段编制的竣工决算报告。

1. 竣工决算的作用

（1）可作为正确核定固定资产价值，办理交付使用、考核和分析投资效果的依据。

（2）及时办理竣工决算，并据此办理新增固定资产移交转账手续，可缩短工程建设周期，节约建设投资。对已完工并具备交付使用条件或已验收并投产使用的工程项目，如不及时办理移交手续，不仅不能提取固定资产折旧，而且发生的维修费和职工的工资等，都要在建设投资中支付，这样既增加了建设投资支出，也不利于生产管理。

（3）对完工并已验收的工程项目，及时办理竣工决算及交付手续，可使建设单位对各类固定资产做到心中有数。工程移交后，建设单位掌握所有工程竣工图，便于对地下管线进行维护与管理。

（4）办理竣工决算后，建设单位可以正确地计算已投入使用的固定资产折旧费，合理计算生产成本和利润，便于经济核算。

（5）通过编制竣工决算，可以全面清理建设项目财务，做到工完账清。便于及时总结经验，积累各项技术经济资料，提高建设项目管理水平和投资效果。

（6）正确编制竣工决算，有利于正确地进行"三算"对比，即设计概算、施工图预算和竣工决算的对比。

2. 竣工决算的内容

竣工决算的内容应包括从项目策划到竣工投产全过程的全部实际费用。竣工决算的内容包括竣工财务决算说明书、竣工财务决算报表、工程竣工图和工程造价对比分析四个部分。其中竣工财务决算说明书和竣工财务决算报表又合称为竣工财务决算，它是竣工决算的核心内容。

竣工决算的具体内容见表 6-2。

表 6-2 竣工决算的内容

内　　容	说　　明
竣工财务决算说明书	竣工决算报告情况说明书主要反映竣工工程建设成果和经验，是对竣工决算报表进行分析和补充说明的文件，是全面考核分析工程投资与造价的书面总结，其内容主要包括： ①建设项目概况，对工程总的评价。一般从进度、质量、安全和造价、施工方面进行分析说明。进度方面主要说明开工和竣工时间，对照合理工期和要求，分析工期是提前还是延期；质量方面主要根据竣工验收委员会的验收评定结果；安全方面主要根据劳动工资和施工部门的记录，对有无设备和人身事故进行说明；造价方面主要对照概算造价，说明是节约还是超支，用金额和百分率进行分析说明

内　　容	说　　明
竣工财务决算 说明书	②资金来源及运用等财务分析。主要包括工程价款结算、会计账务的处理、财产物资情况及债权债务的清偿情况 ③建设项目收入、投资包干结余、竣工结余资金的上交分配情况。通过对建设项目投资包干情况的分析，说明投资包干数、实际支用数和节约额、投资包干节余的有机构成和包干节余的分配情况 ④各项经济技术指标的分析。概算执行情况分析，根据实际投资完成额与概算进行对比分析。新增生产能力的效益分析，说明支付使用财产占总投资额的比例；占支付使用财产的比例；不增加固定资产的造价占投资总额的比例，分析有机构成和成果 ⑤工程建设的经验及项目管理和财务管理工作以及竣工财务决算中有待解决的问题 ⑥决算与概算的差异和原因分析 ⑦需要说明的其他事项
竣工财务决算 报表	建设项目竣工财务决算报表要根据大、中型建设项目和小型建设项目分别制定 大、中型建设项目竣工决算报表包括：建设项目竣工财务决算审批表，大、中型建设项目概况表，大、中型建设项目竣工财务决算表，大、中型建设项目交付使用资产总表 小型建设项目竣工财务决算报表包括：建设项目竣工财务决算审批表，竣工财务决算总表，建设项目交付使用资产明细表
竣工工程平面 示意图	建设工程竣工图是真实地记录各种地上、地下建筑物、构筑物等情况的技术文件，是工程进行交工验收、维护改建和扩建的依据，是国家的重要技术档案 国家规定：各项新建、扩建、改建的基本建设工程，特别是基础、地下建筑、管线、井巷、桥梁、隧道、港口、水坝以及设备安装等隐蔽部位，都要编制竣工图。为确保竣工图质量，必须在施工过程中（不能在竣工后）及时做好隐蔽工程检查记录，整理好设计变更文件。其具体要求有： ①凡按图竣工没有变动的，由施工单位（包括总包和分包施工单位，下同）在原施工图上加盖"竣工图"标志后，即作为竣工图 ②凡在施工过程中，虽有一般性设计变更，但能将原施工图加以修改补充作为竣工图的，可不重新绘制，由施工单位负责在原施工图（必须是新蓝图）上注明修改的部分，并附以设计变更通知单和施工说明，加盖"竣工图"标志后，作为竣工图 ③凡结构形式改变、施工工艺改变、平面布置改变、项目改变以及有其他重大改变，不宜再在原施工图上修改、补充时，应重新绘制改变后的竣工图。由设计原因造成的，由设计单位负责重新绘制；由施工原因造成的，由施工单位负责重新绘图；由其他原因造成的，由建设单位自行绘制或委托设计单位绘制。施工单位负责在新图上加盖"竣工图"标志，并附以有关记录和说明，作为竣工图 ④为了满足竣工验收和竣工决算需要，还应绘制反映竣工工程全部内容的工程设计平面示意图

内　　容	说　　明
工程造价比较分析	对控制工程造价所采取的措施、效果及其动态的变化进行认真的对比，总结经验教训 批准的概算是考核建设工程造价的依据。在分析时，可先对比整个项目的总概算，然后将全部工程费用、工程建设其他费用和预备费用逐一与竣工决算表中所提供的实际数据和相关资料及批准的概算、预算指标、实际的工程造价进行对比分析，以确定竣工项目总造价是节约还是超支，并在对比的基础上，总结先进经验，找出节约和超支的内容和原因，提出改进措施 在实际工作中，应主要分析以下内容： ①主要实物工程量。对于实物工程量出入比较大的情况，必须查明原因 ②主要材料消耗量。考核主要材料消耗量，根据竣工决算表中所列明的三大材料实际超概算的消耗量，查明是在工程的哪个环节超出量最大，再进一步查明超耗的原因 ③考核工程费用、工程建设其他费用的取费标准。工程费用、工程建设其他费用的取费标准要按照国家和各地的有关规定，根据竣工决算报表中所列的工程费用、工程建设其他费用与概预算所列的工程费用、工程建设其他费用数额进行比较，依据规定查明是否少列或多列费用项目，确定其节约或超支的数额，并查明原因

3. 竣工决算的编制

(1) 竣工决算的编制依据：

①批准的设计文件，以及批准的概（预）算或调整概（预）算文件；

②设计交底或图纸会审纪要；

③招标文件、标底（如果有）及与各有关单位签订的合同文件等；

④设计变更、现场施工签证等建设过程中的文件及有关支付凭证；

⑤竣工图及各种竣工验收资料；

⑥设备、材料价格依据；

⑦有关本工程建设的国家、地方等政策文件和相关规定；

⑧有关财务核算制度、办法和其他有关资料、文件等。

(2) 竣工决算的编制步骤：

①收集、整理和分析有关依据资料；

②清理各项财务、债务和结余物资；

③对照、核实工程变动情况，重新核实各单位工程、单项工程；

④编制建设工程竣工决算说明；

⑤认真填报竣工财务决算报表；

⑥做好工程造价对比分析；

⑦上报主管部门审查。

将上述编写的文字说明和填写的表格经核对无误，装订成册，即为建设工程竣工决算文件。建设工程竣工决算的文件，由建设单位负责组织人员编写，在竣工建设项目办理验收使用后规定的时间内完成。

参考文献

[1] 中华人民共和国住房和城乡建设部.GB50500—2008建设工程工程量清单计价规范 [S].北京：中国计划出版社，2008

[2] 中华人民共和国建筑部．GJDGZ101—1995全国统一建筑预算工程量计算规则土建 [S].北京：中国计划出版社，2002

[3] 国家标准.建筑工程工程量清单计价规范GB50500—2008.北京：中国计划出版社，2008

[4] 中华人民共和国建设部.建筑工程建筑面积计算规则GB/T50353—2005.北京：中国计划出版社，2005

[5] 中华人民共和国国家标准.房屋建筑与装饰工程工程量计算规范GB50854—2013 [S].北京：中国计划出版社，2013

[6] 《建设工程工程量清单计价规范》编制组.《建设工程工程量清单计价规范》宣贯辅导教材 [M].北京：中国计划出版社，2013

[7] 《建筑工程预算快速培训教材》编写组 [M].建筑工程预算快速培训教材 [M].北京：北京理工大学出版社，2009

[8] 中华人民共和国国家标准.建设工程工程量清单计价规范（GB50500—2013）[S].北京：中国计划出版社，2013

[9] 中国建设工程造价管理协会.建设工程造价与定额名词解释 [M].北京：中国建筑工业出版社，2004

[10] 中华人民共和国国家标准.房屋建筑与装饰工程工程量计算规范（GB50854—2013）[S].北京：中国计划出版社，2013

[11] 陈远吉，等.查图表看实例从细节学建筑工程预算与清单计价 [M].北京：化学工业出版社，2011

[12] 本书编委会.建筑工程管理人员职业技能全书——造价员 [M].湖北：华中科技大学出版社，2008

[13] 徐南.建筑工程定额与预算 [M].北京：化学工业出版社，2007

[14] 蒋红焰.建筑工程概预算 [M].北京：化学工业出版社，2005

[15] 曹小琳，等.建筑工程定额原理与概预算 [M].北京：中国建筑工业出版社，2008

[16] 《市政工程造价员培训教材》编写组编.市政工程造价员培训教材．第2版.北京：中国建材出版社，2004

[17] 魏文源，等.造价员.北京：中国铁道出版社，2010